도서출판
골든벨
기술이 미래, 사람이 희망이다

도서출판
골든벨

CE & ES
Car Electrical & Electronic Systems

전공부터 THE 현장까지

국內外차 전기전자 트러블슈팅

점검부터 REPAIR 튜닝까지

JULIAN EDGAR
줄리안 에드가

GoldenBell

Also from Veloce:

SpeedPro Series

4-Cylinder Engine Short Block High-Performance Manual – New Updated & Revised Edition (Hammill)
Aerodynamics of Your Road Car, Modifying the (Edgar and Barnard)
Alfa Romeo DOHC High-performance Manual (Kartalamakis)
Alfa Romeo V6 Engine High-performance Manual (Kartalamakis)
BMC 998cc A-series Engine, How to Power Tune (Hammill)
1275cc A-series High-performance Manual (Hammill)
Camshafts – How to Choose & Time Them For Maximum Power (Hammill)
Competition Car Datalogging Manual, The (Templeman)
Custom Air Suspension – How to install air suspension in your road car – on a budget! (Edgar)
Cylinder Heads, How to Build, Modify & Power Tune – Updated & Revised Edition (Burgess & Gollan)
Distributor-type Ignition Systems, How to Build & Power Tune – New 3rd Edition (Hammill)
Fast Road Car, How to Plan and Build – Revised & Updated Colour New Edition (Stapleton)
Ford SOHC 'Pinto' & Sierra Cosworth DOHC Engines, How to Power Tune – Updated & Enlarged Edition (Hammill)
Ford V8, How to Power Tune Small Block Engines (Hammill)
Harley-Davidson Evolution Engines, How to Build & Power Tune (Hammill)
Holley Carburetors, How to Build & Power Tune – Revised & Updated Edition (Hammill)
Honda Civic Type R High-Performance Manual, The (Cowland & Clifford)
Jaguar XK Engines, How to Power Tune – Revised & Updated Colour Edition (Hammill)
Land Rover Discovery, Defender & Range Rover – How to Modify Coil Sprung Models for High-performance & Off-Road Action (Hosier)
MG Midget & Austin-Healey Sprite, How to Power Tune – Enlarged & updated 4th Edition (Stapleton)
MGB 4-cylinder Engine, How to Power Tune (Burgess)
MGB V8 Power, How to Give Your – Third Colour Edition (Williams)
MGB, MGC & MGB V8, How to Improve – New 2nd Edition (Williams)
Mini Engines, How to Power Tune On a Small Budget – Colour Edition (Hammill)
Motorcycle-engined Racing Cars, How to Build (Pashley)
Motorsport, Getting Started in (Collins)
Nissan GT-R High-performance Manual, The (Gorodji)
Nitrous Oxide High-performance Manual, The (Langfield)
Race & Trackday Driving Techniques (Hornsey)
Retro or classic car for high-performance, How to modify your (Stapleton)
Rover V8 Engines, How to Power Tune (Hammill)
Secrets of Speed – Today's techniques for four-stroke engine blueprinting & tuning (Swager)
Sports car & Kitcar Suspension & Brakes, How to Build & Modify – Revised 3rd Edition (Hammill)
SU Carburettor High-performance Manual (Hammill)
Successful Low-Cost Rally Car, How to Build a (Young)
Suzuki 4x4, How to Modify For Serious Off-road Action (Richardson)
Tiger Avon Sports car, How to Build Your Own – Updated & Revised 2nd Edition (Dudley)
Triumph TR2, 3 & TR4, How to Improve (Williams)
Triumph TR5, 250 & TR6, How to Improve (Williams)
Triumph TR7 & TR8, How to Improve (Williams)
V8 Engine, How to Build a Short Block For High-performance (Hammill)
Volkswagen Beetle Suspension, Brakes & Chassis, How to Modify For High-performance (Hale)
Volkswagen Bus Suspension, Brakes & Chassis for High-performance, How to Modify – Updated & Enlarged New Edition (Hale)
Weber DCOE, & Dellorto DHLA Carburetors, How to Build & Power Tune – 3rd Edition (Hammill)

Workshop Pro Series

Setting up a home car workshop (Edgar)
Car electrical and electronic systems (Edgar)
Modifying the Electronics of Modern Classic Cars – the complete guide for your 1990s to 2000s car (Edgar)

RAC handbooks

Caring for your car – How to maintain & service your car (Fry)
Caring for your car's bodywork and interior (Nixon)
Caring for your bicycle – How to maintain & repair your bicycle (Henshaw)
Caring for your scooter – How to maintain & service your 49cc to 125cc twist & go scooter (Fry)
Efficient Driver's Handbook, The (Moss)
Electric Cars – The Future is Now! (Linde)
First aid for your car – Your expert guide to common problems & how to fix them (Collins)
How your car works (Linde)
How your motorcycle works – Your guide to the components & systems of modern motorcycles (Henshaw)
Motorcycles – A first-time-buyer's guide (Henshaw)
Motorhomes – A first-time-buyer's guide (Fry)
Pass the MoT test! – How to check & prepare your car for the annual MoT test (Paxton)
Selling your car – How to make your car look great and how to sell it fast (Knight)
Simple fixes for your car – How to do small jobs for yourself and save money (Collins)

Enthusiast's Restoration Manual Series

Beginner's Guide to Classic Motorcycle Restoration, The (Burns)
Citroën 2CV Restore (Porter)
Classic Large Frame Vespa Scooters, How to Restore (Paxton)
Classic Car Bodywork, How to Restore (Thaddeus)
Classic British Car Electrical Systems (Astley)
Classic Car Electrics (Thaddeus)
Classic Cars, How to Paint (Thaddeus)
Ducati Bevel Twins 1971 to 1986 (Falloon)
How to Restore & Improve Classic Car Suspension, Steering & Wheels (Parish – translator)
How to Restore Classic Off-road Motorcycles (Burns)
How to restore Honda CX500 & CX650 – YOUR step-by-step colour illustrated guide to complete restoration (Burns)
How to restore Honda Fours – YOUR step-by-step colour illustrated guide to complete restoration (Burns)
Jaguar E-type (Crespin)
Reliant Regal, How to Restore (Payne)
Triumph TR2, 3, 3A, 4 & 4A, How to Restore (Williams)
Triumph TR5/250 & 6, How to Restore (Williams)
Triumph TR7/8, How to Restore (Williams)
Triumph Trident T150/T160 & BSA Rocket III, How to Restore (Rooke)
Ultimate Mini Restoration Manual, The (Ayre & Webber)
Volkswagen Beetle, How to Restore (Tyler)
Yamaha FS1-E, How to Restore (Watts)

Veloce's other imprints:

www.veloce.co.uk
First published in November 2018 by Veloce Publishing Limited, Veloce House, Parkway Farm Business Park, Middle Farm Way, Poundbury, Dorchester DT1 3AR, England. Tel +44 (0)1305 260068 / Fax 01305 250479 / e-mail info@veloce.co.uk / web www.veloce.co.uk or www.velocebooks.com.

핵심 내용 지침서

- **제1장 자동차 전기**

  직렬과 병렬회로와 이상적인 전압, 전류, 저항등 조명과 배터리를 비롯한 모든 회로를 편성

- **제2장 스위치와 릴레이**

  스위치와 릴레이를 사용하는 방법을 편성

- **제3장 멀티미터**

  전기와 전자시스템의 전압, 전류와 저항 등을 정확하게 측정하는 방법을 편성

- **제4장 전기시스템의 고장 탐구**

  점화시스템, 시동시스템, 충전시스템, 조명, 경음기 및 바디 전기시스템에 대한 고장 탐구 방법을 편성

- **제5장 아날로그와 디지털 신호**

  아날로그 신호와 디지털 신호, 주파수와 듀티 사이클 등 CAN 버스와 같은 기술을 편성

- **제6장 전자 부품의 활용**

  저항기, 커패시터, 다이오드와 트랜지스터나 마이크로프로세서 회로의 구성과 전자 시스템과 작동하는 방법을 편성

- **제7장 오실로스코프**

  20컷 이상의 스코프 패턴을 사용하여, 파형이 어떻게 표시되는지를 편성

- **제8장 엔진 관리**

  보쉬 시스템의 연료, 점화장치, 터보 부스트 컨트롤, 전자식 스로틀 컨트롤, 변속기 컨트롤 및 전자식 안정성 컨트롤, 직접분사 시스템, 커먼레일 시스템 등 엔진이 작동하는 방법과 고장 탐구 편성

- **제9장 전자 컨트롤 시스템**

  에어 서스펜션, ABS, 차체 자세 컨트롤, 전동파워 스티어링, 에어컨, 자동변속기 컨트롤 등 고장 진단을 입력 · 출력 · 컨트롤 논리로 분류하여 진단하는 방법 편성

- **제10장 첨단 시스템 고장 진단**

  자기진단과 OBD 코드의 기본 개념을 이해하고, 복잡한 시스템의 고장 탐구를 편성

- **제11장 전자 부품 구성**

  사전에 제작된 전자 모듈을 온라인으로 구입하여 자동차의 튜닝을 수월하게 할 수 있도록 타이머 모듈 등 11 종류의 모듈을 예로 들어 편성

〈편집자 주〉

CONTENTS

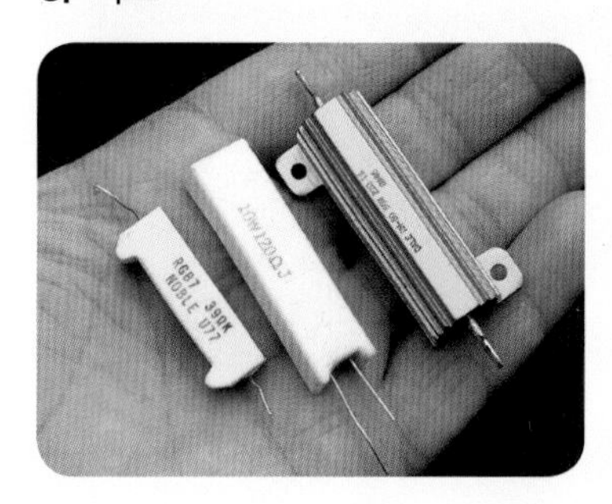

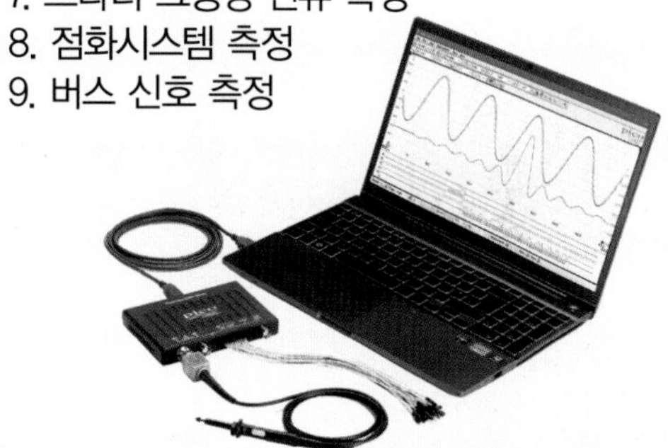

INTRODUCTION

❖ 이 책의 집필 동기와 방향은?

지난 40년 동안, 자동차 기술의 가장 큰 변화는 **'전기와 전자 기술'**을 자동차의 모든 분야에 통합하는 것이었다. 이러한 과정이 40년 전(전기식 시동, 전기식 점화, 조명)부터 시작되었다고 할 수 있겠다. 그런데 최근 들어 전자제어시스템이 폭발적으로 늘어났다. 앞으로 이 책에서 기술할 내용처럼, 일부 자동차에는 엔진을 제어하는 시스템에서부터 시트(좌석)를 조정하는 시스템, 도어의 잠금장치에 이르기까지 30종이 넘는 전자 시스템들이 적용되고 있다.

여러분은 단 한 권의 책으로 모든 기술을 총망라할 수 있다고 생각하는가?
그 답은 **"책 한 권으로는 할 수 없다"**이다.
그러나 필자는 "give someone a fish and you feed them for a day; teach them to fish and you feed them for a lifetime"–**"물고기 한 마리를 주는 것보다는 물고기를 잡는 방법을 가르쳐 주어서 평생을 해결하도록 하라"**라는 격언을 들려주고 싶다. 자동차에서 현실적으로 나타나는 고장의 문제를 해결하기 위하여 여러분은 충분한 배경을 조사할 뿐만 아니라 또한 이전에 잘 몰랐던 전기와 전자시스템을 이해하고 좋은 자질을 갖추어야 할 것이다.

이런 이유로 조명과 배터리를 비롯한 모든 회로를 제일 간단한 내용으로부터 시작하려고 한다. 여기서 필자는 여러 가지 형식의 회로(예를 들면, 직렬과 병렬 회로 등)와 함께, 전압, 전류, 저항의 개념에 대해 소개하려고 한다. 이 전기 3요소 없이 전기(또한 이후로는 전자)시스템을 이해하려고 하는 것은, 알파벳 없이 글을 쓰려고 하는 것과 마찬가지다.

❖ 각 장마다 특징이라면...!

그러면 스위치와 릴레이를 사용한 방법을 살펴보기로 하자. 관심을 가지고 스위치와 릴레이를 사용한 간단한 회로를 살펴보면, 수년 사이에 자동차의 변화에서 광범위하게 그것들이 사용되고 있음을 알 수 있다(견인력을 제어하는 방법이 개발되었고 액티브 전자식 스태빌리티 제어가 있으며, 신호의 On–Off를 위해 릴레이를 사용하여 모든 작동을 처리함).

제2장에서 다루는 이모빌라이저는 자동차의 도난을 방지하는 것으로써 가장 단순하지만 가장 효과적인 방법이다. 특별히 보안 수준이 높지 않은 구형 차량에 적용할 수 있는 방법이다.

제3장에서는 멀티미터를 사용하는 방법이다. 자동차 시스템의 작동에서 중요한 역할을 담당하는 전압, 전류와 저항 등을 확실하게 측정하는 방법을 제시한다. 여기서 모든 자동차의 조명장치, 시동시스템,

충전시스템과 점화장치 등의 여러 가지 형식의 전기시스템에서 고장을 신속하게 진단하는 방법을 설명한다. 이런 구형 전기시스템을 이해하면 멀티미터, 릴레이와 스위치 등을 사용할 수 있고, **제1장**에서 이런 내용을 알 수 있을 것이며, 다시 **제5장**에서 아날로그와 디지털 신호를 취급한 장으로 옮겨갈 수 있을 것이다. 이들 신호를 처리할 수 있으면, 당신은 크게 도약하는 단계에 이른 것이다. 여기서 통신 버스(예를 들면 CAN 버스)와 같은 기술을 마주하게 되면 아날로그 신호와 디지털 신호를 주파수와 듀티 사이클로 분석할 수 있다.

제6장에서는 전기회로를 작동시키는 저항기, 커패시터, 다이오드와 트랜지스터와 같은 전자부품이 어떻게 작동하는가를 살펴본다. 첫 장에서 설명한 개념을 잘 이해할 수 있도록 다음과 같은 내용을 제시한다. 얼마나 많은 전자시스템이 작동하여 자동차를 움직이는지 이해할 수 있을 것이다. 이 장의 설명은 어떤 회로의 구성은 몰라도 쉽게 고장을 진단할 수 있는 방법을 제시하고, 광범위한 자동차시스템의 작동을 알 수 있게 된다. 그러므로 회로에서 저항기를 제거하면 어떤 현상이 발생하며, 저항이 필요한 이유를 알 수 있다.

책 초반부에 멀티미터의 사용 방법을 제시하였고, **제7장**에서는 조금 복잡한 오실로스코프를 소개한다. 전자 기술의 눈부신 발전 중의 하나가 바로 오실로스코프이다. 지금은 가격이 많이 내려가 사용 범위가 더욱 넓어지고 있다. 스코프는 많은 전자시스템의 작동을 스크린에 표시해주며 그 밖에도 눈으로 볼 수 없거나 측정할 수 없는 현상을 그림으로 나타내 준다. 이 장에서는 거의 20매 이상의 스코프 패턴을 사용하여 파형이 어떻게 표시되는지 알아보았다.

이 책에서 가장 크게 취급한 **제8장**은 엔진의 관리를 설명하고 있다. 전자식연료분사장치(EFI) 외에 엔진 관리(즉, 연료 분사와 점화 제어)는 모든 자동차의 전자시스템에서 우선하여 일찍이 보급되고 확산되었다. 결과적으로 자동차전자시스템에 많은 매캐닉들이 기술 습득을 위하여 오랜 시간을 투자하고 있다.

이 장에서는 예를 들어, L-제트로닉에서 시작하여 ME-모트로닉에 이르기까지 보쉬시스템을 사용하여 엔진이 작동하는 방법을 설명한다. 이것을 사용한 배경에는 두 가지 이유가 있다. 첫째 보쉬는 자사시스템에서 실제로 고품질의 기술 자료를 사용할 수 있도록 공개하는 유일한 엔진 관리 제조 기업이기 때문이다. 둘째로는 업계가 거의 모든 엔진 구성 시스템과 구성부품에 대해 보쉬에서 제시한 큰 범주를 따르기 때문이다. 보쉬시스템을 이해하면 거의 모든 시스템을 이해하는 것과 마찬가지다.

제9장에서는 ABS와 에어컨과 같은 다른 자동차전자시스템을 설명한다. 별로 알려지지 않은 주변 시스템의 자동차전자장치에 대해서다. 그리고 그 다음 장에서는 보다 더 복잡한 자동차시스템의 고장 탐구에 대하여 살펴본다. 다행히 OBD(On Board Diagnosis)가 개발되어서 사람들이 pro-OBD 자동차에 관심을 갖게 되어 기본 개념을 설명하겠다.

끝으로 사용자가 구매하여 사용하는 차량에 집중적으로 설치되어 있는 전자식 모듈을 설명한다. 전자식 모듈은 차량에서 크게 개선된 점이라고 할 수 있다. 전자식 모듈은 저가로 설치가 가능하고 전력 소비가 낮은 장점이 있다. 필자는 모든 면에서 자동차의 전기와 전자식시스템에 익숙해져서 편리한 점이 많다는 내용을 소개하고 싶다.

❖ 달인의 반열에 초대합니다!

이 책을 통독한 후에 무엇을 더 읽어 볼 것인가? 자동차의 전기와 전자 시스템에서 가장 유효한 자료는 로버트 보쉬사에서 나온 책이라고 할 수 있다. 이 회사는 1886년에 창업되어 자동차의 전기와 전자 시스템의 거의 모든 분야를 선도하고 있는 회사이다(하이브리드 자동차에 대한 책은 뒤늦은 감이 있으나 그건 별도의 이야기). 보쉬사가 발행한 「**오토모티브 핸드북**」은 자동차의 모든 분야를 총망라하고 있다고 할 수 있다. 보쉬사의 출판물은 자동차의 초보자뿐만 아니라 전문가에게도 꼭 필요한 정보를 제공하고 있다.

당신이 구해야 하는 다른 정보는 당신이 소유한 자동차 제조사에서 발간한 출판물이다. 인하우스의 기술자료(주로 딜러 정비공들에게 새로운 시스템을 소개함)도 좋은 것들이 많다. 구형 자동차를 소유하고 있다면 제조사의 최근 매뉴얼을 구입하여 참고로 하는 것도 하나의 방법이다.

앞으로 계속 언급하겠지만 여기서 다시 말하자면, 이 책을 통달하면 제조사의 기술 자료와 함께 매우 유용하게 활용될 수 있을 것이다. 예를 들면 고장 코드(툴이 불필요한 것을 포함)와 일반적인 고장 탐구에 유용한 자료들을 다운로드하여 자유자재로 활용할 수 있게 될 것이다.

끝으로 자동차 전자 시스템과 친숙해진다면 미국의 자동차학회(SAE)에서 매년 발행하는 기술 자료를 활용하는 것도 도움이 된다. 그러나 이들 자료는 매우 고가이며, 전문가의 시각에서 쓰여져 아주 어렵다는 것을 명심하자.

– JULIAN EDGAR

7.5
15
25
BOSCH
12 V
10
30

Chapter 1
자동차의 전기

1. 회로
2. 직렬과 병렬 회로
3. 단락 회로
4. 현장에서 쓰이는 직렬과 병렬 회로
5. 전압
6. 전류
7. 저항
8. 볼트(V), 옴(Ω), 암페어(A) 사이의 관계
9. 전류, 전압, 저항의 관계식 사용
10. 단위

자동차의 전기와 전자 시스템이 작동하는데 기본적인 개념을 우선 이해하는 것이 필요하다. 예를 들면 회로에서 여러 가지 다른 형식의 회로와 전압, 전류와 저항 등을 자동차에 적용하여 설명하기로 한다.

1 회로

자동차에 적용하는 모든 전기 시스템은 회로로 구성되어 있다. 전기 회로를 더욱 구체적으로 정의하기 위하여 제일 쉬운 회로의 작동 원리를 설명한다. 그 다음에 직렬 회로와 병렬 회로를 살펴보며 자동차의 전기 회로가 어떻게 적용하여 활용되는가를 설명한다.

1. 점등 회로

자동차는 12V의 배터리가 설치되어 있다. 이것은 두 개의 단자로 구성되어 하나는 플러스(+)가 표시되어 있고, 다른 하나는 마이너스(−)가 표시되어 있다. 배터리에 12V의 전구를 플러스(+) 단자와 마이너스(−) 단자에 접속하면 점등이 된다. **그림 1-1**에서 보여주는 것처럼 회로가 완성되었기 때문에 전구는 점등된다. 전기는 플러스 단자에서 전구의 필라멘트를 통하여 마이너스 단자로 흐르게 된다.

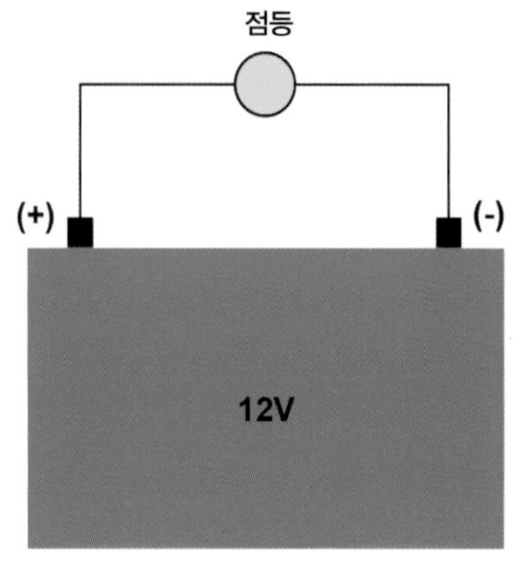

전기가 흐르는데 필요한 회로를 완성하고 그림과 같이 접속하면 점등된다.

[그림 1.1]

2. 회로의 단선

회로의 어느 부분이 단선되면 전구는 소등된다. 회로의 이런 현상은 전선이 끊어지거나 전구의 필라멘트가 단선 또는 스위치를 OFF시키는 경우에 발생한다. **그림 1-2**는 회로의 단선을 표시한 회로도이고, 이때의 전구는 소등이 된다. 회로의 작동에서 전기가 흐르는 배터리의 플러스(+) 단자로부터 마이너스(−) 단자에 이르기까지 모든 회로에서 고장이 발생할 수 있다.

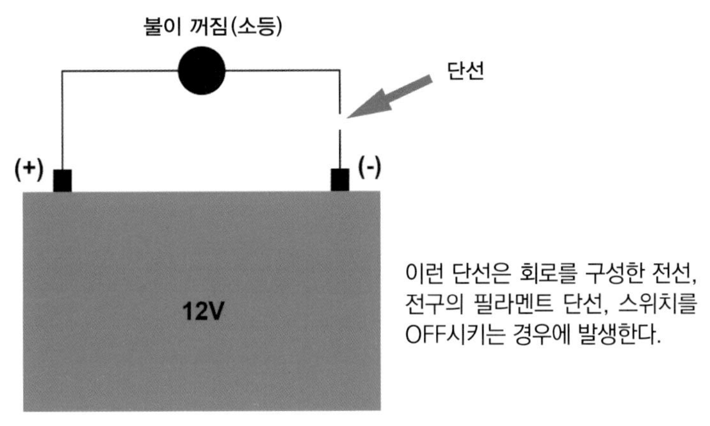

[그림 1.2] 회로가 단선되면 전구가 소등

3. 회로의 접지

자동차에서 배터리의 마이너스(–) 단자는 차체에 접속되어 있다. 자동차의 차체가 금속으로 되어 있기 때문에 아주 큰 전선으로서의 역할을 한다. 그러므로 전구의 한 단자를 배터리의 마이너스(–) 단자에 접속하는 대신, 바디에 접속하여 사용할 수 있다.(그라운드를 때로는 "어스"라고도 부른다.) 따라서 금속 바디는 배터리의 마이너스(–) 단자를 접지시키는데 사용한다. **그림 1–3**은 이런 내용을 표시한다. 우리는 불량한 접지가 헤드라이트의 깜박거림, 엔진의 작동 불량 원인이 된다는 것을 들어서 알고 있다.

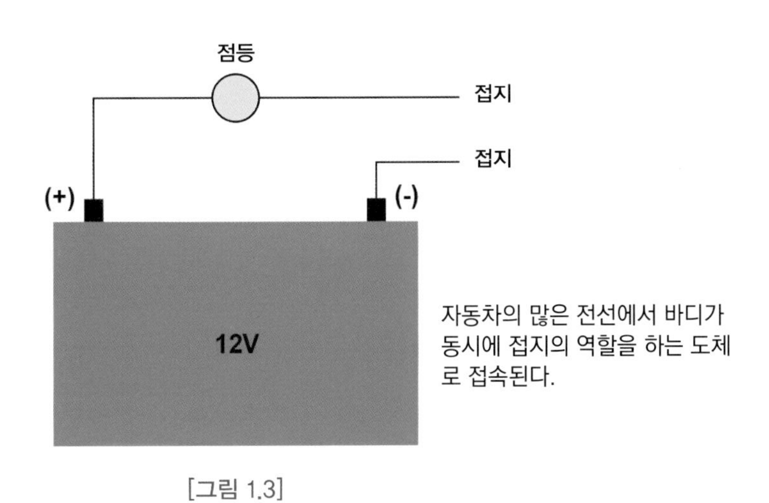

[그림 1.3]

2 직렬과 병렬 회로

회로는 기본적으로 직렬과 병렬의 2가지 방법으로 구성되어 있다. 앞에서 제시한 바와 같이 전구를 접속한 배터리를 상상해 보자. 이번에는 회로에 제 2의 전구를 추가로 연결해 보자. 기존의 회로를 끊어 제 2의 전구를 접속하면 전기는 배터리의 플러스 단자(+)에서 첫 번째 전구의 필라멘트를 거쳐 두 번째 전구의 필라멘트로 흘러 다시 배터리의 마이너스 단자(−)로 흐른다. **그림 1–4**는 이것을 그림으로 표시한 회로도이다.

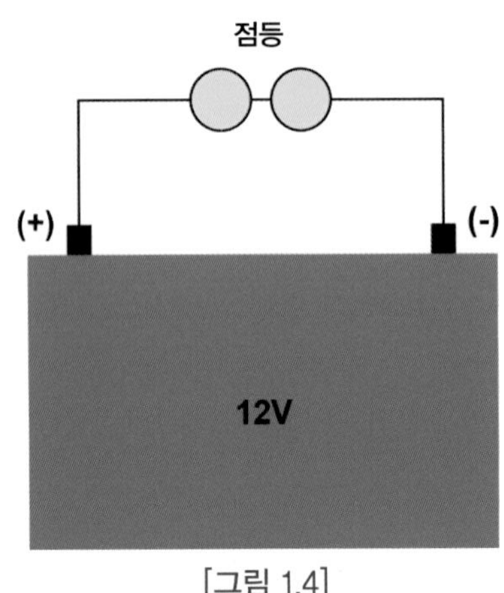

전구는 직렬로 접속되어 전기는 한 개의 전구에서 다른 전구로 흐르게 된다.

[그림 1.4]

1. 직렬 회로

그림 1–4와 같이 구성된 회로를 직렬 회로라고 하며, 전기는 1개의 전구에서 다른 전구로 흐르게 된다. 2개의 전구를 직렬로 접속한 회로에서 1개의 전구가 끊어지면 다른 전구도 점등이 되지 않는다. 같은 이유로 스위치를 OFF시키면 2개의 전구가 동시에 소등된다. **그림 1–5**는 스위치 한 개로 2개의 전구를 조정한다.

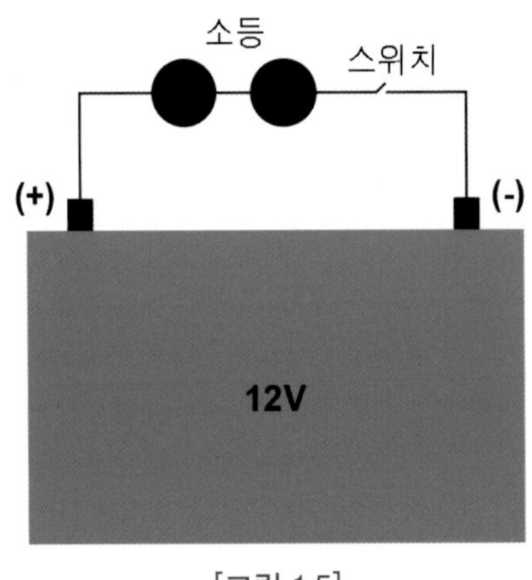

직렬 회로에서 스위치를 OFF시키면 양쪽 전구가 모두 소등된다.

[그림 1.5]

2. 병렬 회로

배터리에 2개의 전구를 접속하는 다른 방법이 있다. 전구를 순차적으로 접속하는 대신에 독립하여 배터리에 접속할 수 있다. 배터리에 첫 번째 전구를 플러스(+)와 마이너스(-) 단자에 연결하는데 연결이 간헐적일 경우 회로는 때때로 단선될 수 있다. 그 다음에 두 번째 전구를 같은 방법으로 접속한다. 이것을 그림으로 표시하면 **그림 1-6**과 같으며, 이런 형식의 회로를 병렬 회로라고 부른다. **그림 1-7**은 약간 다른 방식으로 구성된 동일한 회로를 보여준다. 이것도 역시 병렬 회로라고 부르며, 2개의 전구를 서로 병렬로 접속한 회로가 된다.

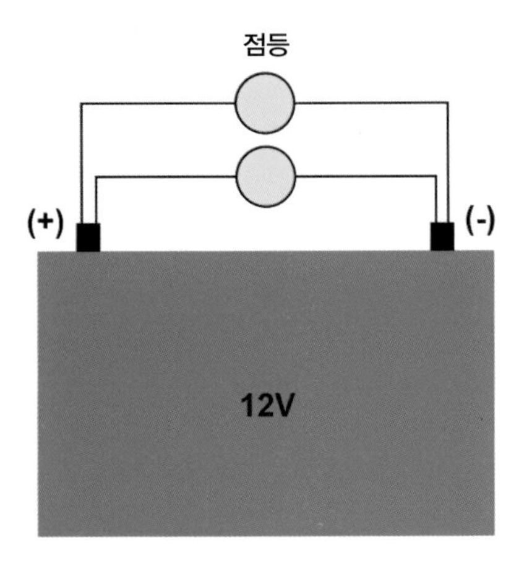

[그림 1.6] 전구를 각각 배터리에 병렬로 접속한 상태의 회로도이다.

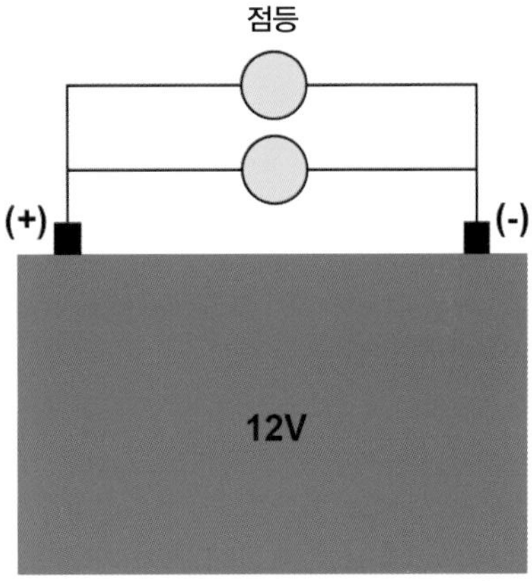

[그림 1.7] 이 배선 연결은 일반적으로 병렬에 사용하며, 병렬 회로를 배터리에 접속하는 방법이다.

2개의 전구를 병렬로 접속하면 1개의 전구가 끊어져도 다른 전구에는 영향이 없다. 같은 원리로 1개의 전구 회로가 단선되어도 다른 회로에는 영향이 없다. 자동차에서 대부분의 회로는 병렬 회로이며, 병렬 회로에서 전기는 각각의 부하에 분리되어 구성되어 있다. 반면, 직렬 회로에서 전기는 전체 부하에 연속적으로 흐른다. 직렬 회로에서 전구에 걸린 전압은 배터리 전압보다 낮은 전압이 걸린다.

직렬과 병렬 회로는 제일 단순한 회로에서 아주 복잡한 회로에 이르기까지 전기와 전자 회로의 작동에 나누어서 사용한다. 전압, 전류와 저항의 작용은 회로에서 직렬 또는 병렬로 구성되어 있는가에 따라서 영향이 다르다.

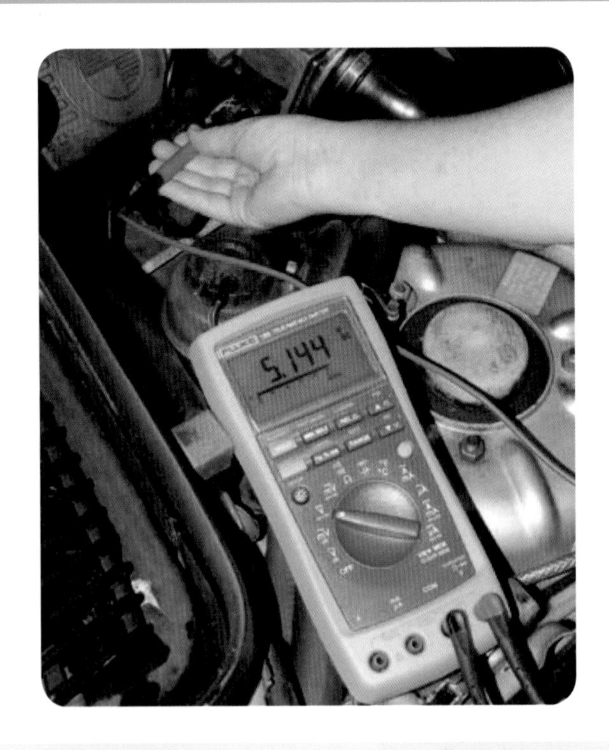

TIP

멀티미터는 전압을 측정하기 위하여 회로와 병렬로 접속하고, 전류를 측정하기 위하여 회로와 직렬로 접속하여 측정한다.

3 단락 회로

1. 단락 회로

정상적으로 전원을 공급하는 회로에서 어떤 전기의 구성요소를 통과하지 않을 때 단락이라고 하며, 전기가 마이너스 단자(–)로 바로 '단락' 될 수 있다. **그림 1–8**은 단락 회로를 표시한다. 이런 경우엔 전구가 점등되지 않을 뿐만 아니라 회로에 많은 전기가 흘러서 초기에 화재가 발생할 수도 있다.

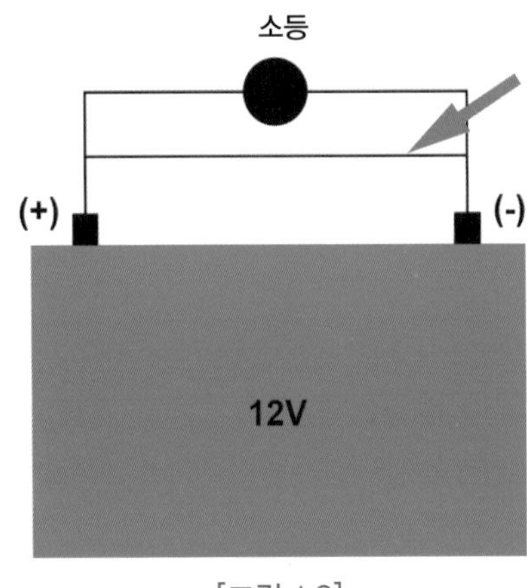

단락은 전기가 마이너스 단자(-)로 바로 흐를 수 있는 곳으로, 단락의 상황에서는 전구가 소등되고 단락된 부분은 열이 발생할 수 있다.

[그림 1.8]

TIP

퓨즈는 회로가 단락되었을 때 발생하는 과도한 전류의 흐름을 방지하는 역할을 한다. 여기서 7.5A의 블레이드 퓨즈를 검사하기 위해 탈거하고 있다. 사각 박스는 릴레이로서 다음의 장에서 설명하기로 한다.

2. 퓨즈

단락 회로로 인하여 발생하는 화재의 위험을 방지하고 회로를 보호할 목적으로 퓨즈를 사용한다. 퓨즈는 전류가 과도하게 흐르면 녹아서 회로를 차단시키는 가느다란 전선 조각이다.

기술의 발전에 따라서 여러 가지 종류의 퓨즈가 자동차에서 사용되고 있다. 30~40년 이전에는 자동차에 유리로 된 퓨즈를 사용하였으며, 이 퓨즈는 가느다란 전선을 유리관에 넣어서 만든 제품이 있다. 어떤 자동차에서는 세라믹 퓨즈를 사용하고 있으며, 퓨즈는 짧은 길이의 세라믹을 따라서 배선한 제품이다. 최근의 차량에는 블레이드 퓨즈를 사용하고 있으며, 퓨즈의 전선을 플라스틱 피복 내부에 장착시킨 제품으로 블레이드 퓨즈는 2가지 종류의 크기가 있다. 이들 모든 종류는 과도한 전류의 열로 인하여 가느다란 전선이 녹아 회로를 차단하는 역할을 한다.

차량에 따라서는 퓨즈 대신에 회로 차단기를 사용하는 경우도 있으며, 이 방법은 회로 차단기가 과도한 전류가 흐르면 스위치와 같이 회로를 차단하는 역할을 한다. 회로 차단기는 수동으로 원상 복구된다.

퓨즈는 자동차에서 종종 직렬과 병렬 회로를 구성하여 사용된다. **그림 1-9**는 퓨즈와 닫힌 스위치로 함께 완성된 헤드라이트 회로를 표시한다. 모든 전기는 퓨즈를 통하여 헤드라이트에 흐르도록 구성하였으며, 퓨즈는 헤드라이트와 직렬로 접속되어 있다.

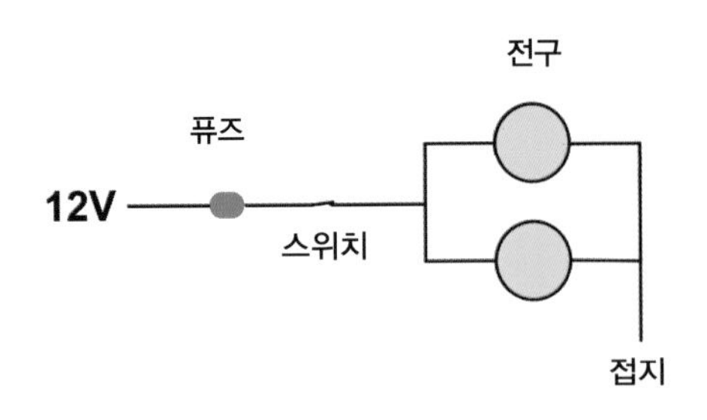

[그림 1.9] 여기서 직렬과 병렬 회로를 사용

헤드라이트가 서로 병렬로 접속되어 있으면 앞에서 본 바와 같이 직·병렬 개념을 테스트할 수 있다. 직렬 회로를 생각하여 회로가 열리면 부하는 차단된다. 퓨즈가 차단되는 경우를 생각하여 보자. 전구가 소등된다면 퓨즈가 헤드라이트와 직렬로 접속되었기 때문이다. 이제 한 쪽 헤드라이트 전구가 나간 경우를 생각하여 보자. 양쪽 헤드라이트가 모두 소등될까? 아니다. 헤드라이트가 서로 병렬로 접속되어 있기 때문이다.

4 현장에서 쓰이는 직렬과 병렬 회로

자동차에서 직렬과 병렬 회로의 방식은 항상 적용된다. 그래서 이런 방식이 얼마나 중요한가를 알 수 있으며, 더욱 많은 예를 살펴보자.

1. 제 2의 경음기를 추가 설치

과도한 경적 소리는 불쾌한 경우가 있다. 먼저 제 2의 경음기를 추가하는 것을 원하면 새로운 경음기를 설치할 위치에 전선으로 연결한다. 기존의 경음기에 2개의 전선을 연결하는 방법으로

① 원래의 경음기에서 전선을 절단하고 새로운 경음기의 전선을 접속한다. 또는
② 원래의 경음기 전선 부분을 벗기고 새로운 경음기용 전선을 접속한다.
방법 ①(직렬 회로)은 작동을 하지 않는다. 경음기는 각각 12V가 아닌 6V만 얻기 때문이다.
방법 ②(병렬 회로)를 사용해야 한다.

2. 하이브리드 자동차와 전기 자동차용 배터리

전기 자동차와 하이브리드 자동차에 사용하는 고전압 배터리 팩은 많은 저 전압 셀을 직렬로 접속하여 사용한다. 예를 들면 토요다 프리우스에 사용한 배터리 팩은 240개의 니켈 금속 하이브리드 셀(개당 전압이 1.2V)을 직렬로 접속하여 출력 전압이 288V이다. [개당 배터리의 전압이 1.2V인 것은 직렬로 접속하여 구성한 것이다. 즉 첫 번째 배터리는 1.2 V이고 두 번째는 2.4 V가 되어 전압이 점점 높아지게 되는 현상이다.]

만일 셀을 병렬로 접속하면 출력 전압은 계속하여 1.2V를 유지하게 된다. 전선을 접속하는 방법에 따라서 출력 전압은 1.2V 혹은 288V가 된다. 전선을 접속하는 방식에 따라서 이와 같이 엄청난 차이가 발생할 수 있다.

3. 멀티미터의 사용시

멀티미터의 사용에 대해서는 제 3장에서 더욱 상세하게 설명하고, 여기서는 멀티미터의 중요성을 인식할 필요가 있다. 어떤 측정에서는 회로에 병렬로 멀티미터를 접속하여 사용하는 경우가 있고, 회로에 직렬로 멀티미터를 접속하여 사용하는 경우가 있다.

예를 들면, 엔진의 에어 플로 미터의 출력을 측정하는 경우에 멀티미터의 마이너스(흑색) 프로브를 접지하고, 에어 플로 미터의 출력 단자를 플러스(적색) 프로브에 접속한다. 멀티미터는 에어 플로 미터 회로와 병렬로 접속하여 사용한다. (어떻게 하면 이것을 확인할 수 있을까? 멀티미터를 분리하면 에어 플로 미터에서 ECU까지 회로가 손상되지 않는다.)

다른 한편으로, 헤드라이트 회로에 흐르는 전류를 측정하기 위하여 회로를 열고, 멀티미터를 접속한다. 종종 퓨즈를 잠깐 빼고 퓨즈 홀더의 양측에 멀티미터의 프로브를 접속하는 작업이 제일 간단하다. 멀티미터를 헤드라이트 회로와 직렬로 접속하여 사용한다. (다시, 어떻게 이것을 확인할 수 있을까? 멀티미터를 잘 못 접속하면, 회로가 파손되면서 헤드라이트는 소등된다.)

5 전압

앞에서 살펴본 회로는 1개 배터리와 1개 전구로 구성되어 있다. 배터리는 "12 V"또는 12 볼트(V)로 표시되어 있다. 그러면 이것은 무엇을 의미하는가? 많은 전기 용어와 같이, 사용하는 것을 생각하면 제일 쉽게 이해할 수 있다.

예를 들면, 전기의 전압은 자동차의 연료 공급라인에서 연료의 압력과 같이 생각할 수 있으며, 자동차의 연료 펌프는 연료에 압력을 가하여 연료 공급라인을 통하여 인젝터에 밀어 넣는 역할을 한다. 배터리는 회로를 통하여 전류가 흐르는 원천이 되는 전기적인 압력을 발생하게 한다. 전기 압력의 크기를 전압(V)로 표시한다.

전기 스파크가 점프하는 거리가 멀수록 전압은 높아진다. 점화시스템은 20,000V 이상의 전압을 발생시켜서 이 높은 전압으로 플러그의 전극에서 스파크를 발생시킨다.

엔진이 정지되었을 때 자동차의 배터리 전압을 측정하면 12.5V이다. 그러나 엔진이 가동 중에 배터리는 발전기로 충전되어 전압은 13.8V 이상으로 상승한다. 이런 경우에 배터리 전압을 측정하려면 우선 엔진을 정지하고, 두 번째로 엔진을 작동시키면 발전기가 작동하고 있음을 알 수 있다.

동일한 방법으로 자동차 시스템에서, 전압은 종종 충전 상태를 표시하는 지침으로 사용한다. 예를 들면, 배기 라인에 있는 산소 센서는 혼합 가스의 농도에 따라 변화하는 출력 전압이 나타난다.(산소 농도의 세기 변화에 따라 출력 전압이 발생한다.) 협대역 센서의 경우 혼합기가 희박하면 0.2V이고, 혼합기가 농후하면 전압은 0.8 V가 된다. 이런 경우에 엔진을 관리하는 ECU는 센서로부터 나오는 전압을 측정하여 혼합기의 농도를 산출한다.

약 12V의 자동차 시스템 전압은 위험한 상태가 아니며, 정상적인 자동차 배터리 전압으로 전기적인 충격을 받지는 않는다. 그러나 앞에서 언급한 바와 같이 점화시스템은 고 저압을 사용하며, 이 전압으로 사람이 충격을 받을 수 있다. 하이브리드 자동차와 전기 자동차는 고전압 배터리를 사용하므로 매우 위험하다. 이런 이유로 자동차에서는 고전압을 전달하는 케이블로 오렌지 튜브를 절연 전선으로 사용한다.

6 전류

전류는 한 점을 지나서 흐르는 전기의 양이다. 연료를 공급하는 예를 사용하면, 파이프를 통과하는 초당 몇 리터(갤런)를 측정하여 표시하는 양이다. 전류의 측정 단위는 A(암페어) 이다. 전류가 많이 흐르기 위하여서는 굵은 전선이 필요하다.

퓨즈는 전류를 이해하는데 좋은 예이다. 앞에서 언급한 바와 같이 퓨즈는 내부에 아주 가느다란 전선이 있어서, 전류가 정격값 이상으로 흐르면 끊어지는 굵기이므로 전선이 녹아서 회로를 차단한다. 예를 들면, 자동차 라디오용 퓨즈는 정격이 5A이다. 라디오는 5A 이하에서 작동하여 퓨즈가 끊어지지는 않는다.

라디오에 전기를 공급하는 전선이 차체 브래킷과 절연체에 문질러지면 단락이 발생하고, 전류는 5A 이상이 흐르게 되어 퓨즈가 끊어질 수 있다. 동일한 라디오용 전선을 대형 자동차용 앰프에 사용하면 어떻게 될까? 이런 경우에 앰프에 5A 이상의 전류가 흘러서 퓨즈가 끊어질 수 있다. 이런 상황에서는 앰프에 새로운 높은 용량의 퓨즈를 자동차 배터리에 설치할 필요가 있다.

다음 표는 작동하는 자동차에 흐르는 전류의 예를 표시한 내용이다.(이들 데이터는 자동차에 따라서 다를 수 있다.)

코일과 자석이 내장된 어떤 장치도 처음 스위치를 닫으면 많은 전류가 흐른다. 전동기, 솔레노이드와 연료 인젝터 등은 이런 장치에 속한다. 솔레노이드와 인젝터는 스위치를 OFF시키면 피크 전압이 발생하며, 피크 전압의 발생 원인은 나중에 다시 살펴볼 것이다.

항목	전류값(A)
LED 내부 조명	0.25
낮은 빔 헤드라이트	7
라디에이터 환풍기(팬)	15
강력한 자동차 음향 앰프	35
최대 발전기 출력	120
시동 전동기	200

7 저항

저항은 물질을 통하여 전류가 흐른 것을 어렵게 하거나 쉽게 하는가를 표시하는 양이다. 실제로 저항의 재료를 절연체라고 부르며, 이것은 거의 전류가 흐르지 못한다. 다른 한편으로, 전류가 쉽게 흐를 수 있는 물질을 도체라고 부른다. 차량의 내부에 정상적인 전선은 양호한 절연체인 플라스틱 피복으로 감싸져 있는 양호한 도체이다.

앞으로 제시하는 저항은 전기의 흐름을 감소시키는 기능이 있다. 양호한 도체와 양호한 절연체 사이에는 많은 등급이 있다. 전기의 흐름을 방해하는 저항의 정확한 값은 Ω이라는 단위로 표시한다.

많은 엔진 관리 센서는 저항의 특성이 다양하다. 예를 들면, 냉각수 온도 센서는 온도에 따라서 전기 저항이 변화하는 하나의 저항기이다. 아래는 온도의 변화에 따라서 저항값이 변하는 냉각수 온도 센서의 저항값을 종합한 표이다.

온도(℃)	저항값(Ω)
0	6,000
20	2,200
40	1,200
60	600
80	350
100	190
120	110

저항기는 파이프에서 내용물의 흐름을 방해하는 역할과 아주 비슷하다. 앞에서 언급한 전압이 자동차의 연료를 공급하는 압력이라고 할 수 있고, 전류는 파이프 내부의 연료의 흐름과 같다고 할 수 있다. 파이프에 유량 제어 장치를 설치하면, 압력이 낮아지는 현상과 같은 원리로 저항기를 회로에 접속하면 전압이 강하한다. 여기서 다시 파이프를 따라서 흐르는 연료와 같이 전류가 많아질수록 저항기에서 발생하는 전압 강하도 높아진다.

TIP

점등된 전구의 규격은 W로 표시하는데 몇 A의 전류를 케이블에 공급하여 점등할 수 있는가? 와트(W)를 볼트(V)로 나눈 값이 암페어(A)이므로 전구의 와트(W)를 알면 전류를 쉽게 구할 수 있다.

8 볼트(V), 옴(Ω), 암페어(A) 사이의 관계

전압, 전류와 저항 사이에 수학적으로 정확한 관계가 있다. 이것을 옴의 법칙이라고 부른다. 예를 들면, 알고 있는 저항값으로 전압이 강하하는 것을 알고 있으면 이 저항기에 흐르는 전류 값을 계산할 수 있다.

그 식은:

암페어(A) = 볼트(V) ÷ 옴(Ω)

이 식을 다시 정리하면 다음과 같다:

볼트(V) = 암페어(A) x 옴(Ω)

또한

옴(Ω) = 볼트(V) ÷ 암페어(A)

더욱 친숙한 다른 관계식이 성립한다. **즉 이 식은:**

볼트(V) x 암페어(A) = 와트(W)

전기 용어인 W(Watt)는 자동차 엔진에서 출력에 사용하는 "W"(혹은 kW)와 같은 뜻을 가지고 있다. 엔진이 작동하여 발생하는 출력을 정격값으로 나타낸 것이다. 이것을 식으로 표시하면

다음과 같다:

암페어(A) = 와트(W) ÷ 볼트(V)

또한

볼트(V) = 와트(W) ÷ 암페어(A)

쉽지는 않지만 모든 식을 기억하는 것이 편리하므로, 볼트(V), 옴(Ω), 암페어(A)와 와트(W) 간의 관계를 기억해 두자.

9 전류, 전압, 저항의 관계식 사용

전압, 저항과 전류로 시작하여 이들 관계식의 예를 살펴보자. **그림 1-10**은 우리에게 친숙한 회로를 표시한 것이다. 하지만 이 회로는 우리가 전기를 공급해 온 조명보다는 저항기를 연결하였다. 이름에서 알 수 있듯이 저항기는 전기의 흐름을 방해하는 장치로 접속하였다.

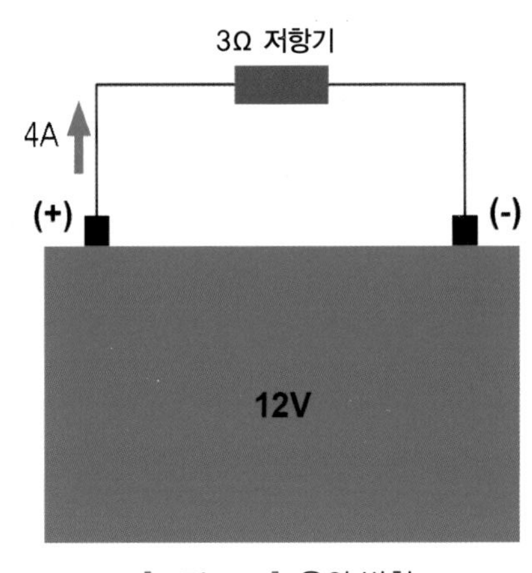

전기 회로에서 전압, 전류와 저항 사이의 관계를 표시한다. 여기서 두 가지의 값을 알면 제 3의 값을 구할 수 있다. 우리는 3개의 변수 중 2개를 알면 다른 변수를 찾을 수 있다.

[그림 1.10] 옴의 법칙

그래서 이 회로에서 3Ω의 저항기에 12V의 전압이 걸리면 이때 흐르는 전류는 4A가 된다. 또는 3Ω의 저항에 4A의 전류가 흐르면 회로에 걸린 전압은 12V가 된다.

와트(W)를 사용한 예를 살펴보자. 차량의 전조등을 점등하는 경우를 검토해 본다. 정격이 50W인 전구라고 하면 2개를 사용하기 때문에 100W의 전력을 공급할 필요가 있다. 정격 전력에 맞는 적당한 전선을 구하여 접속하여 사용한다. 이 전선에는 몇 암페어(A)의 전류가 흐를까? 와트(W) ÷ 볼트(V) = 암페어(A). 소비 전력이 100W이므로 자동차 시스템을 작동시키는 전압은 12V이다. 흐르는 전류는 100W를 12V로 나누면 알 수 있다. 그 답은 8.3A가 된다. 그러므로 10A의 케이블을 사용하면 된다.

정확히 동일한 개념을 더욱 강력한 시스템에 적용해보자. 하이브리드인 휘발유·전기 자동차는 30kW의 전동기와 288V를 공급하는 배터리 팩을 사용한다. 그러면 이 정도의 많은 전류가 흐르기 위해 필요한 전선은? 이때 흐르는 전류는 와트(W)÷볼트(V)가 되므로 30,000W(30kW)÷288V가 되어 104A가 된다. 이 정도면 케이블은 상당히 굵은 제품을 사용해야 한다.

더 복잡한 예는 어떨까? 누군가가 트레일러의 브레이크 램프가 매우 흐리다고 말한 경우를 가정해 보자. 당신은 멀티미터를 꺼내 트레일러의 플러그를 뽑고 자동차에 있는 소켓을 점검한다. 운전석에서 브레이크 페달에 발을 올려놓고 소켓에서 12V가 측정되면 정상임을 확인할 수 있다. 얼마나 굵은 케이블을 사용해야 하는가? 후방 브레이크 등은 매우 가는 배선을 사용한다. 직접 작동하는 상태를 살펴보자. 멀티미터를 사용하여 측정하였을 때 12V가 측정되면 정상이다.

여기서 실마리가 해결된다. 이전에 언급한 바를 상기하면 회로의 저항은 연료 파이프의 장애물과 비슷하다. 흐르는 전류가 낮으면 저항에서 전압 강하도 낮다. 멀티미터는 측정하는 회로에서 작은 전류를 흡수하므로 회로에 저항이 있으면 측정 전압이 표시되지 않는다. 어떤 일이 일어나고 있는지 확인하기 위해서는 많은 전류가 흐를 필요가 있다.

이제 트레일러의 플러그를 뽑고 소켓에서 측정하는 대신에 트레일러의 플러그를 꽂은 상태에서도 멀티미터로 측정할 수 있으며, 동일한 측정 방법을 다른 곳에도 적용할 수 있다. 이번에는 부하의 전압을 측정하여 그 값을 알 수 있으며, 전압이 단 8V라면 이것은 저항으로 인한 하나의 의심스러운 접속이다. 회로에 정확한 전류(암페어)가 흐르지 않으면 저항에서 발생하는 전압 강하도 확인이 되지 않는다.

전압 강하를 더욱 상세하게 살펴보자. 앞에서 언급한 바와 같이 볼트(V) = 암페어(A) × 옴(Ω)에서 흐르는 전류가 많을수록 주어진 저항에서 발생하는 전압 강하는 더 높아진다. 그러면 이제 많은 전류가 흐르는 예를 살펴보자. 시동 전동기는 엔진을 시동할 때 200A의 전류가 흐른다. 배터리에서 짧고 굵은 케이블을 통해 시동 전동기가 가동된다. 케이블이 짧기 때문에 전압 강하는 매우 낮아 0.5 V 정도이다. 즉, 엔진이 가동되면 배터리에서 공급되는 전압은 12.5V이고 시동 전동기에는 12V가 걸린다.

이제 자동차의 다른 쪽에 배터리를 옮겨서 엔진 룸으로 확장해보자. 배터리와 시동 모터 사이에 1m의 케이블이 아니라, 전체 케이블의 길이가 5m가 될 수 있다. 케이블의 저항은 정해져 있으므로 그 길이를 5배로 더 길게 하면 저항도 5배도 증가한다. 짧은 케이블은 0.5V의 전압 강하가 생기고 케이블 길이를 5배 더 길게 하면 전압 강하는 5 × 0.5 = 2.5V가 된다.

배터리의 위치를 변경하고 같은 길이의 케이블을 사용하면 시동 모터는 10V가 걸려서 전압이 너무 낮게 된다. 이것은 배터리를 자동차의 다른 부위에 옮겼을 때 발생하는 현상이므로 접속한 케이블이 더 굵어야 한다. 이상의 예에서 배터리 케이블의 저항은 얼마나 될까? 전압 강하는 전류가 200A 흐르면 미터 당 전압 강하는 0.5V였다. 옴(Ω) = 볼트(V)÷암페어(A)를 기억하면 12.5V ÷ 200A로 미터 당 케이블의 저항은 0.063Ω이 된다.

10 단위

지금까지 볼트(V), 암페어(A)와 옴(Ω)에 대하여 설명하였다. 여러 자동차에서 사용하는 단위는 다르다. 한 가지 예로서 10kΩ은 10,000Ω을 의미하며, 다음 표로 나타낸 바와 같이 친숙해진 단위를 제시한다. 볼트(V), 암페어(A)와 옴(Ω)의 약자로 표시하고, 여기서부터 우리는 이 약어를 사용할 것이다. 이 책에서는 계속하여 이들 약자를 사용할 것이다.

기본 단위	작은 양의 단위	큰 양의 단위
V	mV 1 mV=0.001V	kV 1 kV=1000V
A	mA 1 mA=0.001A	kA 1 kA=1000A (이 단위는 차량에서 드물게 사용된다.)
Ω	mΩ 1 mΩ=0.001Ω (이 단위는 차량에서 희귀하게 사용되며 중량급 케이블의 저항에서 표시한다.)	kΩ 1 kΩ=1,000 Ω (이 단위는 kΩ으로 표시하여 사용)

O
I

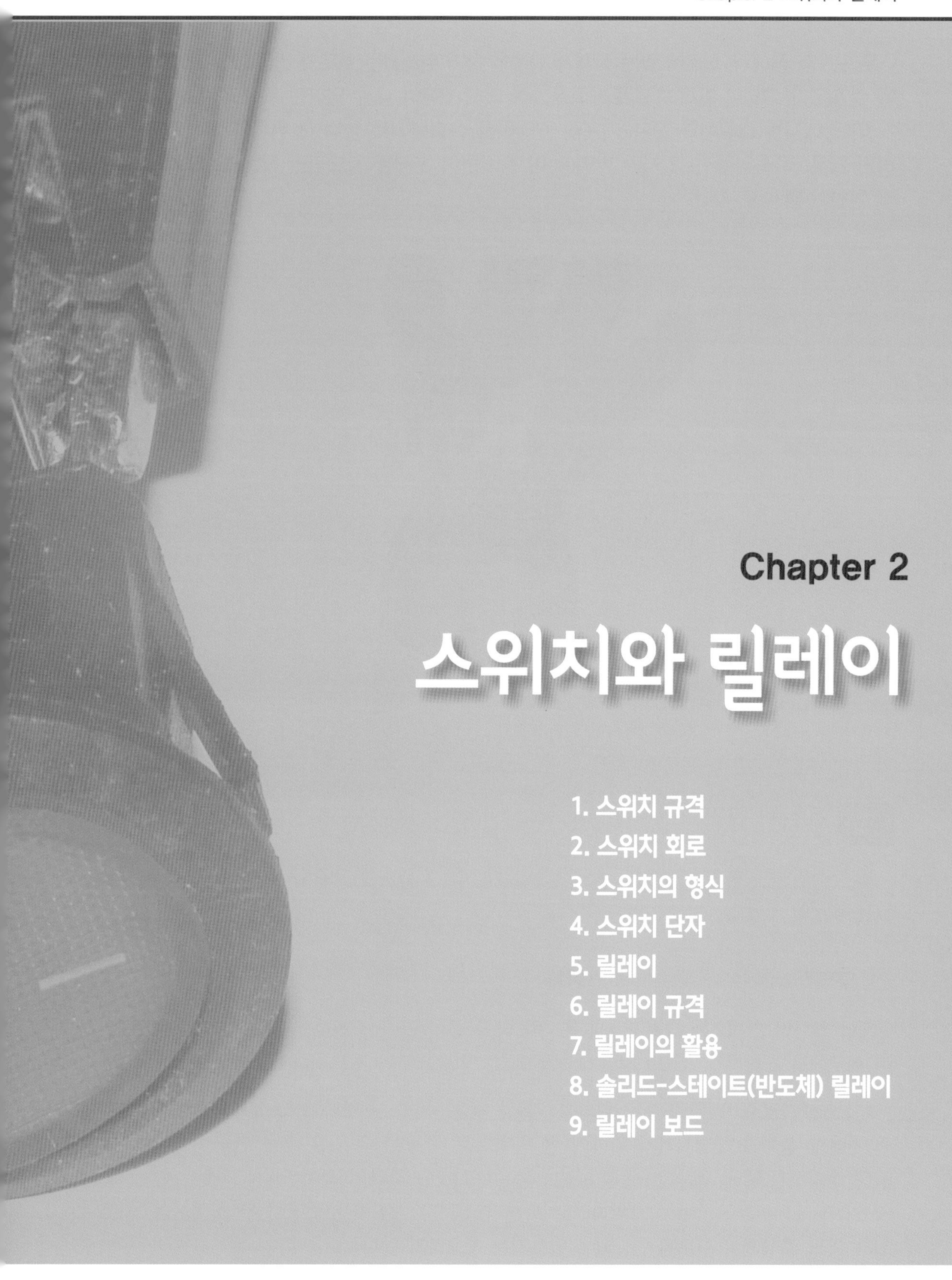

Chapter 2
스위치와 릴레이

1. 스위치 규격
2. 스위치 회로
3. 스위치의 형식
4. 스위치 단자
5. 릴레이
6. 릴레이 규격
7. 릴레이의 활용
8. 솔리드-스테이트(반도체) 릴레이
9. 릴레이 보드

우리는 앞 장에서, 회로에 있는 장치가 작동을 하기 위해서는 회로가 완전하게 구성되어야 함을 알 수 있었다. 그리고 이제 그 회로가 스위치에 의해 고장이 날 수 있다는 사실도 알 수 있다.

이 장에서는 스위치와 전기-기계식 릴레이를 살펴보기로 한다. 스위치와 릴레이를 잘 활용하면 많은 것을 얻을 수 있지만 반면에 이 장치들이 문제를 일으키면 작동의 어려움과 트러블의 원인이 될 수도 있다.

[사진 2.1] 12V 록커 스위치는 스위치를 닫으면 불이 켜진다.

1 스위치 규격

모든 스위치는 회로를 개폐하는 역할을 한다. 즉, 스위치를 조작할 때 서로 연결 또는 분리되는 접점이 있다.

1. SPST Single Pole Single Throw 스위치

제일 간단한 스위치는 **그림 2-1**에 표시한 바와 같이 간단한 회로를 스위치로서 열고 닫는다. 이 회로에서 스위치를 닫으면 전구가 점등되고, 열면 전구가 소등된다.

화살표를 "**극**"이라 부르고, 스위치를 열고, 닫을 수 있는 방향을 "**스로**throw"라 부른다. 이런 경우에 출력을 발생시키기 위하여 한 방향으로 작동할 수 있는 것을 단극이라 하며, 출력을 활성화하기 위해 오직 한 방향으로만 갈 수 있는 단 하나의 극이 있다. 그래서 이 스위치를 SPSTSingle Pole Single Throw 스위치라고 부른다. SPST 스위치는 접점이 두 개뿐이며, 이들 주위가 어느 방향으로 회로에 연결되어 있는지는 중요하지 않다.

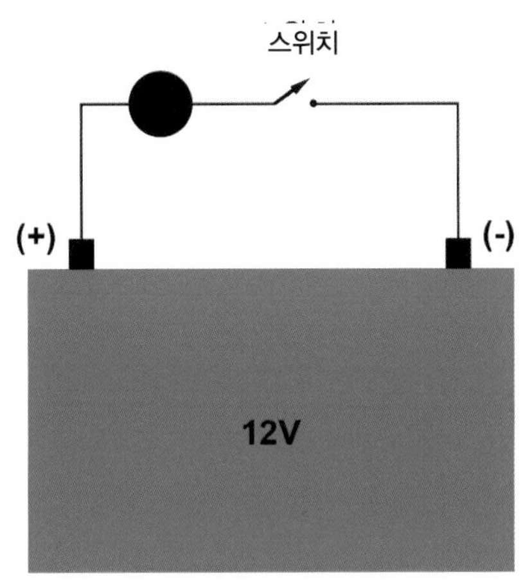

[그림 2.1] 스위치

제일 간단한 스위치는 그림으로 표시한 바와 같이 회로를 닫고 여는(ON, OFF) 스위치이다. 이런 형식의 스위치를 SPST(Single Pole Single Throw) 스위치라고 부른다.

이런 형식의 냉각수 온도 스위치는 라디에이터 팬을 작동시키기 위하여 사용한다.

[사진 2.2]

2. SPDT Single Pole Double Throw 스위치

다음과 같은 종류의 스위치를 생각하여 보자. 1, 2번 위치 스위치로서 두 가지의 다른 장치를 제어하는 경우를 상상해보자. 업up 위치에서 1개의 장치를 작동시키고, 다운down 위치에서 다른 장치를 작동시키키기를 원하는 경우에 사용한다. 이런 예로서, 시골길에서 큰 소리의 경적를 내고, 도시에서는 낮은 소리의 경적을 울리도록 경음기를 선택하는데 이 스위치를 사용한다.

그림 2-2는 2가지 경음기 회로에서 스위치가 2가지의 다른 장치를 제어하는데 사용하는 경우를 표시한다. 스위치는 싱글 폴(단극)로서 작동하고, 화살표 상으로 2가지 다른 방향으로 열고 닫을 수 있는 스위치를 사용 한다(즉 2가지의 다른 출력을 발생할 수 있다). 이 스위치는 2개의 스로(**"쌍극"**로 호칭)를 가지고 있다. 이런 형식의 스위치를 싱글 폴 더블 스로(단극 쌍투, Single Pole Double Throw, SPDT)라고 부르며 3개의 접속 단자가 있다.

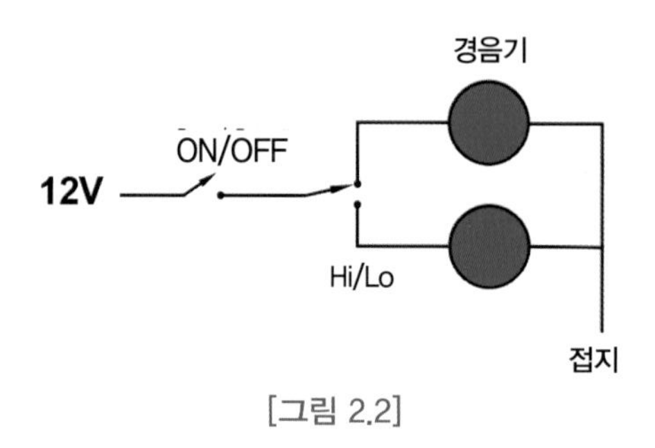

두 가지 다른 경음기(예를 들면 큰 소리와 낮은 소리)을 선택할 수 있는 회로이다. 서로 다른 다른 경적을 선택하는 오른쪽 스위치를 싱글 폴 더블 스로(단극 쌍투, SPDT) 스위치라고 부른다. 다른 스위치는 경음기 스위치이다.

[그림 2.2]

3. DPST Double Pole Single Throw 스위치(입력2, 출력1)

다음에 생각할 유용한 스위치 형식은 더블 폴 싱글 스로(쌍극 단투, Double Pole Single Throw) 형식이다. 싱글 스로 스위치와 같이 이런 형태는 출력 발생을 단 하나의 스위치에서 가능하다. 그러나 더블 폴로 설계되어 있기 때문에 동시에 전체적으로 2가지 다른 회로를 닫고 여는 동작을 한다.

예를 들면 장치가 동작하여 대시보드 경고등을 켜고 싶을 때이다. 스위치의 한 폴로 장치(예를 들면 펌프)를 작동시키고, 다른 폴은 대시보드 램프를 켤 수 있다. 이런 2개의 회로는 완전히 분리할 수 있다. 여러 상태에서 배선을 연결할 수 있으며, **그림 2-3**은 이 회로를 보여준다. 스위치에 4개의 단자가 있는 방식으로 스위치의 빨간색 막대를 두 접점이 움직임을 나타내며, 이를 절연 연결봉으로 생각할 수 있다.

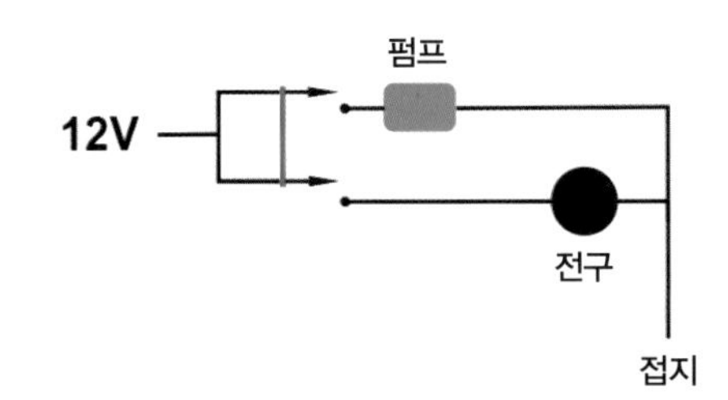

이 회로의 스위치를 더블 폴 싱글 스로(쌍극 단투, DPST) 스위치라고 부른다. 동시에 2가지 다른 회로로 구성되며, 여기서 대시보드 전구는 펌프 스위치를 닫으면 점등이 된다.

[그림 2.3]

더블 폴 더블 스로(쌍극 쌍투, DPDT; Double Pole Double Throw) 토글스위치. 2개의 중간 단자는 토글의 위치에 따라 각각 인접한 상단 또는 하단 단자에 연결된다.

[사진 2.3]

이제 스위치에 있는 폴과 스로의 숫자를 기본으로 하여 스위치 형식을 분류하면 다음과 같이 표시한다.

① 더블 폴 더블 스로 스위치(쌍극쌍투, DPDT–6 개의 단자)
② 싱글 폴 트리플 스로 스위치(단극3투, 3스로스위치, 종종 1P3T로 줄여서 사용–4 개 단자)
③ 싱글 폴 포 스로 (단극4투, 1P4T–5 개 단자)

3 또는 4(또는 그 이상) 스로로 구성된 스위치는 종종 로터리로 설계되어 있으며, 여기서 손잡이Knob로 다른 클릭 스위치를 돌려서 사용한다. 이것은 여러 가지 위치로 구성된 토글 또는 슬라이드 스위치로 되어있기 때문이다. 앞에서 기술한 스위치 외에도 추가로 폴과 스로를 다른 여러 가지로 결합하여 스위치를 만들 수 있다.

2 스위치 회로

1. 실내등 스위치 회로

자동차에서 사용하는 스위치의 작동을 살펴보자. 구형 자동차의 실내등은 도어 스위치를 직접 작동시켜서 점등한다. 일반적으로 각 도어 스위치는 자동차 도어를 열 때 접지시켜서 연결한다. 만일 일부 또는 모든 스위치를 닫으면 전구가 점등된다. **그림 2-4**는 4개의 도어 스위치로 구성된 회로를 표시한다.

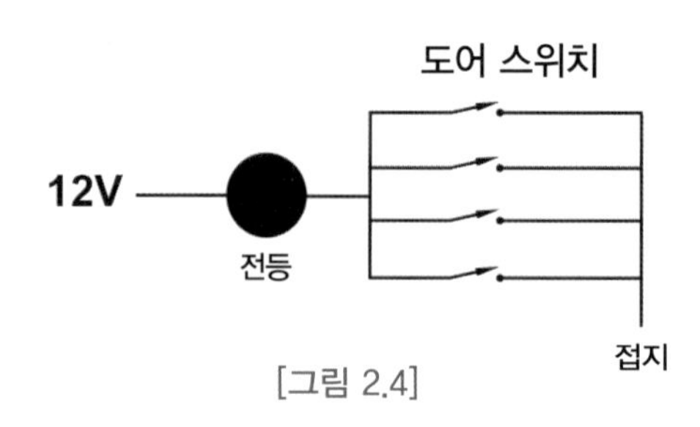

[그림 2.4]

이 회로는 스위치를 병렬로 전선을 접속하는 방법을 표시한 것이다. 4개의 도어 스위치는 실내등을 작동시키는데 사용한다.-일부 또는 전부의 도어를 열어서 실내등을 점등한다.

실내등을 생각해보자. 구형 해치백 자동차의 뒤편에 하나의 실내등을 추가해 보자. 해치가 열릴 수 있게 하여 수동식으로 **"항상 스위치가 닫혀진"**(노멀 클로즈) 위치를 선택하도록 하자. **그림 2-5**는 2개의 스위치를 사용한 회로를 표시한 것이다. 해치가 열리면 도어 스위치는 닫힌다. 그러나 ON 스위치는 SPDT 스위치를 선택하는 경우만 작동을 한다. SPDT 스위치가 다른 위치에 있으면, 실내등은 항상 켜진다.

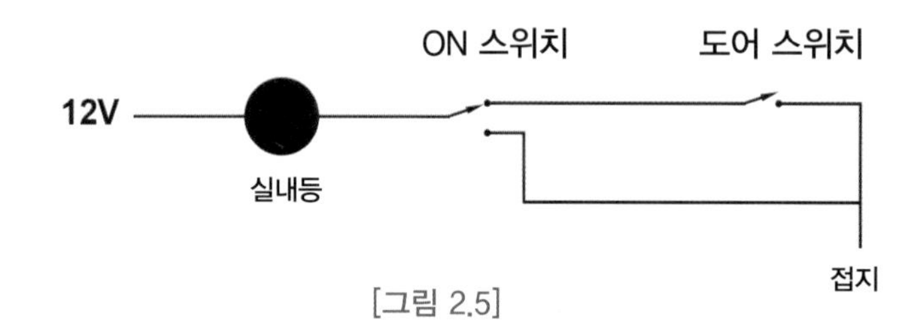

[그림 2.5]

실내등을 제어하기 위하여 2개의 스위치를 직렬로 접속하여 사용한다. ON 스위치는 항상 실내등을 점등하는 반면, ON 스위치가 다른 위치에 있을 때는 도어를 열면 실내등이 점등된다

2. 와이퍼·와셔 회로

특별히 여러 개의 전자식 제어 모듈을 사용하지 않는 구형 자동차에서 어떤 스위치는 아주 복잡할 수 있다. 예를 들면, **그림 2-6**은 1990년대 후반의 혼다의 와이퍼/와셔 스위치를 표시한 것이다.

와이퍼를 제어하기 위하여 2개의 스위치를 사용하는데 왼쪽 스위치는 와이퍼 속도용이고 오른쪽에 있는 스위치를 사용하여 'MIST'(단일 와이퍼, 안개 지역 운행 시 1회 작동)를 작동한다.

와이퍼 속도 스위치는 3폴 3스로(3P3T)로 설계되어 있다.(스로 사이의 접속을 표시한 적색 절연 바에 주의한다.) 그 위치들은 간헐적이고, 느리고, 빠른 속도를 제공한다. 'MIST'(단일 와이퍼) 기능은 더블 폴 싱글 스로(쌍극 단투, DPST) 스위치를 사용한다.

그림 2-6은 멀티-폴, 멀티-스로 스위치를 표시하며 혼다가 사용하는 방법을 표시한다. 그러나 모든 제조 회사가 이런 회로 다이어그램처럼 이 방법을 사용하는 것은 아니다.

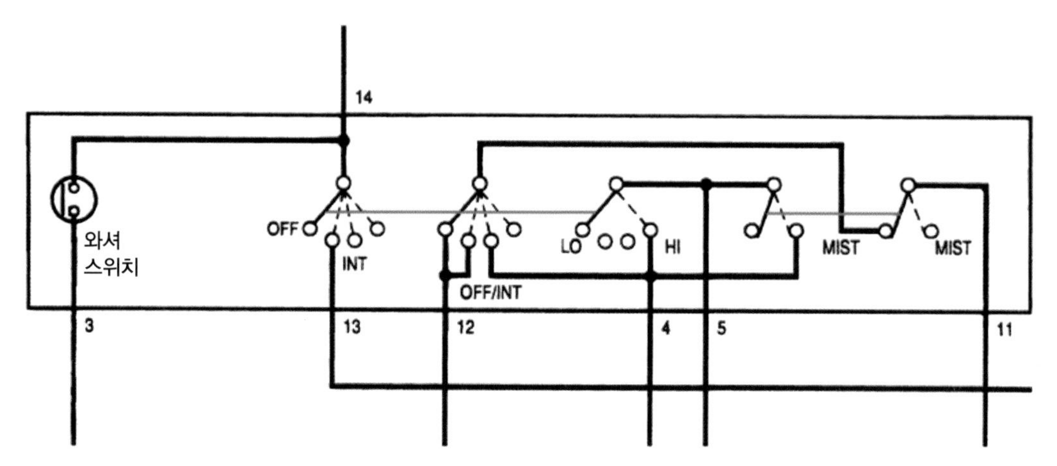

[그림 2.6] 앞유리 와이퍼 스위치

와이퍼를 제어하기 위하여 2개의 스위치를 사용한다. 좌측 하나는 와이퍼 속도용이고 우측 하나는 'MIST(싱글 와이퍼) 등을 동작시키는 기능이 있는 스위치이다. 와이퍼 속도 스위치는 3폴 3스로(3P3T)로 설계되어 있다. 적색 절연바는 스로 사이를 연결하는 것을 표시한다. 4가지 위치는 간헐적이고, 느리고, 빠른 속도를 제공한다. 'MIST' 기능은 더블 폴 싱글 스로(쌍극단투, DPST) 스위치를 사용한다. 맨 왼쪽에는 와셔 모터를 작동하기 위한 간단한 스위치가 있다. (혼다 제공)

3. 비상등 스위치 회로

그림 2-7은 토요다의 비상등 스위치를 표시한 것이다. 일부 단자들을 "오프off" 위치에 스위치를 연결하고, 다른 일부 단자는 "온on" 위치로 연결하여 표시한 것으로 다른 도표 개념을 택할 수도 있다.

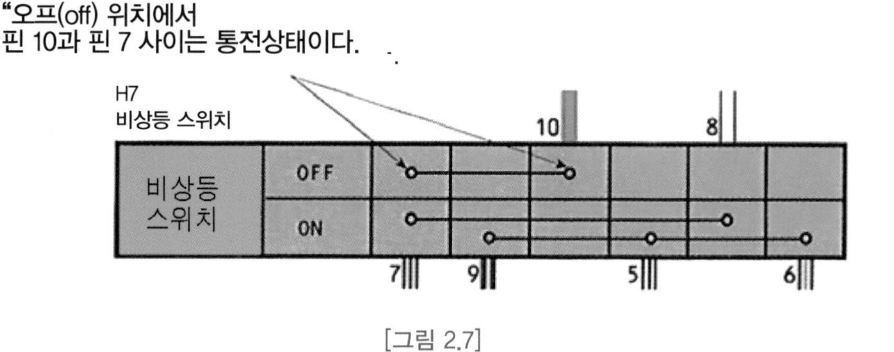

[그림 2.7]

여기서 스위치는 다른 개념으로 사용하였다. 단자 연결 바는 단자를 "오프(off)" 위치에 스위치를 연결하고 다른 단자는 "온(on)" 위치에 스위치를 연결한다. (토요다 제공)

3 스위치의 형식

폴과 스로의 수 외에도 스위치는 여러 가지 유형이 있다. 토글(레버를 사용)과 로터리(회전하는 3 또는 4 또는 그 이상) 스로로 구성된 스위치는 종종 로터리로 설계되어 있으며, 여기서 손잡이를 사용하는 방식의 스위치를 앞에서 언급한 바 있다. 게다가 이것 외에도 로커 스위치, 푸시 버튼 스위치 등 많은 다른 종류가 있다.

1. 모멘터리 스위치

어떤 스위치는 순간적인momentary 기능이 있는 것으로 이들을 모멘터리 스위치라 하며, 이 스위치는 해제될 때 저상위치에서 재 시작된다. 대부분의 순간 기능 스위치는 "상시 열림NO" (이것들은 동작하면 회로는 닫혀 진다.) 방식도 있지만 어떤 순간 기능 스위치는 "상시 닫힘NC" 방식도 있다–(이것들은 작동하면 회로는 열려진다.)

모멘터리 푸시 버튼은 정상적으로 열림 또는 닫힘 작동을 할 수 있는 좋은 예의 스위치이다. 도어 스위치는 일반적으로 닫혀지는 순간 스위치로서 도어의 닫힘으로 인해 스위치가 열리게 된다.

2. 정격 전압과 전류 스위치

스위치에 흐르는 전류와 걸리는 전압으로 규격을 정한다. 거의 모든 차량에 적용하는 스위치의 정격 전압은 12V로 대부분의 스위치보다 낮은 전압이 걸린다. 다른 한편으로 스위치에 흐르는 정격 전류는 초과하기 쉽다. 예를 들면 제 1장에서 언급한 바와 같이, 양쪽에서 사용하는 전등이 50W를 소비하는데 필요한 전류를 보면 8.3A에 견딜 수 있는 전선이면 충분하다. 이들 전등을 직접 스위치로 열고 닫기 위하여 적어도 10A의 정격인 스위치가 필요하다.

전기 모터는 먼저 스위치를 닫으면 많은 전류가 흐르며–예를 들면, 라디에이터 팬은 25A의 전류로 작동하고 팬이 작동 중일 때 15A로 줄어든다. 이런 부하 전류는 작은 용량의 스위치에는 부담이 된다.(그러면 팬을 어떻게 작동시키는가? 릴레이로서 한 순간에 작동시킨다.)

3. 기타 스위치

다른 스위치들은 어떤 물리적인 상태가 충족되면 자동적으로 동작한다.

(1) 온도 스위치

40°C가 되면 자동적으로 닫히고 35°C가 되면 열린다. 자동차 음향 앰프를 제어하는 팬은 이런 종류의 스위치를 일반적으로 사용한다.

(2) 엔진 오일 압력 스위치

엔진 오일 압력이 설계값 수준을 초과하면 오일 압력 스위치가 열린다. 이들 스위치는 오일 압력이 낮아지면 대시보드의 경고등이 작동하도록 스위치가 닫힌다.

(3) 관성 스위치

일부 구형차들은 연료가 주입된 상태에서 자동차가 충돌 또는 뒤집혔을 경우, 관성 스위치를 사용하여 연료 펌프를 정지시켰다.

새로운 적용 분야에 사용하기 위하여 스위치를 선택하면 몇 가지 단계로 스위치를 바르게 사용하도록 지원해 주고 있다.

① 회로에서 몇 개의 폴과 스로로 구성된 스위치가 필요한 가를 결정하여 스케치한다.
② 스위치 형식(예를 들면 푸시 버튼, 로커, 로터리, 모멘터리 스위치 등)을 결정한다.
③ 특별히 푸시 버튼을 선택하면 정상적으로 개폐가 되는가?
④ 정격 전류는 얼마인가?

많은 경우에 전자제품에서 일반적인 용도로 판매되는 스위치가 특정 자동차의 스위치보다 더 적절하다.

4 스위치의 단자

1. SPST Single Pole Single Throw 스위치 단자

스위치를 구성한 폴과 스로가 많아질수록 스위치 단자의 구성을 알기가 더욱 어려워진다. 다른 한편으로, SPST 스위치는 사용이 쉽고 단자가 단 2개이며, 회로에 접속하는 것이 간단하다. SPST 스위치에서는 정상적인 라인에 접속하는데 3개의 단자 접속이 필요하다. 3개 단자의 중심은 2개의 다른 단자로 전환할 수 있는 극이다.

2. DPDT Double Pole Double Throw 스위치 단자

DPDT 스위치는 SPDT의 구조와 비슷하며, 3개 단자와 2개의 스로가 있다. 그러나 회전 및 비정상적인 스위치의 설계는 지금까지 설명한 스위치만큼 간단하지 않을 수 있다. 이 경우 멀티미터 또는 전원 공급기에 **'통전'** 기능을 사용하여 어느 단자가 어떤 단자인지 파악하여야 한다.

일부 스위치에는 조명이 내장되어 있는데 때때로 스위치가 활성화 되면 표시등이 켜진다. 다른 설계에서도 대시보드 조명의 일부로 밤에 조명이 점등되도록 설계되어 있다.

전구를 대시보드 조명으로 사용하면 2개의 단자가 필요하다. 이것들은 종종 작고 여러 색상이며, 메인 스위치 단자도 된다. 반면에 스위치를 작동시킬 때 조명이 켜지도록 설계되었다면 조명을 위한 단자는 아마도 한 개뿐일 것이다. 다시 말하자면 이 단자는 어떤 방법으로는 기능이 표시될 것이다. 이 단자는 보통 접지로 연결하여 다른 단자의 하나에 전력을 공급하도록 접속한다. 전구용 모든 스위치는 직류 12V의 정격용을 사용해야 한다.

5 릴레이

릴레이는 전자석으로 동작하는 스위치이다. 전자석(또는 코일)은 단 2개의 단자가 있다. 이들 단자를 전원에 접속하면 전자석이 작동하여 스위치의 접점(“**콘택트**”라고 부른다)을 끌어당긴다. 이 경우 딸깍 소리가 들릴 것이다.

대부분의 릴레이는 코일의 접점이 접속될 수 있도록 회로를 구성하여 사용한다. 하지만 일부는 다이오드를 사용하여 릴레이에 전력을 공급하는 트랜지스터를 보호한다.(제 6장에서 더 상세히 설명한다.)

[사진 2.4]

싱글 폴 더블 스로(단극쌍투, SPDT-때로는 “체인지 오버”라고 부른다) 자동차용 릴레이를 표시한 것이다. 위쪽의 릴레이에 설치가 용이하도록 커넥터 플러그에 전선을 접속하면 왼쪽 사진과 같이 사용이 용이한 형태가 된다.

1. 릴레이 단자의 구성

이것들은 간단한 스위치로 릴레이는 정확하게는 접점으로 구성된 일종의 스위치라고 할 수 있다. SPST Single Pole Single Throw 릴레이는 작동하여 1개의 접점으로 회로가 닫히는 역할을 한다. DPST Double Pole Single Throw 릴레이는 2개의 접점으로 작동하여 회로를 닫는다. 스위치를 이해하면 쉽게 릴레이를 알 수 있으며. 릴레이는 항상 코일에 2개의 단자가 있다.

자동차용 SPST 릴레이에서 단자는 표준화하여 숫자로 표시한다. 코일 연결부는 85 또는 86이며, 내부 스위치를 위한 두 연결부는 30과 87이다. 그러나 대부분의 일반적인 릴레이는 단자를 숫자로 표시하지는 않는다. 단자의 기능 대신에 보통은 릴레이 몸체에 작은 그림으로 표시한다.

2. 릴레이의 기능

일반적으로 SPST 릴레이를 작은 전류로 큰 전류를 제어하기 위하여 활용한다. 예를 들면 많은 전류를 사용하는 라디에이터 팬을 제어한다는 사실을 앞에서 언급한 바 있다. 실제로 라디에이터 팬을 제어하기 위하여 간단한 온도 스위치를 사용하는 것이 가격이 저렴하고 사용이 쉽다.

그런데 중간에 릴레이를 사용하면 온도 스위치는 릴레이 코일에 필요한 작은 전류만 처리할 필요가 있는 반면, 팬의 작동 자체의 스위칭은 릴레이의 고전류 접점에 의해 처리된다. **그림 2-8**은 이 회로를 표시한 것이다.

작은 전류가 큰 전류를 제어할 수 있도록 릴레이를 사용하는 또 다른 예로는 전자 모듈을 사용하여 장치를 제어하는 것이다. 대부분의 전자 모듈은 고전류 부하(예 – 사이렌, 펌프 또는 팬)를 직접 구동하지 않고, 그 대신 힘들게 작동하는 릴레이로 구동한다.(제 11장에서 이들 모듈을 설명하겠다.)

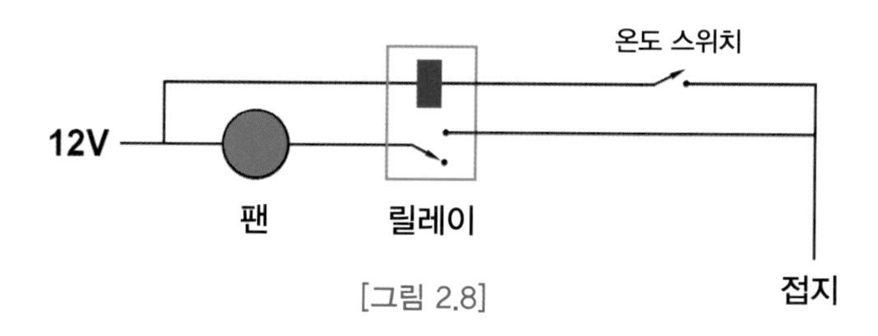

[그림 2.8]

저전류로 동작하는 온도 스위치는 라디에이터 팬을 동작시키는 릴레이를 작동시키기 위해 사용한다. 녹색 상자는 릴레이이며, 청색으로 표시한 4각형은 릴레이 코일을 나타낸 것이다.

(1) SPST Single Pole Single Throw 릴레이

SPST 릴레이는 큰 전류를 작은 전류로 제어하기 위하여 사용하며, 자동차에 일반적으로 이용하는 표준 제품이다. 예를 들면 헤드라이트, 경음기, 연료펌프, 공기압축기 클러치, 라디에이터 팬 등을 들 수 있다.

(2) SPDT Single Pole Double Throw 릴레이

SPDT 릴레이(때로는 **"체인지 오버"** 릴레이라고 호칭)는 2가지 장치를 제어하기 위하여 사용한다. 예를 들면 한 편은 스위치가 열리고 다른 한 편은 스위치가 닫히는 현상이다. 이런 종류의 릴레이가 필요한 곳은 2가지 다른 연료의 압력을 개폐하는데 필요한 연료 시스템에서 찾아볼 수 있다.

연료 압력을 높이기 위하여 솔레노이드 밸브를 닫고 동시에 연료 펌프 스위치를 닫는다. 두 장치 모두 적당한 전류를 흘려주면 큰 전류가 흐르는 릴레이를 사용한다. **그림 2-9**는 이 회로를 표시한 것이다.

자동차 SPDT 릴레이 단자에 다음과 같은 코드를 사용한다. 코일 접속은 다시 85와 86으로 표시하고 정상적으로 개방된 출력은 87로 표시하며, 정상적으로 닫힌 출력은 87a, 입력은 30으로 표시한다.

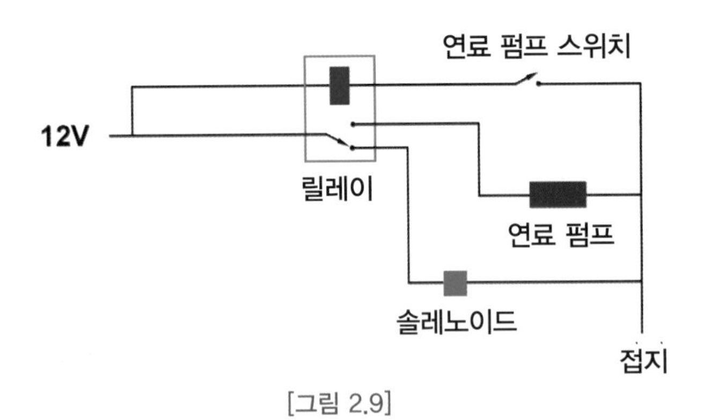

연료 압력을 변경하기 위해 솔레노이드의 전원을 차단하여 작동을 정지시키고 동시에 연료 펌프를 작동시키기 위하여 전원을 공급할 수 있는 SPDT 릴레이를 사용하였다

[그림 2.9]

(3) DPDT Double Pole Double Throw 릴레이

DPDT 릴레이는 동시에 2가지 다른 종류의 회로를 개폐하는 일을 한다. 이런 형식의 릴레이는 다음과 같은 동작을 한다.

① 2가지의 완전히 독립된 회로를 작동시킨다.
② 한 회로는 정지시키고 다른 회로는 작동시킨다.
③ 2개의 완전히 독립된 회로를 정지시킨다.

이러한 릴레이는 자동차 용품점에서 흔하지 않아 코드화된 핀 번호가 없다.

그렇다면 DPDT 릴레이의 용도는 무엇인가? 다시 한 번, 내가 개조 작업을 한 자동차를 예로 들어보겠다. 필요한 것은 ECU로 향하는 2개의 산소 센서 입력 신호의 전선을 분리하는 것이었다.

12V 더블 폴 더블 스로(DPDT) 릴레이. DPDT 스위치를 앞에서 보았듯이 6개의 단자가 어떻게 구성되어 있는지에 확인 하였으며, 그것들은 스위치와 같은 방식으로 작동한다. 2개의 추가 단자는 코일용이다. 투명한 케이스를 통하여 코일에 전원을 공급할 때 릴레이 접점이 움직이는 것을 보는 것은 흥미롭다.

[사진 2.5]

산소 센서에서 ECU로 향하는 두 개의 신호 선은 완전하게 분리되어 있어야 하므로 함께 연결될 수 없어 SPST 릴레이를 사용할 수 없었다. 대신 DPDT 릴레이가 사용되었다.(실제로 더블 스로 릴레이가 필요는 없었지만 SPDT 릴레이보다 DPDT 릴레이가 더 일반적이다.)

더블 스로 릴레이는 일반적으로 닫혀 있는 접점과 열려 있는 접점이 있다. 우리는 스위치의 이러한 발상들에 익숙하지만, 릴레이에서는 릴레이 코일에 전원이 공급되지 않을 때 정상적으로 닫힌 접점이 릴레이 코일에 전원이 공급되지 않는 상태에 있다는 것을 알아야한다. 즉, 릴레이에 전원이 공급 될 때는...

① 정상적으로 닫힌 접점은 개방 회로로 이동한다.
② 정상적으로 열린 접점은 닫힌 회로로 이동한다.

릴레이는 작은 전류로 큰 전류를 전환하는 데 사용될 수 있지만, 릴레이의 또 다른 중요한 기능은 회로의 기능을 반전시키는 것이다. 예를 들어, 무언가가 꺼지면 다른 항목이 자동으로 켜진다.

자동차에 대한 것은 아니지만, 내가 릴레이 사용을 온전히 처음으로 고려했던 예를 들어 보고자 한다. 나는 열두 살 때 도난 방지기 알람을 설정하고 싶었다.(방에 몰래 들어오는 형이나 동생을 잡는데 좋음!). 나는 와이어가 끊어졌을 때(예를 들어, 창문을 열면 스위치가 열리는 현상) 사이렌을 작동시키는 회로를 원했다. 즉 하나의 회로가 꺼지면 다른 회로가 켜지는 것인데, **그림 2-10**에 표시한 바와 같이 릴레이는 이러한 논리의 반전을 쉽게 달성한다.

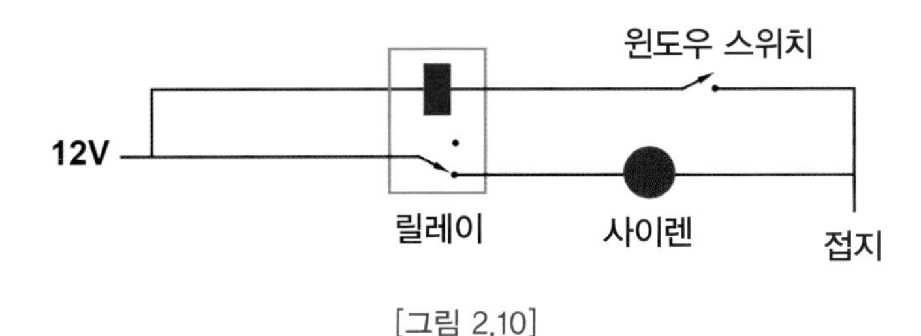

여기서 릴레이는 인버트 논리를 구성하기 위하여 사용하였다. 간단한 가정용 도난 방지 경보기 스위치로, 창문을 열면 SPDT 릴레이는 스위치를 연다. 그래서 사이렌이 작동한다.

[그림 2.10]

그러면 자동차의 예는? 압축기와 솔레노이드 밸브 블록을 사용한 에어 서스펜션 시스템을 최근 제작하였다. 밸브 블록에서 특정 밸브가 열릴 때마다 압축기를 꺼야 한다. 그렇지 않으면 압축기는 공기를 개방 밸브를 통해 대기로 펌핑한다. 복잡한 것 같지만 정상적으로 닫힌 릴레이를 밸브와 병렬로 연결된 코일, 압축기와 직렬로 연결된 접점을 추가함으로써 밸브가 열릴 때마다 압축기가 비활성화 된다는 것을 의미한다.

작은 릴레이는 작은 전류로 작동할 때 사용된다.-이후에 더 상세하게 설명하겠다.

릴레이의 한 가지 흥미로운 용도는 **'래치 릴레이** Latch Relay'이다. 래치 릴레이는 정상적인 DSPT(DPDT) 릴레이로, 트리거 된 후 계속 켜져 있도록 연결되어 있다. 이런 동작은 순간적으로 버튼을 열 때 발생한다. 종종 이 회로는 다른 것을 누르면 동작하지 않으며, 일반적으

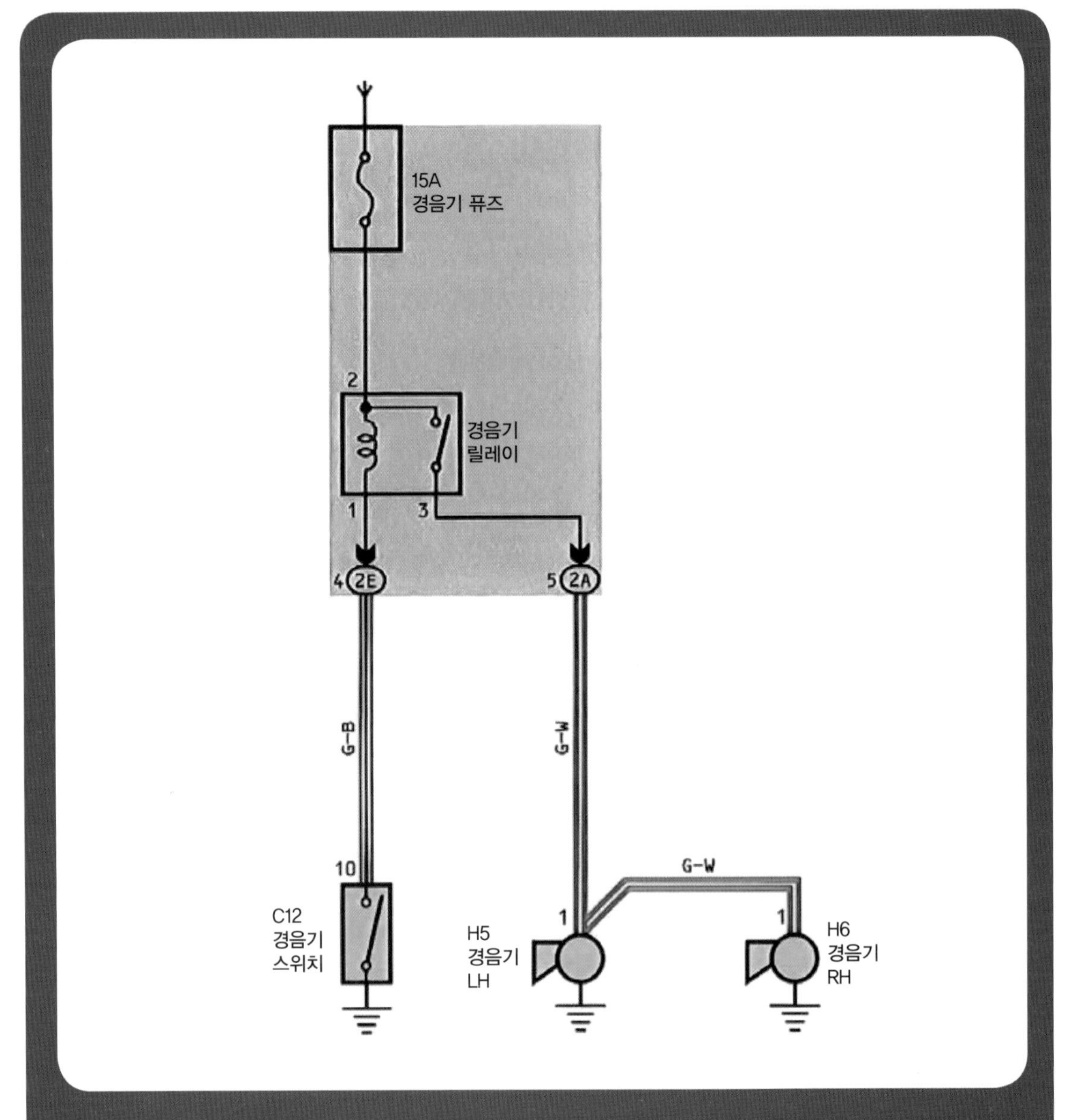

회로도의 심벌

자동차 회로도에서 스위치와 릴레이용 표준 기호는 없다. 예를 들면 릴레이에 사용하는 4각형의 빈 블록과 같이 전선의 일부로서 코일을 표시한다. 또는 대각선이 안에 있는 정사각형처럼 표시한다. 릴레이 접점은 제조사에서 스위치를 표시하는 방법과 동일하게 표시하거나 아주 다른 방법으로 표시한다.

스위치는 회로도에서 특별한 기호로 표시하지 않는다. 스위치는 항상 접점의 개폐로 표시하며, 릴레이는 코일과 접점으로 구성되어 있는 것을 표시한다. 릴레이와 스위치에서 폴과 스로는 무엇을 의미하는가? 접점이 열리고 닫히는 것은 무엇을 의미하는가? 릴레이는 어느 부분의 코일을 동작시키는가? 이것을 먼저 알고 회로를 이해하면 아무런 문제가 없다.

이 토요다 회로도에서 경음기 릴레이는 전선의 코일로 구성되어 있으며, 정상적인 스위치와 동일한 방법으로 릴레이 스위치 접점을 표시한다. 그러나 제조사가 이런 방법을 모두 사용하는 것은 아니다.

로 버튼을 닫거나 또는 릴레이의 전원 스위치를 열면 이런 현상이 발생한다. 2개의 릴레이를 사용하여(릴레이가 래치 되도록 배선을 할 때) 자동차가 시동되기 이전에 매우 특별한 상태에서 정지를 쉽게 할 수 있다. **그림 2-11**은 이런 회로를 표시한 것이다.

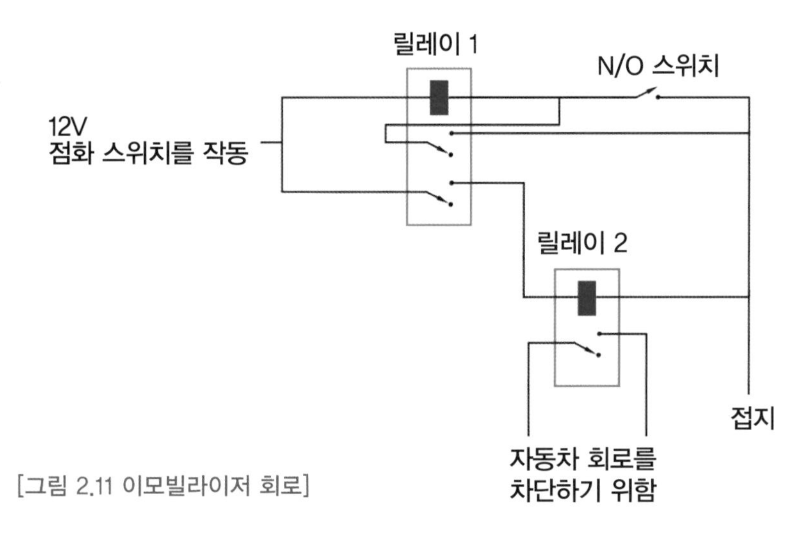

[그림 2.11 이모빌라이저 회로]

이 이모빌라이저(도난 방지) 회로는 2개의 릴레이와 1개의 개방(N/O) 푸시버튼 스위치를 사용한다. 이 회로는 "차량이 정지된 상태"의 회로를 나타낸 것으로 연료 펌프 또는 점화 스위치와 직렬로 접속된 릴레이 2가 개방 회로가 되어 엔진의 작동이 멈춘 상태이다. 차량을 운행하기 위해 엔진을 작동시키려면 열려 있는 N/O 푸시버튼 스위치를 누르면 된다.

이것은 릴레이 1의 코일에 전원을 공급하므로 접점을 위로 당겨 엔진이 시동되며, 푸시버튼 스위치를 놓은 상태에서도 전원이 계속 공급되도록 한다. 릴레이 1의 제 2 접점은 릴레이 2의 코일에 전원을 공급하므로 접점을 위로 당겨 연료 펌프 및 점화 장치에도 전원이 공급된다. 점화 스위치를 끄면 릴레이 1의 스위치는 자동으로 개방이 되어 엔진의 작동이 정지 된다.

여기서 실제로 좋은 트릭이 있는데, 리드 스위치를 만들어 주변에 있는 자석을 사용하여 스위치가 닫히도록 한다. 자동차를 운행하기 위하여 엔진을 시동할 때 대시보드의 플라스틱 부품 뒤편에 숨어있는 리드 스위치를 자석을 이용하여 작동시킨다. 일반적으로 이모빌라이저 시스템이 설치된 자동차의 원격 조정기(트랜스폰더) 내부의 자석을 사용한다.

나는 내구성이 크고, 2가지의 역할을 하는 릴레이를 즐겨 사용한다. 원하는 차량의 전기 시스템에 전선으로 연결하여 사용하면 작동이 잘 이루어진다.

[사진 2.6]

이 벤츠에는 배선 밑에 12V 점화 릴레이와 각양각색의 퓨즈가 엔진 룸에 배치되어 있다.

6 릴레이의 규격

릴레이 접점의 접속 방법(SPST, DPDT 등)에 추가하여 적어도 중요한 3가지 이상의 규격이 있다.

1. 코일의 전압

그 명칭이 암시하는 바와 같이 코일의 전압은 릴레이 코일을 작동시키는 전압을 기준으로 한다. 모든 차량용 릴레이는 12V로 작동하도록 설계되어 있다. 일반적으로 12V 릴레이는 차량의 전압에 문제가 없으며, 이 전압은 14.4V까지 증가할 수 있다. 그러나 여러 가지의 경우에서 특별히 자동차용으로 설계되지 않은 릴레이도 사용할 수 있다.

예를 들면, 낮은 전류 신호로 개폐되는 일반 목적의 릴레이는 더 저렴하고 차량용 릴레이보다 더 다양하게 접속하여 이용할 수 있다. 이런 경우에 12V로 작동하는 릴레이를 선택하여 사용해야 한다. 예를 들면, 12V 시스템에 5V 코일 릴레이를 사용할 수는 없다.

2. 코일의 전류

코일의 전류는 릴레이 코일에 전원을 공급할 때 전류의 크기를 말한다. 코일의 전류 규격은 직접 mA(1A의 수 천분의 일정도)로 표시하거나 또는 간접적으로 회로의 저항으로 표시한다. 매우 민감한 릴레이는 코일의 내부 저항이 360Ω 정도이다.

13.8V로 작동하는 차량용의 경우에 13.8V ÷ 360Ω이면 코일의 전류는 0.038A 또는 38mA이다. 다른 말로 표시하면 릴레이를 작동시키는데 사용하는 스위치의 전류는 38mA라는 의미가 된다. 이것은 매우 낮은 전류이다.

대표적인 차량용 릴레이는 코일의 내부 저항이 80Ω 이상이고 코일의 전류는 170mA(13.8V ÷ 80Ω=0.17A) 이다. 릴레이를 사용할 경우 멀티미터로 저항을 측정한 다음 계산을 수행하면 코일에 전류가 얼마나 많이 흐르는지 쉽게 알 수 있다.

3. 최대 접점 전류

이 규격은 릴레이의 접점이 허용하는 최대 전류를 의미한다. 스파크를 피하기 위하여 안전계수를 사용하며, 회로에서 스위치에 허용되는 전류값의 최대 전류값은 릴레이 규정값보다 작은 값이다. 차량의 릴레이는 정격 전류값으로 25A, 30A와 그 이상인 60A가 있다.

최대 전류의 규격을 점검하는 것이 필요하다. 직류 전압이 표시되어 있으며, 차량용은 전압이 13.8V이다. 예를 들면 릴레이의 정격 전압은 240V AC(교류)에서 전류는 10A와 12V DC(직류) 전압에서 10A 전류와는 다른 규격이다.

자동차용 표준 릴레이(4각 케이스에 단자가 표시된 것)는 내부의 품질이 다양하다. 한번은 내 자동차에 강력한 주행등을 장착하고 밤에 시험하러 나갔던 때가 기억이 난다. 외부의 교통 체증에 직면했을 때 강력하게 점등되었던 헤드라이트가 꺼지지 않았는데 그 원인은 릴레이가 "온 on" 위치에서 고착되어 있었다.

릴레이를 떼어내 보니 제조될 때 접점의 두 면이 평행하지 않다는 것을 알게 되었다. 그래서 스위치가 온ON 될 때, 릴레이 접점의 접촉 불량으로 많은 전류가 작은 접점의 표면을 통하여 흐르고 접점이 녹아서 달라붙었다. 따라서 품질이 양호한 릴레이를 구입하여 사용하는 것이 좋다.

릴레이에 대하여 표시된 항목으로 수명(릴레이의 작동 수명으로 수백만 회)과 응답 시간이 포함된다. 추후의 자동차 사용에서 거의 중요하지 않은 사양이다.

7 릴레이의 활용

다음과 같은 단계에 따라서 더욱 간단하게 활용할 수 있다.

① 회로도를 그린다. 첫 단계로 전선을 표시하는 간단한 회로도를 그린다. 전선을 릴레이 코일에 접속하였을 때 릴레이의 접점이 열리고 닫히는가?

② 필요한 릴레이의 형식을 정한다. 1개의 배선으로 스위치의 개폐가 필요하면, SPST로 설계한다. 2개의 배선이 스위치에 필요하면 DPST 또는 DPDT로 설계된 것을 사용한다. 체인지 오버(1개의 장치는 스위치가 열리고 또 다른 장치는 스위치가 닫힌다)는 SPDT나 또는 DPDT로 설계된 것을 사용한다.

③ 각 단자의 기능을 작동시키고 표준 자동차 릴레이 표면의 숫자 표시를 읽어본다. 만일 일반용 릴레이라면 몸체에 표시된 회로도를 살펴본다. 이런 정보가 없으면 단락을 보호하는 전원과 멀티미터의 사용에서 주의해야 하며, 각 단자의 기능을 동작시켜본다. 과도한 고전압으로 시험하지 않으면 릴레이가 파손되지는 않는다.

④ 먼저 릴레이 코일에 전선을 연결하여 릴레이가 정상으로 작동하는 지 점검한다.

솔리드-스테이트 릴레이는 마모 없이 반복하여 고 전류로 개폐할 수 있다. 이런 릴레이는 기계식 접점 대신 스위칭을 하기 위해 대형 트랜지스터를 사용한다.

[사진 2.7]

8 솔리드-스테이트(반도체) 릴레이

고전류 부하를 자주 개폐시키는 회로는 솔리드-스테이트 릴레이 사용을 선호한다. 솔리드-스테이트 릴레이는 전자석과 기계식 릴레이의 접점으로 작동하는 대신에 전자식 스위치(용량이 큰 트랜지스터)를 사용한다. 이것들은 SPST 설계로만 이용이 가능하다.

SPST 릴레이의 경우 4개의 배선으로 2개는 저 전류용이고, 다른 2개는 전력용으로 구성되어 있다. 그러나 기계식 릴레이와는 다르게 솔리드-스테이트 릴레이의 모든 전선은 극성이 있으며, 이것들은 표시되어 있는 네거티브(-)와 포지티브(+)를 확인하여 배선을 하여야 한다.

솔리드-스테이트 릴레이를 구입할 때 메인 AC(교류) 파워를 제어하기 위하여 사용하는 경우 DC-DC 릴레이인지, 일반적인 경우는 아니지만 DC-AC로 설계되어 있는가를 확인하여야 한다. 또한 릴레이는 최대 연속 전류 규격이 충분해야 하는데, 예를 들면 연속 전류가 40A 등이다. 규격을 살펴보고 릴레이의 연속 정격 전류가 짧은 시간 내에 2, 3배로 충분한가를 살펴본다. 의심스러운 경우 릴레이의 현재 용량을 높인다.

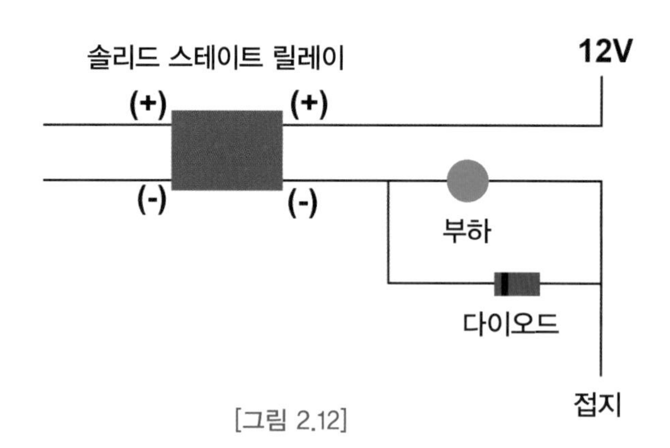

[그림 2.12]

전기 모터와 같이 유도성 부하를 개폐하기 위하여 솔리드-스테이트 릴레이를 사용하는 경우 다이오드를 사용하여 역기전력으로부터 릴레이를 보호해야 할 필요가 있다.

유도성 부하(코일과 자석으로 구성된 것)를 개폐하면, 이들 장치는 스위치가 개방되어 역기전력에 견딜 수 있는 솔리드-스테이트 릴레이로 회로를 보호한다. **그림 2-12**로 표시한 바와 같이 장치에 접속된 다이오드로서 문제를 해결할 수 있다.

9 릴레이 보드

차량용 표준 릴레이는 종종 차량의 회로에 추가로 릴레이 보드를 사용하며, 물론 고장이 난 표준 플러그-인 릴레이 대신으로 사용한다. 그러면 새로운 회로를 어떻게 설계할 것인가? 이 경우에 유효한 저가의 릴레이 모듈 하나를 이런 목적으로 사용하는 것이 적당하다.

이런 릴레이는 고 전류 릴레이, 고 전류용 스크루-형식 접속 단자와 저 전류 배선 단자, 종종 LED 릴레이를 보드에 부착하여 온on/오프off (개폐)를 지시하는데 사용한다. 추가로 많은 종류의 릴레이 모듈은 트랜지스터 제어를 위해 사용하며 아주 작은 전류가 흘러도 스위치가 작동하는데 용이하도록 회로를 설계한다.

많은 릴레이를 사용. 이것은 고객의 에어 서스펜션 시스템의 일부로 쿼드 릴레이 보드 한 쌍을 사용하였다. 차량의 프런트 좌우와 리어 서스펜션용 릴레이를 나타낸 것이다(2개의 릴레이는 사용하지 않는다). 이들 릴레이는 각각 SPDT로 설계되어 있으며 2개의 제어 보드(낮은 쪽)를 작동시키는 트랜지스터로 개폐 작용을 한다.

릴레이는 에어 스프링에 에어의 공급 및 배출을 제어하는 에어 솔레노이드를 작동시키기 위해 사용된다. 사전에 구성된 릴레이 보드를 사용하면 주문 설계에서 다수의 릴레이를 사용해야 하거나 매우 작은 전류로만 릴레이를 작동시키는 회로를 제작할 때 시간과 노력을 절약할 수 있다.

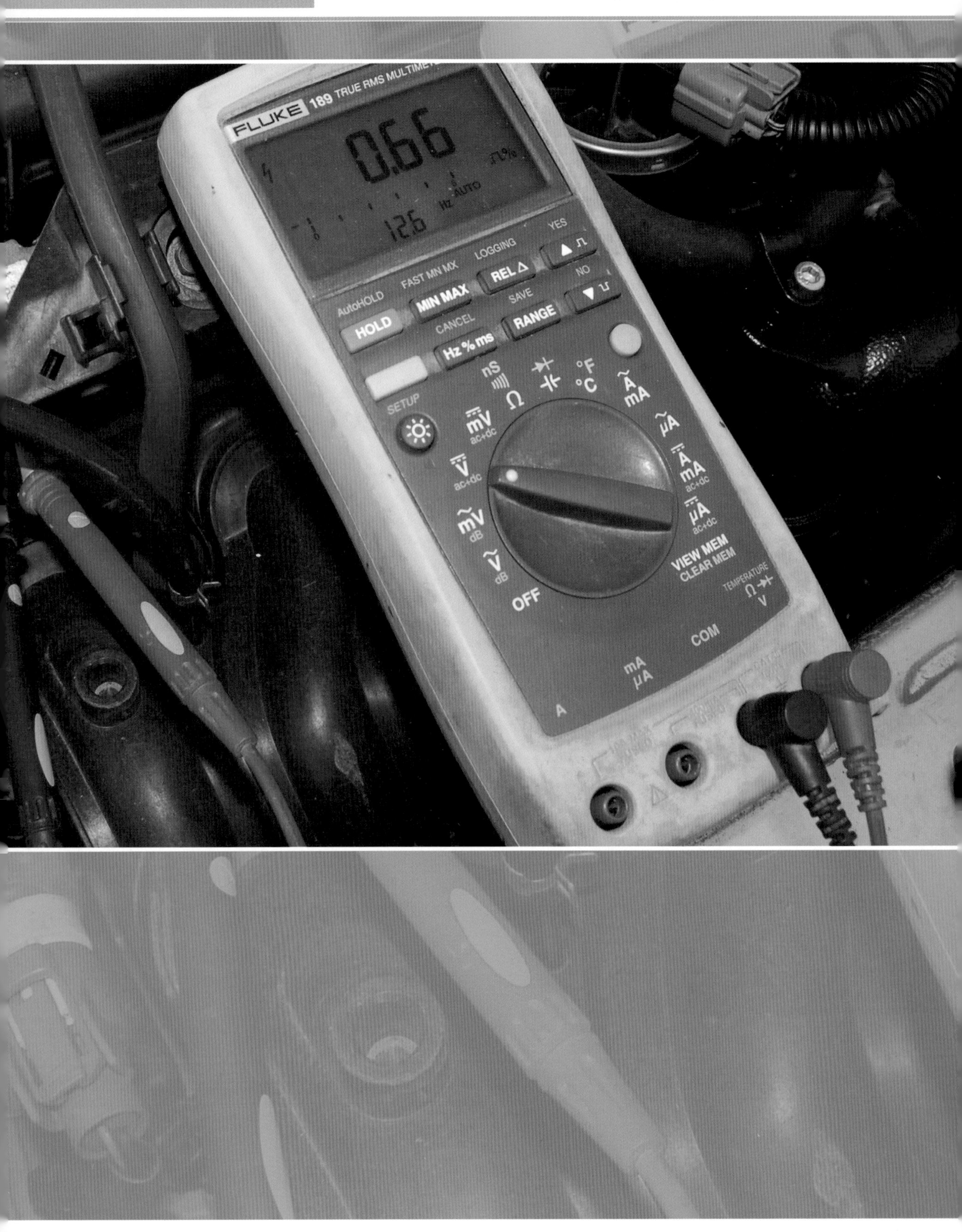
FLUKE 189 TRUE RMS MULTIMETER
0.66
12.6
AUTO
AutoHOLD
HOLD
FAST MN MX
MIN MAX
LOGGING
REL Δ
YES
CANCEL
Hz % ms
SAVE
RANGE
NO
SETUP
OFF
VIEW MEM
CLEAR MEM
TEMPERATURE
COM
mA
μA
A

Chapter 3

멀티미터

1. 멀티미터의 특징
2. 멀티미터의 액세서리(부속품)
3. 멀티미터의 구입
4. 멀티미터의 활용
5. 멀티미터의 기록

자동차에서 전기와 전자 시스템을 효과적으로 정비하기 위하여 멀티미터를 사용할 필요가 있다. 이 장에서는 멀티미터의 특징을 살펴보고 그 활용 또한 검토해본다. 앞부분 두장의 내용 구성에서 직렬과 병렬 회로, 스위치와 릴레이 등에 친숙해지기 위하여 노력해보자.

[사진 3.1] 저가의 멀티미터

주파수, 듀티 사이클에 추가로 전압(V), 전류(A) 및 저항(Ω) 등을 측정할 수 있다.

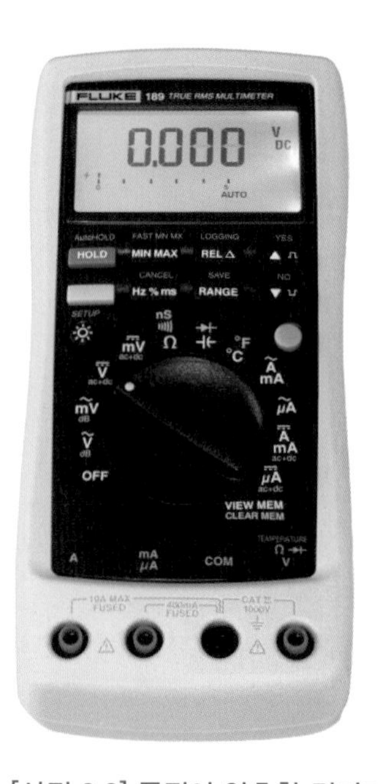

[사진 3.2] 품질이 양호한 멀티미터

필자가 수년 동안 사용하고 있으며, 백라이트가 있어 어두운 곳에서도 활용이 용이하다.

1 멀티미터의 특징

멀티미터는 여러 가지 다양한 전기 요소를 측정할 수 있는 시험 기구이다. 이 기구는 적어도 전압, 저항과 전류 등을 측정할 수 있다. 이런 항목의 측정 외에도 멀티미터가 표시하는 사항은 아주 유용하다.

① 통전

② 주파수

③ 듀티 사이클

④ 온도(플러그-인 프로브를 사용하여)

멀티미터는 최대값·최저값·평균값 등의 항목을 측정할 수 있어 매우 편리하다. 그러면 이런 항목 이외에 다른 특징은 무엇이며, 이것들은 무엇 때문에 중요한가?

1. 통전 점검

멀티미터에 프로브를 접속한 후 프로브를 도선의 끝에 접속하면 다양한 항목을 연속적으로 측정할 수 있다. 자동차에서 주파수는 자주 변화하는 항목 중의 하나로 스위치의 개폐를 의미한다. 예를 들면, 많은 전류 흐름 제어 밸브는 빠르게 펄스로 처리된다. 즉, 공회전 속도 제어 밸브 또는 터보 부스트 제어 밸브이다.

[사진 3.3] 오토 레인지 멀티미터

정확한 매개의 변수 선정이 필요하며, 이 멀티미터는 측정하는 값을 기준으로 하여 정확한 측정 범위를 설정하여야 한다.

2. 주파수 측정

밸브가 새로운 시스템(예를 들면, 프로그램이 가능한 엔진 관리)에 의해 제어 또는 고장 진단을 한다면 주파수를 측정하는 것이 중요하다.

3. 듀티 사이클

듀티 사이클은 장치의 ON, OFF 시간의 비율로 시간에 비례하는 것을 기준으로 하여 장치의 개폐를 점검하는 항목이다. 예를 들면, 엔진이 공회전할 때 인젝터는 듀티 사이클이 2%에 불과하여 인젝터의 니들 밸브가 열리는 시간인 2% 동안만 연료를 공급한다.

특별히 개조한 차량은 전력이 증가하므로 최대 듀티 사이클을 판독하는 것이 중요하며, 100% 듀티 사이클에서 인젝터는 최대 용량으로 작동을 한다. 듀티 사이클 측정은 공회전 제어 밸브와 같은 고장 진단 시에도 적합하다.

4. 온도 측정

온도 측정은 멀티미터에 K-형 서모커플(열전대)을 연결하여 실행한다. 서모커플은 일반적으로 비드로 설계(소형 경량으로 매우 빠른 온도 변화에 대응하며 부서지기 쉬운 것)하거나 프로브 형식(더욱 견고하나 온도 변화가 느리다) 이다. 엔진 및 변속기 오일과 흡입 공기 등의 온도 측정에 활용한다.

5. 피크 홀드 기능

많은 멀티미터들이 "피크 홀드peak hold" 또는 이와 비슷한 기능을 가지고 있으며, 이것은 측정 주기 동안에 발생하는 최대 판독 값을 나타내는 것으로 현장에서 시험할 때 멀티미터에서 안전하게 볼 수 없는 경우에 유용한 항목이다. 예를 들면, 최상의 성능을 위해 엔진은 차가운 공기가 흡입되어야 한다.

새로운 흡입구를 만들면 온도 프로브와 멀티미터를 사용하여 엔진의 어느 부위가 과열되고 어느 부위가 냉각이 유지되는지 확인할 수 있어, 과열된 부분을 찾아서 냉각시킬 수 있다. 프로브를 이리저리 이동하면서 멀티미터의 "피크 홀드" 기능을 사용하면 곧 이 정보를 제공받을 수 있다.

더욱 고가인 멀티미터는 원하는 최대값뿐만 아니라 최소값과 평균값도 판독할 수 있으며, 멀티미터가 매우 빠르게 샘플링 할 수 있다면 이러한 추가 기능은 매우 유용하다. 예를 들면 자동차 프런트 스포일러의 효과를 측정하기 위하여 차고 센서의 출력을 이용하는데, 스포일러가 효과적이라면 자동차가 더 빨리 달릴수록 차고가 낮아지고 차고 센서의 출력도 균형을 유지할 것이다.

그러나 울퉁불퉁한 도로에서는 센서의 출력이 끊임없이 변화하고 있어 측정값을 판독하기가 어려워지며 이러한 상황에서는 평균값을 읽는다. 따라서 스포일러를 장착한 상태와 장착하지 않은 상태에서 동일한 속도로 차고를 비교할 수 있으며, 이것을 측정하기 위하여 고속 평균 멀티미터를 사용한다.

멀티미터는 "고 입력 임피던스"라고 부르기도 하는데, 측정 중인 시스템에 멀티미터를 적용하면 미량 이상의 전류가 소모되지 않는다는 것을 의미한다.

[사진 3.4] 멀티미터

최대와 최소값의 측정 기능이 있으면 여러 가지 측정 상황에서 유용하다.

멀티미터가 고 입력 임피던스(구형 아날로그 미터, 저가의 디지털 미터)를 갖추고 있지 않으면 시스템을 측정하는데 불편하다. 예를 들면, 좁은 대역 산소 센서의 출력 측정은 낮은 임피던스 멀티미터로는 불가능하며, 잘못 시도하면 센서가 파손될 수 있다. 멀티미터의 규격을 살펴보면 멀티미터는 최소 10MΩ 이상의 입력 임피던스는 되어야 가능하다.

6. LCD 표기

각종 멀티미터는 LCD로 여러 가지 숫자를 표시하고 있으며, 카탈로그의 사진에서 쉽게 찾아볼 수 있다. LCD의 숫자 표시를 보는 것만으로 충분한 것은 아니고 활용방법을 이해하며 사용할 줄 아는 것이 중요하다.

일반적으로 저가의 멀티미터는 "1999 카운트"라고 불린다. 즉, 첫 번째 자리는 단지 "0"(때로는 빈칸) 또는 "1"을 지시하며, 세 자리 숫자는 0~9의 모든 숫자를 표시할 수 있도록 구성되어 4자리 숫자를 지시한다. 따라서 표시판에 지시할 수 있는 최대 숫자는 1999(또는 1.999, 19.99, 199.9)이다. 이러한 형식의 표시장치는 종종 3 1/2자리 표시장치라고도 하는데 "1/2"은 첫 번째 자리에 "1" 또는 "0"을 표시할 수 있는 기능이 있음을 나타낸다.

다음 단계로 정확한 리스트 상의 표시는 "3999 카운트" 또는 "3 3/4" 자리의 설계로, 표시장치의 최대 표시 숫자는 3999, 3.999, 39.99, 또는 399.9이다. 실제로 최고의 멀티미터는 "50,000 카운트" 또는 "4 4/5 자리"이고 50000, 5.000, 50.000, 500.00, 5000.0 등과 같은 숫자를 표시한다. 이 모든 것을 쉽게 잊을 수도 있지만 기억해 둘 것은 "카운트" 또는 "문자"인 숫자가 높아질수록 더욱 상세하게 읽을 수 있다.

7. 오토 레인지 및 수동 레인지 멀티미터

멀티미터는 오토-레인지형 또는 수동식 레인지형이 있다. 오토-레인지형 멀티미터는 전류, 전압, 저항, 온도 등 메인 셀렉터에서 선택의 위치가 훨씬 적다. 멀티미터의 프로브를 측정 대상과 접속하면 자동적으로 적절한 측정 범위를 선정하여 측정값을 표시한다. 수동식으로 측정 범위를 선정하는 멀티미터는 먼저 올바른 범위로 선정하여야 한다.

(1) 수동 레인지 멀티미터

수동식 멀티미터에서 전압(V) 설정은 200mV, 2V, 20V, 200V, 500V 중에서 선정할 수 있으며, 자동차에서 12V 배터리 전압을 측정하기 위하여 20V 레인지를 설정하면 최대 20V까지 측정할 수 있다.

(2) 오토-레인지 멀티미터

오토-레인지 멀티미터는 사용이 훨씬 간단하지만 메인 셀렉터를 전압(V)으로 설정하면 먼저 멀티미터가 작동하여 그 범위를 선정하여 작동하기 때문에, 멀티미터는 잠시 정지한 후 측정값을 서서히 표시하여 준다. 만약 측정값이 정착하기 전에 오랫동안 변화되고, 측정되는 요인도 동시에 변화하고 있다면 측정 속도를 빠르게 하기 위하여 오토-레인지 멀티미터는 측정 범위 선택을 수정할 수 있다. 고가의 멀티백라이트 기능이 있는 멀티미터는 어두운 곳에서 차량을 수리할 때 사용이 편리하며, 야간에 도로 주행 테스트를 할 수 있고, 어두운 발밑 공간에서 작업할 때도 측정이 용이하다.

일부 멀티미터는 2개의 디스플레이 기능을 갖추고 있지만 여전히 입력 리드는 한 쌍이다. 2개의 표시 기능은 측정 중인 1개 신호의 2가지 특성을 동시에 나타내기 위해 사용되며, 2개의 서로 다른 신호가 동일한 입력이 있어야 한다. 예를 들면 온도와 전압은 동시에 표시할 수 없다.

터보 부스트를 제어하는 펄스형 솔레노이드를 측정하는 경우에 듀티 사이클과 주파수를 동시에 측정할 수 있으며, 하나의 표시 기능은 듀티 사이클이 표시되고 다른 하나는 주파수가 표시된다. 그러나 대부분의 자동차에 적용하는 경우 그렇게 편리한 기능은 아니며, 보통 한 번에 하나의 매개 변수만 측정하면 된다.

자동차에 사용을 위해 멀티미터가 밝은 색상의 고무 홀스터에 들어 있는지 디자인을 확인한다. 멀티미터의 손상을 보호하고 쉽게 찾을 수 있으며, 습기의 유입으로부터 보호할 수 있다. 양호한 멀티미터는 케이스와 잭을 실링하기 위해 O링을 사용한다.

2 멀티미터의 액세서리(부속품)

1. 리드 선

멀티미터는 예리한 프로브가 설치되어 있는 리드 선이 구비되어 있다. 일반적인 용도의 측정에 사용하도록 구성되어 있으며, 최상의 상태로 사용하기 위하여 추가로 부수적인 액세서리를 구입해야 한다. 다음과 같은 기능이 있는 리드 선을 구비하도록 하자.

① **악어 입모양(alligator)의 클립** : 멀티미터의 한쪽 리드 선을 접지해야 할 때 섀시 볼트에 접속하면 유용하다.

② **아주 날카롭고 절연된 프로브** : 이 프로브를 통해 와이어를 회로에서 분리하지 않고 측정할 수 있게 해준다. 프로브는 쉽게 파손되기 때문에 사용에 주의가 필요하다.

③ **스프링 후크 프로브** : 소형으로 단자에 끼워서 사용한다. 예를 들면 인젝터 소켓 내부 단자에서 인젝터 저항을 측정할 수 있다.

기존의 절연재보다 내구성이 뛰어난 실리콘 절연재를 구매 한다.

2. 전류용 클램프

전류용 클램프는 일반적인 멀티미터에서 취급할 수 있는 것보다 훨씬 많은 전류의 흐름을 측정할 수 있는 멀티미터의 액세서리이다. 이 전류 클램프는 측정된 전류(A)당 정확한 전압을 출력한

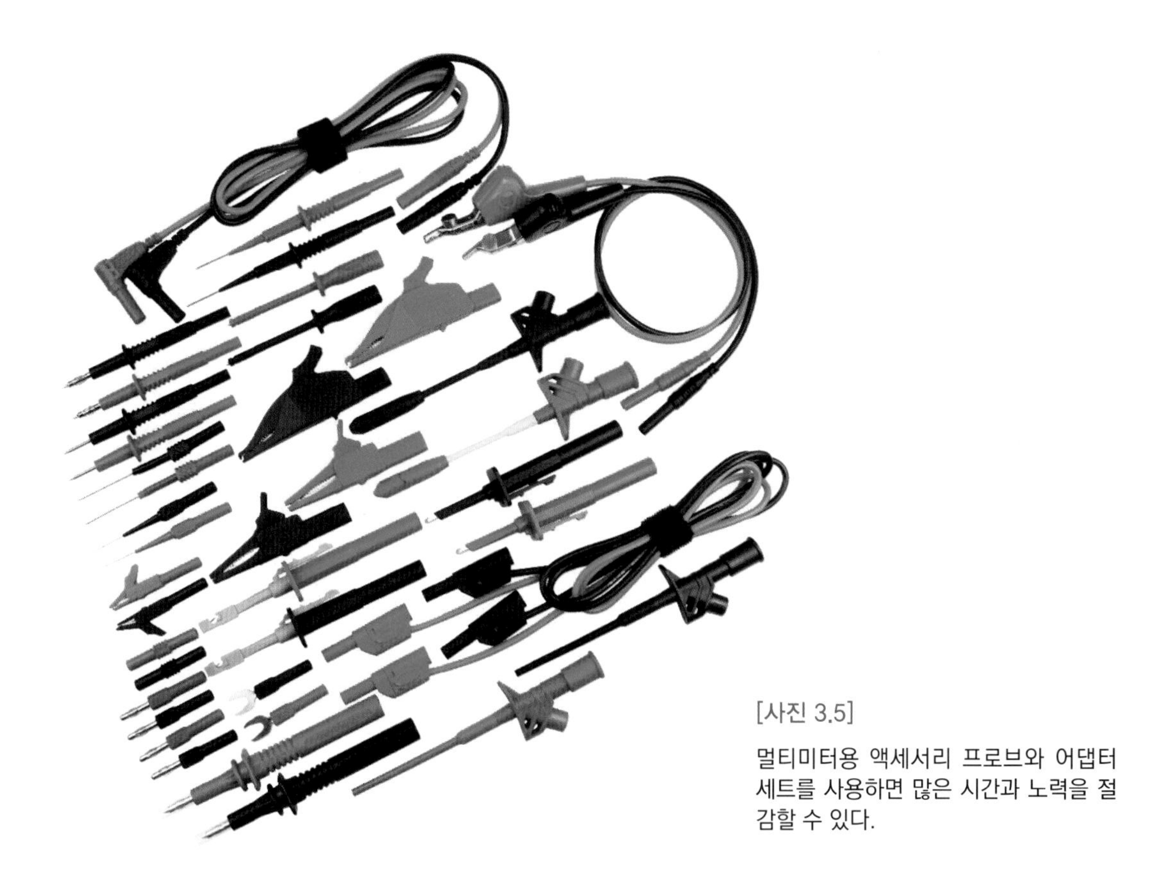

[사진 3.5]

멀티미터용 액세서리 프로브와 어댑터 세트를 사용하면 많은 시간과 노력을 절감할 수 있다.

다. 예를 들면, 1A 당 1mV(mV/A)의 출력을 가질 수 있어 클램프의 출력을 측정할 수 있다.

작동하는 클램프에 접속하여 멀티미터의 전압 눈금에 5mV의 측정값이 표시되었다면 전선에 흐르는 전류는 5A가 된다. 멀티미터에 100mV의 전압이 표시되었다면 전선에 흐르는 전류는 100A가 된다.

전류 클램프를 사용할 때 클램프(훅)에 전선을 통과시켜 전류를 측정한다. 예를 들면 접지 및 전원 리드를 모두 포함하는 케이블이 아니라 측정되는 개별 도체이다. 전류 클램프는 매우 적은 전류를 정확하게 측정하지 못하는데 이것은 2가지 이유가 있다.

① 클램프의 출력 눈금이 1mV/A일 경우 0.5A의 전류 흐름은 전압이 0.5mV에 불과하며, 이는 많은 멀티미터가 정확하게 측정하기에는 매우 낮은 수치이다.
② 표류 자기장의 영향으로 인하여 전류 클램프를 사용하기 이전에 0을 조정해야 사용할 수 있다. 즉, 클램프의 손잡이는 먼저 전류 지침이 0이 되도록 조정해야 한다. 클램프 내부의 전선에 어떠한 전류도 흐르지 않을 때 멀티미터를 정확하게 "0"의 눈금에 맞도록 조정하는 것이 중요하다.

이러한 이유 때문에 전류 클램프는 일반적으로 5A 전후에서 전류 측정에 사용한다. 대부분의 멀티미터는 최대 허용 전류의 규격이 10A이므로 실제로 전류 클램프와 멀티미터 사이의 중첩은 잘 작동한다.

시동 모터, 공기 현가장치 압축기, 차량용 음향 앰프, 전기 시트용 모터 등과 같은 많은 전류가 흐르는 장치의 전류 요구량을 직접 측정하는 경우에 전류 클램프가 필요하다. 동일한 원리로 차량용 발전기의 출력을 측정할 때에도 적용된다.

3. 압력 센서

압력 센서는 멀티미터 플러그에 접속하여 사용한다. 이 센서는 연료의 압력, 인테이크 매니폴드 압력(포지티브와 네거티브), 오일 압력 등을 측정하는데 사용한다.

기계식 압력 게이지보다 전자식 센서를 사용하는 이점은 사용 중인 멀티미터에 따라 실시간 작동 중의 값뿐만 아니라 최대값, 최저값과 평균값도 측정할 수 있다는 것이다. 오실로스코프와 함께 응답이 빠른 압력 센서를 사용할 수 있다.-이것은 제7장에서 상세하게 설명한다.

전류 클램프와 같이 압력 센서는 압력 단위 당 전압으로 표시된다. Fluke PV350 센서는 미터법 단위나 야드파운드법으로 전환이 가능하며, 유닛 당 1 mV(DC)의 출력 전압으로 표시된다.

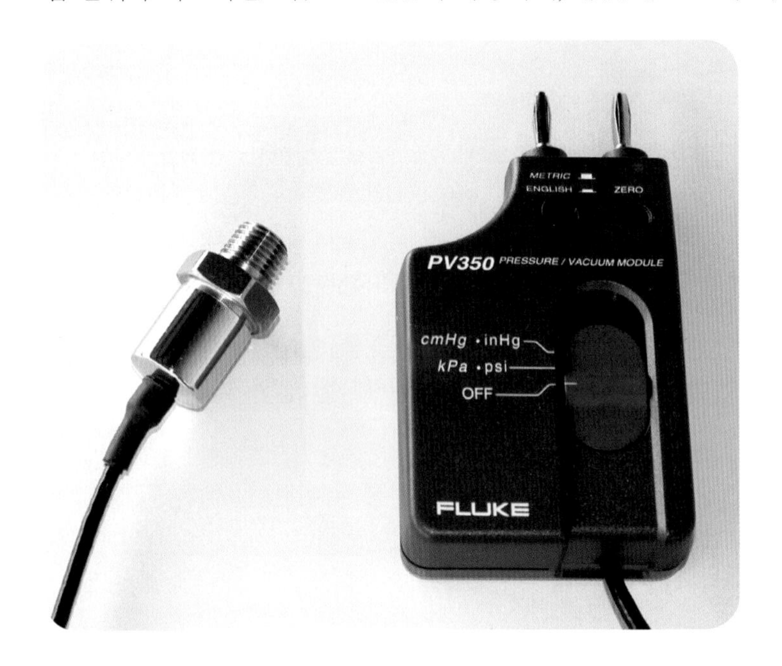

[사진 3.6]

멀티미터에 접속하여 측정하는 압력. 양호한 멀티미터를 사용하면 피크-홀더(peak hold)와 비슷한 기능으로 사용하는 액세서리는 매우 유용하다.

3 멀티미터의 구입

독자가 자동차 전자 기술에 생소하면 저가의 멀티미터를 구입하여 전압, 전류 및 저항을 측정하는 연습과 숙달이 필요하다. 그러나 앞에서 언급한 다른 종류의 기능에 대하여 활용이 필요하면 조금 더 고급인 제품을 구입하는 것이 좋다. 필자의 경우 메인 측정에 Fluke 멀티미터를 사용하고, 2개의 회로를 동시에 측정하는 경우에는 제2의 저렴한 멀티미터를 사용한다. 또한 필자는 Fluke 전류 클램프, 압력 센서 및 서모미터 등을 보유하고 있다. 그러나 Fluke 프로브와 리드 선은 없으며, 이것들은 모두 고가이다.

4 멀티미터의 활용

1. 전압 측정

(1) 프로브 접속 방법

전류(A)를 제외한 모든 전압을 측정할 때 멀티미터를 회로와 병렬로 접속한다. 예를 들면, 헤드라이트의 전압을 측정할 때 멀티미터의 네거티브(흑색) 프로브를 접지하고, 다른 쪽은 헤드라이트의 전원에 접속한다. 멀티미터는 전압을 측정하기 위하여 “DC V”에 설정한다. 차량에서 대부분의 전압을 측정할 때 멀티미터의 네거티브(흑색)는 접지하고, 다른 프로브는 측정하려는 쪽에 접속한다.

(2) 전압 측정의 용도

차량에서 전압을 측정하는 것은 거의 모든 시스템의 고장을 진단할 때이다. 즉, 센서에서 출력되는 신호 전압을 측정하고 시스템이 작동하는데 필요한 정확한 전원 공급 전압을 측정하며, 배터리를 충전할 때 배터리 전압을 측정한다.

(3) 스로틀 위치 센서 점검

구형 자동차에서 스로틀 위치 센서(TPS)의 고장을 상상해 본다. 이후에 더욱 상세하게 설명하겠지만 스로틀 위치 센서는 3개 단자가 있으며, 1개는 접지하고, 다른 단자는 컴퓨터에서 조절된 전원 전압 5V 및 출력 신호 단자가 있다. 스로틀 밸브가 동작하면 출력 신호는 0.8~4.5V로 부드럽게 변화되어야 한다. 실제 최대와 최소값은 메이커에 따라 이 값과는 다를 수 있다. 출력 신호의 전압은 스로틀 밸브의 작동과 함께 유연하게 변화한다.

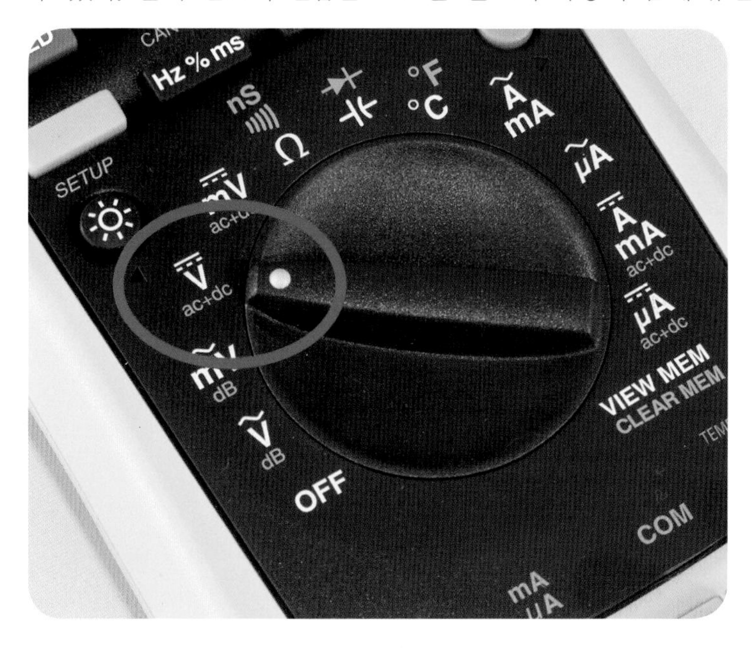

[사진 3.7]

자동차에서 전압을 측정할 때 멀티미터를 사용하는 가장 일반적인 방법의 예이다. 전압 -AC 및 DC 전압과 미리 볼트(mV) 등이다. 거의 항상 직류 전압을 측정한다.

① 첫 번째 단계는 배선을 접속한다. 구형 자동차에서 TPS 커넥터가 연결된 상태에서 조심스럽게 고무 부트를 당기면 커넥터에 프로브를 접속할 수 있다. 멀티미터를 DC V에 설정하고 네거티브(흑색) 프로브를 배터리의 마이너스(-) 단자 또는 섀시 볼트에 접속한다.

② 점화 스위치를 ON시키고 포지티브(적색) 프로브를 한 번에 하나씩 접속한다. 예를 들면 첫 번째 단자는 5.02 V가 측정될 수 있다. 스로틀 밸브가 작동하여도 아무런 변동이 없고 정격 전압의 5V가 측정된다. 다음 단자는 0V로 접지되어 있다. 최종 단자에는 0.85V가 측정되며, 스로틀 밸브가 작동하면 이 전압이 상승하여 최대 4.3V의 전압 측정되는데 이것이 출력 신호 전압이다.

③ 그러나 스로틀 밸브가 부드럽게 움직이고 있음에도 불구하고 이 단자의 전압은 부드럽게 상승하지 않는다. 대신 스로틀 밸브가 더 움직이면서 정상으로 돌아가기 전에 약 25%의 스로틀에서 갑자기 0으로 떨어지는 것으로 보인다. 그 이유는 TPS에서 고장이 발생한 것으로 TPS를 교환해야 한다.

④ 이러한 방법으로 프로브를 접속하고 멀티미터를 전압의 위치에 설정하면 어떤 차량 시스템도 고장이 발생하지는 않는다. 그러나 프로브가 빠지면 시스템이 파손될 수 있다. 예를 들면, 커넥터에 5V 공급된 상태에서 접지될 경우 손상될 수 있으므로 항상 주의를 해야 한다.

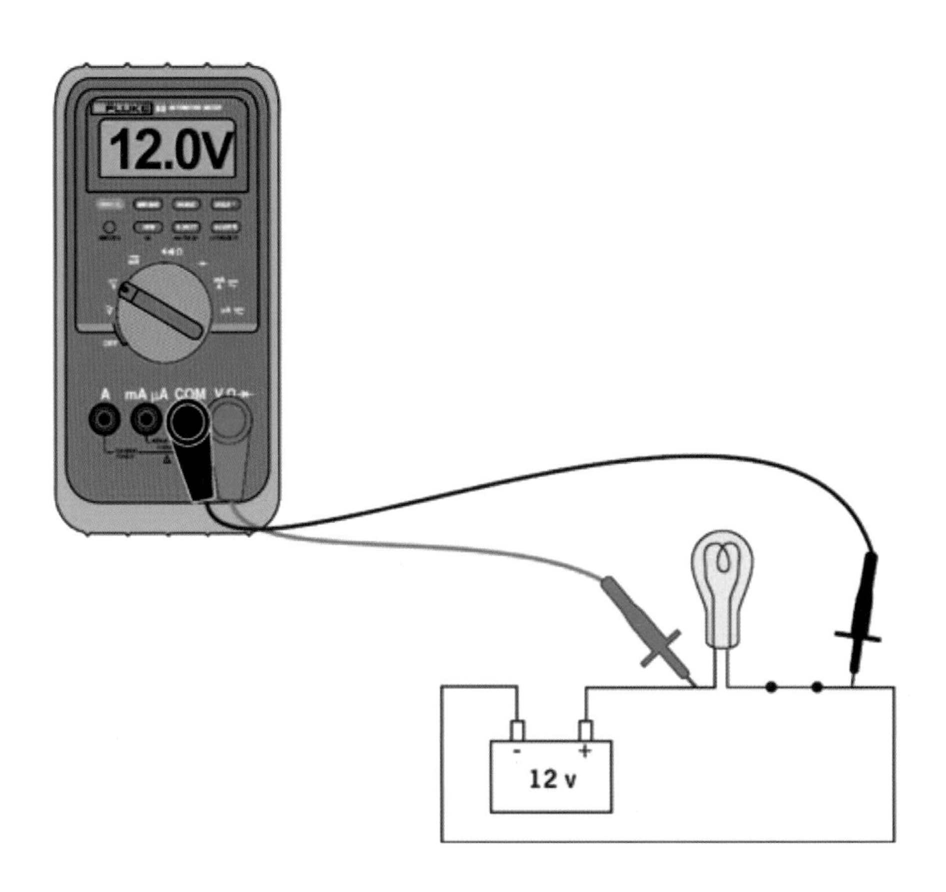

[사진 3.8]

전구의 부하에 걸리는 전압 강하를 측정한다.

많은 측정에서 멀티미터의 마이너스(흑색) 프로브를 접지에 연결하여야 하며, 큰 클립은 쉽게 접속된다.

멀티미터의 포지티브(적색) 프로브를 에어플로 미터 커넥터에 접속한다.

에어플로 미터의 출력 신호 전압의 측정값 판독

(4) 전압 강하 점검

접지(하나의 프로브를 접지)에 대하여 전압을 측정하는 방법 외에도 전압을 다른 방법으로 측정할 수 있다. 두 지점 사이의 전압 강하를 측정하려면 2개의 프로브를 두 지점에 간단히 접속하기만 하면 된다. 이들 두 지점 중에서 하나가 접지되어 있지 않기 때문에 그 측정 방법이 다르다.

예를 들면, 제 1장에서 새로 장착된 배터리와 시동 모터를 연결하는 긴 케이블을 접속하고 차량에 시동을 걸면 이 케이블에 2.5V의 전압 강하가 있었다고 서술하였다. 이 전압 강하를 측정하기 위하여 먼저 배터리 전압을 측정한 다음 시동 모터에서 전압을 측정한다. 이들 두 지점의 전압을 빼면 전압 강하 전압을 구할 수 있다.

대신에 멀티미터의 마이너스(흑색) 프로브를 배터리의 전원 케이블에 접속하고 멀티미터의 플러스(적색) 프로브를 시동 모터의 케이블에 접속하면 엔진이 가동된 상태에서 직접 전압 강하를 측정할 수 있다. 전압을 측정하는 것은 아마도 멀티미터의 자동차에 대한 사용의 90%를 차지한다.

2. 저항 측정

저항의 측정은 전압을 측정하는 것과는 다르다. 어떤 부품도 측정하면 저항이 있으며, 완전한 회로는 없다. 회로의 저항은 적어도 그 목적(일반적 또는 실용성 면에서)을 달성하는데 방해가 된다는 의미이다.

예를 들면, 냉각수 온도 센서의 내부 저항을 측정하려면 센서의 커넥터를 분리한 다음 멀티미터 프로브를 2개의 센서 단자에 접속하여야 한다. 멀티미터의 셀렉터를 저항에 설정하고 눈금을 읽으면 된다. 저항을 측정할 때 일반적으로 백 프로빙을 수행해서는 안된다.

온도 센서의 저항 측정 외에도 차량의 일반적인 저항의 측정은 인젝터, 릴레이 코일, 솔레노이드 코일, 포텐시오미터(스로틀 포지션 센서, 서스펜션 차고 센서) 등이다.

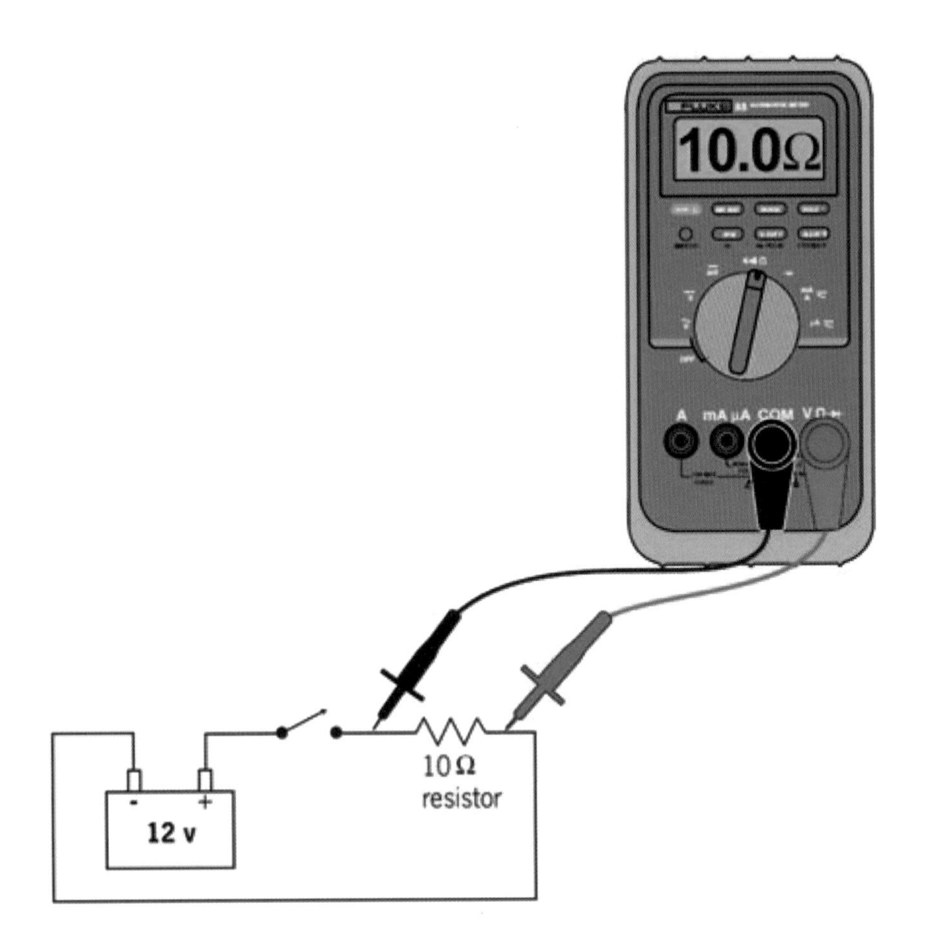

[사진 3.9]

저항을 측정할 때 회로는 항상 열려 있어야 한다. 가능하면 최상의 방법은 부품에서 커넥터를 완전히 분리하여야 한다.

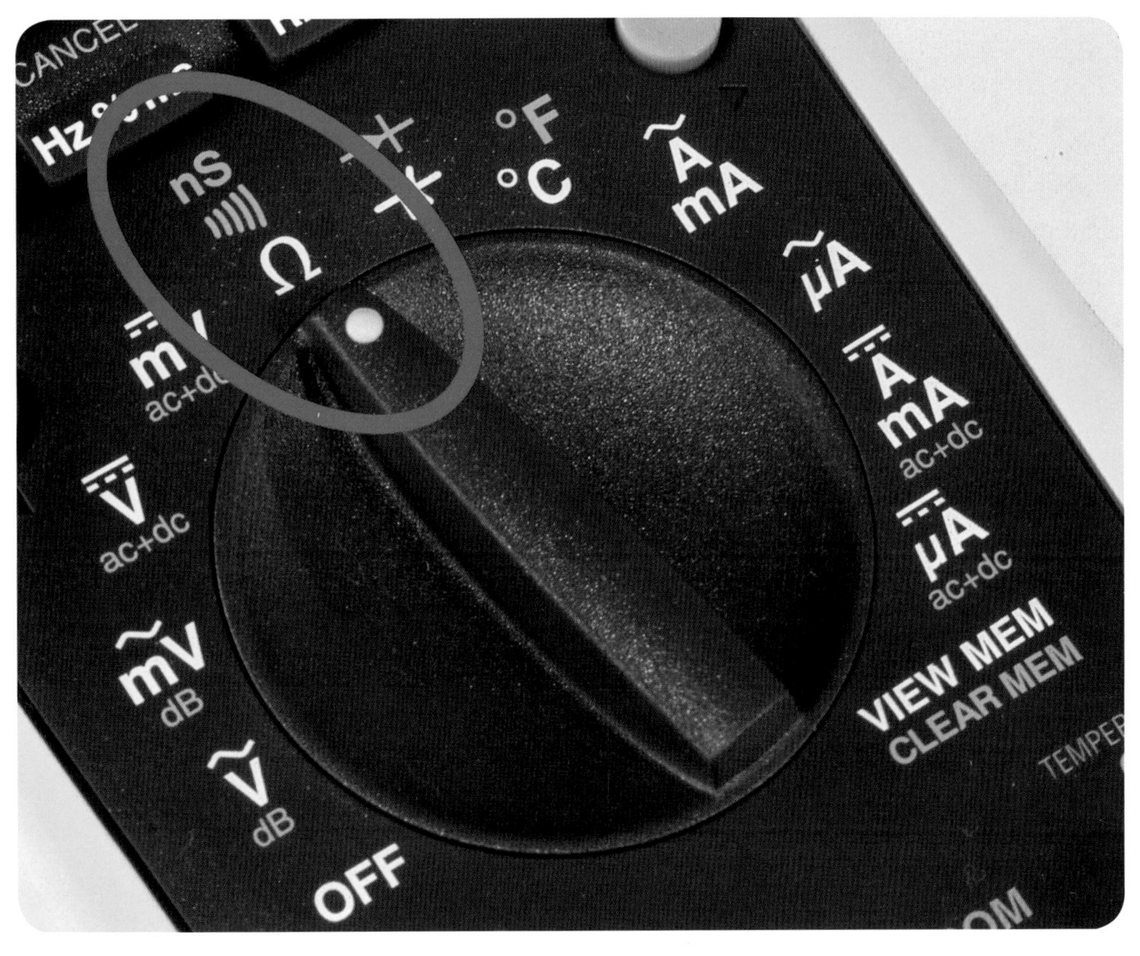

[사진 3.10]

멀티미터의 셀렉터를 저항에 설정하여 측정한다. 멀티미터에서 다른 버튼을 누르면 통전 기능이 제공되며, 프로브 사이에 완전한 회로가 구성되어 신호음이 울리면 회로는 정상이다.

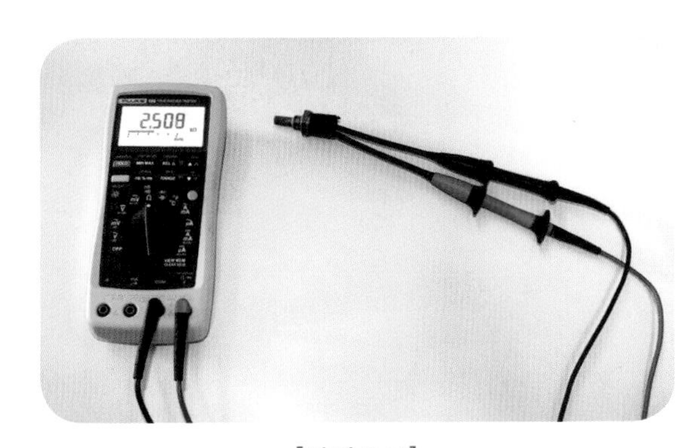

[사진 3.11]

냉각수 온도 센서의 저항 측정

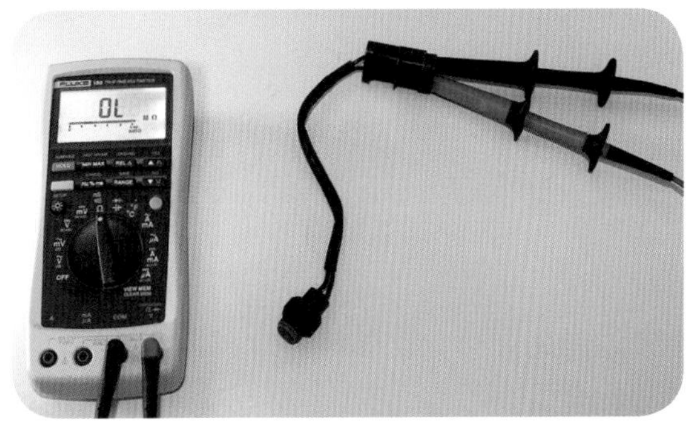

[사진 3.12]

냉각수 온도 스위치의 통전 시험을 하면 상온에서는 단선이다.

3. 통전 시험

멀티미터를 사용하여 통전 시험을 수행하면 프로브 사이의 회로가 완전하다는 것을 확인할 수 있다. 사실 통전 상태를 고려하여 저항 측정의 기능을 사용하면 통전 시험을 할 수 있다. 그러나 멀티미터로 통전 확인이 완료되면 멀티미터가 보통 부저의 신호음을 울리기 때문에 보다 빠르고 확실한 실질적인 측정으로 신호음이 울리면 회로는 완성된 것이다(면밀한 측정값이 불필요하다).

실제로 통전 시험은 자주 실행한다. 퓨즈는 정상인지, 전구의 필라멘트가 끊어지지 않았는지, 그리고 배선을 새롭게 한 경우에도 통전의 확인이 필요하다. 스위치와 릴레이는 통전 기능을 사용하여 아주 쉽게 그들의 접속 상태를 확인한다. 이 기능을 사용하여 멀티미터의 프로브를 연결하여 부저의 소리로 확인할 수 있다.

4. 전류를 측정

멀티미터를 사용한 전류의 측정은 앞에서 설명한 것과는 다른 측면이 있다.

① 전류를 측정할 때 멀티미터를 회로와 직렬로 접속하면 멀티미터에 흐르는 전류를 측정할 수 있다.

② 새로운 소켓으로 교환한 다음 멀티미터의 플러스 리드 선을 접속하고 메인 셀렉터를 전류(A)의 범위에 선택하면 측정할 수 있다.

예를 들면, 헤드라이트에 흐르는 전류를 측정하려면 헤드라이트 회로를 차단하고 멀티미터를 삽입해야 한다. 퓨즈를 탈착한 다음에 퓨즈 소켓에 양쪽 프로브를 접속하여 쉽게 측정할 수 있다. 정확한 전류(A)의 범위를 선택해야 하며, 항상 가장 높은 범위에 셀렉터를 선정하여야 한다. 측정값이 매우 작으면 회로에서 분리하고, 다음으로 낮은 전류의 측정 범위를 선택한 후 프로브를 다시 접속하여 측정한다.

[사진 3.13]
멀티미터와 함께 사용되는 클램프-온(훅 미터) 전류계. 여기서 낮은 수준으로 동작하는 앰프에 흐르는 전류를 측정하고 있으며 측정값은 2.5A이다.

[사진 3.14]
듀티 사이클을 측정할 때 멀티미터는 DC V에 설정하고 듀티 사이클용 추가 버튼을 누르면 된다. 여기서는 "%"로 표시된다.

대부분의 멀티미터는 최대 전류가 10A로 제한되어 있는 것에 주의하여야 하며, 자동차가 운행 중이면 전력은 약 140W가 된다. 더 높은 전류를 측정하려면 전류 클램프 전류계(훅 미터)를 사용하여야 한다.

멀티미터로 전류를 측정할 때는 항상 극성에 주의하여야 하며, 필요에 따라 초기에 프로브를 접속하면 전류의 측정이 완료된다. 전류를 측정할 때 처음에 멀티미터의 프로브 연결부를 필요에 따라 소켓 위치를 이동시킨 후 전류의 측정이 완료되면 플러스(적색) 리드를 다시 범용 소켓 위치로 되돌리고 멀티미터의 셀렉터에서 전류(A) 위치에서 전압(V)의 위치로 선정한다.

이렇게 하지 않으면 다음번에 전압을 측정하기 위하여 멀티미터를 사용할 때, 멀티미터의 퓨즈가 끊어지거나 파손된다. 필자는 수년 동안 멀티미터를 사용한 경험이 있기 때문에 여러 가지 경우의 시행착오를 겪은 바 있다.

5. 주파수와 듀티 사이클 측정

멀티미터로 주파수 및 듀티 사이클을 측정하는 경우에 멀티미터를 DC 볼트(V)에 설정하고, 전압을 측정하는 경우와 동일한 방법으로 프로브를 적용한 다음 측정할 기능을 추가로 선택한다. 예를 들면 Fluke 멀티미터에서는 "Hz % ms" 버튼을 반복적으로 누르고 주파수, 듀티 사이클 또는 밀리 초(ms) 펄스 폭 중 하나를 선택한다.

듀티 사이클을 측정하는 경우 멀티미터의 "on time" 또는 "off time" 버튼을 누르면 원하는 듀티 사이클이 측정된다. 예를 들면, 앞에서 언급한 바와 같이 공전속도에서 연료 인젝터의 듀티 사이클은 2%에 불과하다. 그러나 초기에 멀티미터는 98%의 지침을 나타내는데 "invert" 버튼을 누르면 2%로 지침이 변경된다.

멀티미터를 사용하여 알 수 없는 신호를 측정할 때는 특히 펄스 신호가 될 수 있는 경우에 주의해야 한다. 기기가 파손되지는 않으나 측정한 값이 무엇인가는 확인해야 한다. 예를 들면 도로 상에서 운행 중인 차량의 속도 센서의 신호 출력을 측정하는 경우 DC(직류) 전압은 2.5V를 표시한다. 차량의 속도가 빠르고 늦음에 따라 측정값이 변하지 않으므로 센서의 고장으로 인식하게 된다. 그러나 멀티미터로 주파수 측정을 선택하면 저주파에서 100Hz, 주행 속도를 2배 증가하면 200Hz가 되며, 사실상 센서가 동작하는 것을 보여준다.

그러면 이것이 계속되는가? 신호가 50% 듀티 사이클인 구형파라면 주파수의 변화에 관계없이 최대 진폭 전압인 5V의 절반(따라서 2.5V)을 표시하고 주파수의 변화는 불규칙적이다. 주파수는 오실로스코프(제 7장에서 설명)로 확인이 가능하며, 측정의 중요한 기기의 하나이다. 엔진 동작 시스템의 고장을 진단하는 경우, 주파수와 듀티 사이클의 측정은 매우 중요하다. 주파수는 초당 몇 번 변화하는 횟수를 측정하는 것이고, 듀티 사이클은 ON, OFF 시간의 비율을 의미한다.

5 멀티미터의 기록

어떤 멀티미터는 측정값을 기록할 수 있다. 멀티미터에 따라서 데이터를 PC나 스마트 폰에 옮길 수 있으며, 멀티미터 자체에 그래프 등으로 표시할 수도 있다. 많은 사람들이 이런 필요성을 인정하지 않고 노트북lantop PC 등에 바로 기록을 할 수 있는 데이터 기록용 어댑터를 구입하기도 한다. 이런 어댑터는 양호한 기록의 기능이 있는 멀티미터보다 가격이 더 저렴한 경우가 있다.

그러나 대부분의 PC 데이터 기록기의 문제는 입력 전압이 극히 한정되어 있는 점과 멀티미터의 스마트한 회로가 없다는 것이다. 예를 들면, PC 기록기는 대표적으로 최대 입력 전압이 5V이며 전압 분배 회로(제 6장을 참조할 것)가 컴퓨터의 안전한 수준에서 작동하도록 더 높은 전압 강하를 사용할 필요가 있으며, AC 전압, 전류, 주파수와 듀티 사이클 등을 멀티미터로 모두 쉽게 측정할 수 있지만 데이터 기록기로는 어렵다.

많은 기록이 가능한 멀티미터는 측정값에 대한 그래프를 표시할 수 있는 점도 오실로스코프(제 7장에서 설명) 기록기와 이러한 종류의 멀티미터와 혼동을 해서는 안 된다. 오실로스코프는 신호가 빠르게 변화하는 현상을 그래프로 표시(초당 수천 분에 일로 변화하는 신호) 할 수 있는 반면, 기록용 멀티미터는 일반적으로 아주 느리게 기록한다. 예를 들면 1Hz의 최대 비율로 동작한다. 어떤 오실로스코프는 기록을 수행할 수 있지만 보통 긴 시간 동안은 할 수 없다.

일반적인 멀티미터 또는 오실로스코프와는 반대로 기록용 멀티미터를 사용하면 어떠한가? 필자는 Fluke 287을 사용하고 있으며, 최근에도 많이 쓴다. 내차 중 하나는 맞춤형 에어 서스펜션을 사용하며, 이 시스템은 누설이 작아서 항상 액티브 서스펜션을 선호한다. 정확한 차고를 유지하기 위하여 제어 시스템이 필요하며, 이것을 구성하기 위하여 압축기를 종종 동작시켜야 한다.

[사진 3.15] Fluke 287 기록용 멀티미터

멀티미터는 기록된 데이터를 그래프로 표시해 주며, 이것은 매우 유용하게 활용된다.

압축기는 배터리의 단 시간 부하로서 역할을 한다. 이러한 에너지를 대체하기 위하여 배터리를 충전하는 태양광 셀을 차량에 설치하였다. 24시간 동안 Fluke 기록용 배터리 전압을 사용하지 않았으며, 아래 사진은 기록 전압의 추적을 표시한 것이다.

급상화 3개는 공기 압축기가 언제 동작하는지 나타낸 것이며, 다소 기복이 있는 충돌은 공기 압축기 솔레노이드의 작동을 조정한 것이다. 아침에 안개가 걷히고 태양광 셀이 작동하기 시작하면서 전압이 상승한다. 태양광 충전은 벌크 충전으로 자동 시스템으로 부동 충전이고, 이들 2가지 다른 전압을 분명하게 볼 수 있다.

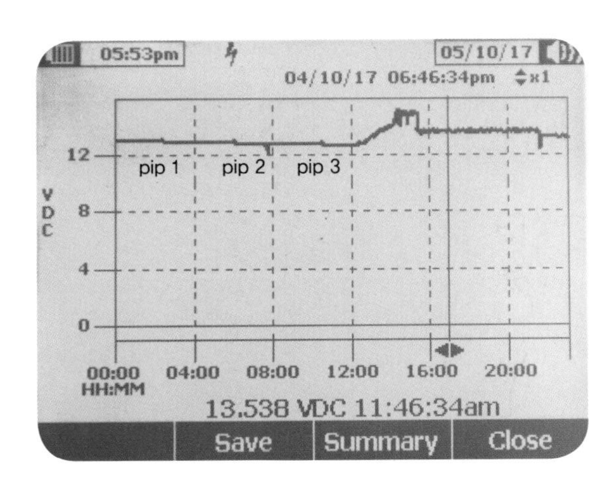

[사진 3.16]

자동차 배터리의 전압 변동 기록. 이 자동차는 항상 능동적으로 작동하는 에어 서스펜션이 있고, 배터리 전압은 태양광 셀로 충전하여 유지한다. 아래 3개의 급강하는 에어 서스펜션 압축기가 작동하여 발생하고, 작은 급강하는 에어 서스펜션 솔레노이드의 스위치가 닫히면 발생한다. 전압 상승과 고점은 태양광 셀의 부피를 나타내며, 그 다음은 배터리를 부동으로 충전한다.

그래서 기록된 것의 추적으로 다음과 사항을 알 수 있다:

* 배터리 전압은 결코 낮아지지 않는다.
* 솔레노이드는 차고를 유지하도록 능동적으로 작동하다.
* 압축기는 24시간 동안에 3번 작동한다.
* 태양광 제어기는 정상적으로 작동한다.

배터리에 멀티미터를 접속하고 버튼을 누르면 모든 자료를 쉽게 얻을 수 있다.

D.C.AMPS
D.C.VOLTS
CHECK BATTERY STATUS OF CHARGE.
APPLY LOAD TO BATTERY EQUAL TO 1/2 CCA RATING OR 3 TIMES THE HOUR RATING.
HOLD LOAD FOR 15 SECONDS.
READ VOLTAGE.
TURN OFF LOAD.
LOAD
OFF
KINCROME
500AMP
CARBON PILE
LOAD TESTER
TESTS 12V BATTERIES, ALTERNATORS,
REGULATORS & STARTERS

OFF
REGULATORS & STARTERS

Chapter 4

기본적인 자동차 전기 시스템의 고장 탐구

1. 바디 전기의 고장 탐구 7 단계의 개념
2. 충전시스템
3. 시동시스템
4. 점화시스템

모든 자동차는 아무리 복잡하거나 단순하더라도 전기적인 문제가 있을 수 있다. 이 장에서는 간단한 차량 전기 시스템으로 점화시스템, 시동시스템, 충전시스템, 조명, 경음기 및 바디 전기 시스템에 대한 고장 탐구를 살펴보기로 한다.

앞장에서는 서술한 바와 같이 다양한 형식의 회로, 옴의 법칙, 스위치와 릴레이 등을 취급하였으며, 멀티미터를 사용할 수 있었다. 팬과 조명 같은 전기 시스템부터 시작해보자. 이 책의 후반에 더욱 복잡한 컴퓨터 제어 시스템을 서술하고, 이 장에서는 구형 자동차의 동작에 대하여 서술하고자 한다.

1 바디 전기 시스템의 고장 탐구 7 단계의 개념

자동차 제조 회사에서는 기술자의 교육용으로 제품에 대한 매뉴얼을 발행한다. 이 설명서는 오랜 경험을 통하여 개발한 것을 수록하여 놓았다. 매우 복잡한 자동차임에도 불구하고 현재의 포르쉐 기술자의 차체 전기 시스템 매뉴얼은 다음과 같은 서문이 수록되어 있다.

① 전장품이 어떻게 작동하는가를 이해하는가?
② 배선의 다이어그램이 올바른가?
③ 회로에 퓨즈가 포함되어 있는 경우 퓨즈가 정상이고 전류의 용량은 올바른가?
④ 회로에 전원은 공급되는가? 전원 전압은 올바른가?
⑤ 회로의 접지가 연결 되었는가? 회로의 연결은 견고하고 저항이 없는가?
⑥ 스위치, 릴레이, 센서, 마이크로 스위치 등에 의해 회로가 정상적으로 작동하는가?
⑦ 모든 전기 커넥터가 팽창, 부식 또는 느슨한 와이어 없이 단단히 연결되었는가?

포르쉐의 접근 방법은 고장의 원인을 신속하게 확인할 가능성이 높은 단계를 순차적으로 다루기 때문에 좋은 방법이다. 이것은 자동차의 모든 기본 회로에도 적용한다. 특별히 전기에 대한 이론적인 지식이 뛰어나다면 발행된 매뉴얼을 쉽게 이해할 수 있으며, 고장 문제에 대한 어려움 없이 처리할 수 있을 것이다.

포르쉐의 접근 방법을 활용하면 바디 전기 시스템에 고장이 발생하여도 가능한 한 신속하게 처리할 것이다. 여기에서 라디에이터 팬의 예로 들어 설명하기로 한다.

1. 전장품이 어떻게 작동하는가를 이해하는가?

간단한 질문이지만 고장 탐구 이전에 정확한 답을 구하는 것이 중요하다. 우리는 그것을 머리 속에서 상상으로 그림을 그려보자.
"라디에이터 팬이 고장이 났다고 했지?"
"그래, 맞아."
"그럼, 라디에이터 팬이 언제 작동하는 거야?"
"어, 엔진이 과열된 상태인가?"

“그럼 라디에이터 팬 스위치가 ON되기 전에 엔진이 작동하여 얼마나 과열되는지? 엔진은 점점 과열되는지?”

“어, 그렇게 생각해, 수온계가 한참 올라가는데 라디에이터 팬이 작동하는 소리를 못 들었어. 하지만, 생각해 보면 날씨는 쾌청한 상태였어.”

필자는 대화를 계속할 수 없다. 그러나 그 뜻은 알 수 있을 것이다. 라디에이터 팬이 정상적으로 작동하고 있다는 것을 알고 있으면 시스템은 그 기능을 발휘하여 완전히 알지 못하는 가운데 작동하고 있는 것이다.

다른 한편으로, 라디에이터 팬이 돌아가는 소리가 없고 엔진이 심하게 과열되어 있다면 고장이 났다고 확신할 수 있을 것이다. 아주 정확하게 과열의 원인을 알지 못 하여도 고장을 진단하기 이전에 문제가 실제로 존재하는지 확인해야 한다.

2. 배선의 다이어그램이 올바른가?

자동차의 올바른 배선도를 가지고 있으면 매우 편리하다. 예를 들면 회로를 추적하여 어떻게 작동하는지 확인하고 정상적인 퓨즈와 릴레이를 쉽게 찾을 수 있으며, 문제가 있는 커넥터의 위치를 찾을 수 있기 때문이다.

배선의 다이어그램이 올바르지 않은 경우, 퓨즈와 릴레이를 찾기 위하여 가지고 있는 매뉴얼을 이용해야 한다. 또는 온라인 검색을 통하여 적절한 배선도를 찾을 수도 있다. 필자의 경우, 제조사의 기술 매뉴얼을 항상 확보하고 이것을 활용하고 있다.

이러한 경우, 예와 같이 사용할 수 있는 라디에이터 전동 팬의 회로를 **그림 4-1**로 표시한다.(에어컨 콘덴서 팬을 포함한 더욱 복잡한 배선도를 확보했다. 종종 때에 따라서는 관련이 없는 부분을 입수하는 경우도 있다.)

그림 4-1은 라디에이터 팬이 2개의 퓨즈(2번 80A 퓨즈블 링크와 11번 30A 퓨즈)를 직렬로 접속하여 헤비-듀티 스위치 접점에 전원을 연결하면 라디에이터 팬은 릴레이를 통하여 작동한다.

릴레이 접점은 라디에이터 팬에 전력을 공급하고 라디에이터 팬의 다른 한 쪽을 접지시킨다. 릴레이의 코일 측에는 퓨즈 2번(80A 퓨즈블 링크)와 퓨즈 1번(50A 또 다른 퓨즈블 링크), 점화스위치와 퓨즈 16번(7.5A)을 경유하여 전원이 공급된다. 코일의 다른 한쪽은 엔진의 냉각수 온도가 96°C 이상에서 닫히는 냉각수 온도 스위치를 경유하여 접지된다.

3. 회로에 퓨즈가 포함되어 있는 경우 퓨즈가 정상이고 전류의 용량은 올바른가?

"아마도 퓨즈가 끊어졌다"는 현상이 있다면, 사람들은 자동적으로 장치의 작동이 정지되었다고 판단하는 것이 정확할 것이다. **그림 4-1** 회로도를 보고 이 경우에 어떤 퓨즈를 점검해야 하는지 살펴보자.

퓨즈블 링크(1번과 2번) 2개 중 하나가 끊어져 고장이 발생한 것으로 자동차의 많은 회로에서 발생할 수 있는 현상이다. 그러나 퓨즈 11번(30A)과 16번(7.5A)도 모두 점검하여야 하며, 항상 퓨즈를 빼서 멀티미터의 통전 기능으로 검사하여야 한다. 이것은 육안 검사로는 안 되며, 퓨즈 중 하나가 끊어졌으면 그 이유를 조사한다.

전기적으로 퓨즈는 회로에서 제일 약한 부분이기 때문에 진동으로 인하여 끊어질 수도 있다. 이 경우 회로에 알맞은 동일한 용량의 퓨즈로 교환해야 한다.

퓨즈를 교환해도 바로 퓨즈가 끊어지면, 시스템의 어느 부분에 접지와 단락된 회로가 발생한 것이다. 이때는 부하(스위치를 닫았다면)의 내부에 단락 회로가 발생할 수 있지만 전선의 절연부에 손상이 발생하여 금속의 차체와 접촉이 될 가능성이 더 높다.

[사진 4.1]

구형 차량에 사용되는 세라믹형 퓨즈. 자세히 살펴보면 10번 퓨즈가 끊어졌음을 알 수 있다.

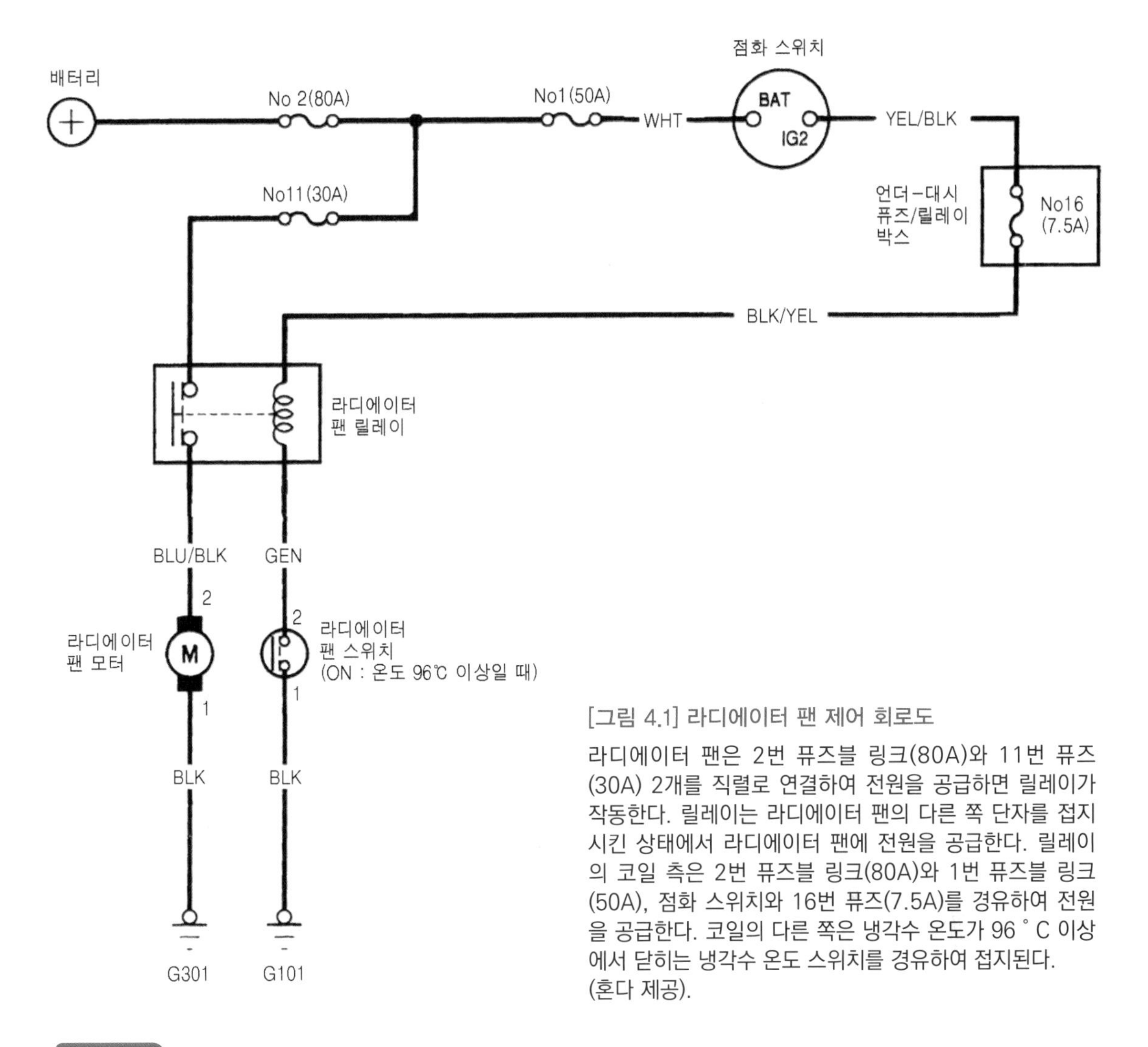

[그림 4.1] 라디에이터 팬 제어 회로도

라디에이터 팬은 2번 퓨즈블 링크(80A)와 11번 퓨즈(30A) 2개를 직렬로 연결하여 전원을 공급하면 릴레이가 작동한다. 릴레이는 라디에이터 팬의 다른 쪽 단자를 접지시킨 상태에서 라디에이터 팬에 전원을 공급한다. 릴레이의 코일 측은 2번 퓨즈블 링크(80A)와 1번 퓨즈블 링크(50A), 점화 스위치와 16번 퓨즈(7.5A)를 경유하여 전원을 공급한다. 코일의 다른 쪽은 냉각수 온도가 96˚C 이상에서 닫히는 냉각수 온도 스위치를 경유하여 접지된다.
(혼다 제공).

TIP

여기서 사용한 라디에이터 팬의 예는 구형 자동차에서 사용한 회로도이다. 인용된 회로는 팬을 제어하기 위한 온도 스위치와 릴레이를 사용한다. 현재의 자동차는 더욱 세련된 시스템을 사용한다. 예를 들면, 팬 속도는 엔진 제어 ECU 및 에너지 관리 ECU가 CAN 버스를 통해 통신하는 전용 냉각 시스템 ECU에 의해 연속적으로 제어될 수 있다. 팬은 최고 속도에서 60A의 전류가 흐르고, PWM 제어가 만들어진다. 더욱 상세한 것은 다음 장에서 설명하기로 한다.

퓨즈를 교환한 후에도 퓨즈가 끊어지면(예: 자동차가 10분 동안 주행한 후) 과도한 전류가 퓨즈에 흐른다는 의미이다. 이것은 접지(배선 상태를 점검)쪽 저항이 낮은 것을 의미하며, 전류가 시스템에 정상 상태보다 더 많이 흐른다는 뜻이다. 예를 들면, 라디에이터 팬 베어링이 유연하게 회전하지 못하면 팬 모터의 부하가 더 커지는 결과가 된다.

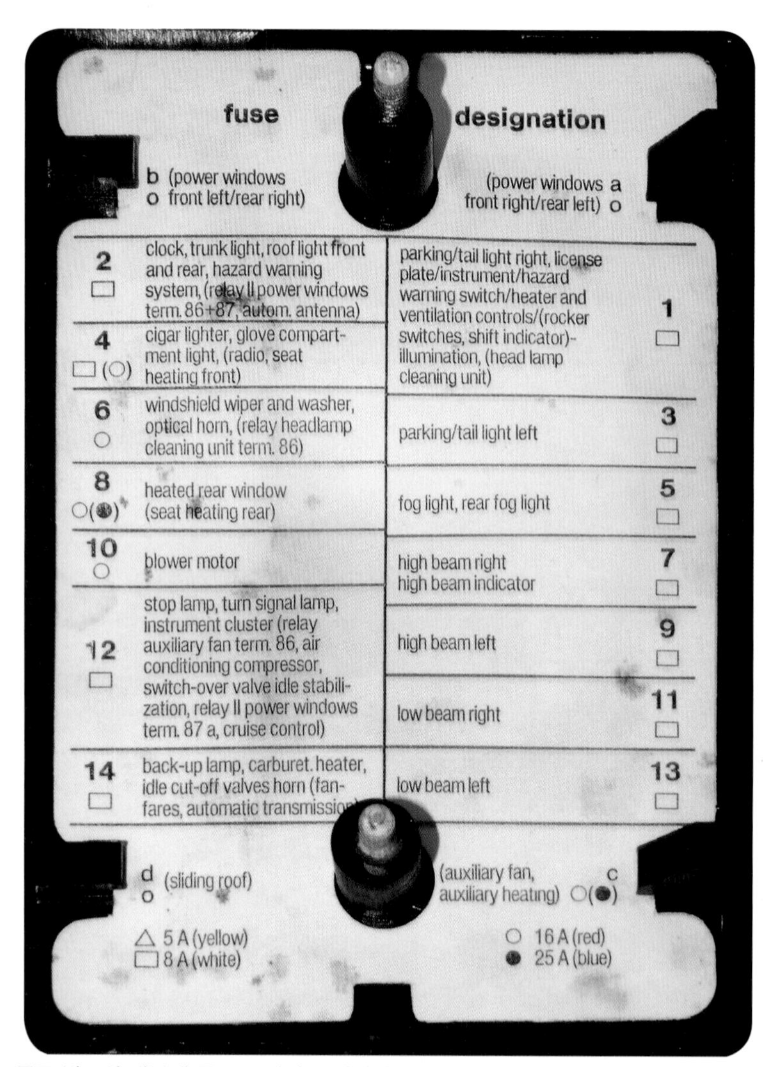

[사진] 이 자동차는 퓨즈 박스의 내부에 퓨즈 규격이 인쇄되어 있다. 다른 자동차는 단지 퓨즈에 번호를 부여하여 사용하며, 어떤 퓨즈가 어떤 회로에 사용되는지를 알기 위해 사용자 매뉴얼을 참조할 필요가 있다.

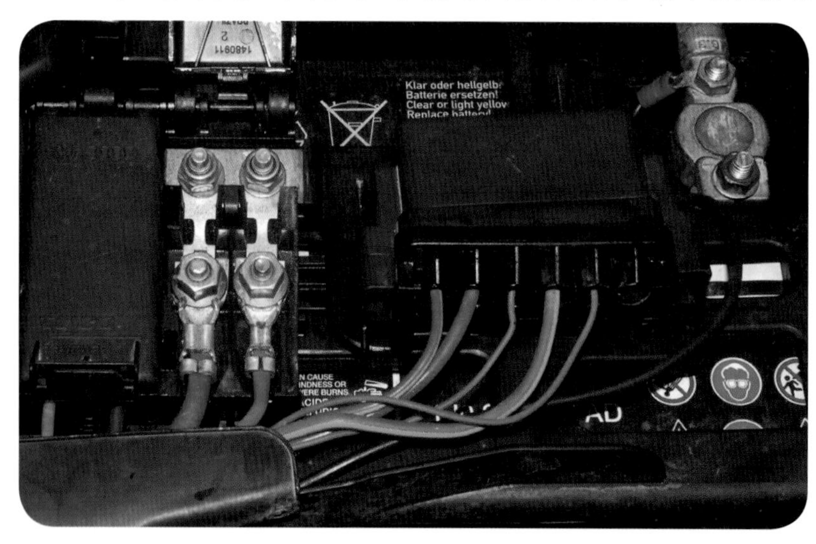

[사진 4.2]
배터리 플러스 단자 부근에 배치된 퓨저블 링크. 이들 전류는 각각 50A가 흐른다.

이것은 팬의 부하 전류가 쉽게 2배가 되어 시간이 지나면 11번 퓨즈가 끊어질 수 있으며, 이 경우 클램프 전류계(훅 미터)를 사용하여 라디에이터 팬의 실제 전류 요구량을 측정할 수 있다. 퓨즈 정격 용량의 약 75%를 예상하면 되고, 퓨즈 정격 용량(이 경우에 전류는 약 20A)보다 더 높은 전류가 흐르면 라디에이터 팬 모터를 점검해야 한다. **그림 4-2**는 퓨즈의 다양한 고장 예를 표시한 것이다.

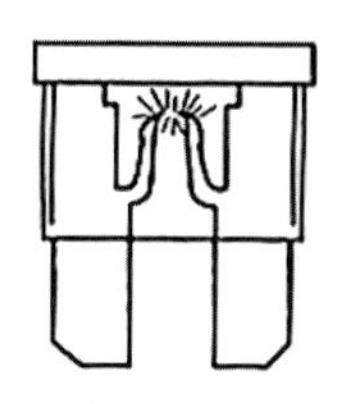

접지 상태로 단락되어 퓨즈가 끊어진 것

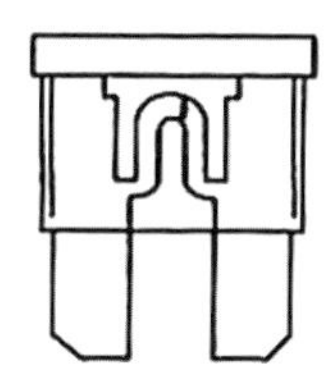

퓨즈의 작은 손상-불량 퓨즈

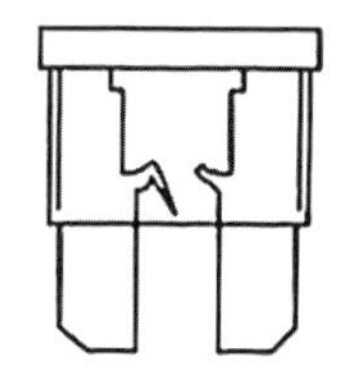

퓨즈의 과부하 상태 또는 퓨즈에 인접한 과도한 열로 인하여 퓨즈가 끊어진 것

[그림 4.2] 다양한 원인으로 인한 퓨즈의 끊어진 상태

4. 회로에 전원은 공급되는가? 전원 전압은 올바른가?

퓨즈를 확인하고 배선에 파손은 없는지 확인해야 한다. 이 작업의 첫 번째는 퓨즈에서 전원 전압이 공급되는지 확인하는 것이다. 11번 퓨즈를 빼고 하나의 퓨즈 단자(단자 하나는 배터리에 접속)에서 전원 전압 12V가 걸리는가를 점검한다.

이 경우 멀티미터의 마이너스(흑색) 단자를 접지시키고 멀티미터를 DC V에 설정한 후, 플러스(적색) 프로브를 퓨즈 소켓 단자에 접속하여 전압이 걸리는지 확인한다. 11번 퓨즈를 원상복구 해놓고 16번 퓨즈도 동일한 방법으로 점검한다. 각 퓨즈 소켓의 한 단자에 전원 전압이 걸리지 않는다면 퓨즈의 전원 공급 쪽과 배터리 전원 간에 배선의 문제가 발생한 것이다.

5. 회로의 접지가 연결 되었는가? 회로의 연결은 견고하고 저항이 없는가?

결함이 있는 접지는 특히 오래된 자동차와, 염분이 있는 환경에서 사용한 자동차에서 전기적인 문제를 일으키는 매우 흔한 원인이다. 대부분의 접지 연결부는 자동차의 차체에 볼트로 연결하기 때문에 헐거워지거나 부식이 되면 접속 불량 등의 문제가 발생한다.

예를 들면 팬 회로에서 팬 모터용 G301과 릴레이 코일용 G101 2개의 접지 연결부가 있는데 이들 중에서 G301(팬 모터)에서 문제가 발생될 가능성이 더 높다. 제 1장에서 설명한 바와 같이 설정된 저항에서 전류의 흐름에 따라 전압 강하가 증가하기 때문이다. 두 가지 근거 중 G301은 G101보다 훨씬 많은 전류가 흐른다. 2개의 접지 연결부의 볼트는 헐거움이 없고 부식되지는 않았는지 확실하게 점검을 하여야 한다.

전기적으로 접지 연결부를 점검하려면 멀티미터를 사용하여 접지 전선과 배터리의 마이너스 (–) 단자의 통전을 점검한다. 절연된 프로브가 있는 경우 접지선의 연결을 측정할 수 있으며, 이런 종류의 프로브가 없으면 접지선이 연결되는 소켓에서 측정한다.

6. 스위치, 릴레이, 센서, 마이크로 스위치 등에 의해 회로가 정상적으로 작동하는가?

팬 회로에는 점화 스위치와 라디에이터 온도 스위치라는 2개의 스위치가 있으며, 점화 스위치는 고장(다른 회로의 동작을 정지시킬 수 있다)이 나지 않지만 온도 스위치는 고장의 원인일 가능성이 높다. 온도 스위치는 자동차에서 탈거한 후 뜨거운 물에 넣어 멀티미터로 통전 시험을 할 수 있다. 온도 스위치는 지정된 온도 96°C에서 ON이 된다.

그러나 온도 스위치를 회로에서 탈거하면 냉각수가 누출되어 손실될 수 있다. 스위치를 테스트하기 위한 더 쉬운 방법이 있는데 릴레이 테스트에도 이 방법을 사용할 수 있다. 점화 스위치를 ON시킨 상태에서 짧은 점프 선을 사용하여 온도 스위치의 2번 단자와 1번 단자를 접속한다.

이 때 라디에이터 팬이 작동해야 하는데 작동하지 않으면 온도 스위치가 고장이므로 교환해야 한다. 온도 스위치를 교환 한 후에도 라디에이터 팬이 작동하지 않으면 온도 스위치를 점프시킬 때 릴레이가 딸깍거리는 소리를 들을 수 있다.

릴레이가 딸깍거리는 소리가 들리지 않으면 커넥터에서 릴레이를 분리하고 멀티미터를 사용하여 릴레이의 기능을 점검한다. 릴레이가 정상이지만 팬이 작동하지 않으면 팬에서 커넥터를 빼고 직접 12V 전원을 공급한다. 그래도 팬이 작동하지 않으면 팬을 교환하여야 한다.

7. 모든 전기 커넥터가 팽창, 부식 또는 느슨한 와이어 없이 단단히 연결되었는가?

앞에서 구성 요소를 점검한 후 불량 부품을 교환하는 것으로 약간 앞서 설명하였다. 실제로는 모든 배선의 커넥터를 먼저 검사하면서 동시에 접지 연결부를 점검하여야 한다. **그림 4-3**과 **4-4**는 지금까지 점검한 배선의 상태를 통해서 문제가 된 부분을 표시한 그림이다.

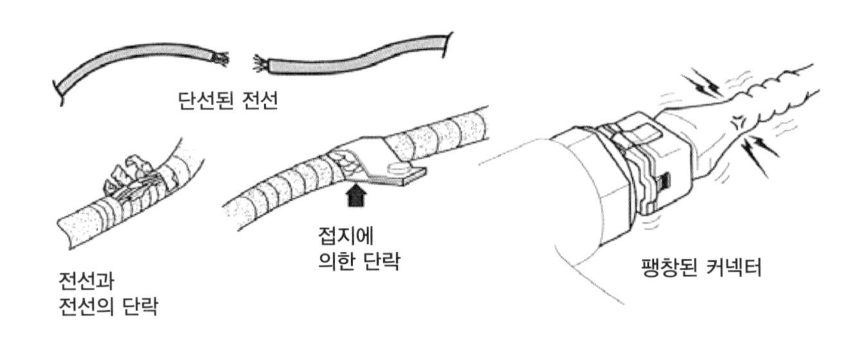

[그림 4.3] 배선 커넥터의 물리적인 검사와 테스트 (토요다 제공)

[사진 4.3] 릴레이를 탈거하고, 릴레이 연결부에서 배터리 전압의 사용 가능 여부를 측정한다.

[사진 4.4] 차량에서 모든 싱글 회로는 이 배터리 마이너스(-) 단자의 접지 연결이 전기적으로 완벽해야 한다(화살표). 배터리 마이너스(-) 터미널과 자동차의 차체 사이의 통전 시험으로 접지 상태를 확인한다.

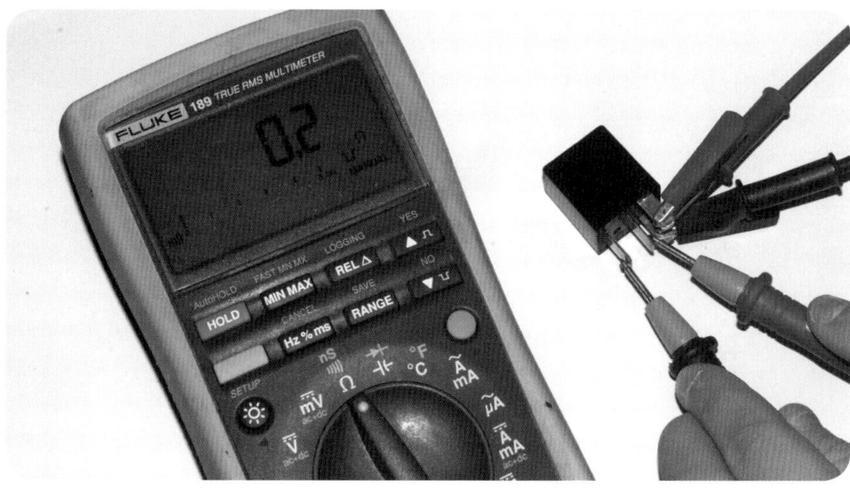

[사진 4.5]
릴레이를 점검. 클립 리드선을 이용하여 릴레이 코일에 배터리 전압을 공급하고 멀티미터로서 회로의 통전 시험을 한다. 측정된 저항값은 0.2Ω.

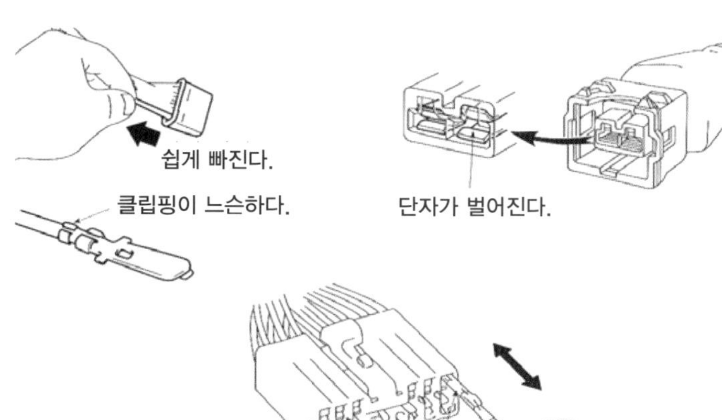

[그림 4.4] 가능한 배선 상의 문제점 (토요다 제공)

이상의 7단계 개념은 넓은 범위의 자동차 전기 장치에 대해 확실하게 종합하여 기술한 내용이다. 예를 들면, 전구의 필라멘트가 점등되지 않은 경우, 첫 단계는 퓨즈보다는 전구를 확인하는 것이겠지만, 그렇지 않으면 다른 경우도 동일한 개념을 적용하여 고장을 탐구할 수 있다. 그러나 배터리의 충전 또는 엔진의 시동은 어떠한가? 이제는 이것을 살펴보기로 한다.

2 충전시스템

과거 40년 동안 거의 모든 차량이 12V의 납산 배터리를 충전하기 위하여 벨트로 구동되는 교류 발전기를 사용하였다. 예외로 하이브리드 자동차와 전기 자동차는 고전압 배터리로 작동하기 위해 DC-DC 컨버터를 사용한다.

교류 발전기는 교류를 발생시키며, 직류로 변환하여 배터리를 충전한다. 교류 발전기 내부의 전압 조정기는 배터리의 과충전 또는 충전 부족을 방지하기 위하여 교류 발전기의 출력을 조정한다. 전압 조정기는 배터리에서 발전기의 로터 코일에 흐르는 전류를 조정하여 교류 발전기의 출력을 조정한다.

교류 발전기는 다음과 같은 주요 부품으로 구성되어 있다.

① 스테이터(교류 발전기의 케이스에 고정되어 있다.)

② 로터(스테이터 내부에서 회전한다.)

③ 다이오드(정류기)

④ 전압 조정기

그림 4-5는 교류 발전기의 구조를 나타낸 것이다.

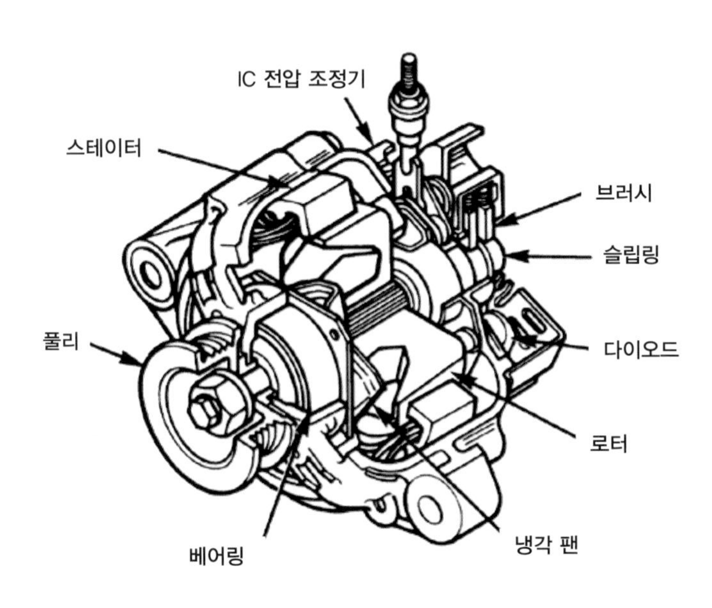

[그림 4.5] 교류 발전기의 단면도 (토요다 제공)

엔진이 정지된 상태에서 배터리는 점등장치와 액세서리에 전기를 공급한다. 엔진이 시동되는 동안 배터리는 시동 모터와 엔진 제어 시스템을 작동시키기 위하여 전기를 공급한다. 엔진이 작동 중일 때 교류 발전기는 필요한 전기를 대부분 공급하고, 배터리는 전압 안정기로서 전기를 조정한다. 계기판 모니터의 충전 경고등은 교류 발전기에서 충분한 전기가 발생하지 않으면 점등된다. **그림 4-6**은 기본적인 교류 발전기의 회로를 표시한 것이다.

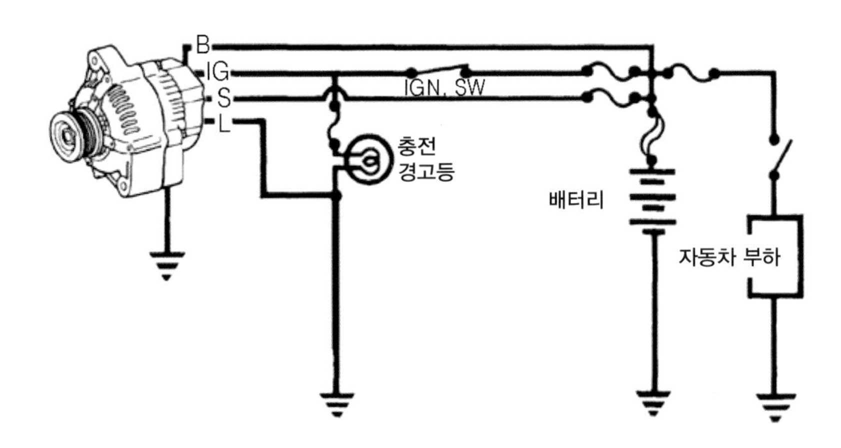

[그림 4.6] 기본 교류 발전기 충전 회로 (토요다 제공)

1. 배터리의 점점

충전시스템에 고장이 있는 것으로 의심이 되는 경우 첫 번째 단계는 자동차 배터리를 점검하는 것이다. 배터리 단자가 부식되어 있는지 확인하고, 접지 케이블이 차체와 전기적으로 통전이 양호한 상태를 유지하고 있는지 점검한다. 배터리의 전해액의 수준이 낮고 케이스에 균열이 있는지도 점검한다.

기존의 납산 배터리에서 무부하 전압은 배터리의 충전 상태를 잘 나타내는 지표이다. 다음 표는 전압과 충전 사이의 관계를 나타낸 것이다. 이러한 방법으로 배터리 전압을 점검하기 전에 헤드라이트를 1분간 켜고 표면 전하를 잠시 제거한다.

전압	충전(%)
12.60~12.72V	100%
12.45V	75%
12.30V	50%
12.15V	25%

앞에서 설명한 전압의 점검은 충전 상태를 나타내지만 배터리의 용량을 나타내지 않는다. 또한 배터리의 부하 테스트는 전혀 다른 점검이다. 배터리 테스트용의 최고 전기적인 부하는 카본 파일 배터리 테스터로서 이러한 형식의 부하는 필요에 따라서 수 백 암페어(A)가 흐를 수 있다.

작동 중에 큰 스프링 클립을 통해 배터리에 바로 접속한다. "카본 파일"이라는 명칭은 내부 구조에서 따온 것이다. 탄소 디스크를 서로 겹쳐서 쌓은 구조이며, 디스크를 함께 압축할 수 있도록 스크루 손잡이가 배치되어 있다. 디스크를 더 가깝게 압축하면 카본 파일의 저항은 낮아져 많은 전류가 흐른다. 압축을 해제하여 디스크 사이가 느슨해지면 카본 파일의 저항은 높아져 적은 전류가 흐른다. 카본 파일 배터리 테스터는 측정 범위가 높은 전압과 전류를 측정할 수 있다.

이러한 카본 파일 테스터를 이용하여 배터리를 점검하는 방법은 다음과 같이 실행한다.

① 배터리의 CCA(Cold Cranking Ampere)를 점검하기 위하여 배터리에 부착된 정격 용량을 확인한다. 배터리에 적용할 수 있는 부하 전류는 CCA 정격 용량의 1/2로 한다.
② 배터리의 플러스(+) 단자에 적색 클램프를 접속하고 마이너스(–) 단자에 흑색 클램프를 접속한다.
③ 필요한 시험 전류가 전류계에 표시될 때까지 배터리 부하 테스터의 다이얼을 시계 방향으로 돌린다.
④ 부하를 15초 동안 가하면 경보음이 울린다. 이때 전압계의 지침을 읽는다.
⑤ 배터리가 양호하면 경보음이 울렸을 때 9~10V가 표시되어야 한다.(21°C에서 10V, –18°C에서 9V). 전압계의 지시가 이 값보다 낮으면 배터리는 불량이다.

[사진 4.6] 이와 같은 카본 파일 배터리 테스터는 배터리에 큰 부하를 가하여 용량은 물론 전압까지 시험할 수 있다.

2. 충전시스템의 점검

다음 표는 구형 자동차의 충전시스템 문제를 진단하는 여러 단계를 종합한 내용이다.

증상	가능한 원인	수리
엔진을 끈 상태에서 점화 스위치를 ON시키면 충전 경고등이 점등되지 않음	1. 퓨즈 끊어짐 2. 경고등이 불량 3. 배선 접속이 느슨함 4. 릴레이 불량 5. 전압 조절기 불량	1. 충전, 점화 및 엔진 퓨즈 점검 2. 충전 경고등 교환 3. 회로의 전압 강하 점검, 느슨한 연결부 조임 4. 릴레이 통전 시험 및 작동 상태 점검 5. 교류 발전기 출력 점검
엔진 작동 시 충전 경고등이 꺼지지 않음(배터리 과충전 또는 충전 부족)	1. 드라이브 벨트가 늘어지거나 마모됨 2. 배터리 불량 또는 접속 불량 3. 퓨즈 또는 퓨즈블 링크 끊김 4. 릴레이, 전압 조정기 또는 교류 발전기의 불량 5. 배선 불량	1. 구동 벨트의 점검(필요에 따라 조정이나 교환) 2. 배터리 및 접속 점검 3. 퓨즈 또는 퓨즈블 링크 점검 4. 충전시스템 출력 점검 5. 전압 강하 점검
잡음이 발생	1. 구동 벨트가 늘어지거나 손상 2. 교류 발전기의 베어링 손상 3. 다이오드 불량	1. 구동 벨트의 점검, 필요에 따라서 조정이나 교환 2. 교류 발전기 교환

엔진이 작동 중일 때 배터리 전압을 측정하면 발전기의 충전 전압이 나타나며, 과거에는 많은 교류 발전기가 정상적인 충전 전압으로 출력이 13.8V였다. 그러나 시간이 지나면서 정상적인 출력 전압이 상승하여 14.4V가 되었다. 제조 회사에 따라서 충전 전압이 13~15V인 자동차도 있다.

적어도 한 제조업체는 현재 밸브 조절, 납산, 흡수 유리매트(VRLR, AGM) 배터리의 경우 교류 발전기 충전 전압을 14~16.5V로 명시하고 있다. 일반적으로 엔진이 작동하고 추가적으로 부하가 인가되지 않은 상태에서 배터리 전압을 측정하면 약 14V가 나와야 한다.

충전 전압으로 교류 발전기의 출력 전류는 얼마인가? 이것을 측정하기 위해서는 앞에서 설명한 카본 파일 테스터와 같은 클램프형 전류계와 큰 전기 부하가 필요하다.

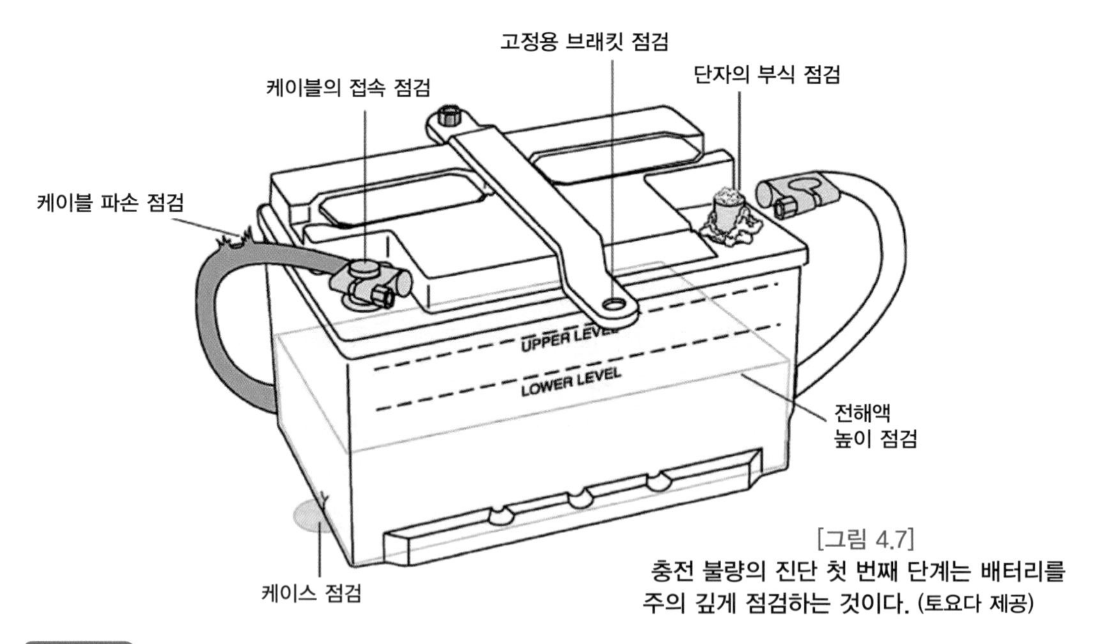

[그림 4.7]
충전 불량의 진단 첫 번째 단계는 배터리를 주의 깊게 점검하는 것이다. (토요다 제공)

일반 배터리

버려진 많은 자동차 배터리의 상태가 아직 양호하다는 것은 거의 알려지지 않은 사실이다. 필자가 표본 추출할 때 폐기한 배터리의 1/3은 적어도 1, 2년 정도는 사용할 수 있는 것들이며, 폐기된 배터리의 절반 정도는 태양광 조명 시스템, 농장의 태양광 전원의 전기 펜스와 같은 것에 적용하여 사용할 수 있다.

무상 배터리에 관심이 있으면, 여기에 관심을 가져보자. 무상 또는 저가인 폐기 직전의 배터리는 차고 또는 배터리 전문가와 밀접한 관계가 있다. 멀티미터를 이용하여 배터리의 무부하 전압을 측정하여 11.5V인 배터리는 사용할 수 있다. 각 셀에 플러그가 있는 구형 배터리 또는 셀 플러그가 나타나도록 커버 또는 스티커를 들어 올려야 하는 배터리를 말하는데, 완전히 밀봉된 배터리는 제외한다.

배터리 본체에서 전해액의 높이를 점검하여 전해액의 높이가 낮으면(즉, 판이 드러난 경우) 극판을 점검하고, 극판이 휘지 않은 경우 기준 높이까지 탈염수 또는 증류수를 보충한다. 배터리의 전압이 약 12.6V가 될 때까지 배터리를 정전류(예, 5A)로 충전한다. 배터리에 부하(예를 들면, 차량의 헤드라이트를 점등)가 걸리면 30분 정도 놓아둔다.

이 장의 앞부분에서 설명한 것과 같이 배터리 테스터를 사용하여 부하가 걸린 상태에서 배터리 전압을 점검한다. 예를 들면, 10초 동안에 150A 부하를 사용한다.(소형 모터사이클용 배터리는 50A의 부하를 사용한다) 전압이 약 10V 이상으로 유지되면 거의 양호한 배터리에 속한다.

더욱 논쟁의 여지가 있는 것은 배터리에서 황산을 줄이는 일이다. 필자는 다양한 가정내 처리 방법을 강구하였으나 제일 단순하고 제일 저가이면서 독성이 적고 안전한 황산마그네슘이 제일 좋으며, 황상마그네슘은 시중에서 작은 포장 상태로 구입할 수 있다. 각 배터리 셀에 황산마그네슘을 티스푼으로 하나를 넣고 배터리를 방전(예를 들면 헤드라이트를 통하여)시키고 다시 충전하는 작업을 배터리의 전류가 규격 값이 될 때까지 반복하였다. 충 · 방전의 사이클을 반복하면 배터리에서 더 큰 전류를 끌어낼 수 있다는 것을 발견하여야 한다.

예를 들면, 트랙터에 부설한 잔디 깎는 기계에서 소형 12V 배터리로 충 · 방전의 사이클을 시작하여 장시간 작업에 사용하였다. 초기에, 카본 파일 배터리 테스터를 사용하여 전압이 아주 낮아지고 전류가 5A가 될 때까지 확인한다. 황산마그네슘을 추가하고 24시간 동안 충·방전을 통하여 배터리를 작동시켰다. 그런 후 필자는 전압이 과도하게 낮아지지 않고(10V 이하로) 전류가 25A가 됨을 알았다.

황산마그네슘을 더 추가하고 24시간이 경과하였더니 전류는 35A가 되었다. 또다시 24시간의 사이클링으로 50A가 되었으며, 또 24시간의 사이클링 후에 100A가 되었다. 이렇게 하여 배터리의 기능이 회복되었다.

필자는 12V 납산 배터리를 가지고 있는데 가정용 작업장에서 자동차에 점프 시동을 걸기 위해 사용하고, 때때로 12V의 물 펌프를 작동하는데에는 사용하고 있다. 이 배터리는 모두 무상으로 얻을 수 있었다.

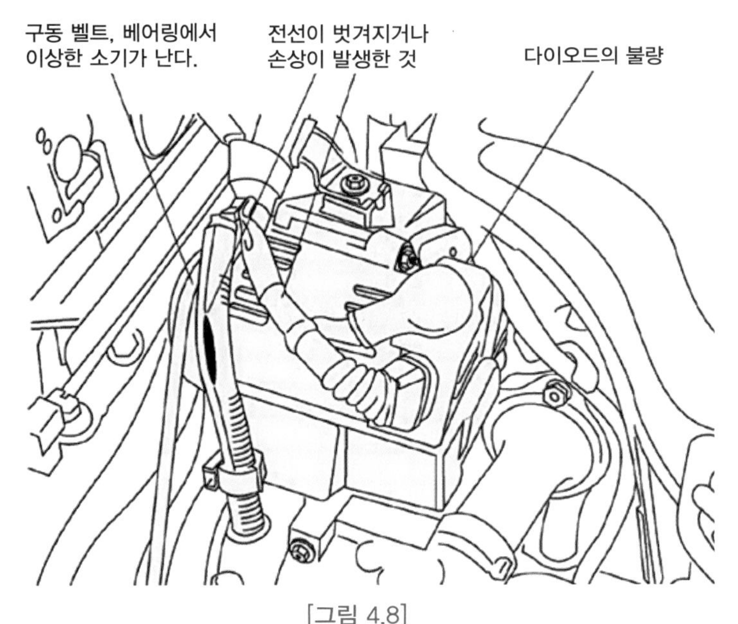

[그림 4.8]
배터리의 충전 성능이 불량할 경우 교류 발전기의 점검 항목 (토요다 제공)

[사진 4.7]
자동차를 부하로 교류 발전기의 출력을 측정. 교류 발전기는 60A 이상의 전류를 공급한다. 교류 발전기의 출력 케이블 주변에 클램프 전류계(화살표)가 아니다(훅 미터). 이 전류 흐름에서 교류 발전기와 배터리 플러스(+) 단자 간에 발생하는 전압 강하를 측정하였더니 0.1V로 성능이 우수하였다.

이러한 테스터기를 사용하지 않는다면 그 자동차의 전기 부하를 대신 사용할 수 있다. 제일 큰 부하는 헤드라이트와 팬 등으로 구성되어 있으므로 에어컨(콘덴서 팬을 가동) 및 하이빔 라이트를 켜고 실내의 팬을 고속으로 작동시킨다.

교류 발전기의 출력 케이블(배터리로 가는 케이블)에 클램프-온 전류계를 접속하고 전류계의 눈금을 0으로 설정한다. 엔진이 2,000rpm으로 회전할 때 자동차의 전기 부하를 작동시킨다. 카본 파일 테스터를 사용하는 경우 배터리 전압이 12.6V로 떨어질 때까지 부하를 증가시킨다. 이 전압에서 측정한 전류는 지정된 교류 발전기 출력의 75%가 되어야 한다. 즉, 100A 교류 발전기는 출력을 측정하면 75A가 되어야 한다.

자동차의 부하 스위치를 ON시키고 배터리의 전류가 흐르면 측정된 교류 발전기의 출력은 발전기의 상태뿐만 아니라 배터리의 충전과 부하의 크기에 따라서 달라진다. 자동차에 따라서 운행 중에 전류를 측정하면 16A 정도이고, 스위치를 ON시켜 점등하면 전류는 29A, 캐빈의 팬을 추가하면 35A, 에어컨을 작동시키면 53A, 하이빔 램프를 점등하면 61A, 윈도우 와이퍼를 가동시키면 64A의 전류가 흐른다. 발전기의 정격 전류는 80A이다.

3. 전압 강하 점검

충전 회로에 많은 전류가 흐르기 때문에 저항은 작지만 전압 강하는 크다. 교류 발전기가 배터리가 아닌 교류 발전기 출력에서 전압을 감지하는 경우, 큰 전압 강하로 배터리 충전 부족 현상이 발생한다. 배터리가 교류 발전기의 출력 전압보다 더 높은 전압을 공급하기 때문에 발생하는 현상이다. 2가지 다른 전압 강하가 측정되는 것은 절연(플러스)측과 비절연(접지)측에서 발생한다.

절연측을 점검하려면 멀티미터를 DC V로 설정하고 흑색 프로브를 교류 발전기의 배터리 출력 단자에 접속하며 멀티미터의 적색 프로브를 배터리의 플러스(+) 쪽에 접속한다. 그리고 다음 2가지를 주의해야 한다. 첫째는 발전기에 배터리 단자는 항상 전류가 흐르기 때문에 접속할 때 이 단자를 접지하여 단락되지 않도록 한다. 둘째로 엔진은 측정할 수 있도록 작동시킬 필요가 있으며, 케이블은 벨트, 팬에 접촉되지 않도록 주의를 하여야 한다.

멀티미터의 접속은 정상적인 샤프 팁 프로브를 사용하지 않고 클립 리드 선으로 하며, 엔진을 2,000rpm으로 작동하여 전압 강하를 측정하다. 이러한 상태에서 전압 강하의 측정값은 0.2V 미만이어야 한다. 이제 접지 전압 강하를 점검할 수 있다. 이번에는 멀티미터의 흑색 프로브를 교류 발전기 몸체에 접속하고 멀티미터의 적색 프로브를 배터리의 마이너스(-) 단자에 접속한다. 이때 리드선이 움직이는 물체에 걸리지 않도록 주의 한다. 엔진이 2,000rpm로 작동할 때 전압 강하를 측정하면 0.2V 미만이어야 한다.

여전히 높은 부하에서 전압 강하가 발생할 수 있다고 우려되는 경우 다시 측정할 수 있지만 이는 앞에서 설명한 대로 교류 발전기에 부하를 가한 상태에서 측정할 수 있다. 전압 강하는 더 높지만 일반적으로 0.5V 미만이어야 한다.

3 시동시스템

지난 90여 년 동안 거의 모든 자동차는 엔진이 시동되어 충분한 회전을 확보할 때까지 시동 모터를 사용하였다. 시동 모터는 전형적으로 피니언 기어를 엔진 플라이휠의 링 기어와 맞물림 또는 맞물림에서 벗어나도록 바꾸는 전자석 스위치(솔레노이드 스위치)가 장착되어 있다.

•배선 구조

자동차 전기 시스템에 대한 작동을 시작으로 배선의 내부 구조와 커넥터를 설명하기로 한다. 커넥터는 배선 내부에서 여러 가지 전기 장치에서 사용한다. 이런 물품들은 숙련된 정비사들에게는 간단하지만 자동차에 익숙하지 않은 사람들에게는 좌절과 어려움의 원인이 될 수 있다.

배선의 구조는 여러 가지 색상의 절연(피복) 전선을 사용하며, 일부 색상은 단색인 반면 많은 추가 색상은 줄무늬 색으로 사용하는데 어떤 의미가 있을까? 단색(바탕색) 전선은 여러 가지 색상의 절연 전선으로 검정색black, 흰색white, 갈색brown 또는 적색red 등이다. 추가 색상(줄무늬 색)의 전선은 하나의 주된 바탕색과 추가로 다른 줄무늬 색의 전선으로 사용한다.

예를 들면 전선은 흰색 바탕에 파란색 줄무늬 색일 수 있다. 추가 색상(줄무늬 색)은 2가지 색상 중에서 무엇이 얇은 색인지 이해하는 것이 중요하다. 파란색blue/흰색white과 흰색white/파란색blue을 혼돈해서는 안 된다.

여러 제조사들은 그들의 회로도에서 색상을 약자로 표시하여 사용한다. 예를 들면, 검정색을 B, BK, BLK 등으로 표시한다. 이것들은 이해하기 쉽지만 회사에 따라서는 파란색을 L로도 표시하기도 한다.

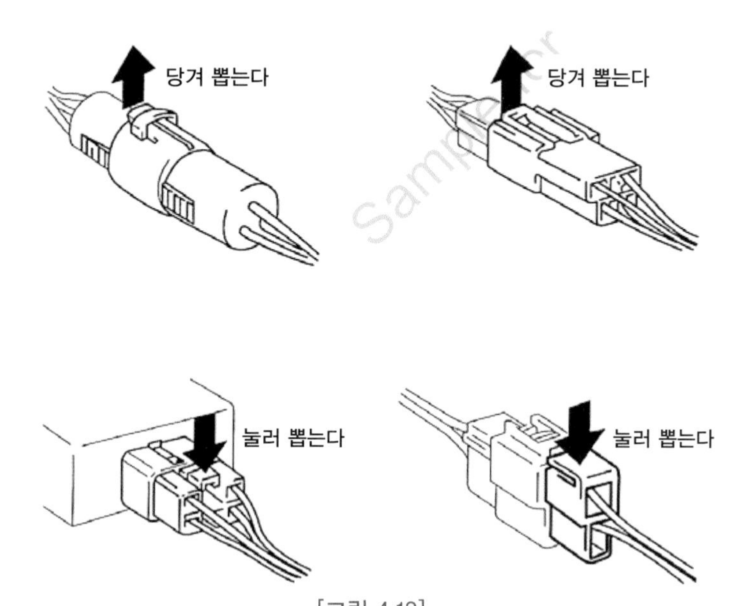

[그림 4.13]
모든 자동차의 커넥터는 제거하기 전에 잠금장치를 해제해야 분리된다. (토요다 제공)

전기 배선도에 표기하는 경우 바탕색은 첫자리에 표시하고, 두 번째는 줄무늬 색을 표시한다. 예를 들면, W-B는 흰색은 바탕색, 검정색은 줄무늬 색으로 표시한다. 어떤 제조사는 색상을 특이하게 표시하여 사용한다. 예를 들면, 하늘색sky blue, 보라색violet과 청록색turquoise 등이다. 자주색purple도 있으나 이것의 명칭은 공식적인 매뉴얼에서는 사용하지 않는다.

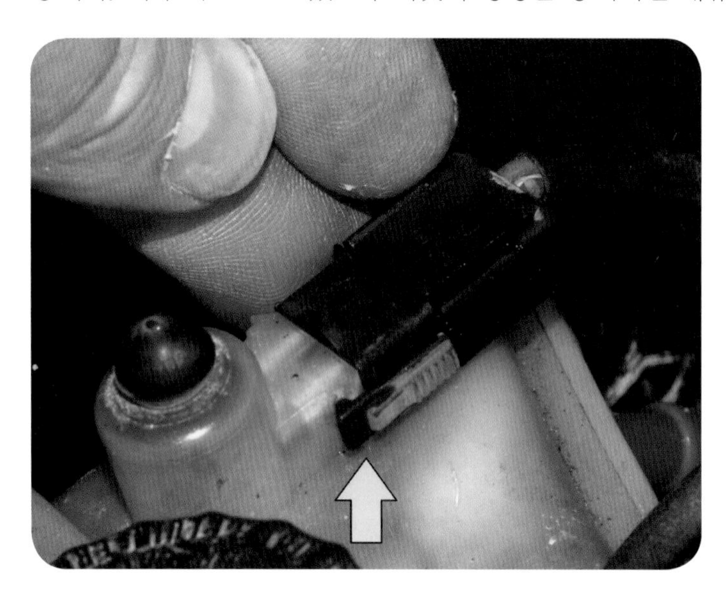

[사진 4.8]
커넥터를 분리하기 전에 해제하여야 하는 록킹 탭의 예시 반대 쪽에 또 다른 클립이 있다.

특히 복잡한 배선 시스템을 취급할 때는 항상 이중으로 배선의 바탕색과 줄무늬 색상의 표시를 확인하여야 한다. 한 대의 자동차를 작업하는 경우 특정 제조사에서 사용하는 배선 색상 코드와 친숙하게 된다. 여러 종류의 차량을 작업하는 경우 전선을 확인하기 전에 색상 표시의 약자를 확인하여야 한다.

자동차 배선의 커넥터는 다른 전기 장치와 3가지의 차이점이 있다.

① 대부분 커넥터를 분리하기 전에 록킹 탭을 해제하여야 있다. 록킹 탭은 설계에 따라서 누르거나 들어 올려서 분리하며, 커넥터를 분리하는데 큰 힘은 필요하지 않다.

② 캐빈 외부에 위치한 커넥터는 방습으로 실링 되어 있다. 이러한 실(seal) 중 일부는 커넥터 내부에 있으며, 다른 실은 커넥터 단자에 전선이 들어가는 곳에 배치되어 있다. 커넥터가 분리되어 있을 때 실은 분리하지 않는다.

③ 특정 공구를 사용하여 커넥터 내의 단자를 빼낼 수 있어 단자를 교환 또는 배선의 교환이 가능하다.

회로에서 전기적 고장의 주요 원인은 커넥터이며, 커넥터를 분리할 때는 항상 세심한 주의가 필요하다.

그림 4-9는 구형 자동차의 시동 모터 회로도를 나타낸 것이다. 시동 모터 회로는 중립 시동 스위치(주차 또는 중립에서만 엔진을 시동할 수 있도록 허용), 클러치 스위치(수동변속기가 장착된 차량에서는 클러치를 밟을 때만 엔진을 시동할 수 있음), 도난 방지 릴레이 입력(차량만 시동할 수 있음)이 포함될 수 있다는 점에 유의하여야 한다.

엔진이 시동되면 오버런닝 클러치가 엔진에 의해 시동 모터가 구동되지 않도록 한다. 일부 시동 모터는 내부 감속 기어를 사용하여 직접 구동한다.

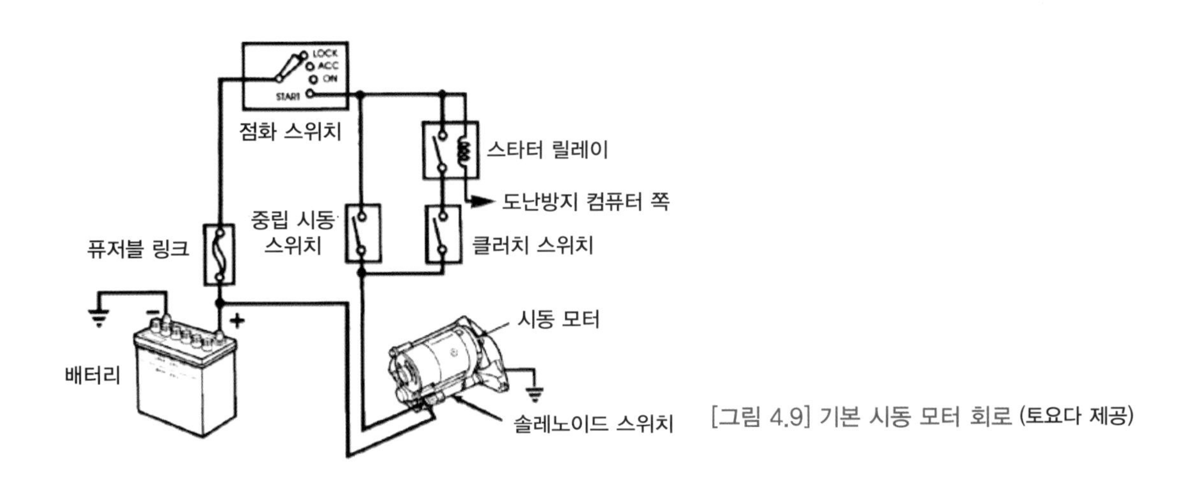

[그림 4.9] 기본 시동 모터 회로 (토요다 제공)

그림 4-10는 구형 자동차의 시동 모터 회로도를 나타낸 것이다. 시동 모터 회로는 중립 시동 스위치(주차 또는 중립에서만 엔진을 시동할 수 있도록 허용), 클러치 스위치(수동변속기가 장착된 차량에서는 클러치를 밟을 때만 엔진을 시동할 수 있음), 도난 방지 릴레이 입력(차량만 시동할 수 있음)이 포함될 수 있다는 점에 유의하여야 한다.

엔진이 시동되면 오버런닝 클러치가 엔진에 의해 시동 모터가 구동되지 않도록 한다. 일부 시동 모터는 내부 감속 기어를 사용하여 직접 구동한다.

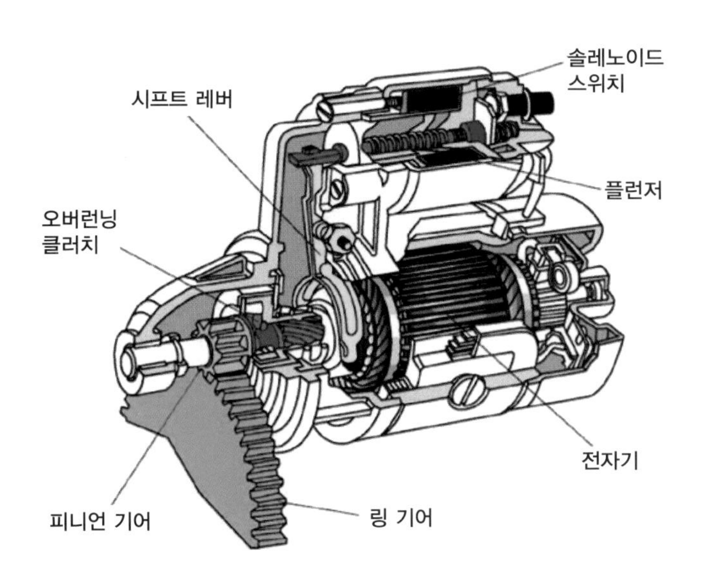

[그림 4.10] 시동 모터 구조 (토요다 제공)

고장 증세	가능한 원인	수리
엔진이 시동되지 않는다.	1. 배터리가 동작하지 않는다. 2. 퓨즈블 링크가 녹았다 3. 접속이 느슨하다 4. 점화 스위치의 고장 5. 솔레노이드, 릴레이, 중성 시동 스위치, 클러치 스위치 또는 도난방지 시스템 6. 엔진의 기구 문제	1. 배터리의 충전상태를 점검 2. 퓨즈블 링크를 교환 3. 접속을 견고하게 한다. 4. 스위치 작동을 점검 5. 필요한 것을 점검하고 교환한다. 6. 엔진 점검
엔진 크랭킹 회전이 너무 느리다.	1. 배터리가 약하다 2. 접속이 느슨하거나 부식됨 3. 시동 모터의 고장 4. 엔진이나 스타터의 기구상 문제	1. 배터리를 점검하고 필요한 충전을 한다. 2. 접속을 견고하게 한다 3. 시동 모터 점검 4. 엔진과 스타터 점검
시동 모터가 계속 회전한다.	1. 피니언 기어나 링 기어의 손상 2. 솔레노이드 스위치 플런저의 고장 3. 점화 스위치나 컨트롤 회로의 고장 4. 점화 스위치가 묶임	1. 새 것으로 교환한다. 2. 풀인 코일과 홀드인 코일을 점검 3. 점화 스위치와 회로 부품을 점검 4. 파손된 스위치의 교환
시동 모터가 스핀이나 엔진이 시동되지 않는다.	1. 오버런닝 클러치의 고장 2. 피니언 기어나 링 기어의 파손	1. 오버런닝 클러치의 정상 작동을 점검한다. 2. 파손된 기어를 교환한다.
시동 모터가 정상적으로 작동하지 않는다.	1. 솔레노이드 스위치 고장 2. 피니언 기어나 링 기어의 파손	1. 시동 모터 점검 2. 파손된 기어를 교환한다.

1. 시동 모터의 크랭킹 전압 점검

시동 모터는 자동차의 다른 전기 장치보다 더 많은 전류가 흐르며, 일부 자동차에서는 시동 모터에 200A의 전류가 흐른다. 시동 회로에 저항이 있으면 전압 강하가 제일 크기 때문이다.

크랭킹 시 전압 강하를 점검하려면 멀티미터의 적색 프로브를 배터리 플러스(+) 단자에 접속하고, 흑색 프로브를 시동 모터의 배터리 단자에 접속한다. 교류 발전기의 점검과 마찬가지로 적색 프로브를 접속할 때 단락되지 않도록 주의하고 케이블이 벨트나 팬에 접촉되지 않도록 한다.

점검 중에 엔진이 시동되지 않도록 주의하여야 한다. 전자제어식 연료 분사장치를 적용한 자동차는 EFI 퓨즈 및 릴레이 또는 연료 펌프 퓨즈 및 릴레이를 탈거하고 엔진을 크랭킹 한 후 정지시킨다. EFI 자동차가 아닌 경우는 점화시스템의 퓨즈를 탈거하거나 또는 배전기의 중심 케이블을 탈거한다.

그리고 엔진을 크랭킹하여 전압 강하를 측정하였을 때 0.5V이하이어야 한다. 전압 강하가 이 값보다 높으면 시동 모터와 배터리 플러스(+) 사이의 케이블에서 고정 저항을 점검한다. 시동 모터 회로에서 접지 회로는 엔진과 접지 간의 연결 또는 엔진과 배터리의 마이너스(-) 단자 간의 연결을 통해 이루어지므로 접촉 상태가 중요하다. 그래서 이 부분을 점검하여야 한다.

[사진 4.9] 시동 모터의 크랭킹 전류 측정
4기통 메르세데스 엔진은 151A를 나타내고 있다.

2. 시동 모터의 크랭킹 전류 점검

시동 모터의 크랭킹 전류 점검은 엔진의 크랭킹 중에 시동 모터에 흐르는 전류에 문제가 발생할 수 있음을 나타내 준다. 이 점검을 수행하려면 먼저 배터리 전압이 적어도 12.6V인가를 확인한다. 시동 모터에 배터리 케이블을 접속하고 클램프-온 전류계를 장착하여 '0' 점을 조정한다. 시험 중에 엔진이 시동되지 않도록 하고 엔진을 시동 모터로 크랭킹할 때 흐르는 전류를 판독한다.

정비 매뉴얼을 비치하고 있는 경우 제조사의 규정값과 측정값을 비교해 본다. 일반적으로 4실린더 엔진은 약 150A, 6실린더 엔진은 약 200A가 흐른다. 또한 8실린더 엔진은 약 250A가 흐른다. 지나치게 높은 측정값은 시동 모터에 결함이 있거나, 엔진을 크랭킹하기 어려울 정도로 불안정한 것이다. 이 값이 매우 낮으면 배터리의 케이블에 저항이 과도하게 높은 것이다.

4 점화시스템

엔진의 유지 관리는 이후의 장에서 설명하기로 한다. 자동차에서 간단한 점화시스템은 무엇을 의미하는가? 재래식 관점에서 보면 배전식 점화시스템은 다음과 같은 요소로 구성되어 있다.

관련 부분	관련 기능
점화 코일	점화 에너지를 만들어 저장하고 배전기에 중심 케이블을 접속하여 서지 전압의 형태로 공급한다.
점화 스위치	점화 코일의 1차 측에 키 작동 스위치
밸러스트 저항	크랭킹 중 회로를 단축하여 전압을 증가시킨다.
접점(브레이커 포인트)	점화하는 동안 점화 코일의 1차 회로를 열고 닫는다.
축전기	1차 전류를 신속하게 차단하여 접점의 아크 발생을 저지한다.
배전기	점화 코일에서 공급 받은 고전압을 점화순서에 따라 점화 플러그에 분배한다.
원심 진각장치	엔진의 회전속도에 따라 점화시기를 자동으로 조정한다.
진공 진각장치	엔진의 부하에 따라 점화시기를 자동으로 조정한다.
점화 플러그	불꽃을 발생시켜 혼합기를 점화한다.

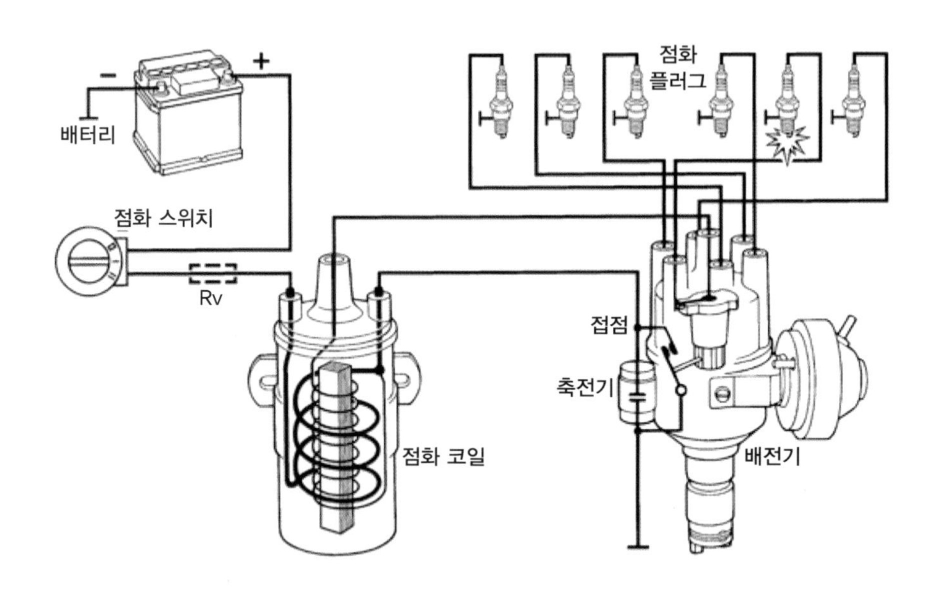

[그림 4.11] 재래식 점화 코일
(Rv) 밸러스트 저항(항상 적용되는 것은 아니다), (보쉬사 제공)

대부분의 자동차에서 지난 30년 동안, 접점식 스위치 방식은 트랜지스터(점화 모듈)를 제어하는 접점이 없는 시스템(예: 유도 또는 홀효과 센서 사용)으로 대체 되었다. 그리고 다시 최근의 자동차에서는 전자적으로 제어한다. 엔진의 관리(나중에 다루어짐)가 있는 자동차에서는 점화시스템과 연료 공급시스템이 통합되어 각 점화 플러그에 대해 개별 코일을 사용한다.

1. 엔진이 시동되지 않는 경우 시스템의 점검

엔진이 시동되지 않는 경우 점화 플러그를 탈거하여 로커암 커버 위에 올려놓고 스파크가 발생되는지 점검한다. 엔진을 크랭킹 할 때 점화 플러그에서 스파크를 관찰할 수 있어야 한다. 스파크가 발생하는데 엔진이 시동되지 않는 경우는 점화 타이밍 또는 연료 공급에 문제가 있는 것이다.

① 점화 플러그에서 스파크가 발생하지 않으면 배전기의 접점을 점검한다. 엔진이 회전할 때 정상적으로 개폐되는지, 접점의 표면이 양호한지, 접지 단자가 견고하게 접속되어 있는지 점검한다. 점화 스위치가 닫혀있는 동안 접점이 열리면 접점에서 작은 스파크가 발생하여야 한다.

② 접점에서 스파크가 발생하지 않으면 멀티미터를 사용하여 점화 코일의 플러스(+) 단자에 배터리 전압이 걸리는가를 점검하여, 전압이 걸리지 않으면 전원 배선의 회로가 단선되어 있는지 점검한다.

③ 점화 코일의 플러스 단자에 배터리 전압이 걸려 있으면, 시스템의 고압 측을 주의하여 살펴본다. 고압측이 정상이면 시스템에서 코일의 마이너스(–) 측에 멀티미터를 접속하고 엔진을 크랭킹할 때 멀티미터의 표시 값이 움직인다(펄스 발생). 이것은 코일의 1차 전류가 ON, OFF 되기 때문이다.

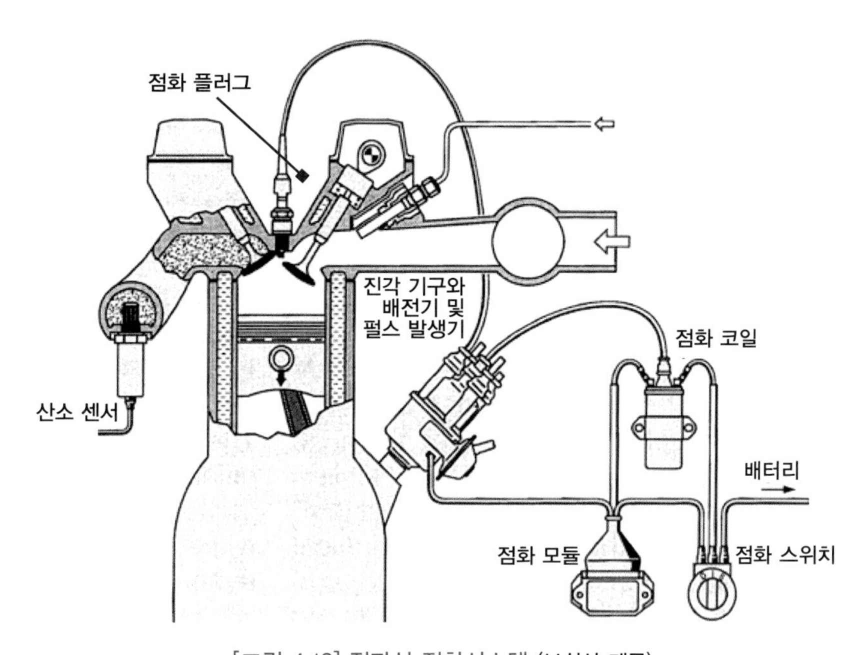

[그림 4.12] 전자식 점화시스템 (보쉬사 제공)

④ 코일의 마이너스(−)측에 펄스가 없으면 픽업(예: 홀효과 센서), 점화 모듈 또는 배선에 문제가 있는 것이다.

점화 코일의 고전압 케이블을 분리하고 절연 홀더를 사용하여 접지 부품(예를 들면 금속 로커암 커버)에서 약 6mm 정도의 위치에 설치한 후 엔진을 크랭킹 하면 고전압 케이블에서 스파크를 확인할 수 있어야 한다.

⑤ 점화 코일의 고전압 케이블에서 스파크가 발생하면 배전기 캡에 문제 있을 수 있다. 즉, 로터가 불량하거나 또는 로터와 접촉하는 카본 피스의 스프링 장력이 약한 경우 고전압의 배분에 문제가 발생한다.

⑥ 점화 코일의 고전압 케이블에서 스파크가 발생하지 않으면 점화 1차 코일과 2차 코일에 결함이 있음을 나타낸 것이다. 멀티미터를 사용하여 1차 코일의 저항을 측정한다. 1차 코일의 플러스 단자와 마이너스 단자 사이의 저항을 측정하여 단락 또는 매우 높은 저항이 아니라 0.4~2Ω의 범위에 있어야 한다. 또한 1차 코일의 마이너스 단자와 중심 단자 간의 저항을 측정하는데 일반적으로 6~15kΩ이어야 한다.

전자식 점화시스템의 경우에서는 홀 효과 또는 유도 센서의 고장일 수 있다. 이들 센서의 테스트는 오실로스코프를 사용하는 것이 최선의 방법이며, 이 책의 후반에서 설명한다.

2. 엔진의 점화가 불량한 경우 시스템의 점검

① 엔진의 점화가 불규칙한 경우 엔진의 공회전 속도를 빠르게 한 상태에서 절연 스크루 드라이버를 사용하여 각 점화 플러그를 연속 접지 단락시켜 본다.

② 점화 플러그를 이러한 방법으로 단락시켰을 때 엔진의 속도가 떨어지지 않는다면 그것은 실화가 되는 실린더이다. 실린더에서 규칙적으로 점화되지 않는다면 점화 플러그 또는 고압 케이블의 고장이다.

③ 결함이 있는 고압 케이블은 정밀 검사를 통해 발견할 수 있으며, 고압 케이블의 접지 측에서 아크가 발생하여 표면에 마크가 있다. 간헐적인 실화는 접점의 오염 또는 접속 불량, 접점 간극의 불량, 부정확한 점화시기, 배전기 캡의 불량, 로터 또는 축전기 등의 원인이 될 수 있다.

④ 모든 실린더에서 점화가 불량하면 연료 시스템을 점검해야 하며, 점화 플러그는 문제가 발생하면 특정 현상이 나타난다. 점화 플러그가 건조하고 검은 카본이 부착되어 있으면 다음과 같은 문제가 발생할 수 있다.

- 과도한 공회전이 발생한다.
- 점화 플러그 온도가 너무 낮아서 연소가 되지 않아 경부하 저속으로 구동된다.
- 과도하게 농후한 혼합기에 의해 미연가스의 배출이 증가된다.
- 점화시스템의 출력 전압이 낮아진다.

⑤ 점화 플러그 전극의 마모가 거의 없고 습한 오일의 침전물이 묻어 있는 경우, 오일은 다음과 같은 원인에 의해 연소실로 유입된다.

- 마모 또는 파손된 피스톤 링
- 밸브 가이드 오일 실의 불량 또는 누락

모든 점화 플러그는 동일한 상태에 있어야 하며, 중심 절연체의 색은 연한 황갈색 또는 희색이어야 한다. 만일 점화 플러그 색이 다르면 제조사의 사양과 비교하여 점화 플러그의 열가를 점검하여야 한다. 표준보다 더 높은 출력으로 엔진이 가동되면 낮은 범위의 냉형 플러그로 교환하여야 한다.

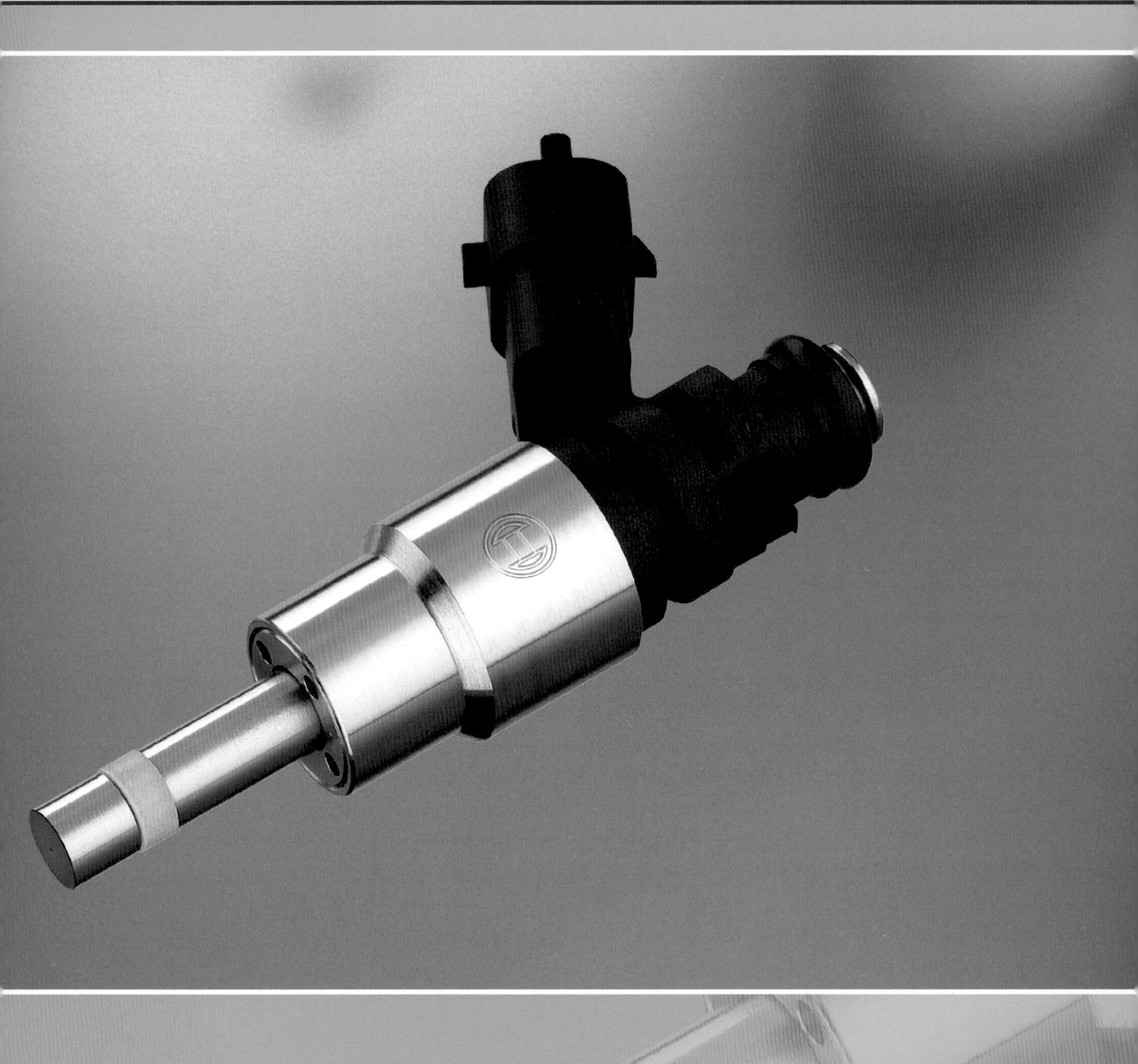

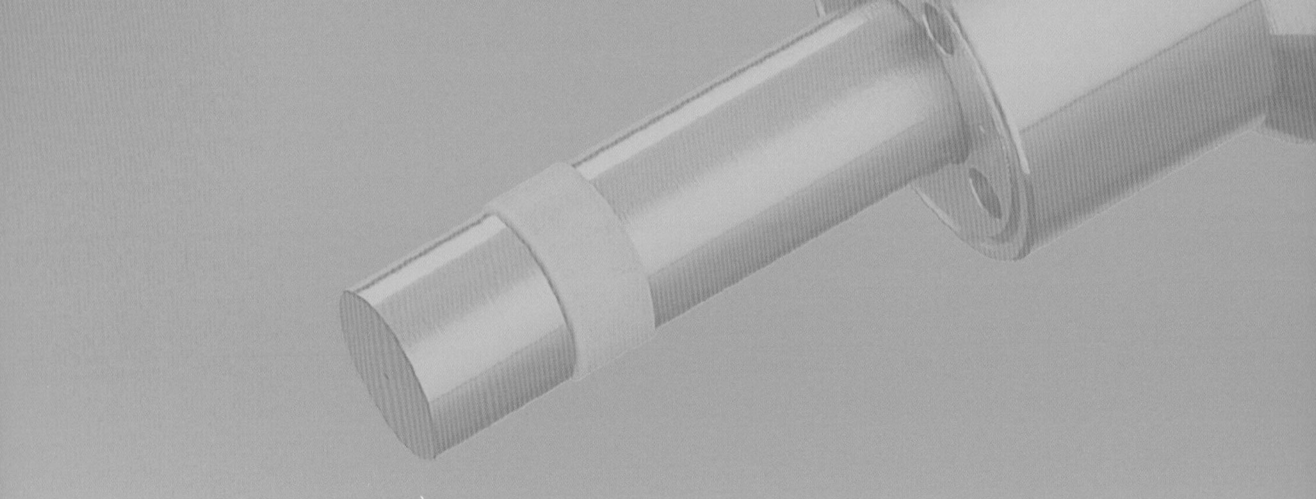

Chapter 5

아날로그와 디지털 신호

1. 아날로그 신호
2. 디지털 신호
3. 주파수 및 듀티 사이클
4. 펄스 폭 변조(PWM)
5. 데이터 버스 신호
6. 아날로그 및 디지털 신호 측정

자동차 회로에서 사용하는 신호의 종류를 살펴보자. 그러면 먼저 신호란 무엇인가? 어떤 것에 전원으로 공급하는데 사용하는 전기 대신에(예를 들면, 1장에서 본바와 같이 전구와 같은) 전기 신호는 정보를 전달하는데 사용된다.

이 정보는 흡기 온도, 자동차의 속도, 브레이크 램프의 점등 및 소등 등과 같은 것으로 이러한 신호들은 장치에서 다른 장치로 전달되는 '부호화(coding) 메시지'이다. '부호(code)'는 전류 흐름의 변화로 구성될 수 있지만 자동차에서 가장 많이 변화되는 것은 전압이다.(실제로 자동차 신호는 배선에서 작은 전류의 흐름이다.) 그러면 정보를 전달하는데 전압의 변화를 어떻게 사용할 수 있을까? 기본적으로 사용되는 접근 방식은 2가지 코드로, 아날로그 신호와 디지털 신호라 부른다.

1 아날로그 신호

아날로그 전압의 신호는 단계 없이 변화하는 신호이다. 예를 들면, 에어플로 미터의 출력 전압 신호는 일반적으로 아날로그 신호이다. 엔진의 공회전에서 출력은 1.2V이고, 최대 출력에서 4.1V로 '중간' 부하에서는 신호 값 가운데 어떤 값이 될 것이다. 아날로그 전압 신호의 다른 예로는 대부분의 MAP 센서, 요우 Yaw 센서, 스로틀 위치 센서와 온도 센서 등의 출력 신호가 있다.

1. 아날로그 신호의 특성

대부분 자동차용 아날로그 센서는 약 0.5~5V의 전압 범위에서 작동하며, 아날로그 전압 신호는 멀티미터로 즉시 판독할 수 있다. 이 전압을 측정해 보면 선형 특성을 가지고 변화하며 때로는 비선형 특성을 나타내기도 한다. 이런 특성은 몇 가지의 예로서 쉽게 알 수 있다.

에어플로 미터는 초당 50g 질량의 유량에서 출력 전압이 1.0V, 초당 유량이 100g이면 출력은 2.0V, 초당 유량이 150g이면 출력은 3.0V 이다. 즉, 에어플로 미터의 전압 출력은 공기 질량의 흐름과 비례하여 상승한다. 다음 표는 이러한 관계를 표로 나타낸 것이다. 결과적으로 공기 유량이 2배가 되면 에어플로 미터의 출력은 2배가 된다.

에어플로 질량(g/s)	에어플로 미터 출력(V)
50	1
100	2
150	3
200	4

[그림 5.1] 그래프는 공기 유량과 출력 전압의 관계는 직선의 특성을 표시한다.

모든 아날로그 센서가 이러한 특성으로 작동하는 것은 아니다. 예를 들면, 흡입 공기 온도 센서는 20°C에서 ECU가 측정한 전압은 3.1V이고, 40°C에서 2.0V, 80°C에서 0.8V 이다.

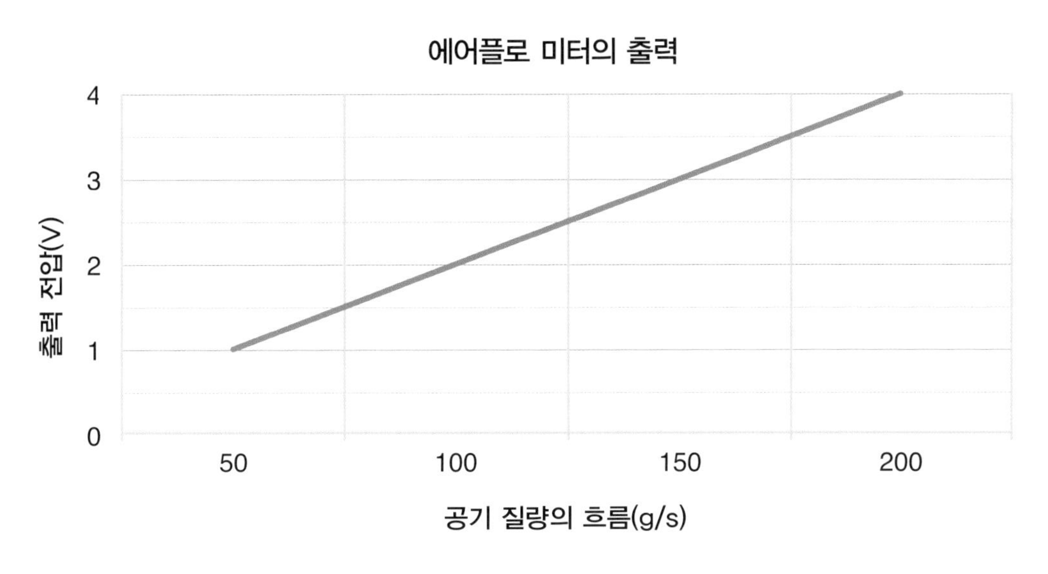

[그림 5.1]

예시적인 에어플로 미터의 아날로그 출력 전압. 신호 전압과 공기 질량 흐름 사이의 관계는 선형 특성이며, 신호는 질량 흐름이 증가함에 따라 함께 상승한다.

아래에 제시한 표는 이러한 관계를 나타낸 것이다. 이 경우에 2가지 특성으로 측정한 매개의 변수가 증가하면 전압은 떨어지며, 매개의 변수와 신호 출력의 관계는 비선형적이다.

온도(°C)	센서 출력 전압(V)
20	3.1
40	2
60	1.2
80	0.8
100	0.5

[그림 5.2] **특성이 비선형인 것을 알 수 있으며, 그 관계를 아래 그래프로 표시한 것이다.**

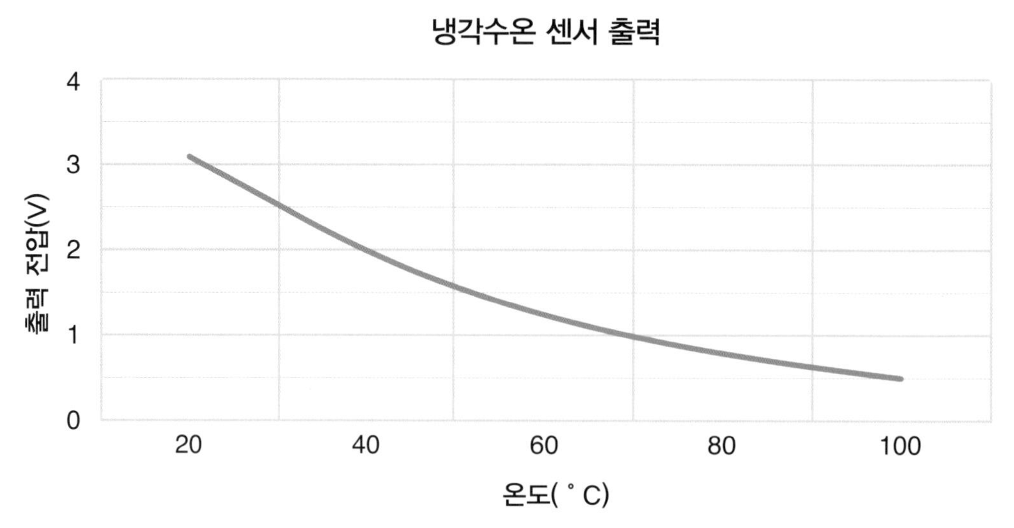

[그림 5.2] 예시적인 냉각수온 센서의 아날로그 출력 전압

이 센서를 사용할 때 신호 전압과 공기의 질량 흐름 사이의 관계는 비선형인 방법이고, 온도가 상승함에 따라 신호 전압이 낮아진다.

예를 들면 대부분의 MAP 센서는 전원을 공급하기 위해서 다음과 같이 3개의 단자로 구성되어 있다.

① 5V 전원 공급
② 접지
③ 신호 출력

대부분의 온도 센서는 3개의 배선을 연결하여 사용하지 않는다. 온도 센서는 온도에 따라 저항이 변하되는 가변 저항기로 구성되어 있다. ECU는 센서에 규정된 전압을 공급하고 가변 저항으로 인하여 발생하는 센서의 전압 변화를 측정하기 위하여 내부 전압 모니터링 회로를 사용한다.(다음 장에서 자세히 설명하기로 한다).

이러한 온도 센서는 전원과 신호 출력이라는 2개의 배선으로 구성되어 있다. **그림 5-3**은 엔진 작동 시스템의 회로도 일부를 나타낸 것으로 좌측은 ECU이고 우측은 흡입 공기 온도IAT 센서와 엔진 냉각수 온도 ECT 센서임을 알 수 있다. 이들 온도 센서는 아날로그 가변 저항 센서이다. 대부분의 사람들은 아날로그 신호를 이해하는데 아무런 문제가 없지만 디지털 신호는 종종 혼란을 유발하곤 한다.

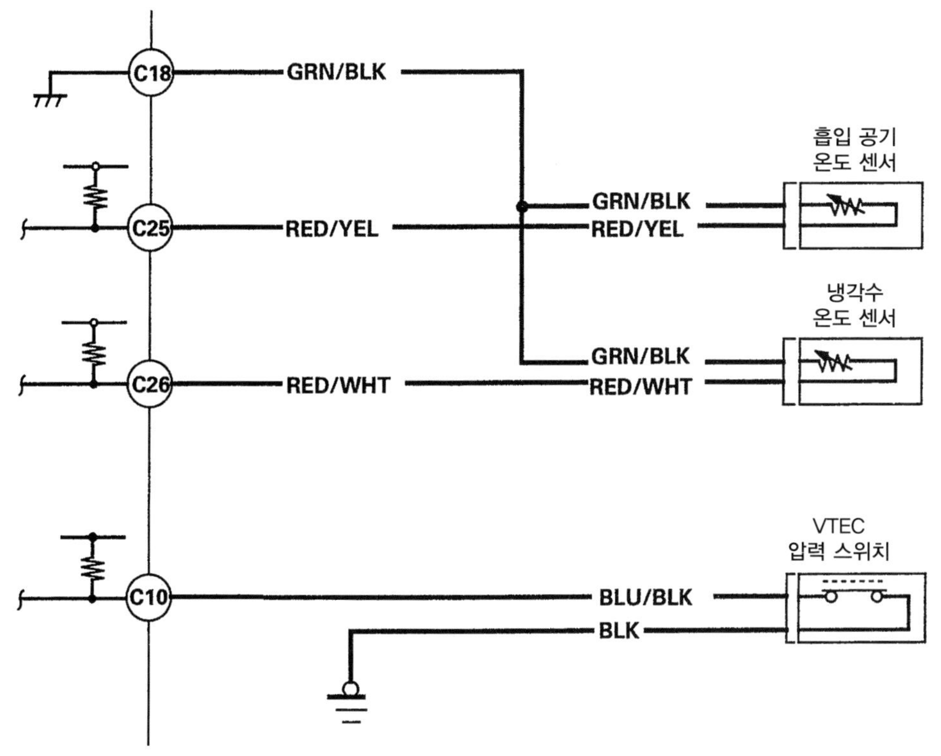

[그림 5.3] 엔진 작동용 회로도에서 아날로그와 디지털 입력을 표시한 것이다.

흡입 공기 온도(IAT) 센서와 엔진 냉각수 온도 센서(ECT)는 모두 2개 배선으로 아날로그로 작동한다. VTEC 압력 스위치는 오일 압력이 적당한 압력에 도달하면 ON, OFF로 작동하는 디지털 센서이며, 접지 회로에서 리턴 되는 방법을 사용한다(혼다 제공).

2 디지털 신호

디지털 신호는 단계에 따라 변화하는 신호이며, 일반적으로 'ON' 또는 'OFF'이다. **그림 5-4**는 시간에 따른 디지털 신호의 변화를 그래프로 표시한 것으로 어느 순간에나 신호는 ON(5V) 또는 OFF(0V)임을 알 수 있다.

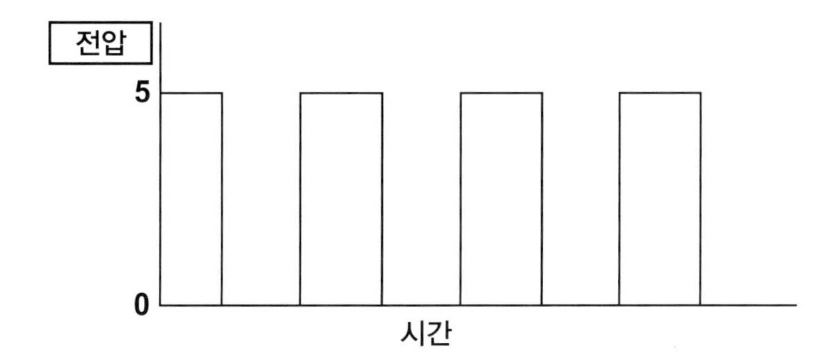

[그림 5.4] ON(5V), OFF(0V)인 디지털 신호 그래프

자동차의 대부분 디지털 신호는 ON, OFF 신호이다.

1. 디지털 신호의 특성

신호는 일반적으로 전류의 흐름이 아니라는 것을 앞에서 설명한바 있다. 하지만 대부분은 LED 점등으로 표시하며, **그림 5-4**의 ON, OFF 디지털 신호도 LED로 표시 한다. LED는 점등, 소등, 점등, 소등으로 깜박일 것이다. 다른 한편으로 아날로그 신호 전압이 변동하면 LED의 밝기가 유연하게 변화한다. 계속 LED로 예를 들면, 스위치를 사용하여 ON, OFF시키는 것을 디지털 방식으로 작동할 수 있도록 하면, 가변 저항으로 LED의 밝기를 변화시키면 LED가 아날로그 방식으로 작동할 수 있다.

전자제어식 연료장치의 인젝터는 디지털 신호로 작동하여 개폐 작용을 하며, 개방 상태를 유지하는 작동은 없다. 전자제어식 연료장치의 인젝터가 작동하는 방식은 우리가 이해하여야 할 디지털 신호의 특성을 많이 나타내고 있으므로 어떻게 작동하는지 살펴보자.

연료 분사 시스템에서 연료는 고압으로 인젝터에 공급되어 분사하며, 인젝터는 단순하고 정교한 노즐로 만든 솔레노이드 밸브이다. 전원을 공급하면 인젝터는 핀틀 pintle이 상승하여 연료가 분사 노즐을 통하여 스프레이 형상으로 분사된다. 전원을 공급하지 않으면 노즐은 스프링의 장력으로 닫혀 연료의 분사가 중단된다.

엔진이 2,000rpm으로 회전하면 초당 16회 정도의 흡입 행정이 이루어진다. 2000rpm에서 인젝터는 매 흡입 행정마다 연료를 분사하기 때문에, 초당 횟수로 표시하는 것보다는 16Hz(Hertz 약자 표기)의 펄스를 발생하는 것으로 나타낸다.

인젝터의 주파수 신호가 50Hz에서 500Hz로 변화하면, ON, OFF의 신호는 초당 몇 번일까? 초당 50회에서 500회 작동한다. 앞에서 설명한 바와 같이 양호한 멀티 미터를 사용하여 신호의 주파수를 직접 측정할 수 있다. 다른 예를 들면, 가변 주파수 신호는 자동차의 속도 센서에 사용한다.

2. 디지털 신호의 송신

많은 구형 센서는 바퀴에 배치된 자석과 프레임의 리드 스위치로 구성된 속도 센서가 사용된다. 바퀴가 회전할 때 마다 접점이 ON, OFF 되면서 ECU에 펄스 신호를 송신한다. 초당 많은 펄스 신호를 송신하면 ECU는 자동차의 초당 펄스 신호의 수가 많아 자동차가 빠른 속도로 주행하는 것으로 인식하며, 이러한 경우의 주파수는 속도에 비례한다.

주파수는 신호가 초당 얼마나 자주 위아래로 변화하는 가를 의미한다.

인젝터의 주제로 되돌아가서 각 흡입 행정마다 연료 분사를 원하면 4실린더 엔진이 2,000rpm으로 회전할 경우, 인젝터는 초당 16회(16Hz)씩 개방하여야 한다. 그러므로 인젝터는 최대 초당 1/16회의 연료를 분사한 후 닫히고 다음의 작동을 위해 대기한다.

인젝터의 작동은 아주 짧은 시간으로 초당 1/16회 작동된다. 따라서 이러한 회전수에서는 유효한 시간에 비례하여 개방이 되는데 초당 1/16의 10% 정도이다. 이 비율(%)을 듀티 사이 Duty Cycle이라 부르며, 성능이 좋은 멀티미터를 사용하여 신호의 듀티 사이클을 직접 측정할 수 있다.

인젝터 듀티 사이클이 50%일 경우 인젝터는 그 시간의 1/2 동안 개방이 된다. 인젝터가 75% 듀티 사이클인 경우 유효한 시간의 3/4 동안 개방이 된다. 100% 듀티 사이클인 경우 계속 개방된 상태이며, 0% 듀티 사이클인 경우에는 계속하여 닫힌 상태이다.

3 주파수 및 듀티 사이클

눈 깜빡할 시간에 어떤 일이 발생하는지 파악하는 것은 것은 어려운 일이다. 그래서 천천히 생각해보기로 하자. 인젝터 대신에 마트의 출입문에서 고객을 관리하는 관리인을 생각해 보자. 그 마트는 대대적인 세일을 하고 있는데, 관리인은 마트에 출입하기 위해 줄을 서 있는 고객들을 위하여, 출입문을 열고 닫는 일을 하고 있다. 하지만 출입문을 계속 열어둘 수는 없다. 그러면 마트가 위험할 정도로 붐비게 될 것이기 때문이다.

모든 사람에게 공정하도록, 관리자는 1분마다 문을 열고 1분 간격으로 부저 소리를 낸다. 매 순간 그는 문을 여는 시간을 결정해야 한다. 때때로 그는 60 초마다 5초 동안 문을 열기도 한다.

[사진 5.1]
연료 인젝터는 가변 듀티 사이클, 가변 주파수 방법으로 제어 된다.

다시 말해, 부저가 울린 후 출입문을 열고 5초 후에 닫는다면 관리인은 8.3%의 시간 동안 출입문을 여는 결과가 된다(5초는 60초의 8.3%). 다른 시간대는 마트에 고객이 뜸하다면 유효한 60초마다 30초 동안 출입문을 여는 것으로 듀티 사이클이 50%이다.

마트가 거의 비어있는 경우 60초 중 45초 동안 출입문이 열린 상태라면 듀티 사이클은 75%이다. 그래서 출입문을 정해진 주기로 운용하면 듀티 사이클은 0(분당 1회 혹은 0.017Hz)에서 75%(유효한 60초 중 45초 출입문이 열림)로 변경된다.

여기서 설명한 정해진 고정 주기는 가변 듀티 사이클이다. 그러나 때로는 주기와 듀티 사이클이 모두 다르다. 예를 들면, 연료 인젝터는 회전수가 증가할수록 속도가 빨라지는 주기의 변화가 필요하며, 듀티 사이클도 인젝터에 사용하면 가변 주기와 가변 듀티 사이클의 작동이 가능하다.

1분 주기로 15초 동안 출입문이 열리는 현상을 생각한다. 그러나 1분에 2번 주기로 열리며, 동일한 15초에 출입문이 열린다면 듀티 사이클이 50% 증가한 것이다. 인젝터에서 측정한 듀티 사이클이 회전수rpm와 함께 빠르게 증가하면 연료를 분사하는 시간이 단축된다.

4 펄스폭 변조PWM

디지털 신호의 변화는 2가지 방법인 주파수와 듀티 사이클로 표시하며, 이것은 우리를 다음 생각으로 이끌어준다. 디지털 제어는 실제로 아날로그 신호와 같은 방식으로 사용될 수 있다.

이것을 검토해 보면 자동차에서 대부분의 유량 제어 솔레노이드 밸브(예: 터보 웨이스트 게이트 제어 밸브, EGR 밸브 및 공회전속도 제어 솔레노이드)는 고정된 주파수를 사용하고, 듀티 사이클을 변화시켜서 작동한다. 예를 들면 부스트 제어 솔레노이드는 고정 주파수로 30Hz와 듀티 사이클로 10~90%를 변화시켜서 작동을 한다면 유량 제어 밸브는 초당 30회를 개폐한다.

즉 작동시킬 때 이런 종류의 밸브는 실제로 충분히 개폐하지 않고 유량을 가변시킬 수 있는데, 어떻게 작동하는가를 살펴보자. 밸브의 작동 주파수가 아주 느리면(예로서 5Hz) 밸브는 실제로 초당 5회 개폐되는 것을 알 수 있다. 이것은 밸브가 작동하는 딸깍 소리로 확인할 수 있다.

그러나 밸브 작동 속도(50Hz 정도)를 많이 높이면 원하는 속도를 얻을 수 있다. 가동 부분의 관성으로 인하여 고주파수로 작동하면 밸브는 중간 위치에서 작동하며, 듀티 사이클은 밸브가 열리는 회수로 결정된다. 바꾸어 말하면 작동 주파수에서 디지털로 제어하여 주파수가 발생되는 솔레노이드 밸브는 가동 부분의 무게, 리턴 스프링의 견고성 등으로 결정된다. 물론 가변 흐름은 매우 낮은 듀티 사이클(0%)에서는 작동하지 않으며, 밸브가 닫혀 있기 때문에 듀티 사이클이 매우 높아도 100% 작동하지 않는다.

[사진 5.2]
포르쉐 카이엔 터보 엔진은 라디에이터 팬을 PWM 제어로 한다.
속도제어는 단계가 없는 디지털 제어를 이용한다.(포르쉐 제공)

그러므로 이러한 종류의 솔레노이드에서 실제 듀티 사이클의 변화는 일반적으로 20~80% 범위이며, 동일한 방법을 다른 시스템에서도 사용할 수 있다. LED에 대해서 이 장의 초기로 되돌아가 보면, 스위치의 ON, OFF 작동은 디지털방식으로 작동한다고 설명하였으며, LED가 ON되거나 OFF된다. 가변 저항기로 LED를 작동시키기 위하여 아날로그 제어를 사용하였으며, LED의 밝기는 점진적으로 변화하였다. 그러나 솔레노이드를 중간 위치에 배치하면 디지털 제어로 LED의 밝기를 변화시킬 수 있다.

우리의 눈으로 개별적인 플래시를 볼 수 없을 정도로 빠른 주파수를 설정하면 평균 밝기도 얻을 수 없다. LED를 500Hz에서 작동시키면 듀티 사이클은 0에서 100%로 변경함으로써 충분한 ON과 OFF를 유연하게 변화시킨다. 100% 듀티 사이클에서 LED는 최대 전압이 걸리고, 50% 듀티 사이클에서는 평균 전압으로 배터리 전압의 절반이 걸린다.

예를 들면, 동일한 방법으로 라디에이터 팬 모터, 워터·에어 인터쿨러 펌프, 모터, 연료 펌프와 같은 DC 모터의 속도 제어에 적용할 수 있다. 라디에이터 팬을 예로 들어보자. 공급 전압이 12V, 50% 듀티 사이클에서 팬 모터의 평균 전압은 6V에서 작동하며, 75% 듀티 사이클에서 평균 전압은 9V이다. 이것은 단계가 없이 모터의 속도를 유연하게 변화시킬 수 있다.

이 방법은 펄스 폭 변조(PWM) 또는 가변 듀티 사이클 제어라고도 부르며, 속도는 앞에서 설명한 것과는 다른데. 많은 전류가 흐르기 때문이다. 라디에이터 팬도 많은 전류가 흐른다. PWM은 매우 작은 전류의 흐름에도 적합하며, 다양한 전압 제어 신호를 생성하는 ECU는 PWM을 사용한다.

아날로그 신호는 정보를 전송하기 위하여 2개 배선을 사용한다는 것을 이 장의 앞부분에서 설명하였다. 정보를 전송하기 위하여 가변 주파수 또는 듀티 사이클을 사용하는 디지털 시스템은 동일한 방법으로 연결되며, 아날로그 신호처럼 접지 및 신호로 3개의 배선을 사용한다.

그림 5-3을 참조하자. VTEC 압력 스위치(오일 압력을 검출)는 오른쪽에 있으며, 이는 2개의 출력(ON, OFF, 100% 듀티 사이클 또는 0% 듀티 사이클)을 가진 디지털 센서이다. 접지 접속은 제2의 도체를 형성하기 위하여 사용하는 점에 주의하여야 한다.

5 데이터 버스 신호

다음과 같이 3가지 다른 방법으로 신호를 부호화할 수 있는 방법을 살펴보기로 하자.

① 아날로그
② 가변 듀티 사이클을 통한 디지털
③ 가변 주파수를 통한 디지털

부호화는 연속적인 '0'과'1'의 비트로 구성된 특정 디지털 프로토콜을 통해서도 가능하며, CAN Controller Area Network 버스는 디지털 프로토콜 방식을 적용한 것이다. CAN 버스에서 교환하는 정보를 메시지라고 하며, 연결된 제어 유닛은 메시지를 송수신한다.

메시지는 1과 0으로 표시되며, 엔진의 회전속도와 같이 물리적인 값을 가지고 있다. 예를 들면, 1,800rpm의 엔진 회전속도는 2진수로 00010101로서 표시할 수 있다. CAN 버스는 신호를 송신하기 위하여 2개의 배선을 사용하며 이 배선은 'CAN High'와 'CAN Low'로 표시한다. 2진수 정보는 전선 간에 변화하는 신호 코드가 된다.

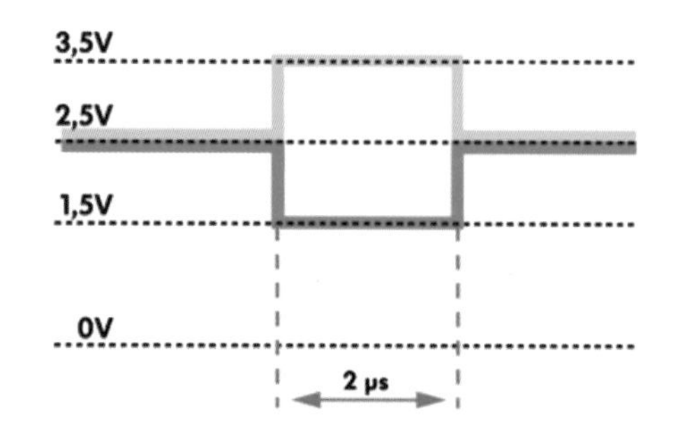

CAN 버스 유형의 신호는 ON, OFF가 아니라 버스에서 나오는 2개 배선에서 2개의 서로 다른 방향으로 전압을 구동하여 작동한다. CAN low(녹색)는 CAN high(황색)가 더 높은 전압으로 상승하는 동시에 전압이 낮아진다.(폴크스바겐 제공)

[그림 5.5] CAN 버스 디지털 신호

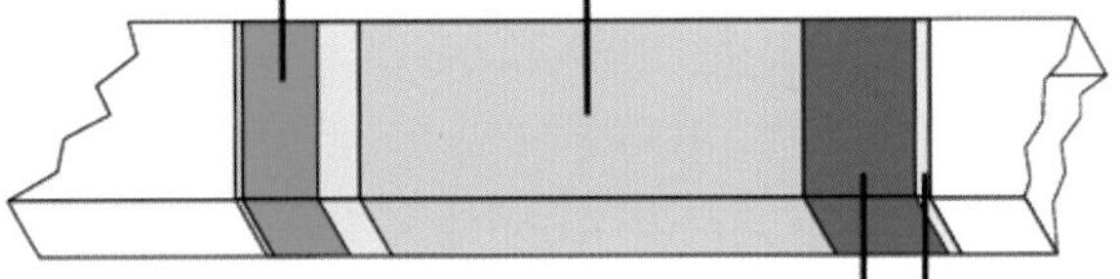

식별(식별 11bit) : 메시지 식별자로서 작동한다.

메시지 내용 :(최대 데이터 필드 8×8 bit)은 메시지 정보를 포함한다.

(16-bit CRC 체크) : 오차 보호용 체크 섬

접수 통지(2 bit-Ack)

[그림 5.6] CAN 메시지의 구성

각 비트는 그림 5-5로 표시한 바와 같이 전압의 변화에 의해 송신된다.
(폴크스바겐 제공)

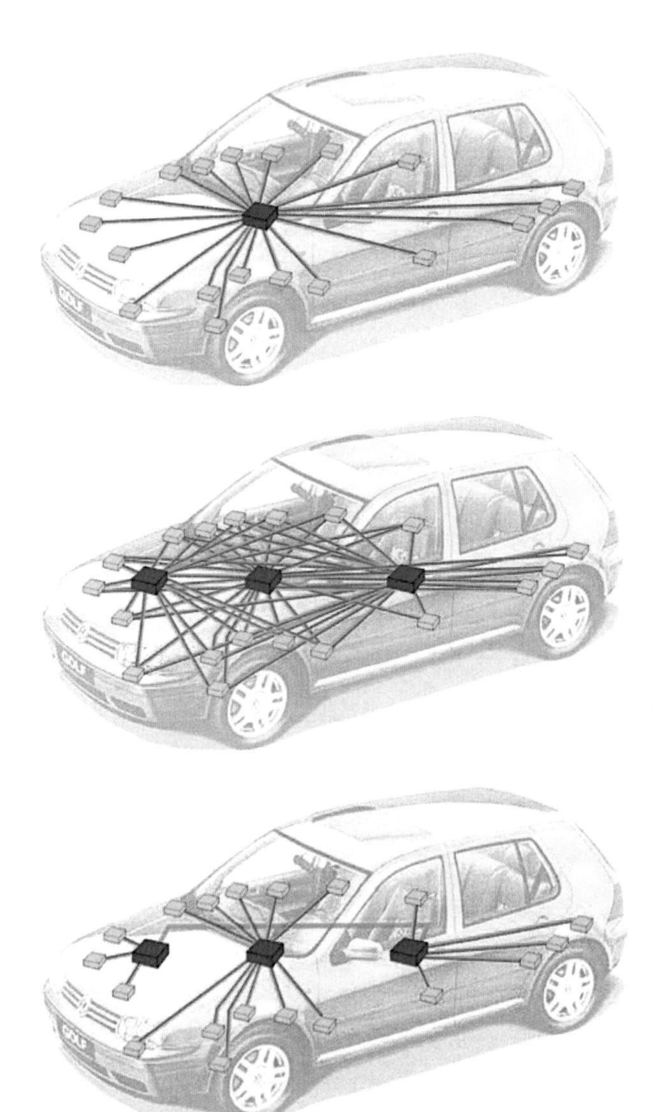

[그림 5.7]

제조사가 적용한 버스 시스템의 중요한 배경을 표시한 것이다. 첫 번째는 이미지는 ECU 제어기로 시스템을 표시한 것이며, 자동차의 엔진 작동에서 볼 수 있다. 두 번째 이미지는 분리된 다중 ECU로 구성된 자동차를 표시한다. 예를 들면, 엔진 관리, ABS 및 전자식 차체 안정성 제어와 같은 여러 개의 ECU가 있는 차량을 보여준 것이다. 이 방식에서 각 ECU는 공유 센서에 연결하기 때문에 배선의 복잡성이 커진다. 세 번째 이미지는 하나의 버스 시스템으로 구성된 자동차를 표시한 것이다. 여기서 센서 입력은 오렌지색으로 표시한 버스를 경유한 ECU 간에 통신을 할 수 있다. 최종 버전은 배선이 감소한 것에 주목한다.(폴크스바겐 제공)

'0' (Dominant)이 전송되면 CAN Hi-line은 5V를 향해 구동되고 동시에 CAN Low-line은 0V를 향해 구동된다. 1(Recessive)이 전송되면 어느 배선도 구동되지 않는다. **그림 5-5**는 이러한 전압의 변동을 나타낸 것으로 도표의 중간은 "0"(지배적)이 전송되는 것을 나타낸다. '0'과 '1' 신호의 연속은 엄격하게 정의된 형식으로 전송되며, **그림 5-6**을 참조한다.

버스에서 전송되는 데이터는 일반적으로 연결된 모든 ECU에 의해 수신되고 평가된다. 앞에서 우리는 아날로그 신호와 디지털 신호와 함께 센서와 같은 장치들이 ECU에 직선으로 연결되어 있고, 회로의 한쪽도 접지되어 있음을 보았다. 그러나 데이터 버스 배선은 다르다.

1. 버스 배선은 센서를 제어장치에 연결

버스 배선은 센서를 제어장치에 연결하는 대신 제어장치(대시보드 포함)가 항상 정보를 교환할 수 있게 해 준다. 이 방법은 비용, 중량, 복잡한 배선 등에 주된 장점이 있다. 이러한 방법으로 정보를 교환함으로써 여러 ECU가 하나의 센서에서 파생된 정보를 활용할 수 있다.

예를 들면, 엔진 관리 ECU, ABS ECU, 전자식 차체자세 제어 ECU 등은 모두 1개 센서에서 얻은 자동차 속도에 대한 정보를 활용할 수 있다.

단일 ECU는 이 정보를 수집하여 처리한 후에 버스를 경유하여 다른 ECU에 정보를 전송할 수 있다. 1개의 ECU는 어떤 정보를 처리하기 위하여 다중 센서의 입력에 사용할 수 있다.

이렇게 얻은 새로운 정보를 다른 제어 유닛(전자식 차체자세 제어 ECU와 엔진 관리 ECU)에 송신한다.

2. 버스 배선의 양쪽을 조직화

버스 배선의 양쪽을 조직화함으로써 기존의 신호 배선과 다르다. 버스 배선은 **'트위스트 페어'**로 2개의 배선을 서로 꼬아서 접지되지 않도록 제작한다. 전선을 함께 꼬면 복사와 수신의 간섭을 줄일 수 있다.

버스 시스템은 스타Star 형(모든 데이터 라인을 싱글 포인트에 접속한다.), 링Ring형(각 컨트롤 유닛은 메시지를 읽고 통과시키는 역할), 리니어Linear형(컨트롤 유닛은 짧은 링크를 **'메인 하이웨이 버스'**를 경유하여 각각 접속)으로 구성할 수 있다.

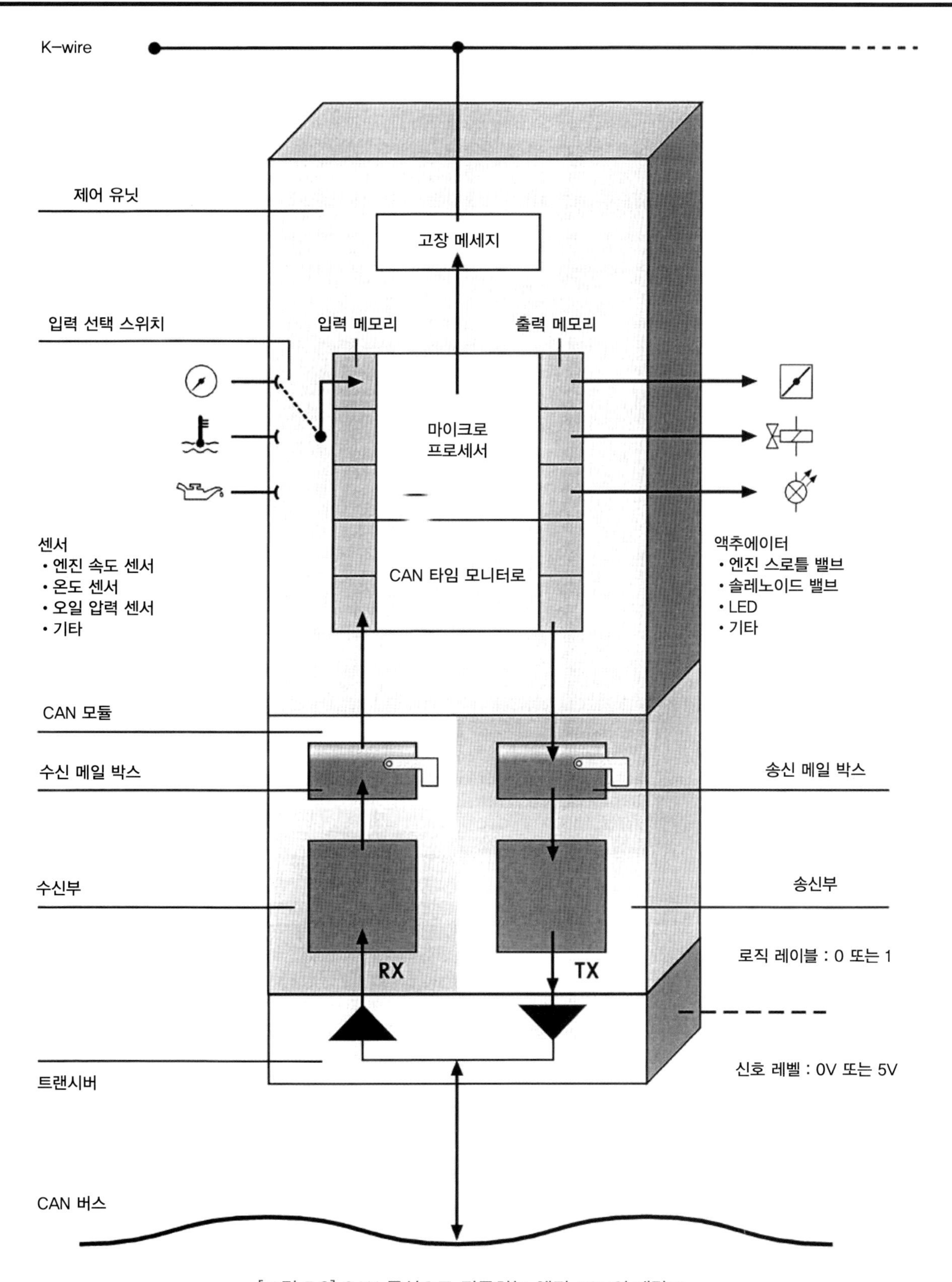

[그림 5.8] CAN 통신으로 작동하는 엔진 ECU의 개략도
자동차에서 K 라인 직렬 버스에서 오류가 보고된다는 점에서 유의하여야 한다.(폭스바겐 제공)

다음 표는 CAN 버스의 여러 가지 접속 방법의 장·단점을 비교한 것이다.

접속 방법	장점	단점
스타 접속	• 설치가 간단하다. • 비교적 신뢰성이 있으며 한 개의 유닛 또는 회로에 고장이 발생하여도 다른 장치는 통신을 할 수 있다.	• 중심 접속점에 고장이 발생하면, 전체 네트워크에 통신이 불가능하다.
링 접속	• 설치가 간단하다. • 별도의 제어기를 추가할 수 있고, 이것들은 기존의 2개 제어 유닛 간에 추가할 수 있다.	• 전체 네트워크가 한 개 회로가 열리면 고장이 발생한다. 한 개 유닛이 고장이 나면 메시지에 혼선이 발생하여 네트워크가 불안정하게 된다.
직렬 접속	• 한개 제어기가 고장 나도, 다른 것은 서로 통신이 가능하다	• 회로가 개방되면, 제어기가 중앙 라인에 접속되어 있어서 다른 여러 제어 유닛도 고장이 발생할 수 있다.

직렬 버스에서는 메인 하이웨이의 양 끝에 종단 저항기가 사용된다. 이 때문에 전송된 데이터가, 양 끝에서 반사된 데이터가 전송되어 데이터의 혼선이 발생하는 원인이 된다.

CAN 버스는 Low-Speed와 Hi-Speed CAN 버스가 있으며, 다른 형태의 버스를 사용할 수도 있다.(예: Local Interconnect Network[LIN]과 Most Media Oriented Systems Transport[MOST]). **그림 5-9**는 CAN, LIN, MOST 버스를 사용한 Porsche 981 박스터 네트워크의 구성을 표시한 것이다.

6 아날로그 및 디지털 신호 측정

자동차의 고장을 진단 또는 개조할 경우에는 아날로그 신호와 디지털 신호를 측정할 필요가 있다. 예를 들면 CAN 버스의 경우처럼 통신 신호가 한 개의 모듈에서 다른 모듈로 전달되는 것을 간단히 점검할 수 있다. CAN 메시지는 해석도 하고 변경도 할 수 있으며, 스로틀 위치 센서와 같이 워크 숍 매뉴얼 규격에서 출력 신호의 전압을 점검할 수 있다.

1. 아날로그 신호 측정

앞에서 설명한 것과 같이 아날로그 신호는 멀티미터로 직접 측정할 수 있으며, 아날로그 신호는 측정값을 즉시 읽을 수 있으나 디지털 멀티미터로 아날로그 출력을 측정하면 센서가 파손될 수 있다. 신호가 급격히 변화하기 때문에 신중하게 해야 한다.

예를 들면, 좁은 대역의 산소 센서 출력은 급격하게 변화하는 아날로그 신호로 이러한 경우, 많은 멀티미터가 그 상태를 유지할 수 없어 정확한 측정값을 읽을 수가 없다. 더 고가인 멀티미터는 일반적으로 빠르게 변화하는 아날로그 신호를 처리하는데 유리하다.

2. 디지털 신호의 측정

디지털 신호의 측정은 아날로그 신호의 측정보다 더 어렵다. 어떤 종류의 신호가 존재하는지 확실하지 않으면 멀티미터의 판독에 오류가 발생할 수도 있다.

이러한 디지털 신호를 더욱 상세하게 살펴보기로 하자. 앞에서 설명한 바와 같이 그림 5-4에서 보듯이 디지털 신호는 ON 또는 OFF이다. 신호가 'ON'이면 5V의 DC 전압이고, 'OFF'이면 0V이다. 전압이 변화하므로 멀티미터의 지침을 DC V로 설정한다. 신호의 주파수를 측정할 경우에는 멀티미터의 'Hz' 버튼을 누른다. 듀티 사이클을 측정하려면 '%' 버튼을 누른다. 멀티미터의 종류에 따라서 멀티미터의 설정을 간단히 할 수도 있고 어려울 수도 있다.

예를 들면, 인젝터 듀티 사이클의 측정은 다음과 같은 절차로서 실행한다.

① 멀티미터의 마이너스(흑색) 리드선을 접지에 연결한다. 예를 들면 배터리의 마이너스(–) 단자나 또는 섀시의 전기적인 도체 부분이다.

② 멀티미터를 DC V와 "%"로 지침을 설정하고, 멀티미터의 플러스(적색) 프로브를 인젝터의 한 단자에 연결한다.

③ 자동차를 구동시켜서 멀티미터의 지침을 모니터링 한다.

④ 지침이 나타나지 않으면 멀티미터의 플러스(적색) 프로브를 인젝터의 다른 쪽에 접속한다.

⑤ 멀티미터의 지침이 반대로 표시되면 멀티미터의 "invert" 버튼을 누른다. 이렇게 디지털 신호의 측정으로 문제를 해소하였는가? 이러한 경우를 생각하여 보자. 전선에서 신호를 찾으려고 하지만 그것이 아날로그 신호인지 디지털 신호인지 모른다면 고주파수 및 가변 듀티 사이클을 사용한 디지털 신호는 변화하는 아날로그 전압으로 잘못 판독할 수 있다.

멀티미터가 평균 전압이기 때문에 신호가 듀티 사이클 75%로 고주파에서 작동하고 있으면, 12V 공급 전압은 0.75 × 12 = 9V로 판독되기 때문이다. 듀티 사이클 50%에서 6V 아날로그 신호로 볼 수 있다. 듀티 사이클 50%를 사용한 디지털 신호는 주파수와 함께 변화하기 때문에 고정 전압으로 볼 수 있다. 이것은 혼란스러울 수 있다. 어떻게 이 센서의 출력은 결코 변화하지 않을 수 있을까라고 생각하기 쉽다.

나는 계기판 뒤편에서 속도 센서의 배선을 찾는데 문제가 있었던 적이 있다. 자동차의 전면을 들어 올리고 바퀴를 천천히 회전하도록 하였다. 정확한 배선을 찾은 줄 알았는데 멀티미터에 나타난 것은 2.5V의 고정 전압뿐이었으며, 속도를 변화시켰지만 별 차이가 없었다.
그러다가 갑자기 그것이 가변 주파수 신호일 가능성이 매우 높다는 것을 깨달았고, 만약 파형이 듀티 사이클 50%를 사용한다면 멀티미터에서 속도차가 없는 5V 공급 전압의 1/2을 볼 수 있을 것이라고 예상했다.

물론 멀티미터를 전압으로 전환한 다음 주파수로 전환하여 모든 측정에 대해 듀티 사이클을 수행할 수 있지만 그건 매우 힘들고 다루기 어렵다.

디지털 신호가 작동하면 시간이 경과하면서 계기판에 신호의 변화를 그림으로 표시하여 준다. 디지털 신호의 주파수와 듀티 사이클을 다른 조건에서 볼 수 있고, 또한 신호 파형을 볼 수도 있다. 어떤 신호를 데이터 버스에 모두 송신하면 볼 수 있다. 이런 측정기를 오실로스코프라고 부른다. 이것은 7장에서 상세히 설명한다.

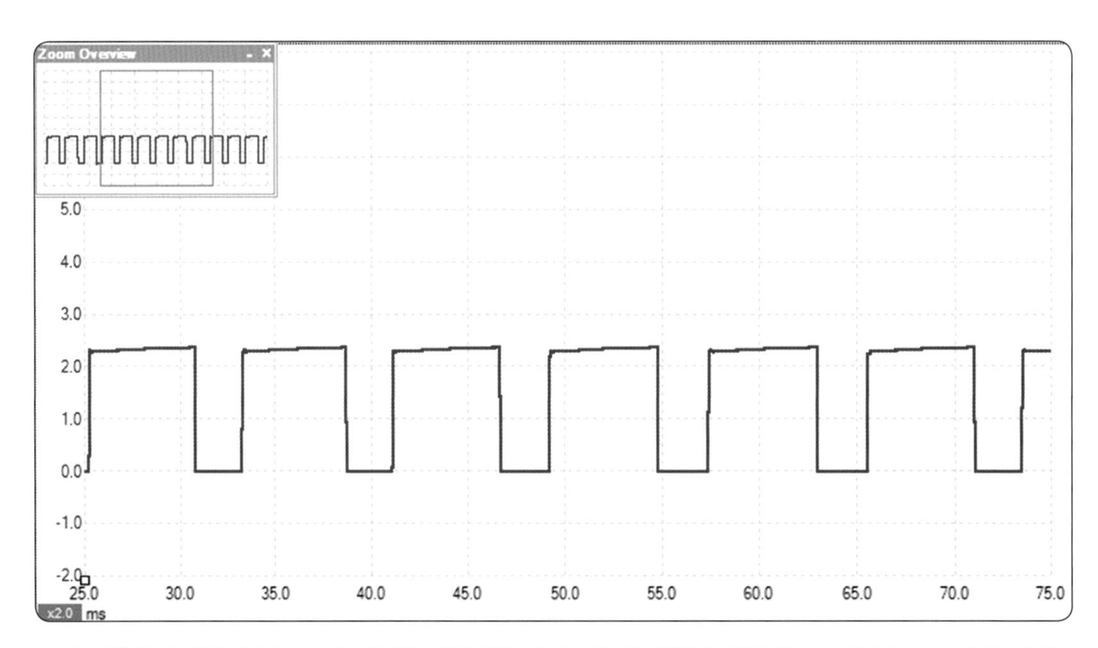

구형 자동차의 배전기에 홀 효과 센서의 출력 신호를 측정하기 위하여 사용하는 오실로스코프 상에 나타난 스크린의 파형이다. 듀티 사이클과 주파수의 측정과 함께 파형의 모양도 볼 수 있는 스코프이다. 상세한 것은 7장에서 설명한다.

[그림 5.9] CAN, LIN, MOST 버스를 사용하는 포르쉐 981 박스터의 버스 네트워크 회로도이다. (포르쉐 제공)

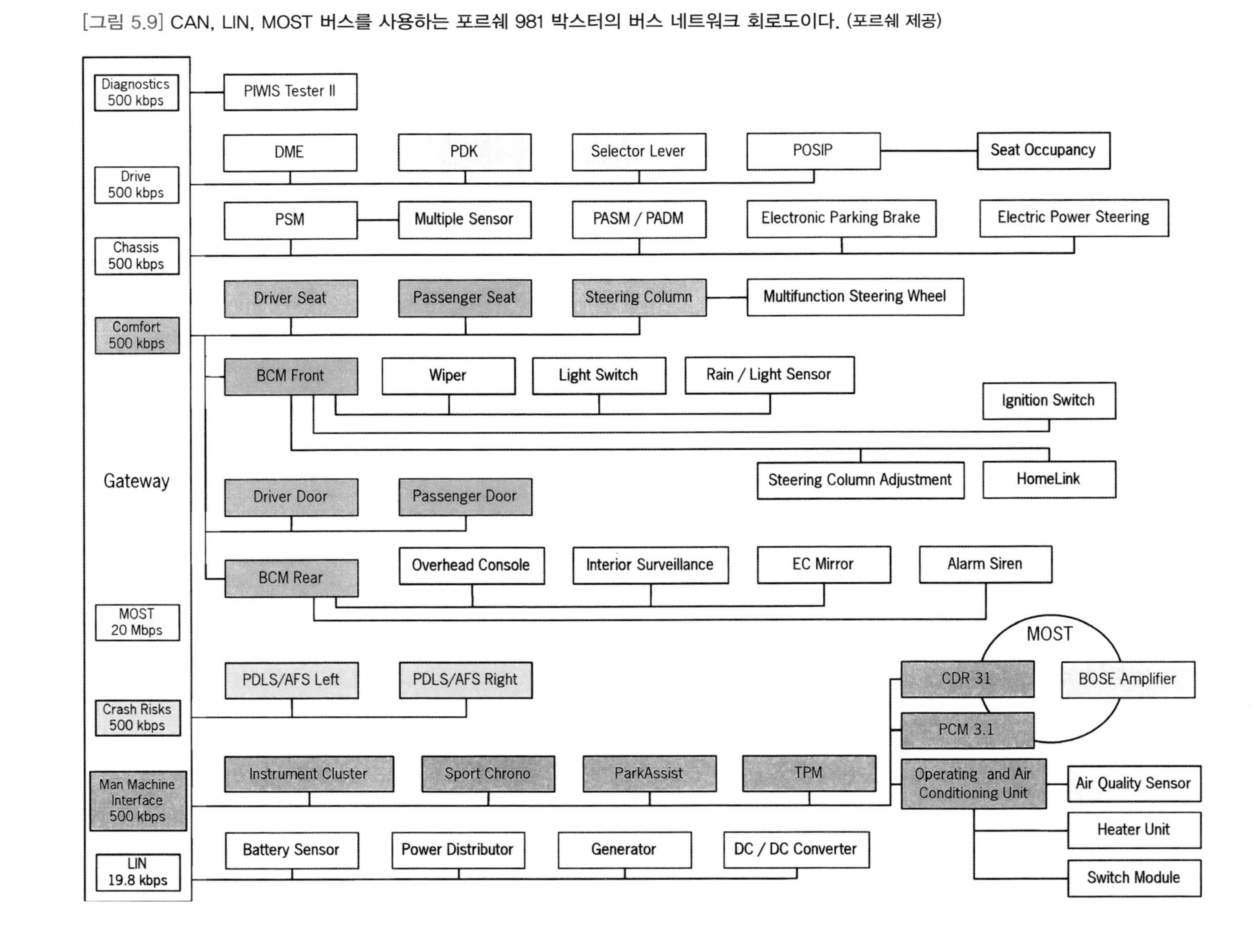

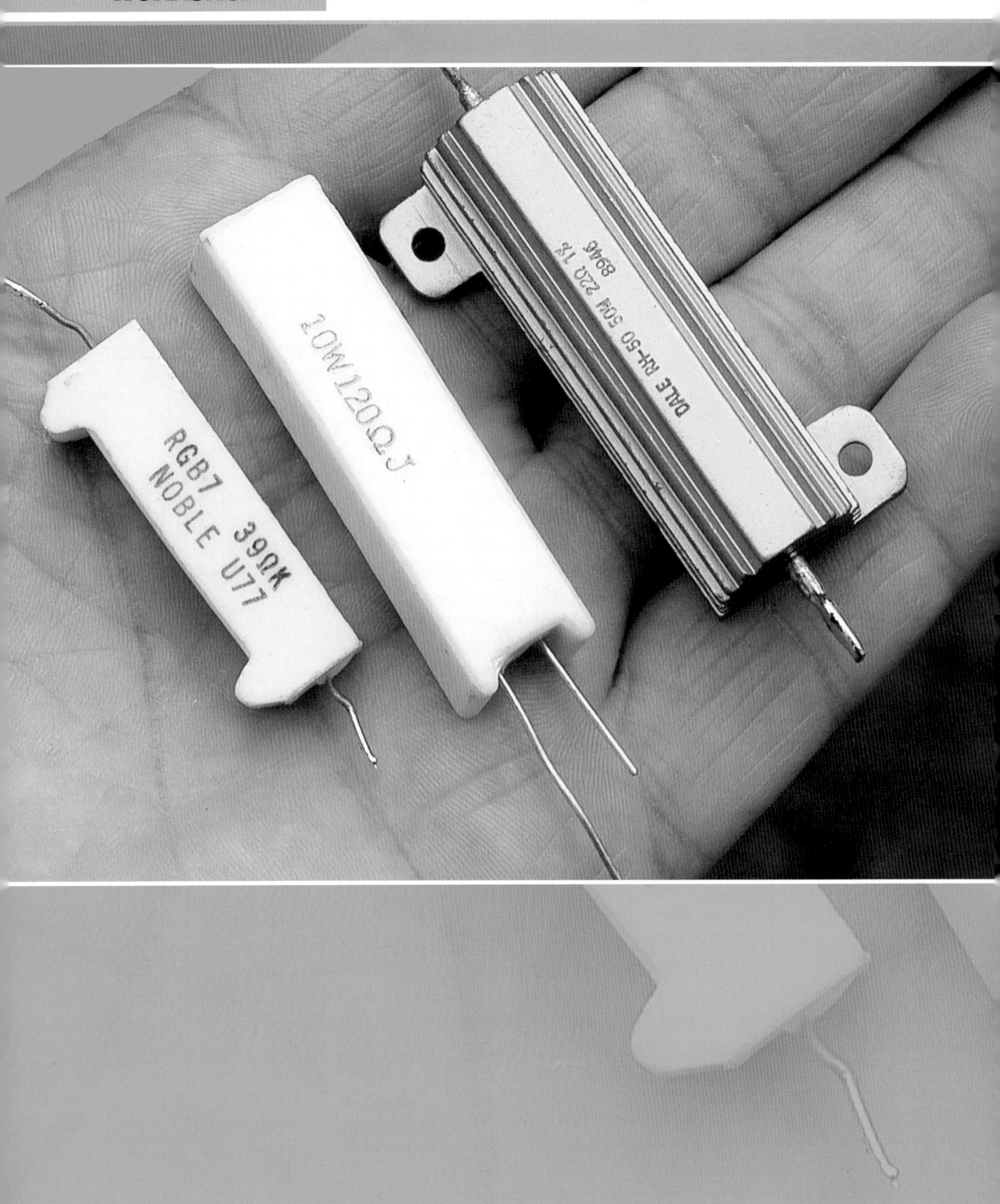
RGB7 39ΩK
NOBLE U77
10W120ΩJ
DALE RH-50 50W 22Ω 1%
8946

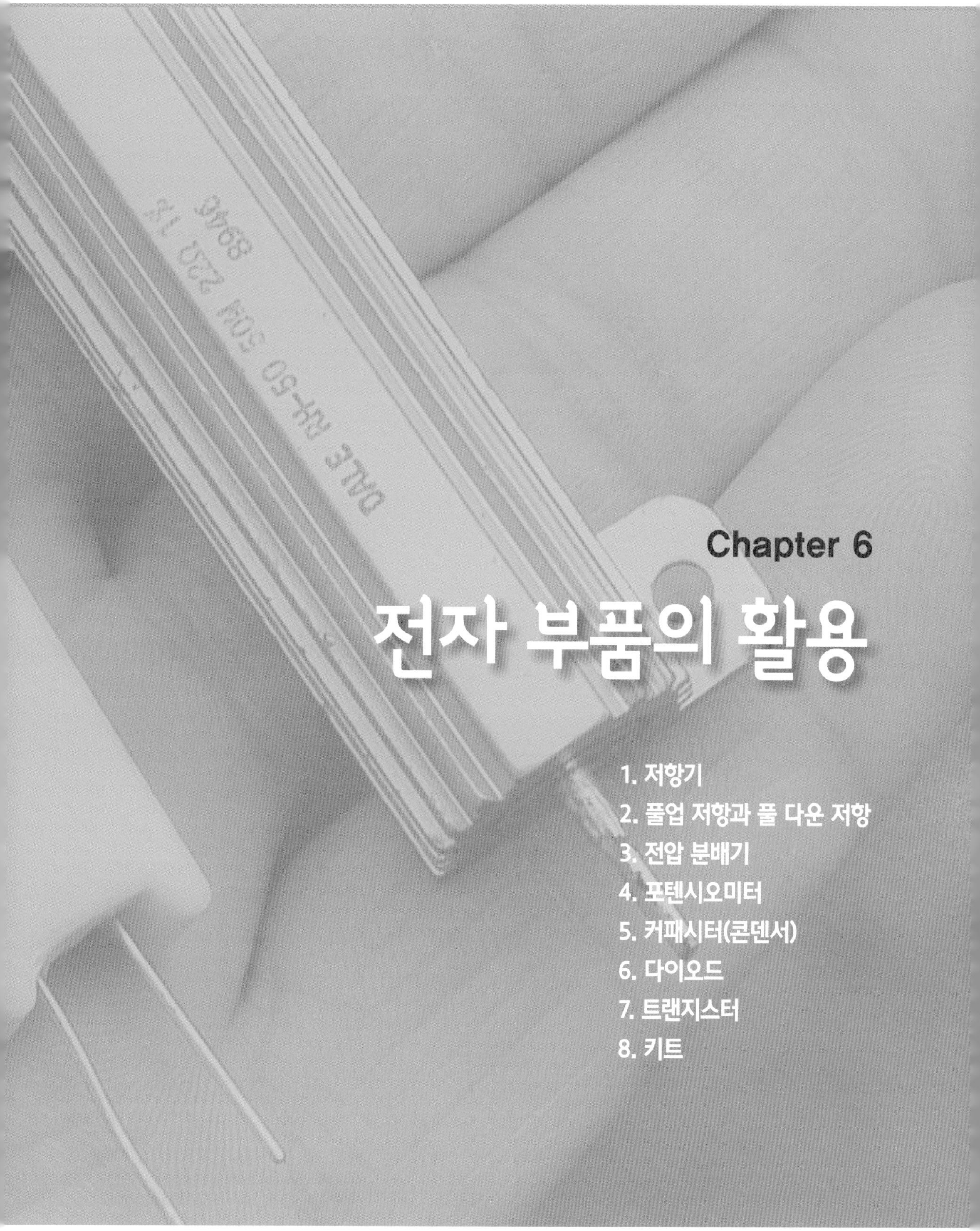

Chapter 6
전자 부품의 활용

1. 저항기
2. 풀업 저항과 풀 다운 저항
3. 전압 분배기
4. 포텐시오미터
5. 커패시터(콘덴서)
6. 다이오드
7. 트랜지스터
8. 키트

이 장에서는 우리가 친숙해야 할 몇 가지 전자 부품에 대하여 설명하기로 한다. 이 장에서 강조하는 내용은 트랜지스터나 마이크로프로세서 회로의 구성을 충분히 이해하고, 자동차 전자 시스템이 작동하는 방법에 대하여 보다 많은 이해할 수 있도록 하는 것이다.

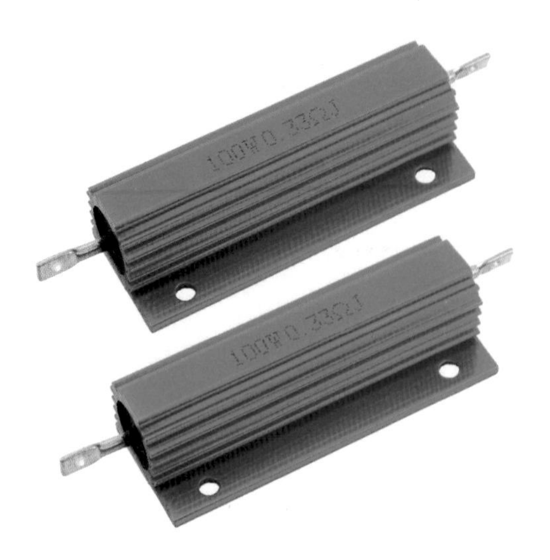

한 쌍의 저항기로서 0.3Ω, 100W

1 저항기

저항기는 정상적인 도체보다 전기의 흐름을 더 크게 저지하는 성질을 가진 전자 부품으로 일반적으로 '저항'이라고 한다. 저항기는 10분의 1부터 수백만 단위의 저항(MΩ)에 이르기 까지 다양한 저항 값의 광범위한 범위로 사용할 수 있는 부품이다.

저항기들은 또한 전력을 소비하는 능력으로 평가되며, 와트로 표현한다. 작은 저항기는 그 값을 표시하기 위하여 몸체에 컬러 코드를 사용하며, 큰 저항기는 몸체에 그 값을 옴으로 표시한다. 우리가 사용하는 저항기의 실제 값은 항상 멀티미터를 사용하여 점검할 수 있다. 저항기는 극성이 없고 필요에 따라서 회로에 접속하여 사용할 수 있다.

여기서 좀 더 자세히 저항기의 활용에 대하여 살펴보자 어떤 자동차의 전기 라디에이터 팬의 속도를 어떻게 변화시키는지 들었다고 가정해 보자. 자신의 자동차에 적용하고 싶은 좋은 아이디어라고 생각할 것이다.

1. 라디에이터 팬 회로의 저항기

라디에이터 팬의 배선에 직렬로 저항기를 접속하여 사용하면 팬으로 공급되는 전압이 강하되어 팬의 속도를 늦출 수 있으며, 스위치를 저항기와 병렬로 접속하면 필요한 에너지를 저항기와 바이패스 할 수 있어 전환식 2단 팬으로 할 수도 있다. **그림 6-1**은 이것을 표시한 회로도이다. 12V 전원을 온도 스위치를 경유하여 12V 전원을 공급하는 회로이다. 그 역할을 하는 적당한 저항기를 정하기 이전에 팬에 대하여 알아야 할 필요가 있다.

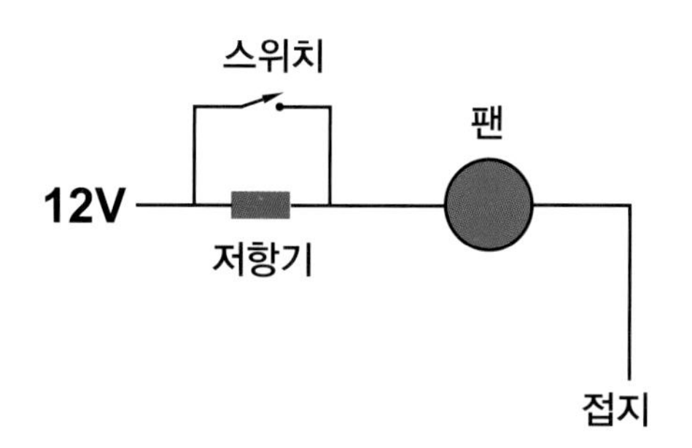

[그림 6.1]

라디에이터 팬의 속도를 낮추는데 사용되는 저항기. 이 스위치는 저항기를 바이패스하여 최대 속도를 선택할 수 있도록 한다. 간단한 계산으로 저항값과 소비 전력을 알 수 있다.

예를 들면, 배터리에 직렬로 라디에이터 팬을 접속하면 얼마나 많은 전류를 소모하는가? 전압은 느린 속도에서 얼마나 강하되는가? 필자는 몇 가지 측정을 통해, 라디에이터 팬이 13.8V 자동차의 배터리 전압에서 일정한 15A를, 그리고 구형 플랫 배터리를 사용하여 더 낮은 9V로 설정함으로써 원하는 속도와 일치하는 속도로 감속된다는 것을 알게 되었다. 따라서 15A의 전류가 흐르는 회로에서 전압 강하는 4.8V(= 13.8V − 9V)이다.

저항(Ω) = 전압(V) ÷ 전류(A)이므로 4.8V ÷ 15A = 0.3Ω. 그러므로 0.3Ω의 저항기에서 필요한 전압 강하를 제공한다. 이 낮은 저항(Ω)의 저항기가 유효하며, 이것이 확실한가? 이 저항기에서 소비되는 전력은 얼마인가? 전력(W) = 전압(V) × 전류(A)이므로, 저항기의 소비 전력은 4.8V × 15A = 72W이다.

따라서 라디에이터 팬의 회로에 필요한 저항기는 0.3Ω, 100W를 사용하면 된다. 이 저항기는 알루미늄이 도금된 몸체를 사용하여 그릴 뒤쪽에 공기가 유통되는 방열판(히트 싱크)을 볼트로 고정시켜서 설치한다.

그러나 이런 방법으로 낮은 속도에서 작동하는 팬은 절전이 되지 않으며, 에너지는 저항기에서 열로 소비된다. 개선할 방법은 없는가? 앞 장에서 설명한 바와 같이 펄스 폭 변조PWM 방식을 사용하면 된다. 따라서 60A, 12V PWM 모터 속도 제어기를 사용하면 문제가 해결된다.

2. LED 회로의 저항기

저항기는 종종 전류의 흐름을 낮추는데 효과적으로 사용할 수 있는데, 그중 하나는 LED를 사용하는 방법이다. LED는 자동차의 대시보드 표시기로서 사용한다. 12V의 전압에 정상적인 LED를 직접 연결하면 LED는 즉시 파손된다. 12V 자동차 시스템에서 LED를 사용하는 용이한 방법은 회로에 직렬로 저항기를 배치하는 방법이다. 직렬 저항기는 LED를 통하여 흐르는 전류를 제한한다.

12V로 동작하는 회로에서 LED를 사용하는 방법으로 어떤 저항기를 사용할 것인가? LED는 색상, 강도 및 패키지 크기 외에도 다른 두 가지 중요한 사양을 가지고 있다. 하나는 **'순방향 전압 강하'**라 부르는 것이고 다른 하나는 **'최대 전류'**이다.

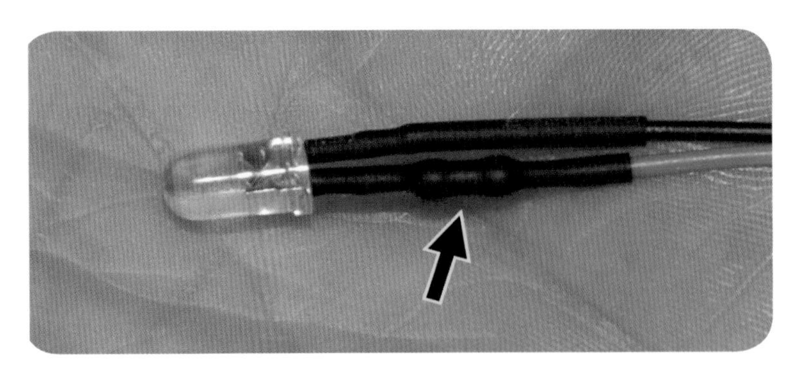

[사진 6.1] LED
12V 시스템에 사용할 수 있도록 판매되며, 방열판 아래에 저항기(화살표)가 장착되어 있다.

이 두 가지 정보로 필요한 저항기를 계산할 수 있다. 그렇다면 어떤 형태의 저항기를 12V 회로에서 LED와 함께 사용할 것인가? 밝은 오랜지 색의 LED는 다음과 같은 규격이다.

① 전압 강하 2.2V
② 최대 전류 75mA(0.075A)

라디에이터 팬에 대해 계산한 대로 저항(Ω) = 전압 강하(저항기에 걸린 것) ÷ 전류(A)이다. 12V를 공급하면 LED에 가해지는 전압은 2.2V이고 저항기에는 9.8V가 전압 강하하며, 필요한 저항기는 9.8V ÷ 0.075A(LED를 통하여 흐르는 전류) = 131Ω이다. 그래서 131Ω의 저항기는 LED를 통하여 0.075A가 흐르도록 제한한다. 그러면 이 저항기가 소비하는 전력은 얼마인가? 0.075A × 9.8V(저항기에서 전압 강하) = 0.7W이다. 따라서 저항기의 저항값은 131Ω 이고 소비 전력은 0.7W이므로 규격 값의 저항기는 120Ω, 1W인 것을 사용하면 된다.

작은 전류를 다룰 때는 저항기를 사용하여 전압 강하를 만드는 것이 간단하다는 것을 알 수 있었고, 잠깐 동안 특별한 방법(전압 분배기)으로 문제를 해결할 수 있었다. 그러나 그 이전에, 회로에서 여러 개의 저항기를 접속하는 방법을 검토해보자.

3. 저항기의 직렬접속과 병렬접속

(1) 저항기의 직렬접속

여러 개의 저항기를 직렬이나 병렬로 접속할 수 있다. 저항기를 직렬로 접속하면 모든 개별 저항값을 합산한 것이 총 저항값(합성 저항값)이 된다. 그래서 3개의 6Ω 저항기를 직렬로 접속하면 합성 저항값은 18Ω이 된다. 이것들은 전력을 균등하게 분배하여 각각 1/3로 전력이 줄어든다는 사실에 주의하여야 한다. **그림 6-2**는 직렬로 접속한 저항기의 회로이다.

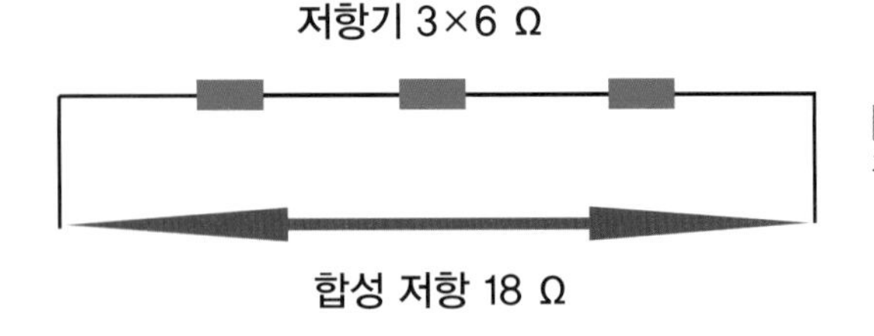

[그림 6.2]
직렬로 접속한 합성 저항값은 개별 저항값을 합산한 값이다.

(2) 저항기의 병렬접속

저항기를 병렬로 접속하면 어떻게 되는가? 저항기가 동일한 값이면 사용한 저항기의 수를 개별 값으로 나눈 값이 결과적으로 합성회로 저항이 된다. 그래서 3개의 6Ω 저항기를 병렬로 접속하면 합성 저항값은 6Ω ÷ 3 = 2Ω이다. 이것들의 소비 전력은 분할된다. **그림 6-3**은 저항기를 병렬로 접속한 회로이다.

병렬로 접속된 저항기의 합성 저항값은 항상 최저 개별 저항 값보다 낮은 회로 저항을 가지고 있다. 저항 값이 다른 여러 저항기의 합성 저항 값은 계산을 해보아야 알 수 있다. 이것은 온라인 계산기로 신속하고 간단하게 실행할 수 있다.

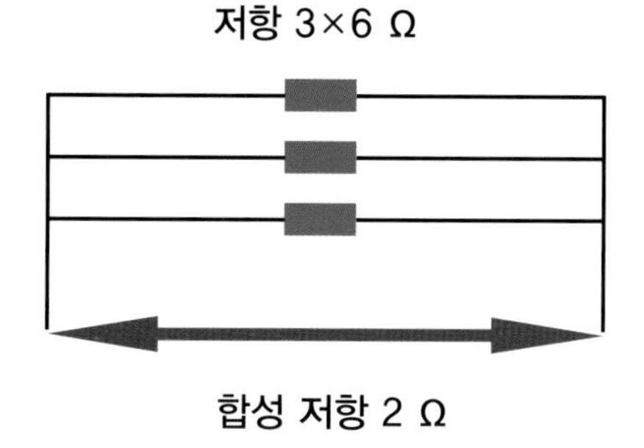

[그림 6.3]
동일한 저항값인 저항기를 병렬로 접속하면 합성 저항값은 사용한 저항의 수로 나누면 구할 수 있다. 즉, 6 Ω/3 =2Ω이다.

2 풀업 저항과 풀다운 저항

저항기는 제공하는 신호 크기를 '**높이**'고 '**낮추**'는데 종종 사용된다. 그러면 이들 용어는 무엇을 의미하는가? **그림 6-4**를 보자. ECU의 입력으로 사용하는 5V용 스위치를 표시한다. 한 가지 예로서 이런 종류의 장치는 속도 센서일 수도 있다.

어떤 구형 속도 센서는 자동차의 속도계용으로 구성한 것이며, 자계가 통과하면 닫히는 리드 스위치로 구성되어 있다. 자석이 속도계의 구동기어와 함께 동작하면, 자동차의 움직임에 따라서 신속하게 ON, OFF되는 스위치이다. 자동차 속도가 빠를수록 스위치 ON, OFF 동작도 빨라지게 된다.

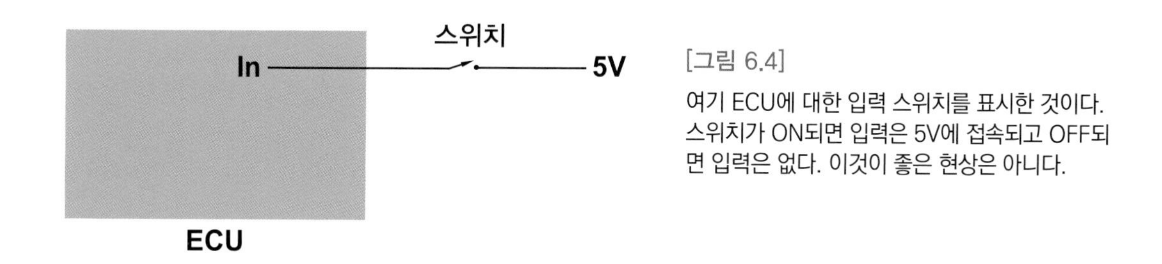

[그림 6.4]
여기 ECU에 대한 입력 스위치를 표시한 것이다. 스위치가 ON되면 입력은 5V에 접속되고 OFF되면 입력은 없다. 이것이 좋은 현상은 아니다.

이제 ECU의 내부에서 어떤 현상이 발생하고 있는가를 깊이 관찰하여 보자. 리드 스위치가 ON되면, 5V가 ECU에 신호로 입력된다. 리드 스위치가 OFF되면 어떤 현상이 발생하는가? 그러면 아무런 일도 발생하지 않는다. 입력은 없는 상태이다. 입력에는 전기 잡음이 신호로서 보인다. 이것은 좋은 현상은 아니다.

이런 문제를 피하기 위하여 **그림 6-5**와 같은 회로를 구성하였다. 저항기는 입력과 접지 사이에 접속한다. 리드 스위치가 ON되면 5V 전압이 ECU의 입력으로 걸린다. 저항기는 접지를 통해 많은 전류가 흐르는 것을 방지하기 위하여 풀업(높은 값) 저항기를 사용한다.

그러나 리드 스위치가 OFF되면 저항기는 접지에 ECU 입력을 끌어당긴다. 이제 입력은 접지로 인하여 그 이상 작동되지 않는다. 그래서 이것이 풀다운(낮춤 저항기)이 된다. 그러나 풀업 저항기는 어떻게 되는가? 같은 아이디어로 이번에는 리드 스위치의 다른 측을 접지와 연결한다.

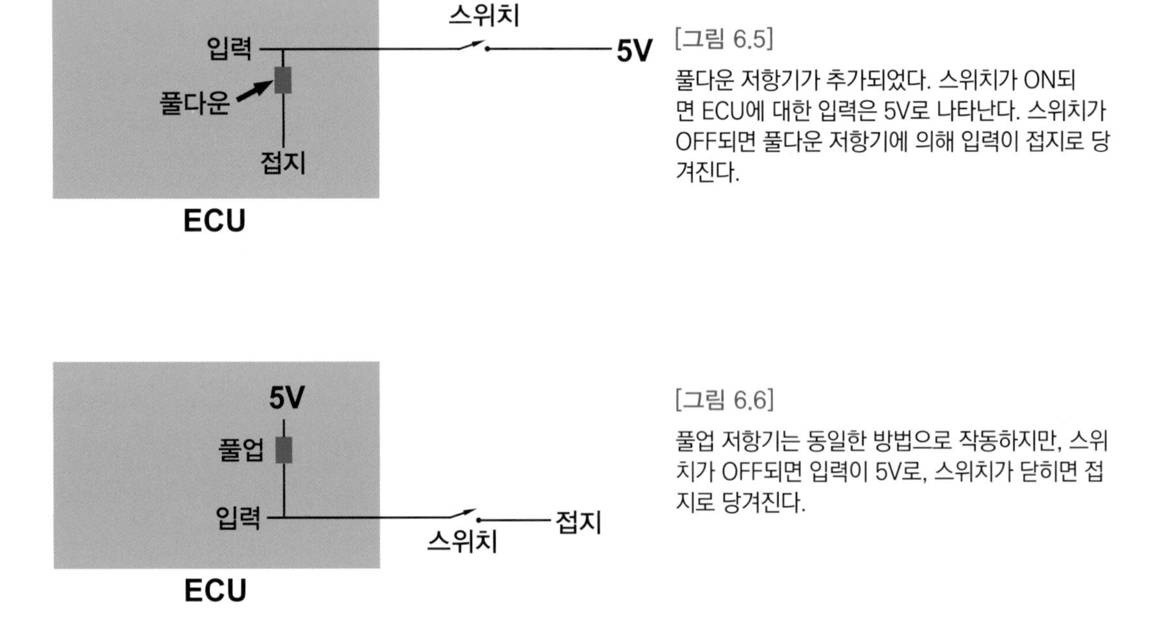

[그림 6.5]
풀다운 저항기가 추가되었다. 스위치가 ON되면 ECU에 대한 입력은 5V로 나타난다. 스위치가 OFF되면 풀다운 저항기에 의해 입력이 접지로 당겨진다.

[그림 6.6]
풀업 저항기는 동일한 방법으로 작동하지만, 스위치가 OFF되면 입력이 5V로, 스위치가 닫히면 접지로 당겨진다.

풀업(높은 값) 저항기는 5V로 고정된다. 리드 스위치가 OFF되면 순간적으로 ECU에 대한 입력이 5V로 당겨진다. 스위치가 ON되면 입력이 접지로 흘러 낮아진다. 풀업 전압은 5V가 아니고 12V일 경우도 있다. **그림 6-6**을 보아라. 전압의 풀업과 풀다운은 많은 ECU의 입력을 사용하여 실행한다.

3 전압 분배기

자동차의 전자 장치 회로에서 저항기의 다른 주된 활용은 전압 분배기 이다. **그림 6-7**은 전압 분배기를 나타낸 것이다. 회로의 한쪽은 5V가 공급되고 다른 한쪽은 접지된 2개의 저항기를 직렬 접속한 회로이다. 출력 신호는 2개의 저항기 중간 위치에 배치되어 있다.

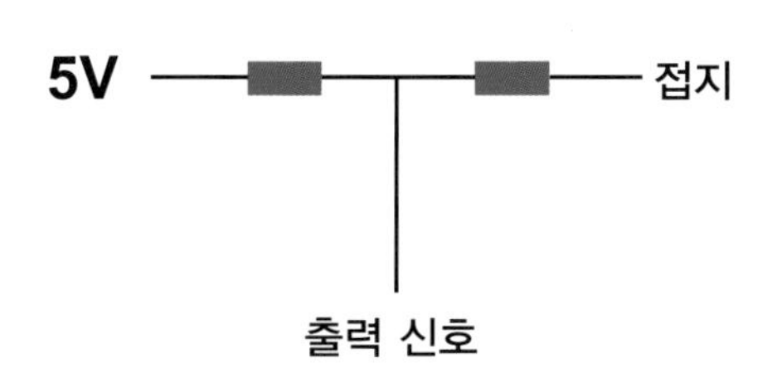

[그림 6.7]
전압 분배기는 직렬로 연결된 2개의 저항기로 구성되어 있으며, 그 사이에서 출력이 얻어진다. 이 경우에 저항기의 저항값이 동일하면, 출력 전압은 공급 전압의 절반인 2.5V가 된다.

2개의 저항기가 10kΩ이라고 가정하였을 때 접지로 흐르는 전류(0.25mA)는 매우 적다. 앞에서 설명한 바와 같이 출력 신호 회로에 흐르는 전류는 매우 적은 값이다. 그러나 여기서 중요한 문제는, 출력이 몇 볼트(V)가 되는가? 이 경우에 저항기의 값이 동일하면 전압은 공급 전압인 5V의 절반이 되어 2.5V가 된다.

접지 측에 있는 저항기가 다른 저항기보다 전압이 낮으면 출력 전압 또한 낮아지며, 접지 측의 저항기가 다른 쪽보다 전압이 높으면 출력 전압은 더 높아진다. 2개 저항기의 값을 알면 전체 출력 전압을 정확하게 계산할 수 있다.

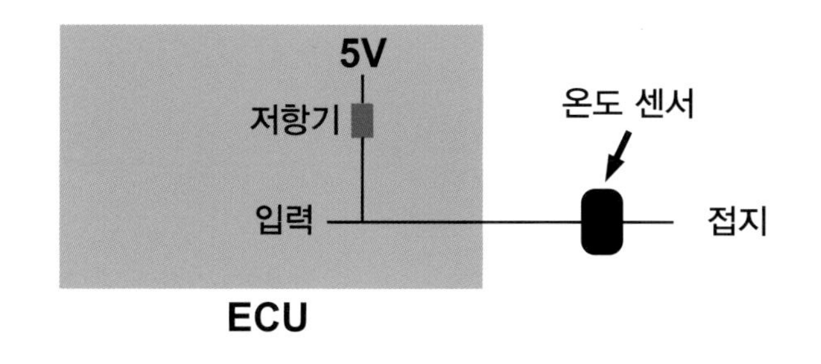

[그림 6.8]
온도 센서로부터의 입력에 사용한 전압 분배기. 온도 센서의 저항이 변하면 ECU의 입력에서 측정된 전압도 변화한다.

전압 분배기는 저항성 온도 센서와 함께 사용된다. **그림 6-8**은 그 개념도이다. 회로가 조금 전에 살펴본 풀업 저항기와 아주 많이 닮았다고 생각하면 맞는 말이지만, 이번에는 온도 센서가 또 다른 저항기라는 사실이 회로를 분배기로 작동하게 만든다.

이를 확인하려면, 2개의 저항기가 직렬로 접속된 회로를 살펴보자. 출력 신호는 **그림6-7**로 표시한 바와 같이 2개 저항기 사이에서 얻을 수 있다. ECU의 내부 저항기는 고정된 값이고, 온도 센서의 저항은 온도와 함께 변하므로 ECU 입력의 전압 값이 변화된다.

앞 장의 **그림 5-3**을 다시 보면, ECU에 대한 상측 2개의 입력이 전압 분배기(센서는 가변 저항기)가 되고, 아래 측의 입력은 풀업을 사용한다. 종종 제조업체들은 회로가 어떻게 작동하는지 ECU 내부에 첫 번째 구성 요소로 나타낸다.

4 포텐시오미터

포텐시오미터는 가변 저항기와 전압 분배기라는 다른 2가지 방법으로 사용할 수 있다. 이 두 가지를 혼동하지 않는 것이 중요하다. 먼저 첫째로 포텐시오미터는 무엇인가? 익히 아는 것처럼, 포텐시오미터는 옛날 라디오나 앰프에서 노브(손잡이)에 연결되어 돌려서 소리를 높이고 줄이는 역할을 하는 것이다.

이런 형식의 포텐시오미터는, 반원형 저항기 트랙과 노브가 회전할 때 트랙을 따라서 슬라이드 되는 이동 접촉자로 구성되어 있다. 여기서 사용할 회로도에서 저항 트랙은 직사각형으로 표시하고 이동 접촉자는 화살표로 표시한다.

[사진 6.2]

표준 포텐시오미터. 2개의 외부 출력 단자는 저항 트랙의 양쪽 끝에 있고 중간 단자는 이동 접촉자용이다.

포텐시오미터의 단자는 3개로서 저항기 트랙의 양쪽 끝에 하나씩 접속되어 있고 다른 하나는 이동 접촉자에 접속되어 있다. 포텐시오미터는 여러 가지 형태가 있으며, 다음과 같은 여러 가지 기능이 있다.

① 저항 : 즉, 트랙의 전체 저항
② 대수(log) 혹은 리니어 포텐시오미터는 각각 'A'와 'B'로 표시한다.
③ 회전 수 : 정상적으로 270° 우회전에서 15회 완전히 회전 하는 것
④ 크기 : 인쇄 회로 기판에 장착하도록 설계된 작은 트림 포텐시오미터와 열을 사용할 수 있도록 대형 가변 저항기로 설계되어 있다.
⑤ 설계 : 회전하는 로터리 포텐시오미터와 슬라이드 되는 리니어 포텐시오미터.

포텐시오미터를 구입할 때는 항상 그 저항 값을 점검하여야 한다. 멀티미터를 저항(Ω)으로 설정한 다음 포텐시오미터의 외부 단자에 프로브를 접속한다. 멀티미터가 포텐시오미터의 최대값을 표시하여야 하므로 10kΩ의 포텐시오미터는 10kΩ(10,000Ω)에 근접한 값이 나타나야 한다.

정확한 값이 아니라도 문제는 없다. 예를 들면 측정한 값이 4.8kΩ이면 10kΩ 포텐시오미터가 아니라 5kΩ 포텐시오미터가 된다. 그런 다음에 멀티미터의 프로브를 중앙 단자로 옮긴다. 포텐시오미터의 축을 회전하면 멀티미터에 나타내는 저항(Ω) 값이 증가되는 것을 볼 수 있다. 만일 그 값이 감소하면 포텐시오미터의 프로브와 접속되어 있는 외부 단자를 다른 쪽의 외부 단자에 바꿔 연결한다.

포텐시오미터를 테스트하기 위한 좋은 방법이 있다. 필자는 어느 날 특별히 설계한 다단계 포텐시오미터를 자동차에 사용하기 위해 시도하였다. 단자들은 다른 포텐시오미터 단자와 같은 것으로 멀티미터로 완벽하게 검사하지는 않았다. 결과는? 자동차에 포텐시오미터의 배선을 부정확하게 연결하여 몇 시간을 허비하였으나 결국 작동시키지 못하였다.

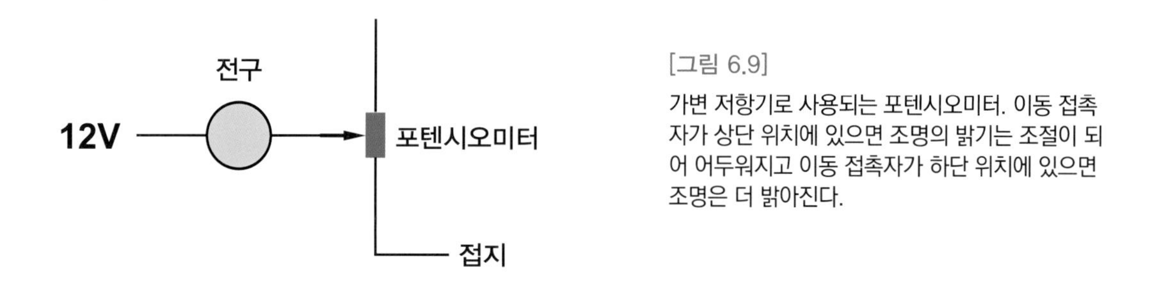

[그림 6.9]

가변 저항기로 사용되는 포텐시오미터. 이동 접촉자가 상단 위치에 있으면 조명의 밝기는 조절이 되어 어두워지고 이동 접촉자가 하단 위치에 있으면 조명은 더 밝아진다.

가변 저항기로 사용할 때는 포텐시오미터 단자의 2개만 사용하면 된다. **그림 6-9**는 이러한 회로를 표시한 것이다. 포텐시오미터를 회로에 직렬로 삽입하고 작동시켜 저항을 가감하면 조명의 밝기를 조절할 수 있다. 특히 이동 접촉자(화살표)가 위로 이동할수록 저항이 증가하여 빛이 더 희미해진다.

일반적으로 회로 기판에 설치하며, 스크루 드라이버로 조정하여 설정한다. 이것들은 매우 저렴하고 회로에서 한번 설정하면 지속적으로 사용이 된다.

[사진 6.3] 소형 포텐시오미터

대시보드의 조명에 사용하는 구형 조광기 제어는 이런 종류의 가변 저항기이고 이것을 때로는 가변 저항이라고 부른다. 이것처럼 포텐시오미터를 사용하려면 포텐시오미터에서 소비하는 전력을 계산하고, 그에 따라 포텐시오미터의 규격을 선택하여야 한다. 전압 분배기로 사용할 때 포텐시오미터는 전압 분배기와 같이 배선하여 고정 저항기로 사용할 수도 있다. **그림 6-10**은 전압 분배기로서 배선한 것을 표시한 것이다.

회로에서 사용을 시도한 바와 같이 출력측 전압은 이동 접촉자의 위치에 따라서 변경할 수 있다. 이것은 신호 출력의 양쪽에서 2개의 저항에 비례하여 간단히 변경할 수 있다. **그림 6-10**에서 접지와 포텐시오미터 이동 접촉자 사이에서 측정한 전압은 2.5V이다.

이동 접촉자를 아래쪽으로 돌리면 전압은 떨어질 것이다. 이것은 이동 접촉자가 접지에 가까워지고 있기 때문에 발생한다. 이동 접촉자를 상단 쪽으로 이동하면 전압은 상승한다. 다시 이동 접촉자는 공급 전압에 근접하여 발생하는 전압(5V)이다. 일반적으로 전압 분배기는 공급 전압을 조절하여 사용하기 때문에 5V를 사용한다. 그렇지 않으면 출력 전압이 공급 전압의 변화에 따라서 달라지기 때문이다.

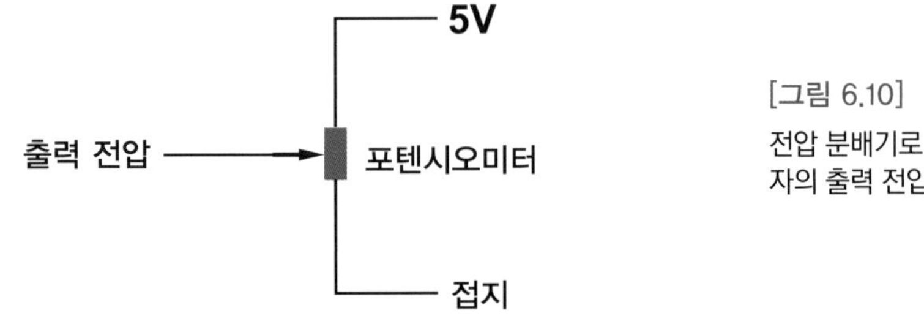

[그림 6.10]

전압 분배기로 사용되는 포텐시오미터. 이동 접촉자의 출력 전압은 0에서 5V까지 가변할 수 있다.

이 책은 자동차를 전자식으로 개조하는 방법에 관한 책이 아니지만, 포텐시오미터를 자동차 신호에 적용하면 아주 큰 힘을 발생시킬 수 있다는 점을 알려드리고 싶다. 먼저 엔진 ECU의 입력 신호를 조절하기 위하여 포텐시오미터를 사용하는 방법을 살펴보자.

이미 앞에서 설명한 바와 같이, 여러 가지 전압의 출력 센서는 3개의 단자가 있다. **그림 6-11**은 흡기다기관 압력 센서(MAP)의 예를 표시한 것이다. 상단의 배선은 ECU로부터 조절된 5V를 공급한다. 중간의 배선은 신호 출력이고 하단의 배선은 접지 단자이다.

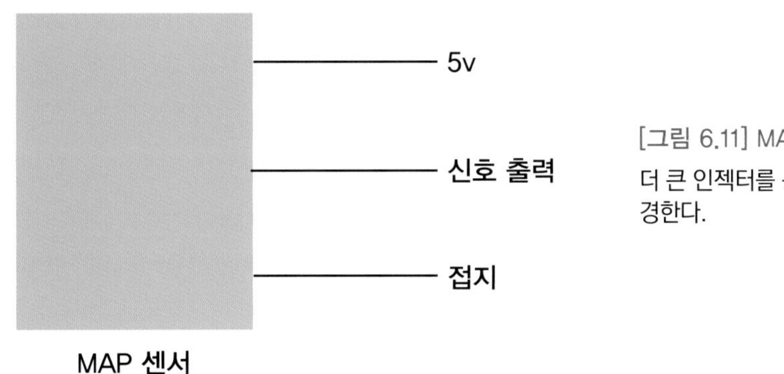

[그림 6.11] MAP 센서의 배선도
더 큰 인젝터를 동작시키기 위하여 출력 신호를 변경한다.

접지선과 신호선 사이에 멀티미터를 연결하면 엔진이 흡기다기관 진공상태를 겪으면서, 변화하는 전압을 볼 수 있다. 일반적인 것으로 저부하에서 낮은 전압과 고부하에서 높은 전압이 발생하는 현상이다.

조금 재미있는 것을 생각하여 보자. 신호 출력과 5V 연결부 사이에 10kΩ의 포텐시오미터를 설치한다. 이 경우는 신호 출력 배선을 5V 배선에 연결하는 것처럼 보일 수 있지만 포텐시오미터의 저항이 높아 이 단자에는 거의 전류가 흐르지 못한다. **그림 6-12**는 이 회로를 나타낸 것이다. 포텐시오미터의 이동 접촉자 단자 전압을 측정해보자.

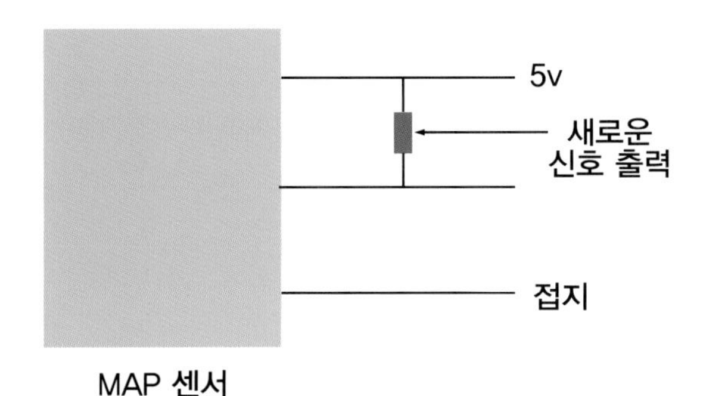

[그림 6.12]
신호와 접지 사이에 포텐시오미터를 접속하여 배선하면 표준(이동 접촉자가 트랙의 하단에 위치)에서 5V(이동 접촉자가 상단에 위치)까지 센서의 출력을 변경할 수 있다. 중간 위치에서는 원래의 신호 전압의 비율을 얻을 수 있다. 이 모드는 90년대 중반 터보차저 자동차에서 더 큰 인젝터를 구동하여 주행성을 유지하였다.

이 전압은 새로운 신호 출력 전압이 표시된다. 이동 접촉자를 상단으로 움직이면 신호 출력은 5V로 고정되어 ECU가 정상적으로 작동하지 않는다. 이동 접촉자를 하단으로 움직이면 신호 출력은 표준 시스템으로서 정확하게 유지되므로 그 동작에는 변함이 없다.

만약 이동 접촉자가 포텐시오미터의 중간 위치에 있으면 어떻게 되는가? 새로운 출력은 원래의 신호 전압의 비율을 갖게 된다. 이 정확한 접근법의 MAP 센서를 이용하여 더 큰 인젝터를 90년대 중반 터보차저 자동차에 장착하여 사용했었다.

다점으로 포텐시오미터를 조절함으로써 ECU에서 처리할 수 있는 부하를 일부 빼낼 수 있었기 때문에 연료의 공급을 다시 표준으로 되돌릴 수 있었다. 이것을 달리 말하면 기본적으로 아무런 비용도 들지 않는 엔진 관리의 변경으로 더 큰 인젝터를 가동하여 자동차를 완벽하게 가동하였다는 것이다. 만일 이런 방법을 선택한 경우 매우 주의하여 포텐시오미터를 조절하고, 시스템을 설정할 때 모든 시간에 공기/연료 혼합비를 측정하여 처리하여야 한다.

간단하게 다른 한 가지 예를 들어보자. 여기서 토요타 프리우스의 전동식 파워 스티어링 웨이트를 개조하기 위해 필자가 개발한 회로를 소개한다. 단지 2개의 포텐시오미터를 사용하여 얻는 방법으로 다소의 비용이 발생한다. 먼저 표준 시스템을 살펴보자. **그림 6-13**은 이것을 나타낸 것이다. 이 자동차에서, 스티어링 칼럼의 토크 센서는 운전자가 조작하는 핸들의 조작력에 대한 출력 신호를 전동식 파워 스티어링 ECU에 보내준다.

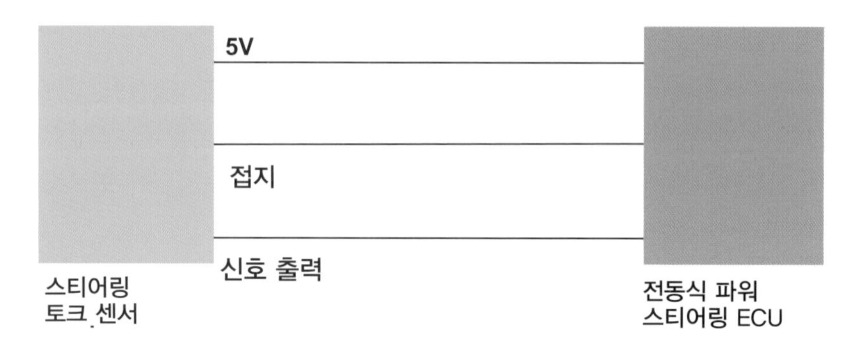

[그림 6.13] 전동식 조향 컨트롤 회로의 일부

조향 칼럼의 토크 센서는 ECU에 운전자가 핸들을 조작하는 토크를 입력시키는 역할을 한다. 센서의 출력은 핸들이 회전하지 않으면 전압이 2.5V, 한 방향으로 회전하면 2.5V 이하이며, 다른 방향으로 회전하면 2.5V 이상이 된다. 더 큰 토크를 얻기 위해 시스템을 개조하는 것이 타당하다.

이것의 출력에서 토크 센서는 조향하는 회전력이 커지면 2.5V이고, 핸들을 한 방향으로 회전하면 2.5V보다 더 높아지며, 다른 방향으로 회전하면 2.5V보다 낮아진다. 운전자의 회전력이 입력되지 않으면 센서 출력은 2.5V로 일정하다.

이런 경우에 작업은 2.5V에서 방향을 바꾸어 회전력을 줄이는 것이었다. 그래서 파워 스티어링 ECU는 핸들 회전력이 덜 발생한다고 파악하고, 그 결과 조향 회전력의 보조가 덜 제공되어 조향에 더 강한 느낌을 제공하는 것이었다.

그림 6-14는 그 작동의 원리를 나타낸 것이다. 포텐시오미터 1은 단순히 2.5V 기준 신호를 제공하는데 사용되고, 이동 접촉자는 접지와 조정되는 5V 사이에서 절반으로 설정되므로 항상 이동 접촉자 단자에 2.5V가 공급된다. 포텐시오미터 2는 표준(이동 접촉자를 포텐시오미터 하단에 위치시켜 센서에 바로 연결한다)에서 어디에 설정하든 ECU에서 보면 신호가 허용되는 2.5V(포텐시오미터 1이 제공하는 전압)로 고정시킨다. 포텐시오미터 2를 조정함으로써 신호를 2.5V에서 진동하지 않도록 설정할 수 있었다.

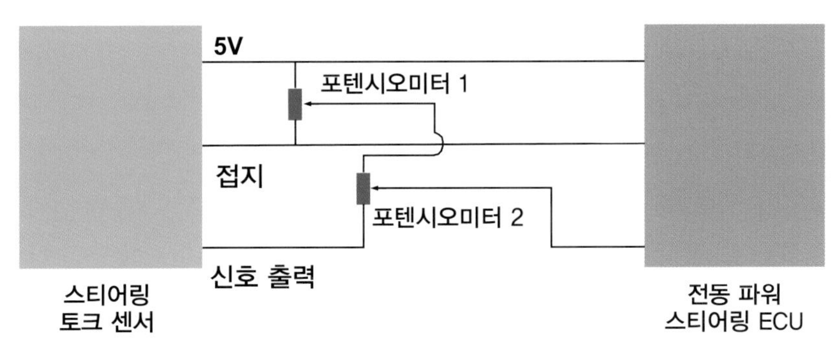

[그림 6.14]

그 작동의 원리를 나타낸 것이다. 포텐시오미터 1은 단순히 2.5V 기준 신호를 제공하는데 사용되고, 이동 접촉자는 접지와 조정되는 5V 사이에서 절반으로 설정되므로 항상 이동 접촉자 단자에 2.5V가 공급된다. 포텐시오미터 2는 표준(이동 접촉자를 포텐시오미터 하단에 위치시켜 센서에 바로 연결한다)에서 어디에 설정하든 ECU에서 보면 신호가 허용되는 2,5V(포텐시오미터 1이 제공하는 전압)로 고정시킨다. 그래서 포텐시오미터 2를 조정함으로써 신호를 2.5V에서 진동하지 않도록 설정할 수 있다. 따라서 포텐시오미터 2를 조정함으로써 전동식 스티어링 보조 장치의 양을 원하는 점에 설정할 수 있다.

내가 아는 한, 이것은 세계 최초의 모드였으며, 2개의 저렴한 포텐시오미터를 사용함으로써 완성되었다. 이 책에서 필자는 전자식 자동차 개조를 수동식으로 하는 방법을 제시하지는 않는다. 이러한 예는 아날로그 신호로 작동할 때 강력한 포텐시오미터를 사용하여 실행할 수 있는가를 제시하고 있다.

5 커패시터(콘덴서)

'커패시터'는 작은 양의 전기 에너지를 저항하는 장치로서 일명 '콘덴서'라고도 한다. 배터리와는 다르게, 커패시터는 다른 고장이 없는 한 여러 번 충전과 방전을 할 수 있고, 이 충·방전 사이클을 아주 빠르게 할 수 있다. 커패시터는 고주파나 역기전력(서지 전압)을 줄이는 필터로도 사용할 수 있다.

여기서 집중적으로 설명하는 전해 커패시터는 극성이 있으며, 이것의 마이너스(–) 단자는 마이너스 표시[–]를 마크로 나타낸다. 커패시터의 에너지 저장량은 패럿Farad 단위로 정격을 표시한다. 그러나 패럿은 매우 큰 단위로서 일반적으로 사용하는 단위는 마이크 패럿μF으로 표기한다. 커패시터의 다른 정격은 동작 전압으로 예를 들면 25V이다. 작동 전압은 회로에서 보고 기대되는 전압보다 더 높은 값이다. 그렇지 않으면 폭발한다.

커패시터를 병렬로 배선하여 사용 가능한 커패시턴스 값을 증가시킬 수 있다. 커패시턴스 값을 합하여 합계에 도달하고 필요한 동작 전압의 요구 사항을 준수하여야 한다. 에너지 저장장치로서 커패시터의 활용을 살펴보자.

2장에서 트랜지스터 스위치를 쉽게 접속한 패키지로 통합하는 장치인 솔리드 스테이트 릴레이SSR를 설명하였다. 이것들은 코일과 접점이 아닌 트랜지스터를 사용하여 스위칭(개폐)을 하는데 신속하게 작동한다. 릴레이를 작동시키는데 필요한 전류의 양은 매우 적다. 사실상, 너무 적어서 이 전류를 공급하기 위하여 커패시터를 사용할 수 있고, '온on' 시간으로 연장된 릴레이를 사용할 수 있다.

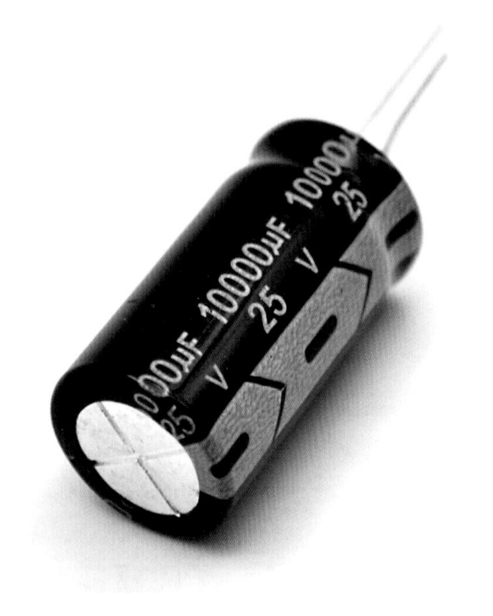

커패시터는 작은 양의 전기 에너지를 저장하는 장치로서 작동하며 또한 필터로도 활용할 수 있다.

[사진 6.4] 10,000μF, 24V 전해 커패시터

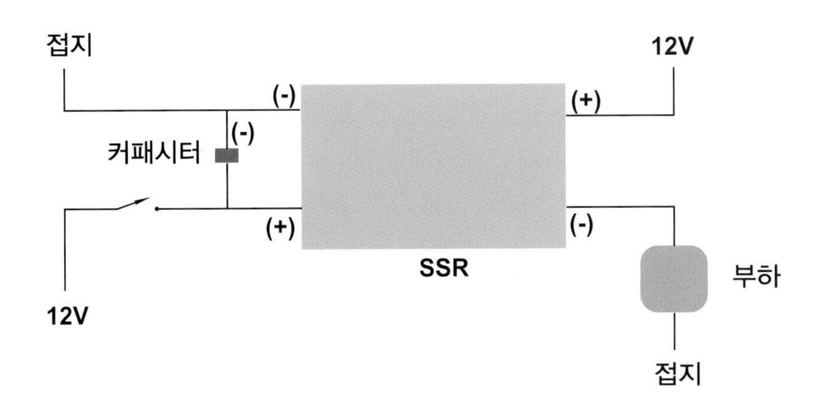

[그림 6.15]

커패시터를 사용하여 솔리드 스테이트 릴레이의 출력에 대하여 연장된 'ON' 시간으로 작동 상태를 제시한 것이다. 스위치가 ON되면 릴레이는 작동하고 동시에 커패시터가 충전된다. 스위치가 OFF되면 커패시터에 저장된 에너지는 릴레이에 공급되어, 한 주기에 스위치가 ON되어 이것의 작동을 유지한다. 커패시턴스의 값이 커질수록 연장되는 'ON' 시간은 길어진다.

그림 6-15는 사용하는 방법을 나타낸 것이다. 커패시터는 SSR의 입력 단자에 걸쳐서 접속하며 모든 접속을 극성에 따라서 연결한다. 스위치가 ON되면 릴레이가 동작하고 동시에 커패시터는 충전된다.

스위치가 OFF되면 커패시터에 충전된 에너지는 릴레이에 공급되어 한 주기 동안 스위치가 닫힌 상태를 유지한다. 커패시턴스의 값이 커질수록 연장된 "ON"시간은 길어진다. 예를 들면, 이런 방법으로 약 7초 동안 'ON' 시간을 연장하기를 원하면, 4700μF, 25V 커패시터를 사용하면 된다.

푸시버튼 스위치를 사용하여 한 번 누르면 이 주기 동안 SSR에 의해 제어되는 부분이 동작한다. 커패시턴스의 값이 절반으로 줄어들면, 'ON' 시간의 연장도 절반으로 줄어든다. 이것이 2배로 되면 시간도 2배로 연장된다.

이 방법은 소음방지 기구로서 사용할 수 있다. 예를 들어, 민감한 진공 스위치를 사용할 경우 공기 필터가 심하게 막히면서 제한을 일으키는 경우를 모니터링 할 수 있다. 필터 후 에어박스에 스위치를 연결하고, 제한 사항이 일정 수준에 도달하면 간단한 회로를 사용하여 경보음을 보내게 된다.

이것은 실용적으로 할 수 있는 작동이며, 스위치의 ON과 OFF로서 실행한다. SSR에 접속된 커패시터는 클린 스위치 ON이 되며, SSR에 스위치가 OFF되면 커패시터의 작동 지연이 끝날 때까지 다시는 끌 수가 없다. 시스템은 그 이상 소음을 낼 수 없기 때문이다. 큰 용량의 커패시터를 사용하여 회로에 직렬 저항기를 삽입하면 커패시터의 충전이 크고 급격히 일어나는 것이 아니라 천천히 발생하도록 할 수 있다는 점에 유의한다. 이것은 많은 전류의 흐름으로부터 스위치를 보호하는데 도움이 된다.

커패시터는 필터로서 사용할 수 있다는 것을 이미 언급한 바 있다. 전자 회로의 작동에서 필터는 일반적으로 고주파에 적용하나 그렇지 않은 경우도 있다. 다시 실제 예로서 최선의 방법인 경우를 설명한다. 필자의 자동차에서는 엔진 관리 ECU가 스로틀 위치 센서(TPS)에서 볼 수 있는 신호를 유연하게 처리하기를 나는 원하였다.

엔진 관리 ECU가 스로틀 위치 센서(TPS)에서 볼 수 있는 신호를 유연하게 처리하기를 원하였다.

이것은 이상한 욕망처럼 보일 수 있지만, 세세하게 설명하진 않겠다. 이 자동차를 운전자가 단지 느리게 유연하게 동작시켜서 더욱 경제적으로 연료를 공급하게 되었다. 이 자동차는 혼다 인사이트로서 이것이 발생하여 특별한 린 크루즈 모드로 오래 지속되었다. TPS 신호가 유연하고 신속하게 변화는 필터를 원하였다.

[그림 6.16]

스로틀 위치 센서의 출력을 유연하게 만들기 위한 회로의 시작. 신호 출력은 커패시터를 충전하여 센서에서 오는 신호가 갑자기 떨어지면 커패시터가 어느 정도 전하를 공급하여 ECU는 서서히 감소하는 신호를 감지하게 된다. 센서 신호가 갑자기 상승해도 동일한 유연함이 발생한다. 이런 경우, 커패시터는 이 전압으로 충전하게 되나 ECU는 초기에 이것을 감지하지 못한다

그림 6-16은 첫 단계를 표시한 것이다. 신호 출력과 접지 사이에 커패시터를 연결한다. 신호 출력이 커패시터를 충전하로, 예를 들어 신호 출력이 3.2V이면 이 값이 커패시터에 충전된다. 센서에서 출력되는 신호가 3.2V 이하로 갑자기 강하되면 커패시터는 공급 전압으로 충전되고 ECU는 서서히 강하되는 신호를 감지한다. 동일한 방법으로 센서의 출력 신호가 갑자기 상승할 수 있다. 이런 경우 커패시터는 이 전압으로 충전되고 ECU는 이것을 초기에 감지하지 못한다.

그러나 **그림 6-16**의 회로에는 센서에서 공급하는 전류가 커패시터에 걸리게 되어 센서는 요구와는 다르게 작동하여 유연한 작동의 크기를 조절하는 방법이 되지 못한다. 가변 저항기로 포텐시오미터를 접속하면(**그림 6-17 참조**) 필터의 작동을 조절할 수 있고 또한 포텐시오미터의 이동 접촉자가 맨 왼쪽의 위치를 제외한 모든 위치에서 센서에 공급되는 필요한 전류 크기를 줄일 수 있다. 혼다 자동차에서는 10kΩ의 포텐시오미터와 100μF의 커패시터를 사용한다.

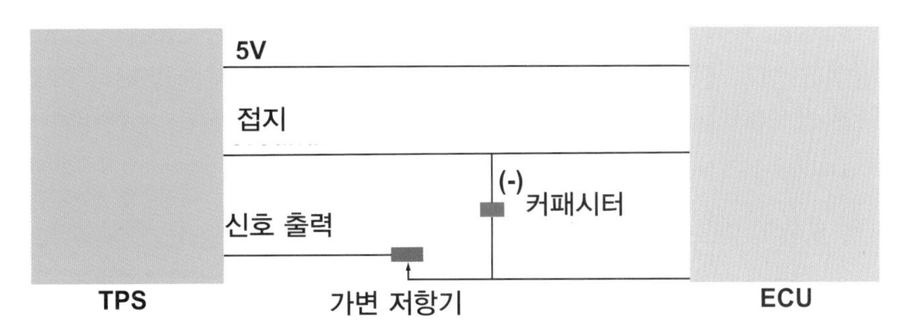

[그림 6.17]

가변 저항기를 추가함으로써 필터의 작동을 조절한다. 스위치 ON 상태에서, 저항기는 센서에서 커패시터를 충전하기 위해 흐르는 전류를 감소시킨다.

[사진 6.5] 본문에서 설명한 완성된 TPS 필터
가변 저항기와 작은 용량의 커패시터를 포텐시오미터와 접속한다.

그림 6-18은 측정한 결과를 나타낸 파형이다. 스크린 상의 파형은 오실로스코프의 화면이며 센서에서 발생한 신호 전압(하단 파형)으로 ECU가 실제로 감지한 필터의 신호 전압(상단 파형)이다. 강조하기 위해 표시된 영역에서 스로틀 위치의 빠른 진동이 유연하게 변화된 것이 확인된다.

혼다 인사이트 모델의 개조는 그 자동차에만 적용하여 실행한 내용으로 매우 특이한 것이지만, 저항기와 커패시터가 어떻게 유연한 필터로 작동할 수 있는지 보여주고 있다.

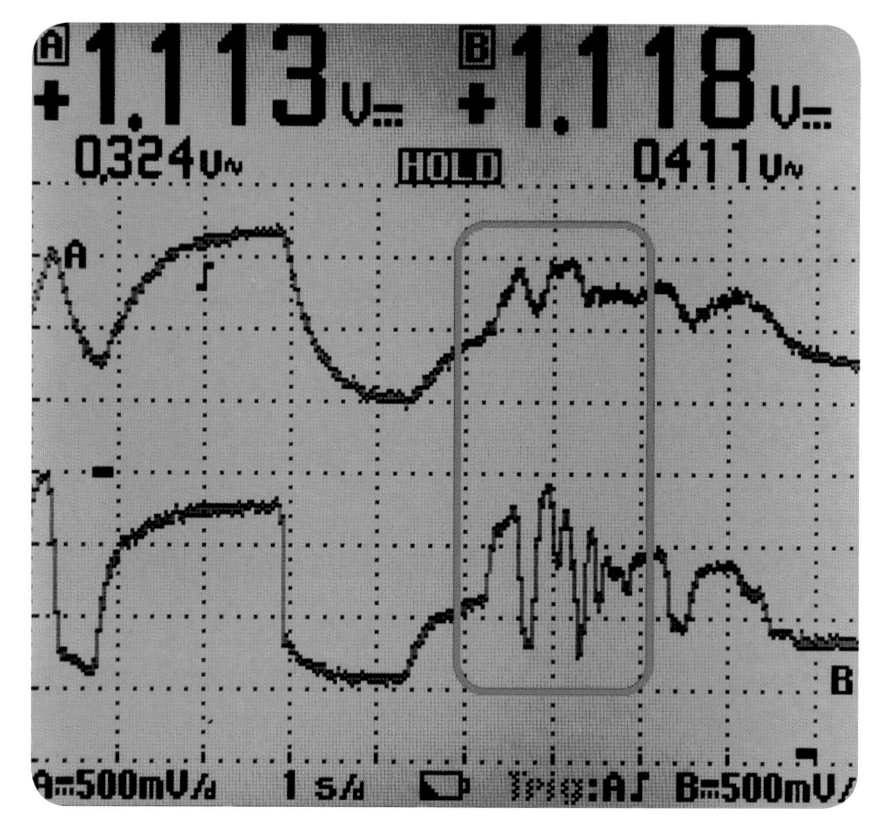

[그림 6.18] 스로틀의 유연한 회로에서 변화된 작동을 스코프 상의 파형으로 나타낸 화면이다. 센서의 전압은 아래쪽의 파형이며, ECU가 감지한 필터의 신호 전압은 위쪽 파형이다. 강조하기 위해 표시한 영역에서 스로틀 위치의 빠른 진동이 유연하게 변화 되었다.

6 다이오드

다이오드는 한 방향으로만 작동하는 밸브와 같다. 즉 전류는 플러스(애노드)에서 마이너스(캐소드)로 한 방향으로만 흐르게 된다. **그림 6-19**는 다이오드의 회로 기호와 실제 다이오드에서 찾을 수 있는 마크가 있다. 이 마크는 전류가 다이오드를 통하여 어느 방향으로 흐를 수 있는지를 나타낸 것으로 잘 살펴봐야 할 중요한 표시이다. 한 방향으로 전류가 흐른다는 의미이다.

회로 기호에서 전류는 삼각형으로 지시된 방향으로 전류가 흐른다. 실제 다이오드는 밴드 표시가 있는 것에 주의가 필요하다. 이것은 회로도 기호로 제시하는 삼각형에 라인으로 표시한다. 물리적인 의미에서 여러분의 손안에 다이오드를 가지고 있다면 전류는 밴드 쪽으로 흐른다는 표시이다. 전류가 흐를 수 있도록 방향을 맞춘 다이오드를 **"순방향 바이어스**forward biased**"**라고 부른다.

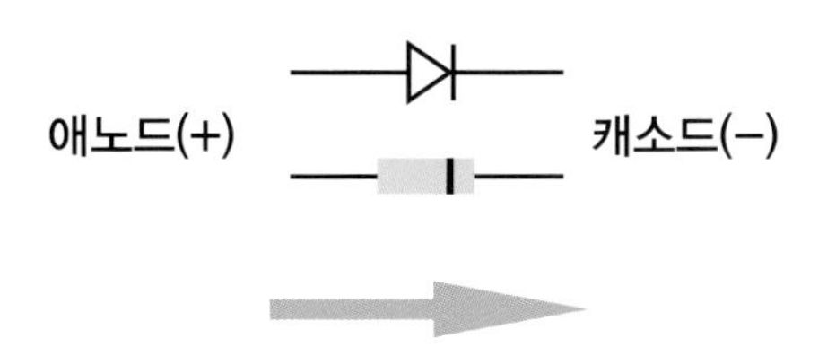

[그림 6.19]

다이오드(상단)에 대한 회로도 기호와 실제 다이오드의 외관이다. 전류는 삼각형이 지시하는 방향으로만 흐른다. 실제 부품의 밴드는 회로도 기호의 삼각형이 지시하는 선을 나타내기 때문에 전류는 밴드 쪽을 향하여 흐른다.

회로에 전원을 공급하기 위해서는 다이오드가 일정 전압을 인가해야 하는데, 이런 전압을 **'순방향 전압'**이라고 부른다. 실리콘 다이오드(가장 일반적인 타입)는 약 0.7V의 순방향 전압이 필요하다. 다른 말로 표현하면 다이오드를 통과하면 0.7V의 전압 강하가 발생한다. 흥미로운 것은 0.7V의 전압 강하는 전류의 흐름에 따라 변화되지 않으므로 이것은 저항기에 의해 발생하는 전압 강하와 같지 않다

다이오드를 선정할 때는 2가지 중요한 측정이 있는데 이는 앞에서 설명한 순방향 전압과 정격 전류이다. 예를 들면 1N4001 다이오드는 1.1V의 전압 강하와 1A의 정격 전류이다. 일반적으로 정격 전류가 높으면, 전압 강하도 커진다. 대부분의 멀티미터는 다이오드의 점검 기능을 포함하고 있다. 이것은 순방향 전압 강하와 다이오드의 극성을 결정할 수 있는 기능으로 이후에 중요한 것은 식별 마크가 지워진 경우에 중요한 결정을 할 수 있다.

[사진 6.7]
다이오드는 전류를 한 방향으로만 흐르게 하는 역할을 한다. 이것들은 값이 저렴하면서 매우 유용하다.

다이오드는 모든 자동차의 전기와 전자 시스템에서 사용된다. 이것은 교류(AC)를 직류(DC)로 정류하기 위하여 발전기 회로에 사용한다. 또한 바디 전기 시스템에서도 사용한다. 본문에서 다룬 다른 부품과 마찬가지로 전자제어 유닛(ECU)에도 다이오드가 많이 사용된다. 자동차 수리 작업을 할 때 다이오드로 사용할 가능성이 있는 3가지 기능을 제시한다. 이것들의 활용은 다음과 같다.

① 한 방향의 밸브로서
② 역기전력(서지 전압)으로부터 보호하기 위하여
③ 고정 전압 강하를 만들기 위하여

1. 한 방향 밸브

다이오드를 한 방향 밸브로 사용하는 것은 여전히 독립적으로 작동하기를 원하는 두 개의 회로를 연결하고자 할 경우에 유용하다. 예를 들면 2개의 회로 중 하나가 작동할 때 단일 대시보드의 표시등에 조명을 원하는 경우를 가정해 보기로 하자. **그림 6-20**은 이것을 나타낸 회로이다.

2개의 부하로 구성된 회로에서 부하 1은 위쪽 스위치가 ON되면 작동하고 부하 2는 아래쪽 스위치가 ON되면 동작한다. 그러나 어느 스위치든 ON이 되면 각 스위치에서 다이오드를 통해 전원이 공급되어 단일 대시보드 표시등도 점등된다. 다이오드는 스위치가 OFF 될 때 다른 부하로 전원이 공급되는 것을 방지한다. 필자는 최근에 에어 서스펜션 시스템을 설치할 때도 비슷한 방법을 사용하여 에어 스프링 4개 중 하나를 감압할 때 개별 솔레노이드 밸브를 작동시켰다.

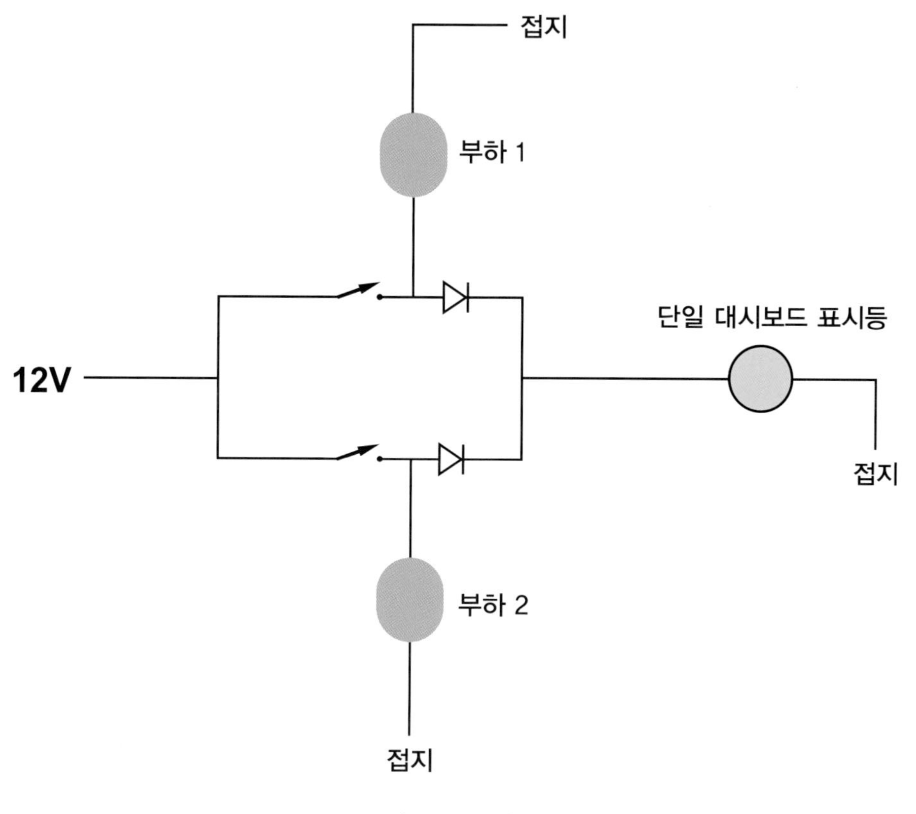

[그림 6.20]

2개의 다이오드를 사용하여 부하 회로의 스위치가 ON이 될 때마다 단일 대시보드 표시등이 점등되도록 회로를 구성한 것이다. 위쪽 스위치가 ON되면 부하 1이 작동되고, 아래쪽 스위치가 ON되면 부하 2가 작동된다. 어느 스위치든 ON이 되면 대시보드 표시등도 점등된다. 다이오드는 스위치가 OFF될 때 다른 부하에 전원이 공급되는 것을 방지한다.

그러나 4개 솔레노이드 밸브에 외에도 어떤 에어 스프링을 감압할 때 하나의 배기 밸브가 열려야 한다. 4개의 감압 밸브가 **그림 6-20**의 부하와 같고 배기 밸브는 단일 대시보드 표시등과 같다고 생각하면 된다. 4개 다이오드를 사용하면 4개의 감압 밸브 중 하나가 작동할 때마다 배기 밸브가 작동될 수 있었다.

2. 역기전력(서지 전압)으로부터 보호

코일을 내장한 장치에서 스위치를 OFF시킬 때마다 배선에 역기전력이 발생한다. 이것은 솔레노이드, 연료 인젝터 및 릴레이에서 발생하는 현상이다. 시스템이 트랜지스터로 작동되는 경우 트랜지스터가 파손되는 것을 방지하기 위해 보호 다이오드가 필요한 경우가 많다. 이런 다이오드를 때로는 '프리 휠링' 다이오드라고 부른다.

이와 같이 다이오드를 장착한 상태에서 역기전력은 다이오드에 의해 만들어지는 회로의 경로를 따라 자체에서 자연스럽게 처리된다. **그림 6-21**은 다이오드를 설치하는 방법을 나타낸 회로이다. 다이오드의 극성이 올바른지 확인해야 하며, 그렇지 않은 경우 단락 회로를 만들게 된다.

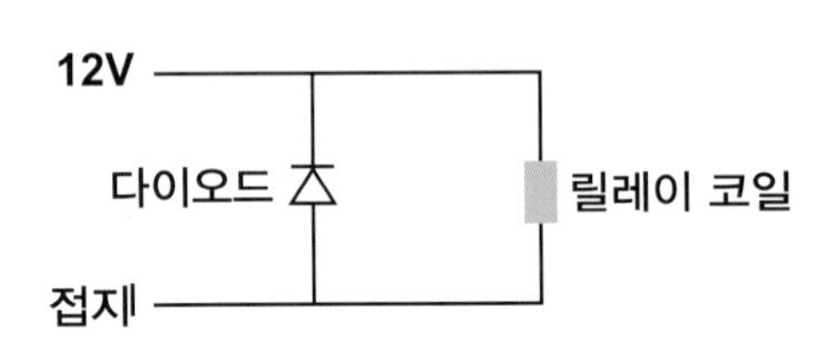

[그림 6.21]
다이오드는 릴레이 스위치를 OFF시킬 때 발생하는 역기전력에 의해 다른 부품이 파손되는 것을 방지하기 위하여 사용한다. 전기 모터와 같은 큰 유도성 부하를 제어하는 SSR 릴레이의 출력측에도 이러한 형식의 보호 다이오드를 사용한다.

3. 고정 전압 강하의 발생

앞에서 설명한 바와 같이 주어진 다이오드는 전류에 따라 거의 변화하지 않는 고정 전압 강하를 가지고 있다. 이를 활용하는 방법으로 교류 발전기의 충전 전압을 높이는데 사용한다. 교류 발전기는 배터리 전압을 감지하는 센싱 배선을 사용한다. 배터리 전압이 낮으면 교류 발전기가 충전 전압을 높인다.

그러나 일부 배터리는 교류 발전기에서 공급하는 충전 전압보다 더 높은 전압을 발생하도록 설계되어 있다. 충전 전압을 높이려면 출력 전압에서 0.7~1V의 전압 강하가 있는 다이오드를 설치하자. 교류 발전기가 출력 전압을 동일한 양만큼 증가시키는 것과 같은 효과가 있다. 이러한 경우 그 범위는 교류 발전기와 매우 근접한 전압이어야 한다.

7 트랜지스터

우리의 목적을 위해 트랜지스터를 단순히 전자 스위치로서 쉽게 생각하는 경우이다. 솔리드 스테이트 릴레이에 이것을 적용하면 알 수 있다. 또한 인젝터 제어, 유량 제어 밸브의 작동 및 기계식 릴레이 등의 제어용으로 내장시킨 ECU 스위치에도 이런 아이디어를 적용할 수 있다.

자동차에서 트랜지스터 스위치를 가장 먼저 적용한 것 중 하나는 점화코일의 1차 전류를 제어하기 위함이었다. ECU의 일부 트랜지스터 출력은 보호되지만 많은 트랜지스터의 출력은 보호되지 않으므로 항상 ECU 출력을 단락시키지 않도록 주의하여야 한다.

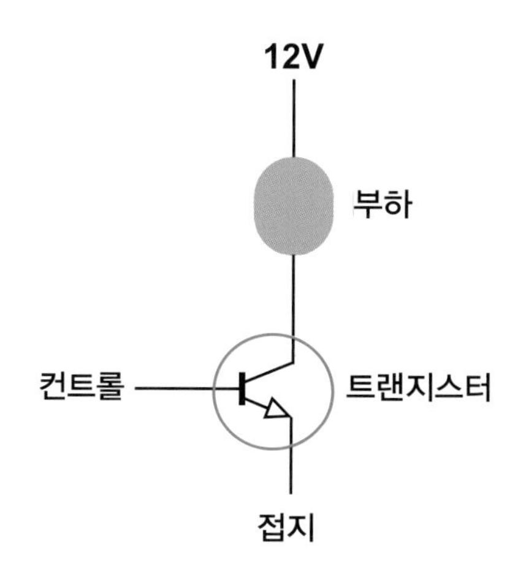

[그림 6.22] 스위치로 사용되는 트랜지스터

컨트롤에 전압이 인가되면(여기에 표시되지 않은 저항기와 통해 있음) 전류는 부하를 통해 접지로 흐른다.

그림 6-22는 기본적인 트랜지스터 회로를 나타낸 것이다. 작은 전류가 컨트롤에 인가되면 큰 전류가 부하를 통하여 접지로 흐를 수 있다. **그림 6-23**은 워크 숍 매뉴얼에 트랜지스터가 사용된 회로도를 소개한 것으로 이 회로도는 계기판의 일부를 나타낸 것이다. 트랜지스터를 사용하여 충전, 출력 제어 및 크루즈 표시등을 점등시키는 방법을 확인할 수 있다.

과거에는 이와 같은 매뉴얼이 부하를 전환하기 위해 트랜지스터를 사용하는 방법을 더욱 상세하게 기술하였겠지만 요즘은 미리 제작된 모듈들을 너무 저렴하게 사용할 수 있기 때문에 트랜지스터 모듈을 모두 구입하기가 훨씬 더 쉽다. 앞서 다룬 큰 솔리드 스테이트 릴레이 외에도 2A에서 5A로 전환할 수 있는 소형 설계가 있으며, 이러한 설계는 기존의 릴레이보다 비용이 저렴하다.

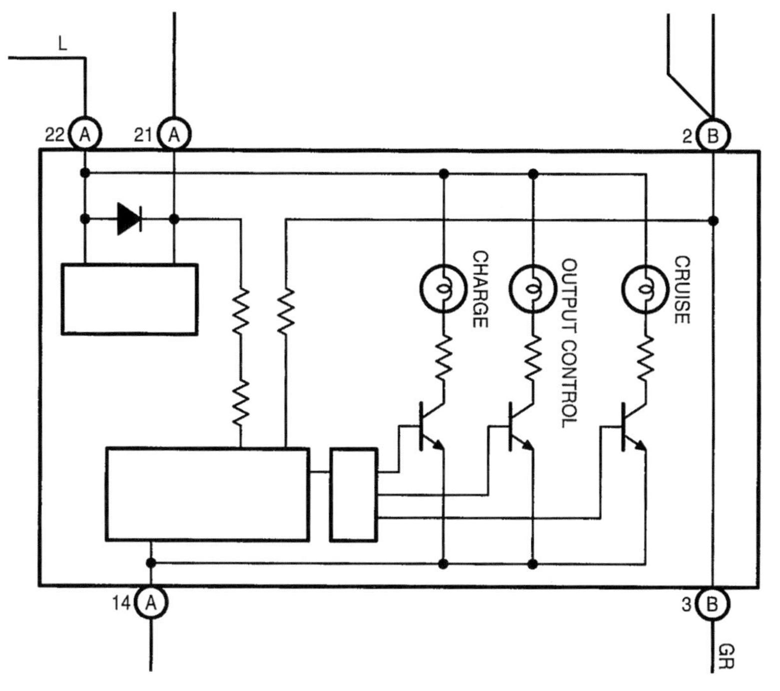

[그림 6.23]

이 회로도는 워크 숍 매뉴얼에 트랜지스터가 사용된 회로도를 나타낸 것이다. 이 계기판에서 트랜지스터는 충전, 출력 제어 및 크루즈 표시등을 점등시키는 회로에 사용되었다.(토요타 제공)

키트(kit)

전자 부품을 보다 심도 있게 이해하기 위하여 전자 키트(kit)를 만드는 방법을 설명하려고 한다. 자동차에 장착할 수 있는 여러 가지의 전자 키트 제작이 가능하다. 여기서 자동차의 편의성과 안전성을 비롯하여 성능 향상에 이르기까지 다양한 키트가 있다. 전자 키트는 모두 분리된 전자 회로의 부품과 인쇄 회로 기판(PCB) 등으로 구성되어 있다. 초보자라면 먼저 아주 간단한 키트(약 10개 정도의 부품으로 만들 수 있는 키트)부터 시작해보자.

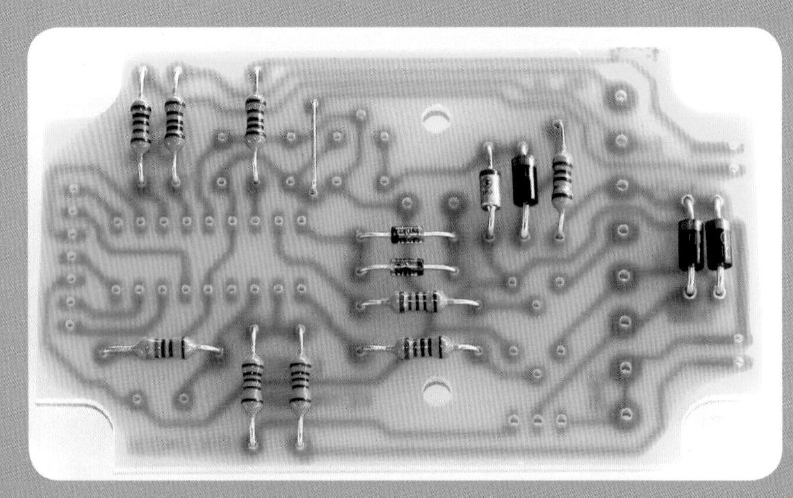

1. 이것은 키패드 알람 키트이다. PCB에 배치되는 첫 번째 구성 요소는 항상 저항기와 다이오드이다. 멀티미터를 사용하여 어느 저항기인지 검사한다. 다이오드는 여러 가지 모양과 형태로 구분되지만 이것들의 밴드 표시는 PCB에 어떤 방향으로 배치하는지를 제시한다. 올바른 구성 요소를 선택하고 리드 선을 구부린 다음 올바른 구멍에 꼽는다. 그런 다음 PCB를 뒤집어 리드 선을 PCB 패드로 납땜한다. 리드 선이 긴 것은 잘라서 깨끗하게 정리한다.

2. 트랜지스터는 다음으로 진행한다. 트랜지스터는 3개의 리드 선이 삼각형 모양으로 배열되어 있어 리드 선의 방향을 좀 더 쉽게 기판에 조립할 수 있다. 그러나 일부 트랜지스터는 리드선이 일직선으로 되어 있으므로 다른 단서들을 사용할 필요가 있다. 예를 들면, 오버레이 배선도에는 트랜지스터의 금속 뒷면이 어느 쪽으로 향하는지를 명확하게 명시하는 경우가 많다. 다음으로 전해 커패시터는 한쪽 리드 옆에 (-) 기호로 표시된 극성을 확인한 다음 기판에 표시된 방향에 맞춰 조립하고, 다른 커패시터는 극성이 없으므로 그대로 조립하면 된다.

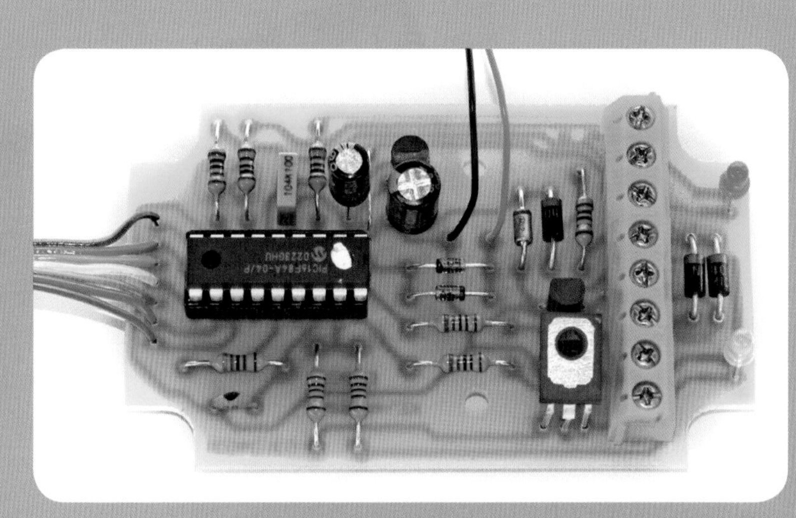

3. 마지막으로 집적회로(IC)와 발광다이오드(LED)는 소켓에 끼우거나 접속 단자에 연결하고 기판에 조립하여 납땜을 한다. 소켓은 IC용으로 사용하나 때로는 기판의 패턴에 직접 납땜을 하는 경우도 있다. 전원을 공급하여 회로를 작동시키기 이전에 회로도와 동일하게 각 구성 요소가 조립이 되었는지 점검한 다음 전체 키트를 작동시켜 확인한다.

4. 알람 키트는 키패드와 7개의 리본 케이블을 PCB와 접속한 원격 키패드를 사용한다. 원래 설명서에는 리본 케이블을 사용하지 않고 2개로 분리된 부품이 서로 연결되어 있었다. 그러나 이 경우에는 2개의 부품을 따로 장착해서 리본 케이블의 사용을 설명하고 싶었다. 많은 경우 키트를 만들 때 이와 같이 사소한 변경을 할 수 있다. 예를 들면 사각형 LED를 PCB에 꼽아서 사용하면 키트는 유연하고 별도의 부품을 구입하지 않고도 작동이 가능하다.

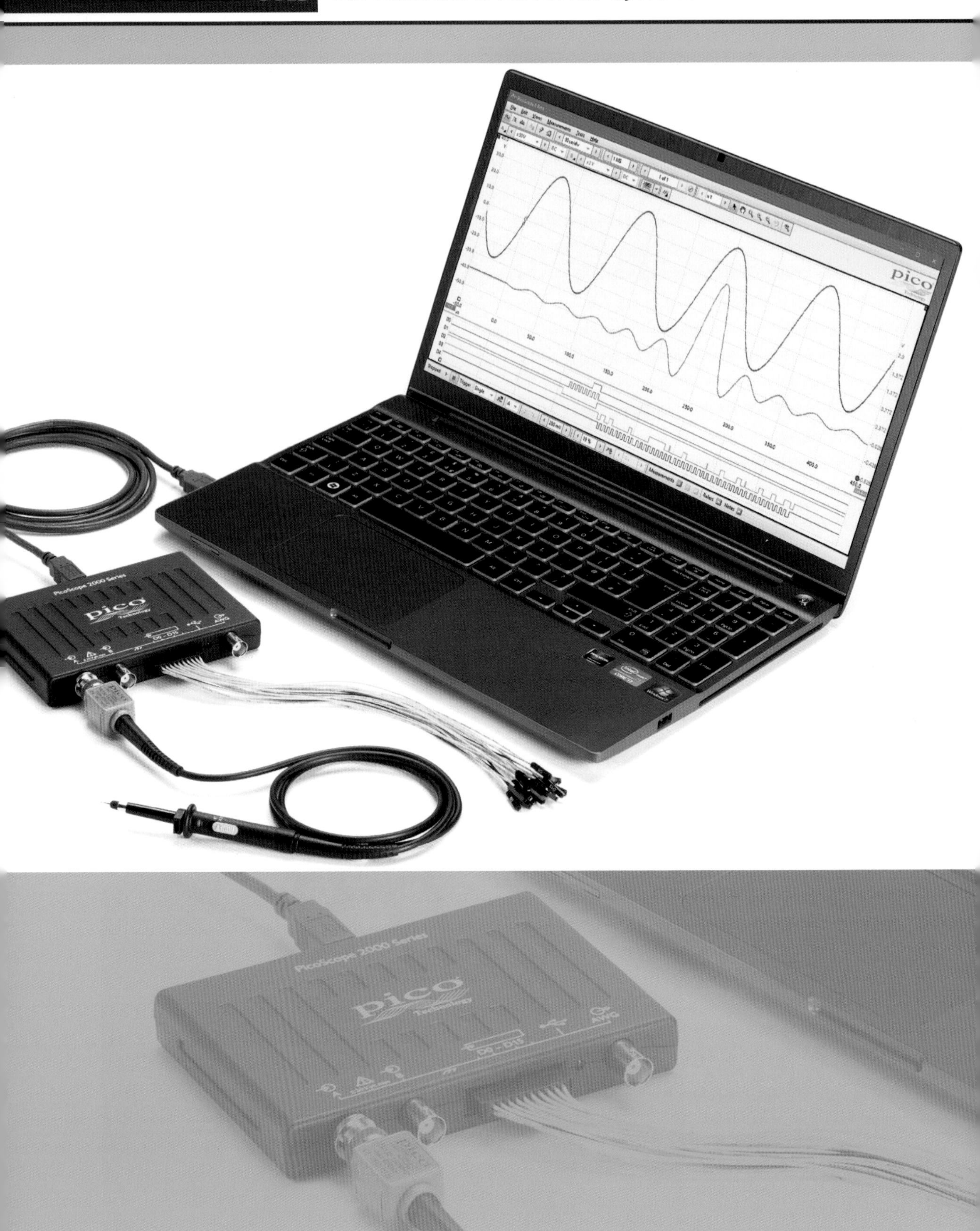
PicoScope 2000 Series
pico
Technology
D0 - D15
AWG

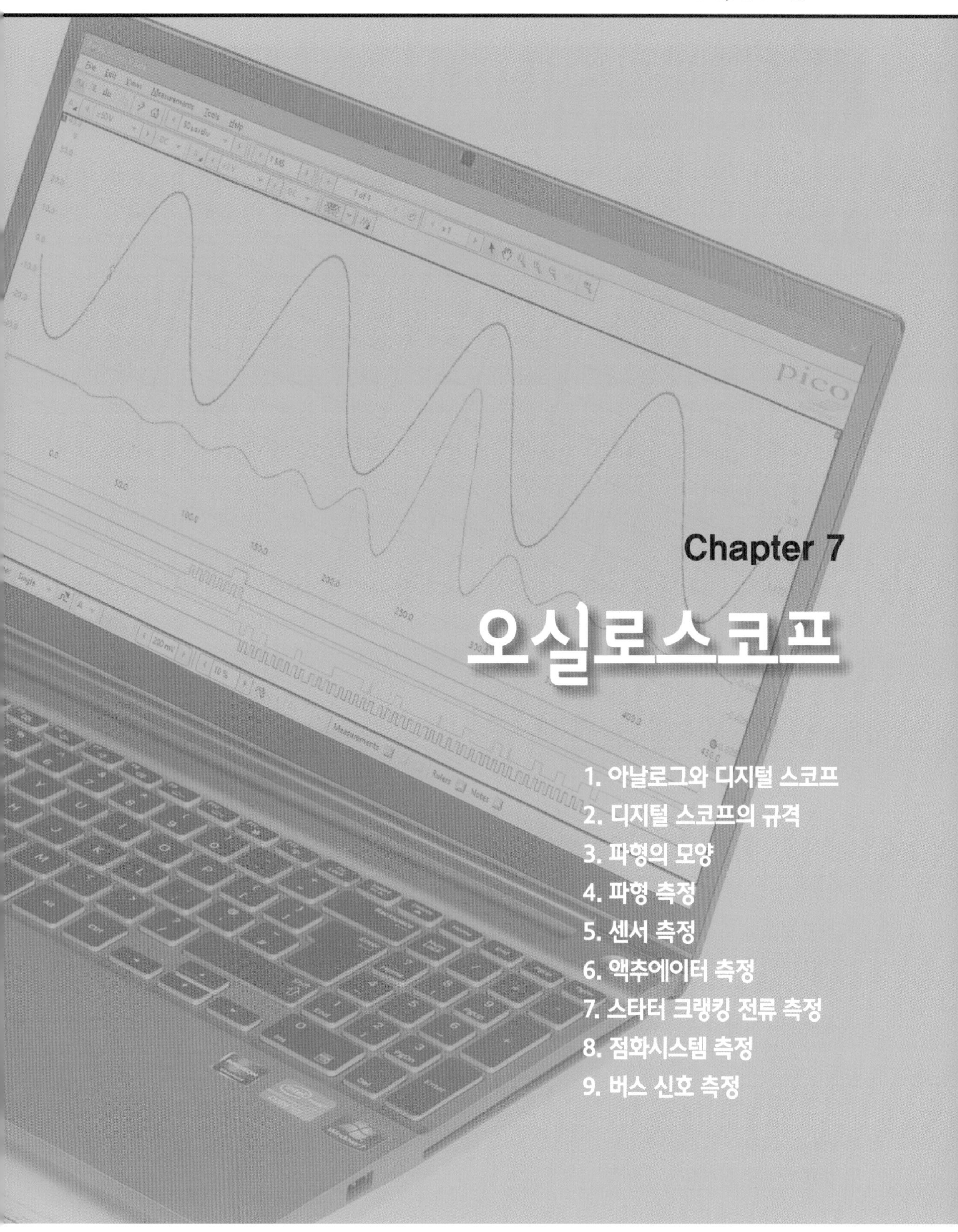

Chapter 7

오실로스코프

1. 아날로그와 디지털 스코프
2. 디지털 스코프의 규격
3. 파형의 모양
4. 파형 측정
5. 센서 측정
6. 액추에이터 측정
7. 스타터 크랭킹 전류 측정
8. 점화시스템 측정
9. 버스 신호 측정

다음 장의 대부분은 텍트로닉스의 오실로스코프 X, Y, Z를 기본으로 하여 설명한다. 텍트로닉스는 고품질의 디지털 및 아날로그 스코프를 제조하는 업체로서 높이 평가받는 회사이다.

1 아날로그와 디지털 스코프

바디 전기 장치의 단순한 고장 탐구를 비롯하여 자동차 전자 시스템에 대한 거의 모든 작업은 오실로스코프가 필요하다.

오실로스코프는 시간에 따른 전압의 변화를 파형으로 나타내며, 전압 변화의 패턴을 정확하게 추적하여 그래프로 그려내는 계측기의 한 종류이다. 기존의 멀티미터는 파라미터의 크기만을 나타내지만 오실로스코프는 신호의 형태를 화면에 나타낸다. 스코프는 캠축과 크랭크축 위치 센서, 차속 센서, ABS 시스템의 스피드 센서 등 그 외의 것에서 나오는 신호를 살펴볼 수 있는 유일한 방법이다. 인젝터, 아이들 스피드 컨트롤 밸브, 부스트 컨트롤 솔레노이드, 자동변속기의 압력 컨트롤 솔레노이드 밸브 등에서 발생하는 신호를 볼 수 있는 유일한 방법이기도 하다.

스코프는 전통적으로 1차 전압과 2차 전압의 점화 신호를 살펴보기 위해 정비사가 사용해 왔으며, 이것이 스코프에 대한 값진 사용이라고 할 수 있었다. 그러나 요즘은 스코프가 전자제어 유닛(ECU)의 입력과 출력을 살펴볼 수 있는 더욱 확실한 방법이기도 하다. 실제로 많은 자동차회사의 정비매뉴얼은 샘플 스코프 트레이스가 표시되므로 스코프를 사용하여 센서 또는 ECU의 출력 신호가 정상인지 신속하게 확인할 수 있다.

오실로스코프는 기본적으로 그래프 표시 장치로서 전기 신호의 그래프를 그린다. 모든 자동차에 적용하는데 이 그래프는 시간에 따라서 신호가 어떻게 변하는지를 보여주며, 수직축(Y)은 전압을 나타내고 수평축(X)은 시간을 나타낸다. 이 그래프는 다음과 같은 신호에 대하여 여러 가지 정보를 제공하여 준다.

① 신호의 시간 및 전압값(얼마의 전압으로 언제 변화되는가?)
② 진동 신호의 주파수(전압의 변화가 1초 동안 얼마나 상승과 하강을 반복하는가?)
③ 다른 부분과 관련되어 발생하는 신호에 대한 특별한 부분의 주파수(다른 부분보다 더 빠르게 오르고 내려가며 변화하는 신호가 있는가?)
④ 오작동 구성 요소가 신호를 왜곡하는지 여부(정현파가 구형파처럼 보이는가?)
⑤ 신호의 양과 시간에 따라 노이즈가 변화하는지의 여부(노이즈는 일반적으로 중첩된 신호로 나타낸다. 예를 들면 정현파에서 돌출된 부분)

이제 스코프 사용에 대해 더 많이 설명하겠지만, 우선 어떤 유형이 가능한가? 오실로스코프는 아날로그와 디지털로 분류할 수 있다.

1. 아날로그 오실로스코프

아날로그 오실로스코프는 측정된 신호 전압을 스코프 화면의 왼쪽에서 오른쪽으로 이동하는 전자 빔의 수직축(일반적으로 음극선 관CRT)에 직접 적용하여 작동한다. 화면의 뒷면은 전자 빔이 부딪쳐서 발광하는 형광체로 처리된다. 신호 전압은 디스플레이를 수평으로 이동할 때 빔이 비례적으로 상하로 편향되어 화면상에 파형을 나타내게 된다.

아날로그 오실로스코프는 전통적으로 튠업 장비에 사용되는 큰 화면의 스코프와 전자 시스템의 회로에 사용되는 녹색 발광 화면이 있는 더 작은 구형 스코프로 특정지어진다. 이것들은 아주 우수한 계측기로서 자동차에서 주로 고장을 진단하는데 사용된다. 그러나 사용 시 주된 전원이 필요하고 설정하는데 더 큰 어려움이 있으며, 화면의 이미지를 저장할 수 있는 저장 모드의 부재 등으로 어려움을 겪고 있다.

2. 디지털 오실로스코프

디지털 오실로스코프는 아날로그 디지털 변환기A/D Converter를 사용하여 측정된 전압을 디지털 정보로 변환한다. 파형을 시리즈의 샘플로 획득하고 파형을 그리기에 충분한 샘플이 축적될 때까지 이 샘플들을 저장한다. 그런 다음 화면에 표시할 파형을 다시 구성한다.

디지털 방법은 오실로스코프가 안정성, 밝기 및 선명성 등의 범위 내에서 어떤 주파수든지 표시할 수 있다. 또한 파형을 쉽게 정지시킬 수도 있어 여유롭게 검토할 수 있다. 디지털 스코프는 일반적으로 배터리 전원으로 작동시킬 수 있고 LCD 화면을 사용할 수 있다. 노트북 PC에 사용되는 모든 오실로스코프 어댑터는 디지털이다. 디지털 스코프는 일반적으로 모니터한 신호의 주파수와 듀티 사이클도 계산하여 나타낸다.

[사진 7.1]

3가지 다른 종류의 오실로스코프로, 시동 중인 자동차의 크랭크축 위치 센서에서 얻어지는 입력과 출력 신호를 나타낸 것이다. 좋은 스코프일수록 더 양호한 화면을 볼 수 있다.(칩 토크 제공)

2 디지털 스코프의 규격

아날로그 스코프는 입력 신호 발생 시 파형을 효과적으로 그려낸다. 그러나 디지털 스코프는 스코프 상에 나타나는 전압을 샘플링 한다. 이것은 입력 신호를 연속적으로 측정하는 것이 아니라 그 대신 신호의 비트bit를 측정하는 것이다. 그런 다음 파형은 이러한 별도의 샘플로부터 재구성되어 화면에 표시한다. 이것이 각 좌표 값의 연결 과정join the dots process이다.

스코프가 신호를 샘플링하는 빈도를 샘플링 속도라고 한다. 이것은 샘플/초samples/second로 표시한다. 그 밖에 다른 조건은 동등하며 이것을 샘플/초samples/second로 표시한다. 그 밖에 모든 것은 동등하며 샘플링 속도가 높을수록 정확하게 표시할 수 있는 신호의 주파수도 높아진다. 그렇지 않으면, 다른 방법으로 샘플링 속도가 높아질수록 얻을 수 있는 이벤트는 짧아진다.

샘플링 속도 외에도 스코프가 정확하게 측정할 수 있는 최대 주파수는 스코프의 입력과 증폭기 및 필터에 의해 영향을 받는다. 이러한 요인을 '대역'이라 부른다. 특히 자동차에 적용하는 경우에 중요한 것은 스코프의 메모리의 용량이다. 이 메모리는, 때로는 기록의 길이나 버퍼의 크기를 기준으로 하며, 다음 2가지의 중요한 특성이 있다.

① 샘플의 간격이 가까울수록 전체 파형을 표시하기 전에 저장해야 하는 메모리가 더 많이 필요하다. 즉, 샘플링 비율이 높아질수록 메모리도 더 커져야 한다.

② 파형을 표시해야 하는 시간이 길어질수록(타임 베이스라 한다) 샘플링 해상도를 유지하는데 필요한 샘플도 더 많아져야 한다.

대부분 상당히 느린 타임 베이스를 사용하는 자동차에서는 중요 특성 2가지 중에서 ②번 포인트는 더욱 중요하다. 예를 들면, 화면의 전체 폭에 90nsnano seconds로 표시되면 스코프가 초당 10메가 샘플mega samples/s로 샘플링 할 수 있지만, 주기가 길어지면 9ms로 표시한다. 실효 샘플링 비율(메모리 할 수 있는 샘플 수에 의해 제한된다.)은 초당 10킬로 샘플로 낮아진다. 어떤 스코프에서는 타임 베이스를 시간으로 설정하여 더 길어질 수도 있다. 이러한 경우에 기본적으로 신호의 데이터 로그가 되는 데이터를 저장할 수 있는 메모리가 더 필요하다.

스코프가 파형을 고정시킨 후에 확대할 수 있는 능력은 유효한 메모리 용량이 중요하게 작용한다. 추가로 파형의 세부 정보를 얻으려면 더 많은 메모리가 필요하며, 특히 타임 베이스가 긴 경우가 그러하다.

샘플링 속도와 대역폭 외에도 스코프의 아날로그 디지털 컨버터ADC의 해상도가 중요하다. 대부분의 스코프는 측정 가능한 전압 변화가 0.4% 이하로 한정되어 있는 8비트 수직 해상도를 가지고 있다. 반면에 12비트 스코프는 0.024%에 불과한 전압 변화 수준에서 해상도를 변경할 수 있다.

특별히 설계한 애드온add-on 모듈을 디지털 스코프로 전환하기 위해 노트북 PC에 접속하여 사용하려면 소프트웨어의 기능이 중요하다.

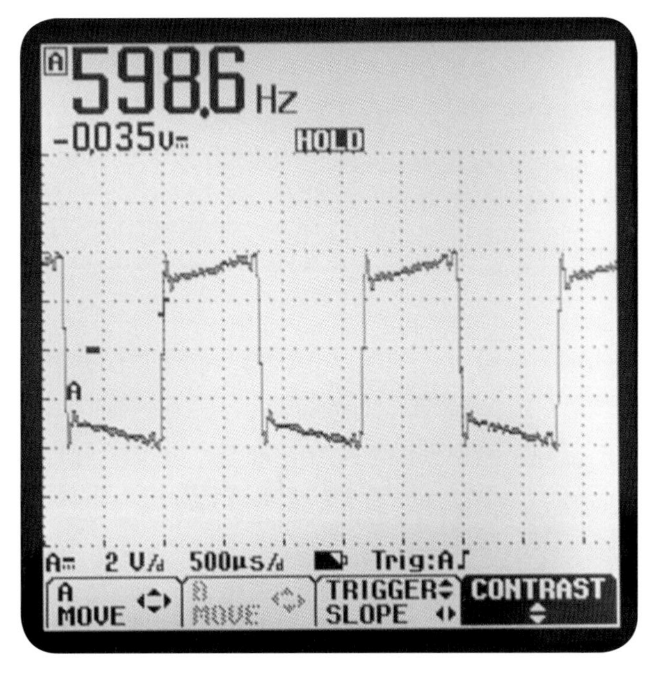

[사진 7.2]

오실로스코프에서 볼 수 있는 구형파. 스코프는 2V/div로 설정되고 500μs/div의 타임 베이스를 사용한다. 스코프에 측정된 주파수가 598.6Hz로 표시되어 있다.

스코프는 다양한 설계로, 그 외에도 스펙트럼 분석기(즉, 모든 다른 주파수의 크기를 수직 바 그래프로 표시한다), 멀티미터(아주 한정된 범위에서) 및 데이터 로거로서 기능을 가지고 있다. 모든 스코프 제조업체는 소프트웨어의 데모 및 평가판 또는 충분히 활용할 수 있는 기능의 버전을 다운로드하도록 허용하고 있으므로 관련된 하드웨어를 구입하기 전에 시험해 볼 수 있다.

대부분의 스코프는 복수의 입력 채널을 가지고 있어 동시에 한 개 이상의 신호를 표시할 수 있다. 이것은 동시에 2개의 다른 신호를 볼 수 있는 유용한 기능으로 예를 들면, 캠축과 크랭크축 위치 센서의 타이밍을 비교해 볼 수 있다.

가장 저렴한 소형의 디지털 스코프에서도 대부분의 자동차 입력과 출력 신호 파형을 아주 간단하게 싱글 채널로 볼 수 있으므로 멀티미터 기능의 추가로 즉시 앞서 나갈 수 있다. 그러나 스코프의 규격으로 특히 샘플링 비율과 대역폭이 높아질수록 원래의 파형을 더욱 선명하게 볼 수 있다.

[사진 7.3]

주행 중인 차량에서 캠축과 크랭크축의 위치 센서 출력을 모니터링.

3 파형의 모양

시간이 지남에 따라 반복되는 패턴의 일반적인 용어로 '**파동**'(음파, 뇌파, 바다의 물결)이 있으며, 전압의 파동은 모두 반복되는 패턴이다. 오실로스코프는 전압파를 측정하는 계측기의 한 종류이다. 1 사이클의 파동은 반복되는 파동의 일부이다. 파형은 파동을 그래픽으로 표현한 것이다. 스코프의 전압 파형은 수평축에 시간을, 수직축에 전압을 표시한다는 점을 기억해 두자.

파형의 모양은 신호에 대한 시간적인 변화를 나타낸 것이다. 어떤 시간에 파형의 높이 변화를 볼 때마다 전압이 변화되었다는 것을 알 수 있다. 어떤 시간에 평탄한 수평선이 생기면 시간에 따라서 변화가 없다는 사실을 알 수 있다. 직선, 대각선의 선은 선형으로 변화하는 것을 의미하며, 정상 상태에서 전압의 상승과 하강을 의미한다. 파형이 샤프 앵글이면 급격한 변화를 나타낸 것이다. 대부분의 파동을 다음과 같은 형식으로 분류할 수 있다:

① 정현파
② 구형파와 직사각파
③ 삼각파와 톱니 파
④ 복합 파

자동차에서 이용하는 파동은 정현파와 구형파가 대표적이다.

1. 정현파

정현파는 기본적인 파형이다. 이것은 수학적으로 고조파의 성질을 가지고 있으며 고등학교 수학의 삼각법으로 배운 내용과 동일한 정현파이다. 교류 전압은 정현파로서 변화한다. 'AC'란 교류를 의미하며 전압 역시 정현파로 반복하여 변화된다. 'DC'는 직류로서, 자동차의 배터리에서 생산되는 것과 같은 전류와 전압은 시간에 따라서 변하지 않고 일정한 값을 유지한다. **그림 7-1**은 정현파를 표시한 것이다.

[그림 7.1] 정현파 전압

중앙 수평선은 0V를 표시하므로 신호는 이것을 기준으로 하여 플러스와 마이너스로 변화한다. 유도 기전력 센서(Inductive Sensor)의 출력 파형이다.

2. 구형파와 직사각파

구형파는 일반적으로 공통적인 파형으로, 일정한 간격으로 ON과 OFF되는 전압(높음과 낮음)이다. 인젝터 파형은 기본적으로 구형파이며, 인젝터가 ON, OFF로 변화한다. **그림 7-2**는 구형파를 표시한 것이다.

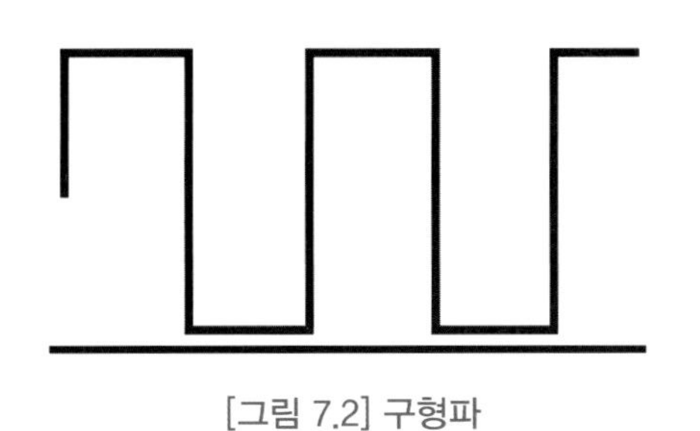

이러한 종류의 모든 파형은 0V 라인 위에서 작동하며 이것은 AC 파형이 아니다.

[그림 7.2] 구형파

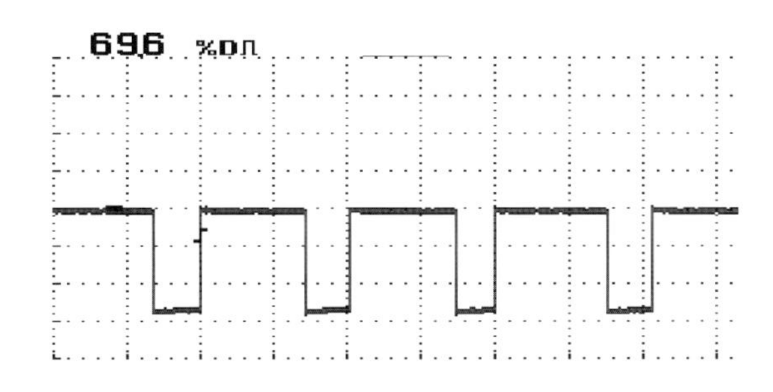

이 파형은 70% 이하의 듀티 사이클이다. 즉 이 전압은 각각 반복되는 파형으로서 70% 크기의 전압이다.

[그림 7.3] 스코프 화면에서 촬영한 이미지 구형파

구형파와 직사각파는 비슷하지만, 파형의 높고 낮은 시간 간격이 같은 길이가 아니라는 점이 다르다. 즉, 'ON'과 'OFF'의 시간이 같지 않은 점이다. 예를 들면, 인젝터의 경우로 낮은 부하에서 'OFF' 시간이 'ON' 시간(가변 듀티 사이클)보다 더 길다. **그림 7-3**은 오실로스코프 화면의 직사각파를 확대한 파형으로 나타낸 것이다.

4 파형 측정

1. 주파수와 주기

신호는 반복되면 주파수를 갖는다. 기억해 둘 것은 주파수는 헤르츠Hz라는 단위로 측정되며 신호가 1 초 내에 반복되는 횟수와 동일하다. 헤르츠는 **'초당 사이클'**로서 표시한다. 반복되는 신호는 **'주기'**를 가지고 있으며, 이것은 신호가 1사이클을 완성하는데 소요된 시간의 크기이다. 주기와 주파수는 서로 역수 관계이며, 1 ÷ 주기는 주파수가 되고, 1 ÷ 주파수는 주기가 된다.

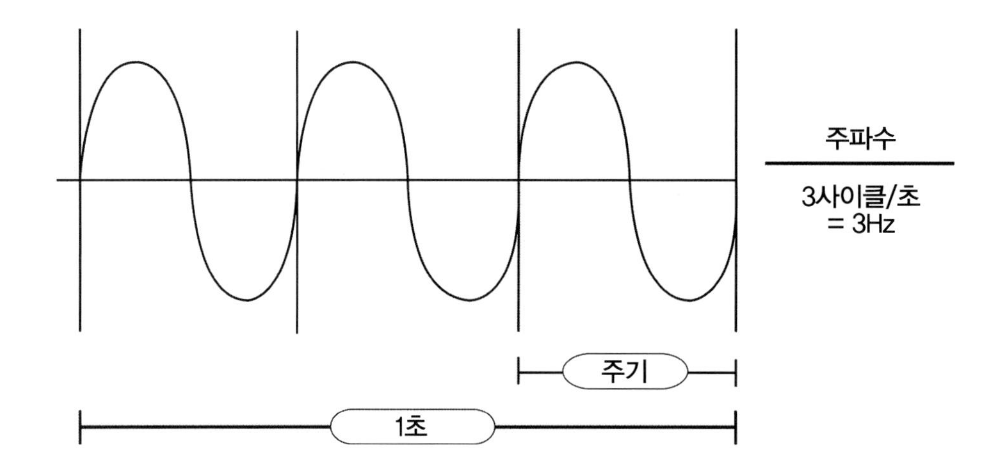

[그림 7.4]
이것은 주파수가 3Hz인 정현파를 나타낸 것이다. 1초 동안에 주기가 3번 반복하여 변한다. 파동의 주기는 초당 1/3이다.

예를 들면, 정현파의 주파수는 3Hz로 이는 초당 1/3의 주기를 제공한다. 이것을 **그림 7-4**에 나타내었다. 일부 스코프는 주파수를 계산하여 그 자체만으로 작동하는 숫자로 표시한다.

다른 경우에는 스코프 화면에서 주기를 읽고 이를 통해 주파수를 계산해야 한다.

2. 전압

전압은 회로 내의 두 지점 사이에 걸리는 전기 에너지의 크기 또는 신호의 세기이다. 일반적으로 이러한 지점 중 하나는 접지 혹은 0V이다. DC 신호는 접지에서 신호의 진폭(높이)까지가 스코프 상에서 측정된다. 자동차 AC 신호는 파형의 최대값에서 최소값까지 측정되는데 이것을 피크 투 피크peak to peak 전압이라고도 한다. **그림 7-5**는 피크 투 피크 전압 측정에 대한 접근 방식을 나타낸 것이다.

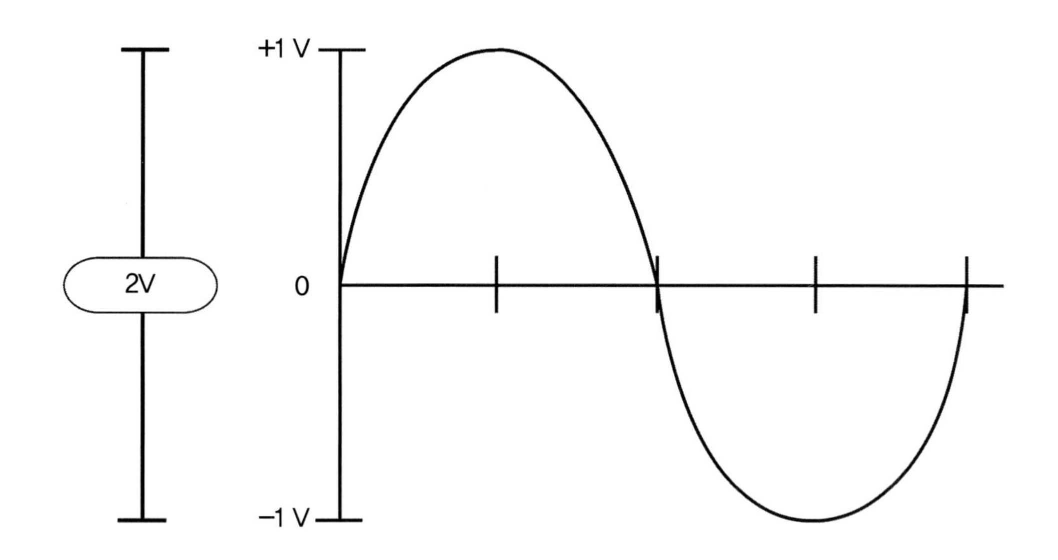

[그림 7.4]

AC 파형의 전압은 일반적으로 피크 투 피크로 측정한다. 즉, 파형의 맨 바닥에서 꼭대기까지 이다.

3. 스코프의 사용

디지털 스코프에서는 전압과 타임 베이스라는 2가지 주요 항목의 컨트롤을 하는데 이것들은 각각 수직 및 수평의 눈금으로 설정한다. 화면은 8×10, 8×12, 10×10, 10×12의 눈금으로 분할되어 있으며, 2가지 항목의 설정은 화면의 분할별로 이루어진다. 예로서 10×10의 화면을 사용하여보자.

전압을 2V/div에 설정하면 그래프의 수직 한 눈금은 2V를 나타낸다. 즉, 표시장치의 최대 눈금은 2×10 = 20V를 나타낸다. 따라서 일반적인 자동차의 전기 시스템을 측정할 때 오실로스코프는 2V/div로 설정된 수직 눈금으로 잘 동작한다. 그러나 피크 출력이 약 900mV로 협대역 산소 센서의 출력을 측정할 때 2V/div를 사용하면 표시장치는 작은 신호만을 얻을 수 있다. 대부분의 사용에서는 화면에 나타나는 신호를 명확하게 볼 수 있을 때까지 전압의 눈금을 조정할 수 있으므로 0.2V/div로 설정하여 선명하고 명확하게 판독할 수 있다.

타임 베이스는 수평축의 디비전 당 시간을 설정한다. 10×10 눈금에서 디비전 당 2ms로 설정하면 최대 눈금은 10×2 = 20ms, 혹은 1/50초와 같은 수평 눈금을 제동한다. 대부분의 자동차 신호(예 : 크랭크축 및 캠축 위치)가 빠르게 변화하고 있으므로 20ms/div를 설정하면 양호한 출발점이 된다. CAN 버스 신호에는 약 100μs의 time/div만 설정하면 된다. 이러한 경우에서 파형을 분석할 때 더 상세하고 선명하게 보려면 타임 베이스를 줄여야 하고, 더 많은 반복 사이클을 보려면 타임 베이스를 늘려야 한다.

스코프를 다양하게 사용하기를 원하면, 멀티미터에 대하여 제3장에서 설명한 것과 거의 같은 방법으로 넓게 활용할 수 있다. 스코프(일반적으로 크로커다일 클립의 형태)의 접지는 자동차의 섀시에 하고, 프로브는 측정 하고자 하는 신호 선에 연결한다. 대부분의 디지털 스코프에는 **'자동'** 버튼이 있으며, 이 버튼을 누르면 신호를 잘 볼 수 있도록 수평(타임 베이스) 및 수직(전압)축이 자동으로 구성되어 화면에 표시되며, 이후에 원하는 전압 또는 타임 베이스를 변경할 수 있다. 구형의 스코프에서는 트리거 포인트를 설정하는 것이 주요 문제였지만 요즘의 스코프는 소프트웨어로 작동하는 거의 모든 화면을 볼 수 있다.

여러 가지 예를 들어 자동차에서의 스코프 사용을 기준으로 설명한다. 다양한 신호 형태로 예를 들면 AC 정현파 파형, DC 구형파 파형 등에 대하여 학습하는 것은 좋은 경험이 된다. 스크린 그랩Grab의 대부분 정보는 양질의 노트북 PC용 오실로스코프 어댑터 제조업체인 피코Pico 기술사에서 제공한 내용이다.

5 센서 측정

1. 에어플로 센서

그림 7-6은 전압을 출력하는 핫 와이어 에어플로 센서에서 발생하는 스코프의 트레이스를 나타낸 것이다. 수직축은 전압으로 0V에서 시작하여 5V에 이르기까지를 표시한다. 수평축은 시간의 초 단위로 좌에서 우측으로 10초(이것은 매우 느린 타임 베이스를 설정) 단위로 한다. 초기에 0.5V의 에어플로 센서의 출력은 자동차가 공회전하고 있다는 의미이다.

엔진이 가속되면 전압은 매우 빠르게 약 3.6V까지 상승했다가 강하하며 상승 점에서 4.5V 이하로 되었다가 다시 피크까지 서서히 상승한다. 공회전 컨트롤 밸브의 앤티 스톨 기능(엔진을 멈추지 않도록 하는 특성)으로 빠르게 엔진의 rpm을 낮추면 스로틀 밸브가 닫히고 에어플로 센서의 출력이 천천히 하강한다.

모드가 노이즈이면 트레이스 상단과 하단에서 스파이크 비트의 출력은 무엇이 되는가? 스코프는 매우 작은 전압의 변화에도 반응할 수 있으며, 일부 노이즈도 증가하고 있다. ECU의 필터 회로는 노이즈를 제거하여 단지 메인 신호만을 볼 수 있게 한다.

이 스코프의 측정으로 기대하는 에어플로 센서의 작동을 볼 수 있다. 숫자로 표시되는 동일한 신호를 보기 위해 멀티미터를 사용할 수 있지만 신호가 간헐적으로 이탈하거나 또는 신호가 느리게 상승하면 멀티미터로는 이런 고장은 찾을 수 없다.

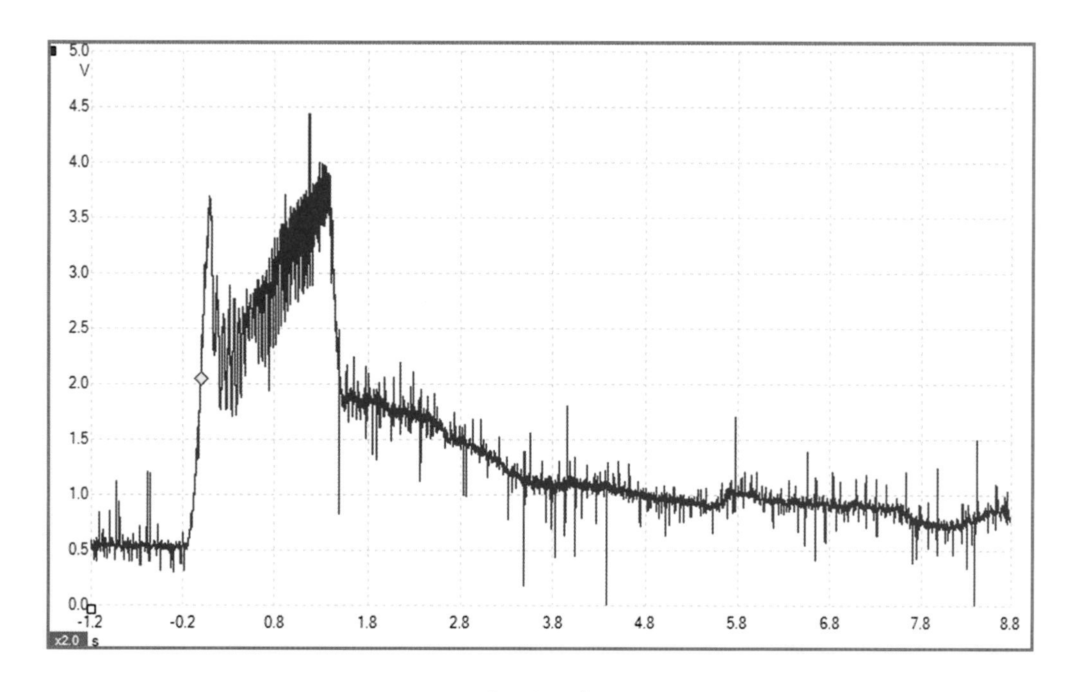

[그림 7.6]
자동차가 서로 다른 부하로 작동할 때 에어플로 센서의 출력 전압을 스코프 그랩(Grab)으로 표시한다.(피코 기술사 제공)

2. 냉각수 온도 센서

그림 7-6에서 본 트레이스는 비교적 천천히 변화하는 아날로그 전압 신호를 표시한 것이다. 같은 형식의 다른 현상을 살펴보자. **그림 7-7**은 냉각수 온도 센서의 출력을 나타낸 것이다. 수직축은 0~5V의 눈금이고, 수평축은 8과 1/2분의 시간 눈금이다. 이 전압은 엔진이 예열됨에 따라 낮아지는 것을 보여준다(온도가 상승하면 저항이 감소하여 전압 분배기 회로에서 측정 전압이 낮아진다).

스코프를 사용하여, 몇 초에서 몇 분에 이르기까지 주기를 연장하여 변화하고 있는 전압 신호를 형상으로 볼 수 있다는 것을 알았다. 그러나 신호는 얼마나 빠르게 변화하는가? 이것은 오실로스코프 자체에 의존하여 나타난다.

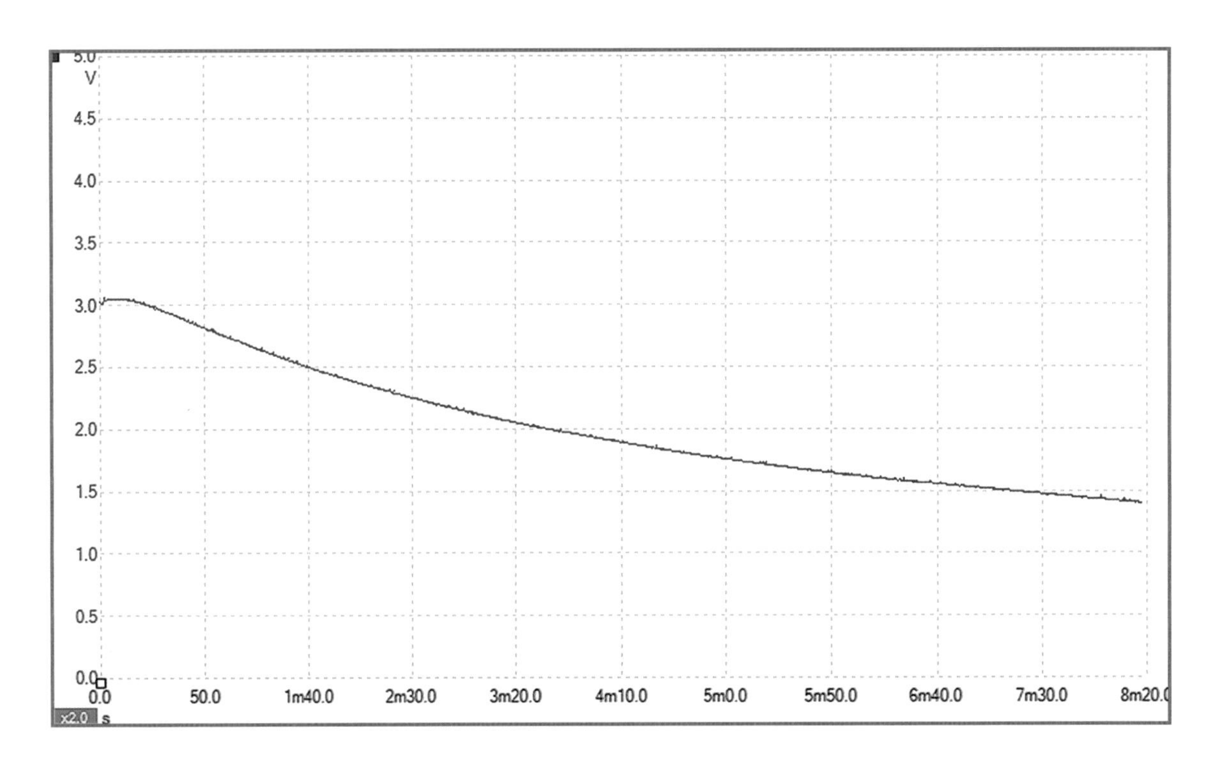

[그림 7.7]

자동차 엔진이 예열되면서 냉각수 온도 센서의 전압은 서서히 변화한다. 수평축 눈금은 약 8과 1/2분으로 주의를 필요로 한다. (피코 기술사 제공)

3. 캠축 Hall Effect 센서

그림 7-8은 캠축 홀 효과 센서의 출력을 나타낸 것이다. 이번에는 수직 눈금이 0~20V에서 확장되는 반면, 수평 눈금의 너비는 200ms이다. 이것을 다른 방법으로 표시하면 **그림 7-8**에서 볼 수 있는 전체가 1/5초에서 얻을 수 있다. 파형은 구형파로서 배터리 전압(12V 이상)에서 신호를 표시하며, 갑자기 접지에 근접하게 낮아진다(이 표시장치의 경우 약 0.5V). 아래쪽의 각각 폭이 좁은 펄스는 약 15ms의 폭이다.

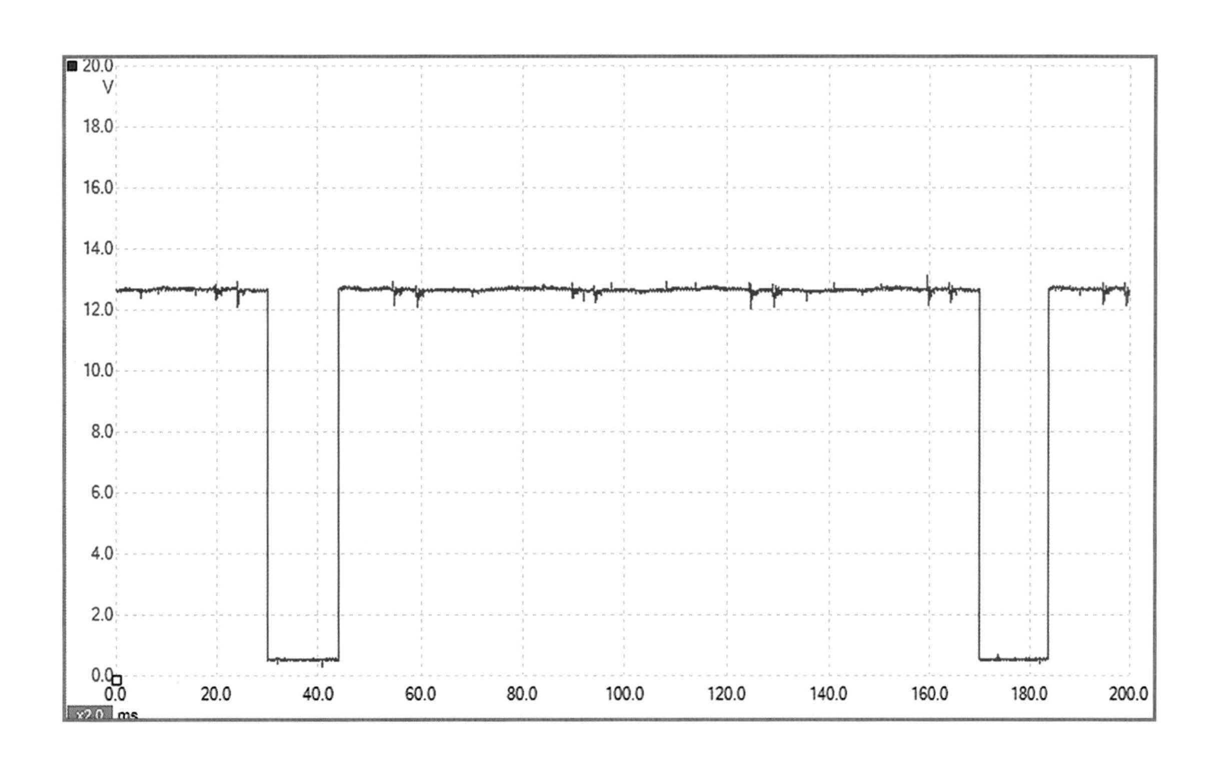

[그림 7.8]

캠축 홀 효과 센서의 구형파 출력 파형이다.(피코 기술사 제공)

그림 7-9는 다른 홀 효과 스코프 구형파를 나타낸 것이다. 이번에는 전압이 5V에서 떨어지고 같은 시간 범위에서는 더 많은 펄스가 발생하며, 이 펄스는 또한 규칙적이지 않다. 60ms 지점의 좁은 펄스는 조금 의심스러워 보이는데 이것은 무엇을 의미하는가? 만약 스코프가 정기적으로 반복된다는 것을 화면에 표시하면 이것은 여기서 어떤 의미를 가지고 있다. 여기에 나타난 정보에 오류가 있다면 이것은 센서의 고장이다.

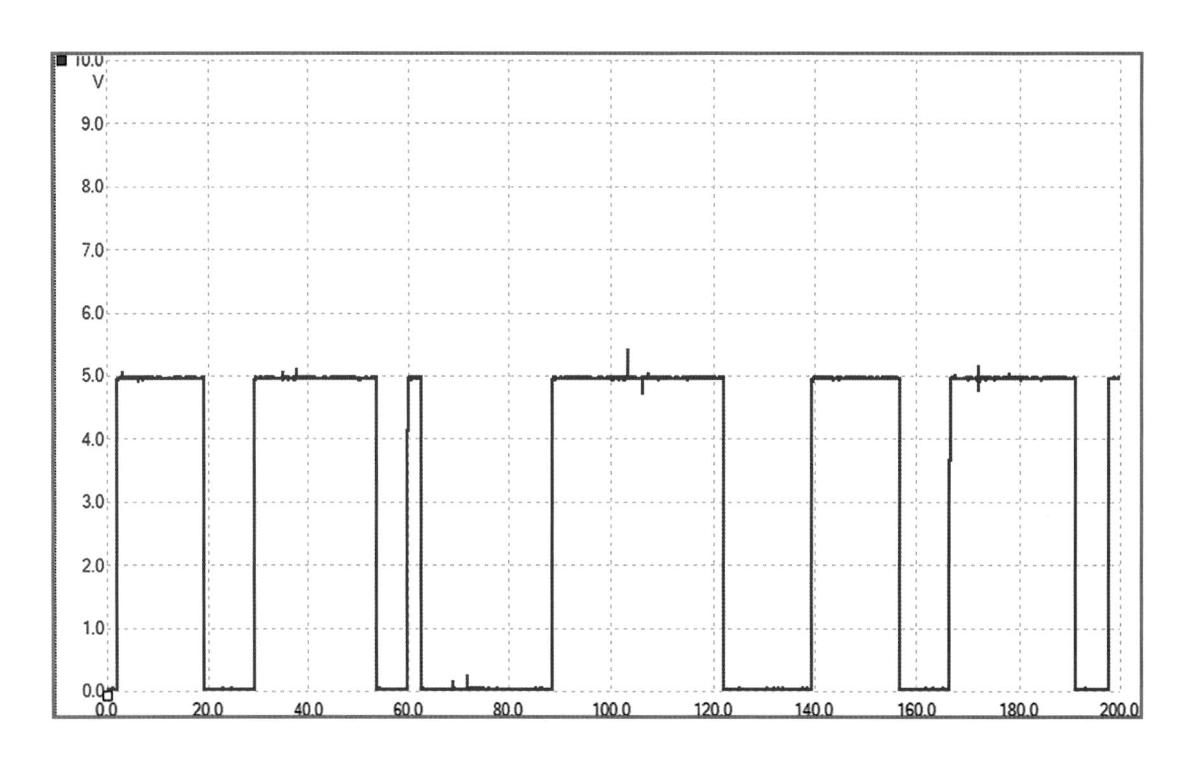

[그림 7.9]

또 다른 홀 효과 파형. 60 ms 지점의 좁은 펄스는 다소 의심스런 파형이다.

4. 캠축 유도성 센서

그림 7-10은 또 다른 캠축 센서 파형을 나타낸 것이다. 이번에는 스코프 패턴이 상당히 다르다. 이것은 유도성 센서로 전원의 공급이 필요 없이 출력을 만들어 낸다. 사실상 소형 교류 발전기와 비슷하며, 스코프 화면의 파형을 자세히 보면 교류(AC) 파형이라는 것을 알 수 있다. 수직축의 눈금은 0V 절반으로, 전체적인 축은 –5V에서 +5V로 확장된다. 0V에서 상하로 움직이는 파형은 AC 파형이다.

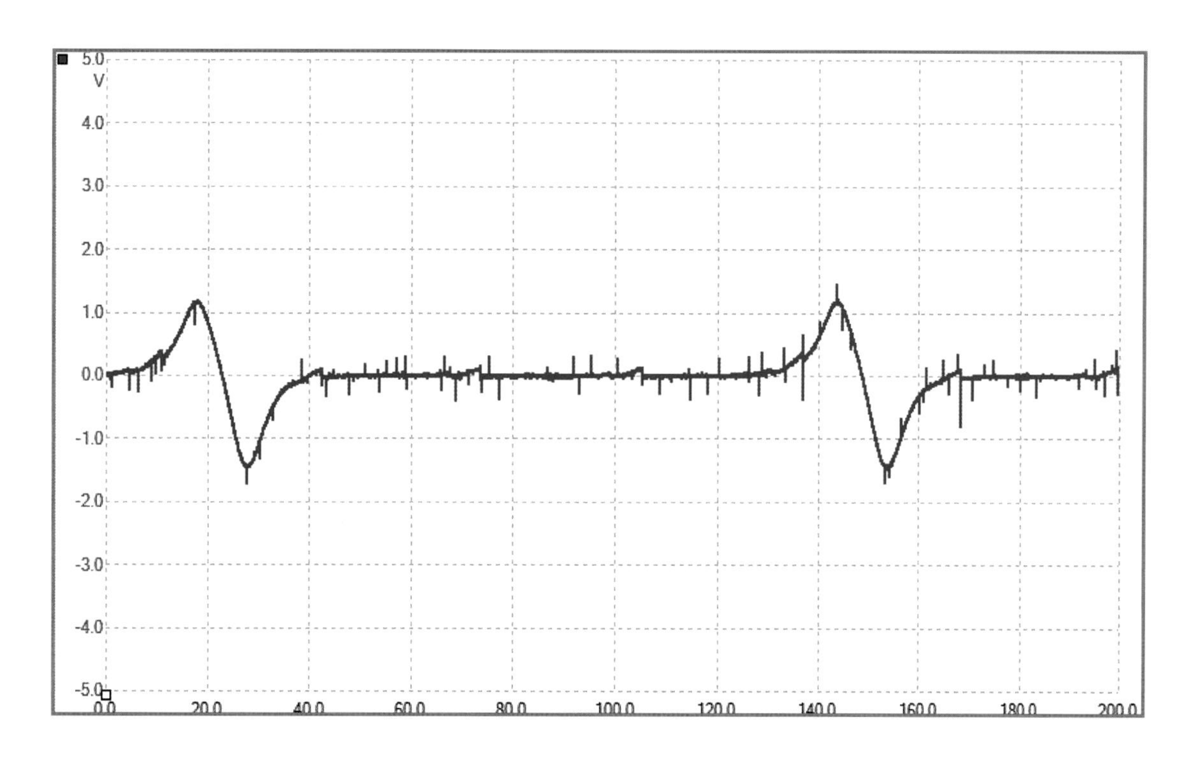

[그림 7.10] 유도성 캠축 센서의 출력 파형
정현파와 비슷하다는 것을 알 수 있다.(피코 기술사 제공)

5. 크랭크축 유도성 위치 센서

유도성 센서의 진폭(피크 투 피크)은 엔진의 회전속도에 따라 함께 증가한다(화면에 표시된 피크가 더욱 높아질수록 동일한 타임 베이스의 설정도 더 커진다). 따라서 이들 피크 부분이 서로 가까워질 뿐만 아니라 더 높아지게 된다.

대부분 이러한 유형의 캠축 센서는 크랭크축 회전이 720° 당 하나의 출력 피크를 표시한다. 회전속도와 위치를 검출하기 위하여 사용하는 또 다른 센서로 크랭크축 위치 센서가 있으며, **그림 7-11**은 엔진의 크랭킹 중에 유도성 크랭크축 위치 센서에서 발생하는 파형을 나타낸 것이다.

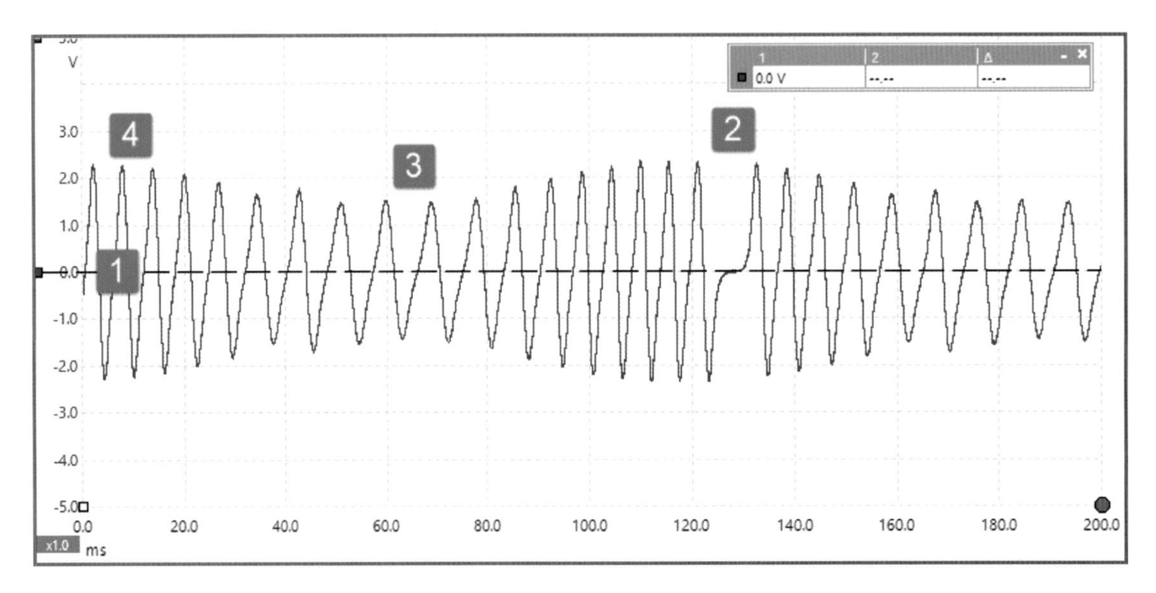

[그림 7.11] 유도성 크랭크축 위치 센서에서 발생하는 파형(피코 기술사 제공)

이 그림에서 1은 파형의 중심 라인을 통과하는 0V축을 나타낸다.

2는 센서 휠의 돌기가 빠진 부분으로 인하여 파형의 급격한 변화를 나타낸 것으로 고장이 아니다. 이것은 ECU가 크랭크축의 회전 위치를 파악할 수 있도록 한 개의 돌기가 빠진 상태로 센서 휠이 제작되기 때문이다. 돌기가 빠진 부분은 TDCTop Dead Centre이므로 꼭 필요한 것임을 주의해야 한다.

3은 압축행정에서 피스톤이 상승하면서 엔진의 회전속도가 약간 늦어지면서 생기는 진폭을 나타낸다.

4는 폭발행정으로 엔진의 회전속도가 더 빨라지면서 더 높은 진폭을 나타낸다.

그림 7-12는 크랭크축 위치 센서 및 캠축 TDC 센서의 2개 출력을 동시에 나타낸 것이다. 캠축 TDC 센서의 초당 펄스가 더 많기 때문에, 타임 베이스가 캠축 TDC 센서의 6회전에 대해 TDC 출력(매 720° 마다 1개)을 명확히 나타내도록 설정하였으며, 크랭크축 펄스와 함께 작동하고 있다. 화면의 파형에서 흥미로운 점은 캠축 TDC 센서로부터 예상되는 0~4V의 펄스 외에 12V에 도달하는 큰 양성(+) 파형이다. 이것은 12V까지 간헐적으로 잠재적인 회로의 단락을 나타낸다.

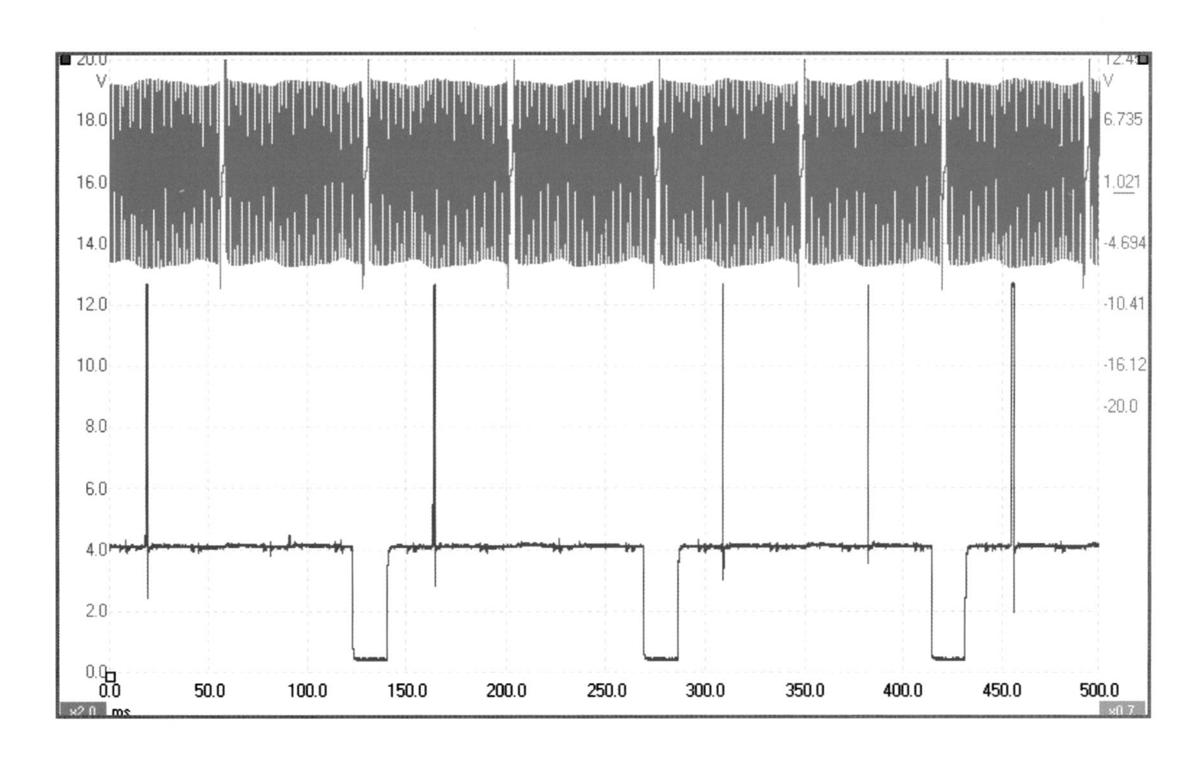

[그림 7.12]
크랭크축 위치 센서와 캠축 TDC 센서 양쪽의 출력이다. (피코 기술사 제공)

6. 노크 센서

그림 7-13은 노크 센서의 출력인 또 다른 흥미로운 스코프 화면의 그래프를 나타내고 있다. 센서는 엔진에서 분리되어 소형의 스패너로 부드럽게 두드리는 방식으로 벤치에서 테스트되고 있다. 신호 출력이 약 6V 피크 투 피크의 AC 신호라는 사실에 주의를 요한다. 수평축의 폭은 500ms이며, 노크 센서의 출력은 25ms 동안만 발생한다. 노크 센서는 전원을 공급 받지 않고 자체적으로 전기 펄스를 발생시킨다.

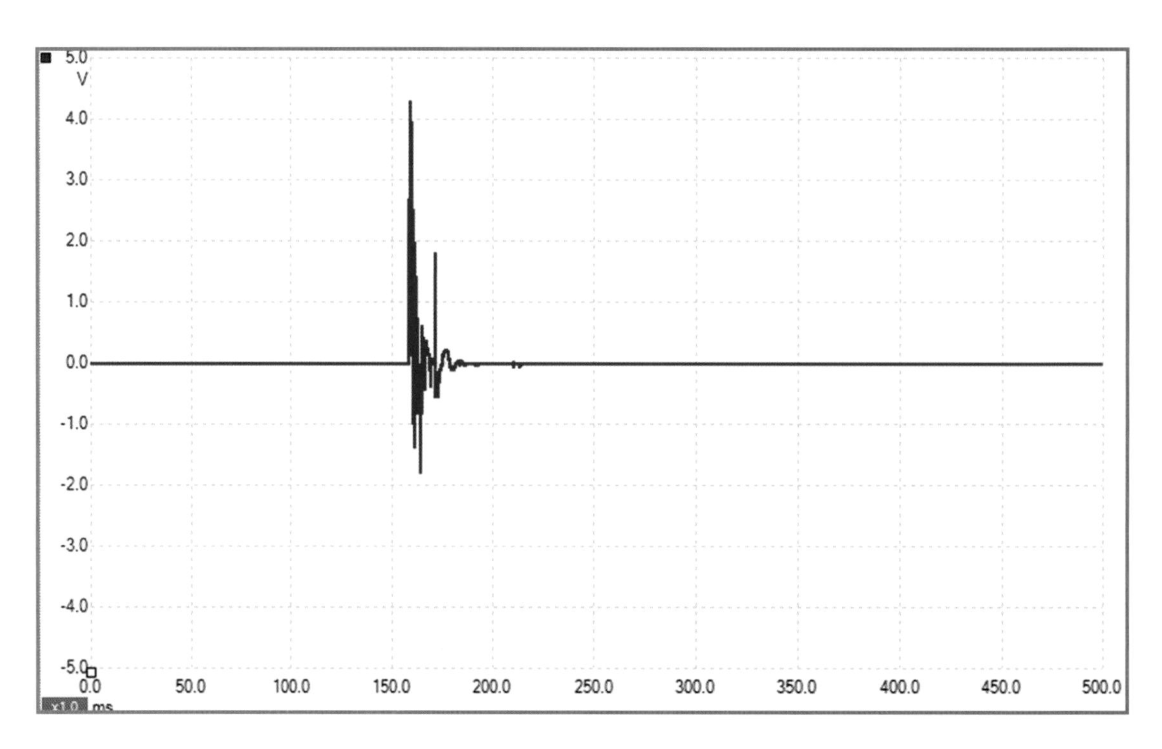

[그림 7.13]

노크 센서의 출력은 벤치에서 작은 스패너로 두드려서 시험한다. (피코 기술사 제공)

6 액추에이터 측정

1. EGR 밸브

전자식 배기가스 재순환(EGR) 밸브는 듀티 사이클이 다양한 구형파인 PWM(펄스 폭 변조)으로 컨트롤되는 가변 유량 밸브이다. **그림 7-14**는 EGR 밸브의 펄스를 나타낸 것으로 듀티 사이클은 20%(신호를 접지하여 밸브를 작동시킨다)이다.

수직축은 배터리로부터 EGR 밸브에 전원이 공급되고 있음을 표시하는 점에 주의한다. 전체 화면의 폭이 2ms로 펄스는 매우 빠르게 발생하며, 주파수는 3735 Hz(3.735 kHz)이다. 그래서 밸브가 수신하는 신호는 미세하며, 밸브가 정확하게 열리지 않으면 코일이 손상되었거나 또는 카본 퇴적에 의한 오염이 되었기 때문이다.

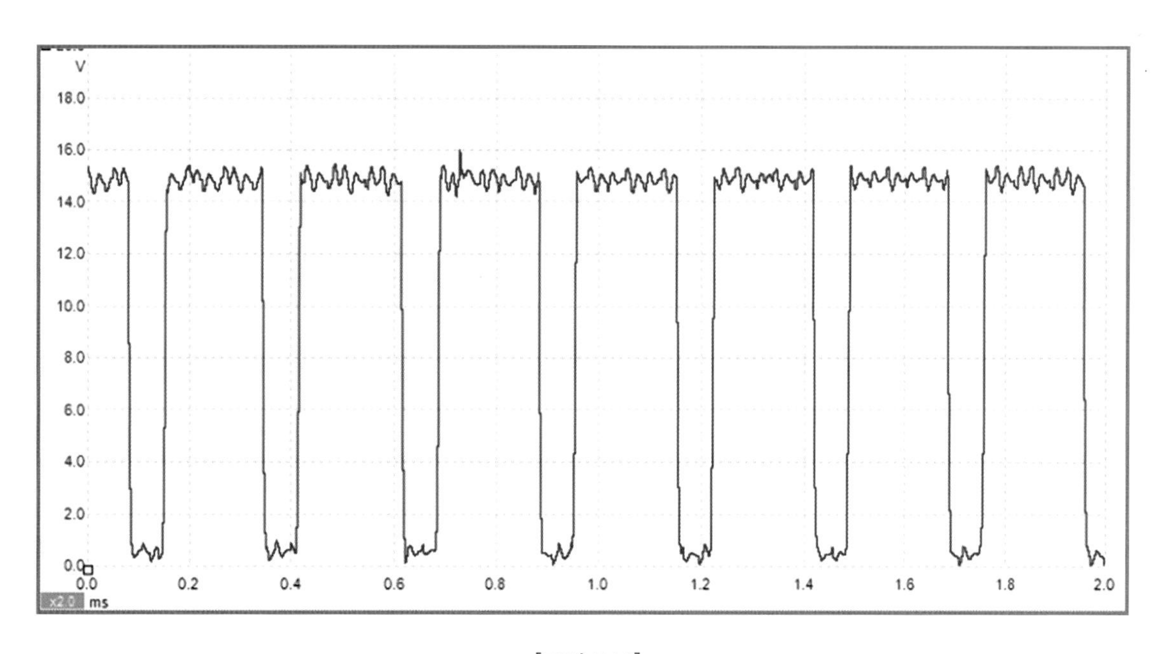

[그림 7.14]

EGR 밸브의 PWM(펄스 폭 변조) 컨트롤 듀티 사이클이 20%이며, 신호가 접지로 연결되어 밸브를 작동시킨다. (피코 기술사 제공)

2. 가변 속도 라디에이터 팬

그림 7-15는 2개의 트레이스이다. 즉, 2개의 요소를 동시에 측정할 수 있다. 이 스코프 화면의 그래프는 가변 속도 라디에이터 팬의 전압(아래쪽 파란색 트레이스)과 전류(위쪽 빨간색 트레이스)를 나타낸다. 여기서 가변 속도 라디에이터 팬은 듀티 사이클 90%로 작동한다(신호가 접지와 연결되어 라디에이터 팬을 작동시킨다).

'OFF' 펄스의 전압은 약 10V 정도 밖에 되지 않기 때문에, 이 스코프 화면을 나타낼 때 배터리가 약간 방전되고 있었던 것 아닌가 의심이 된다. 전류(우측 수직축에서 읽음)는 라디에이터 팬의 작동에 의해 60A의 피크 전류를 나타내고 있다.

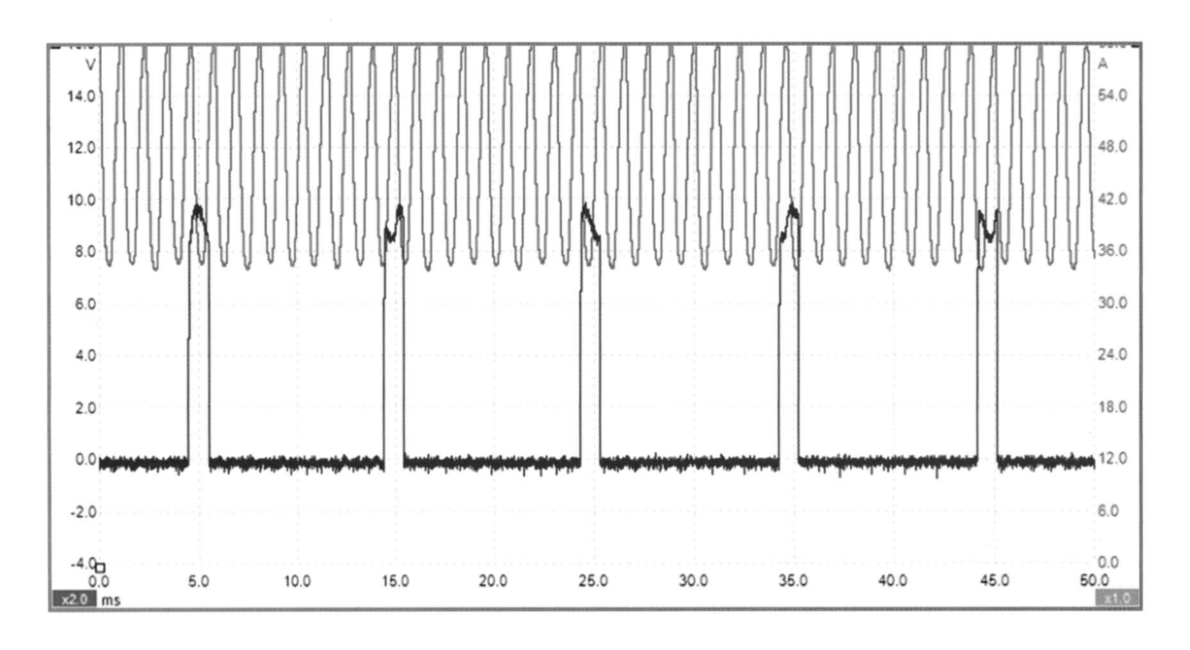

[그림 7.15]

이 스코프 화면의 그래프는 가변 속도 라디에이터 팬의 전압(아래쪽 파란색 트레이스)과 전류(위쪽 빨간색 트레이스)를 나타낸 것이다. (피코 기술사 제공)

3. 가솔린 인젝터

그림 7-16은 다시 전압 및 전류의 트레이스를 나타낸 것이다. 이 스코프 화면의 그래프는 가솔린 연료 인젝터의 열림을 나타낸 것이다. 먼저 파란색 트레이스를 살펴보자. 배터리 전압(파란색)이 접지와 연결되어 인젝터가 작동되며, 이 펄스는 4 ms까지 지속된다.

전원이 차단되어 작동을 멈추면 약 85V의 역기전력의 전압이 방출된다(인젝터는 작동). 전류 트레이스(빨간색)는 전류가 전압의 변화만큼 빠르게 증가하지 않는다는 것을 나타내고, 인젝터 코일의 인덕턴스로 인하여 느리게 전류를 상승(열림으로)시킨다.

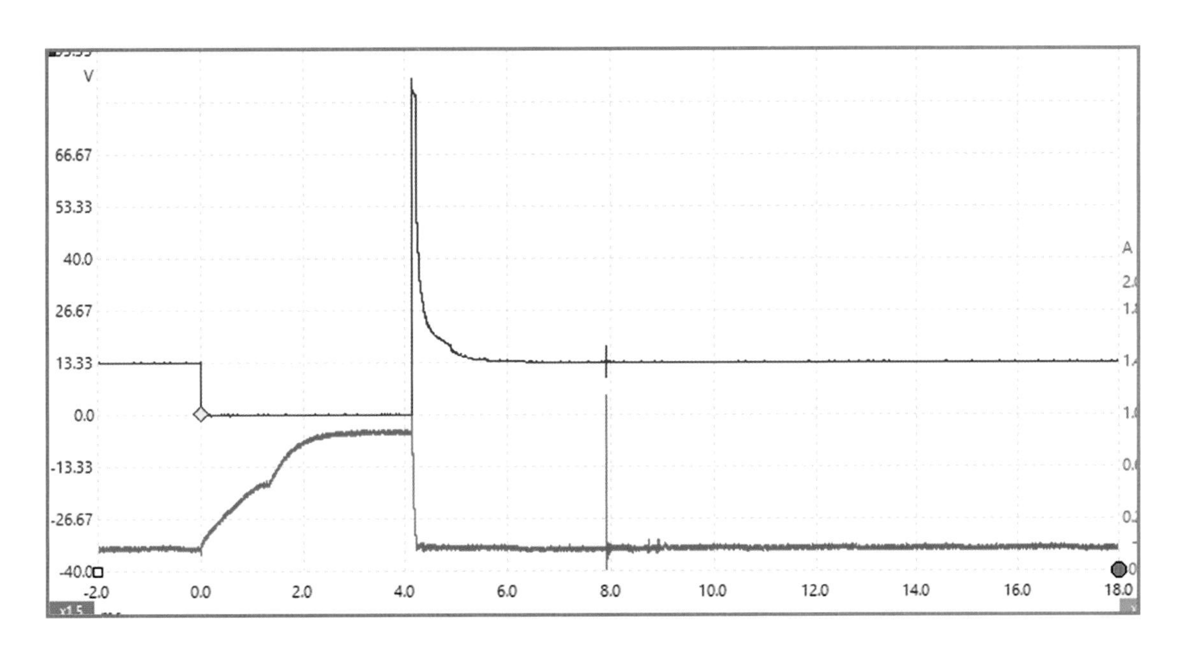

[그림 7.16]

이 스코프 화면의 그래프는 가솔린 연료 인젝터의 열림을 나타낸 것이다. (피코 기술사 제공)

4. 디젤 인젝터

그림 7-17은 디젤 인젝터의 작동을 나타낸 것이다. 이 스코프 화면의 그래프는 전류의 흐름을 나타낸다. 화면에 표시한 것은 메인 분사와 파일럿 분사 및 포스트 분사를 나타낸다. 인젝터는 연료를 분사하기 위해 많은 전류가 필요하다.

PWM 컨트롤을 통하여 발생되는 적은 전류로 열림 위치를 유지한다. 각 인젝터에 스코프를 사용하면 배선 또는 ECU 문제를 신속하게 파악할 수 있으며, 이러한 방식으로 작동하지 않는 인젝터는 고장이다.

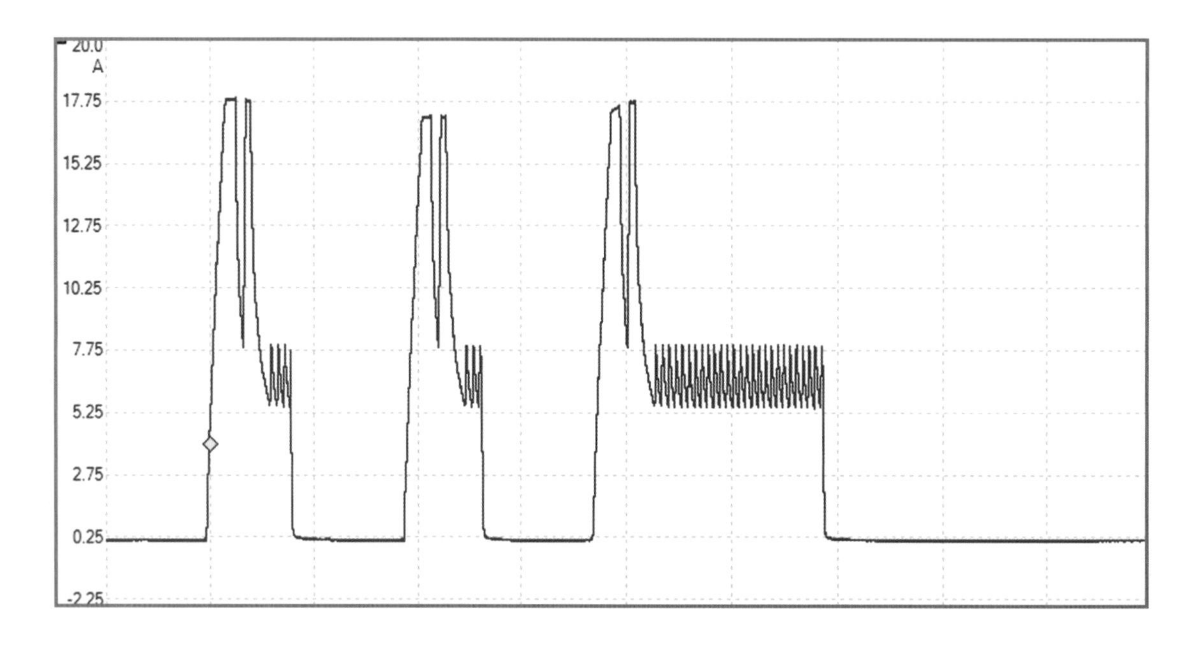

[그림 7.17] 디젤 인젝터의 매우 다른 스코프 패턴
파형은 전류의 흐름을 나타낸 것이다. (피코 기술사 제공)

7 스타터 크랭킹 전류 측정

오실로스코프를 지원하는 스타터 모터 공급 전류 클램프와 스코프를 사용하여, 엔진 크랭킹 중에 실린더의 상대적인 압축을 비교할 수 있다. 다음에 설명하는 내용은 피코 스코프에 한정되어 있지만, 제시한 내용으로 다른 스코프에도 비슷한 아이디어를 적용할 수 있다. **그림 7-18**은 상대적인 엔진 압축의 스코프 화면에 그래프를 나타낸 것이다.

① **마커 ❶** : 엔진이 정지된 상태에서 엔진을 크랭킹 하는데 필요한 스타터 모터의 피크 인 러시 전류가 470A를 나타낸다. 피크 전류는 마커 ❹에 표시된 별도의 박스에도 기록된다.

② **마커 ❷** : 연속 크랭킹 중 피크 스타터 모터 전류가 122A를 나타낸다. 스타터 모터 전류는 압축행정 시 실린더 압력에 정비례하므로 연속 크랭킹 시 모든 피크 전류는 균일해야 한다.

③ **마커 ❸** : 시간 배정의 원칙을 나타낸다. 2개의 타임 라이더를 클릭하고 끌어서 2개의 연속된 압축 피크(4기통 엔진)로 시간 배정 원칙을 조정한다. 4기통 엔진이 회전할 때마다 연속 크랭킹 중에 2개의 스타터 모터 피크 전류로 표시되는 2개의 압축 이벤트가 발생한다. 피코 스코프는 시간 배정 원칙 사이의 신호 주파수를 기준으로 크랭킹 속도를 계산하고 마커 ❺에 표시된 주파수·RPM 값을 기록한다.

④ **마커 ❻** : 피크 인 러시 및 평균 스타터 모터의 크랭킹 전류를 나타내는 측정 표를 나타낸다.

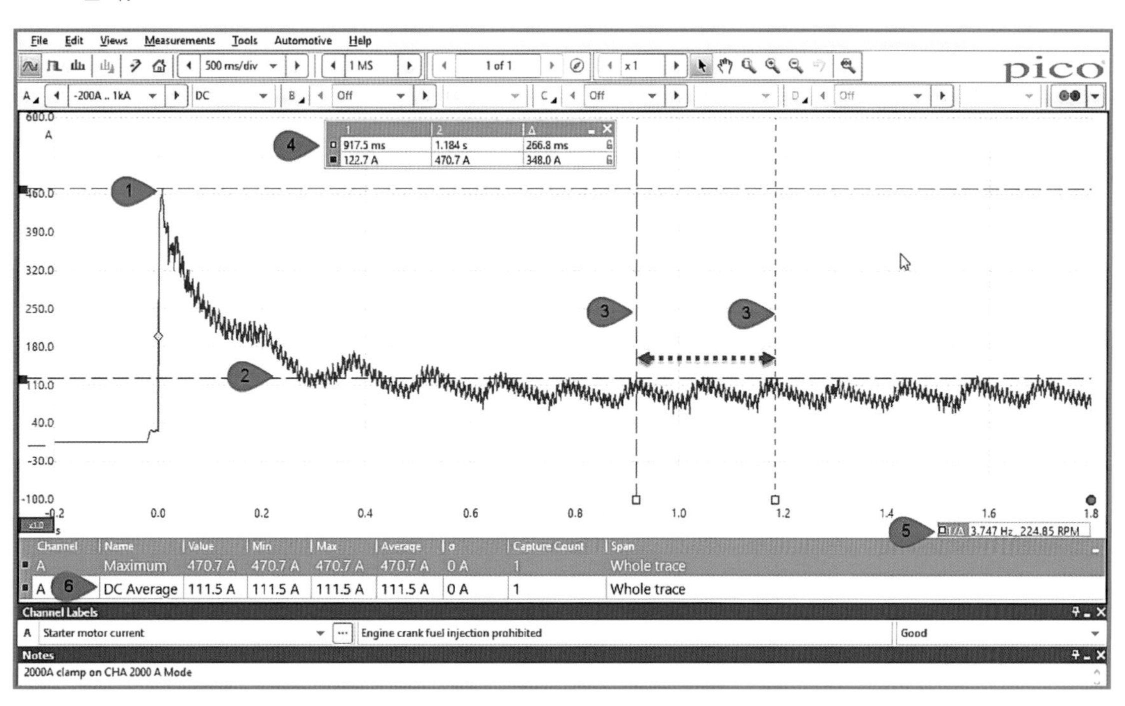

[그림 7.18]
엔진 크랭킹 전류와 실린더 압축을 비교하는데 이용한다. (피코 기술사 제공)

8 점화시스템 측정

스코프는 수십 년 동안 점화시스템에 사용되어 왔으며, 모든 유형의 점화시스템에 매우 유용한 진단 도구로 남아 있다. 점화 코일의 1차 측을 측정할 때는 감쇄기를 사용하여 오실로스코프에 적합한 전압으로 낮추어야 한다. 피코 스코프는 스코프와 함께 10 : 1 감쇄기의 사용을 권장한다.

감쇄기는 코일의 자기장(자계)이 붕괴될 때 시스템의 한쪽 전압이 400V에 도달할 수 았으므로 필요하다. 시스템의 2차(고전압) 측을 측정할 때는 반드시 지정된 2차 점화 픽업 리드를 사용해야 한다.

그림 7-19는 디스트리뷰터를 사용하는 자동차에서 볼 수 있는 대표적인 유형의 점화 코일 1차 파형을 나타낸 것이다. 측정은 1차 코일 (-) 단자와 접지 사이에서 이루어지며, 이것은 코일의 전환 측이다. 높은 수직선은 점화 포인트에서 발생하는 유도 전압(1차 피크 전압이라고도 함)을 표시하며, 이것은 화면의 그래프에서 400V에 도달한다.

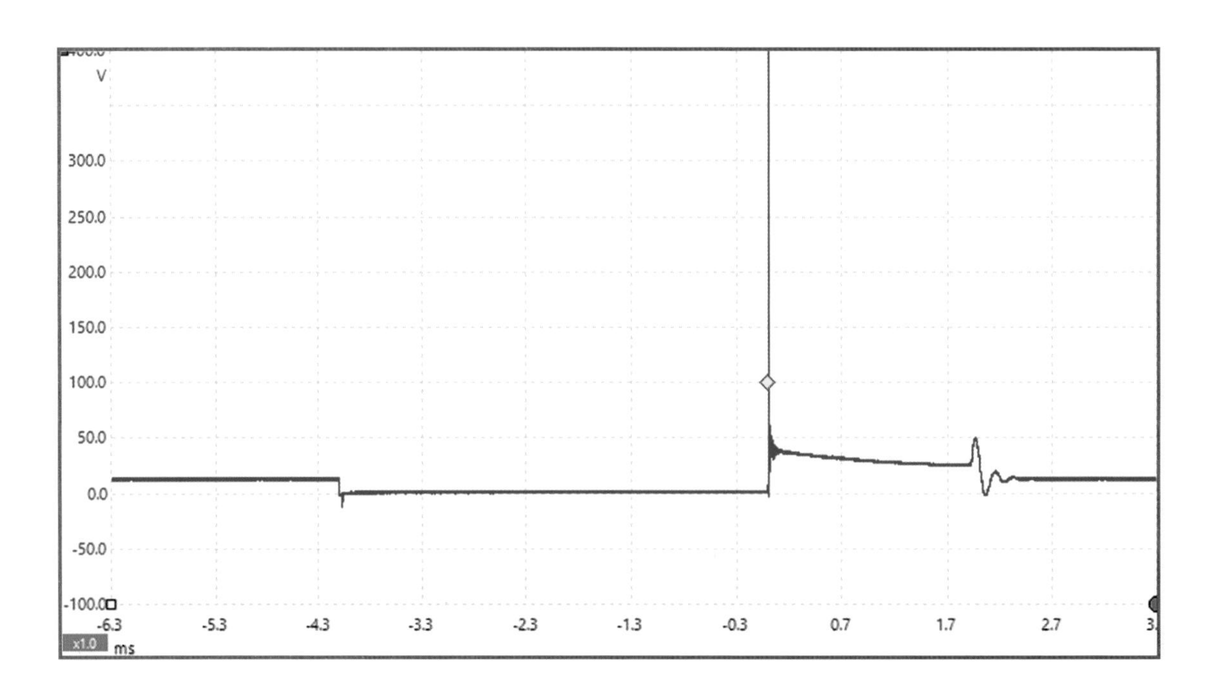

[그림 7.19] 점화 코일의 1차 파형

높은 수직선은 점화 포인트에서 발생하는 유도 전압을 표시한다. 이것은 화면에서 그래프의 경우 400V에 도달한다. (피코 기술사 제공)

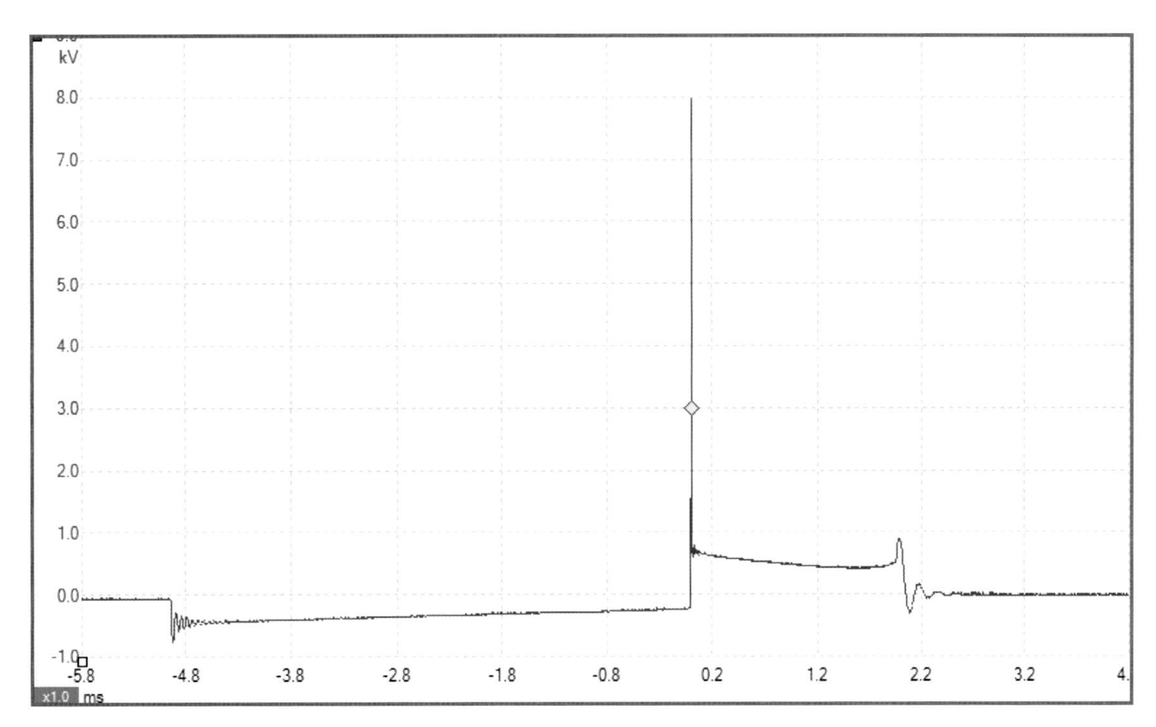

[그림 7.20] 점화 코일 시스템의 2차(고압 측) 파형

파형의 패턴은 1차 파형과 매우 비슷하다. 그러나 피크 전압은 8kV이다. (피코 기술사 제공)

스파크 플러그의 연소 시간은 이 피크 전압에서 파형의 진동이 시작하기까지 약 1.4ms이다. 이것은 상하를 모두 세어서 적어도 4개의 진동의 피크가 있어야 한다. 진동의 손실은 코일을 교환해야 한다는 것을 암시한다. **그림 7-20**은 시스템의 2차(고전압 측) 파형을 나타낸 것이다. 파형의 패턴은 매우 비슷하지만 피크 전압은 8kV(8000V)이다.

9 버스 신호 측정

데이터 버스 메시지는 오실로스코프에서 볼 수 있지만 실제 내용으로 해석되지는 않는다. 경우에 따라 OBD 포트에서 이러한 신호를 측정할 수 있는 반면, 다른 경우(다른 버스와 함께)는 ECU에서 신호에 접근해야 한다. **그림 7-21**은 CAN High를 파란색으로, CAN Low를 빨간색으로 표시한 CANController Area Network 버스 신호를 나타낸 것이다. 제5장에서 설명한 것처럼 전압 신호가 미러 이미지임을 알 수 있다.

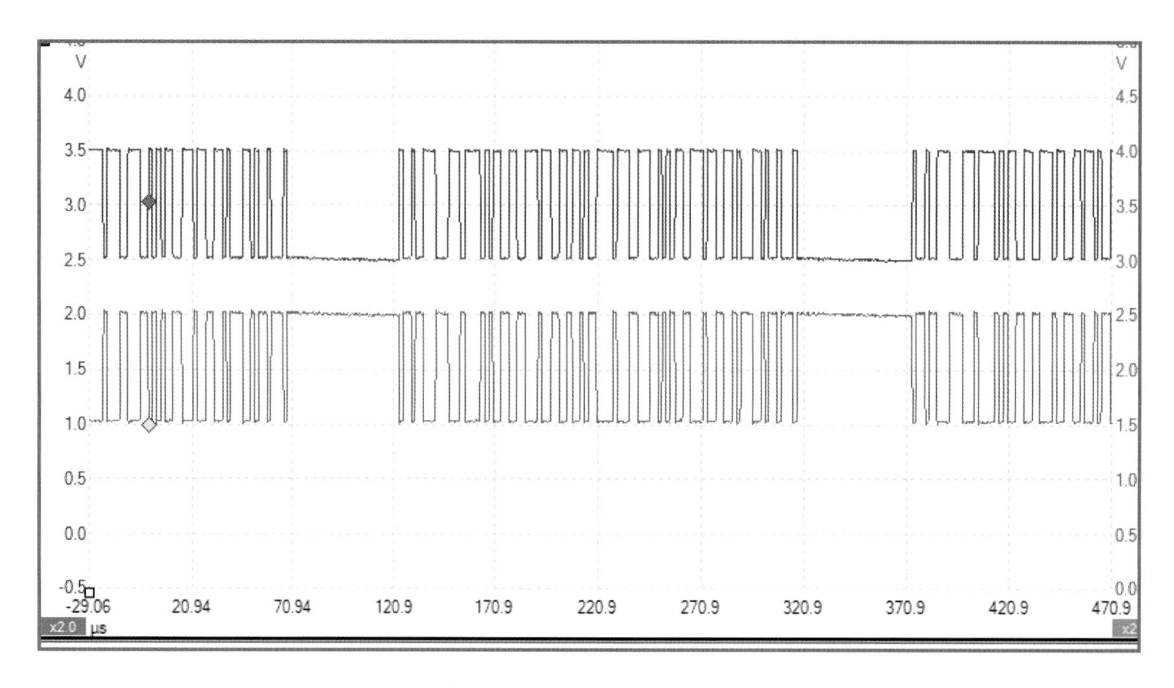

[그림 7.21] CAN 버스 신호
타임 베이스는 마이크로초(μs)이다. (피코 기술사 제공)

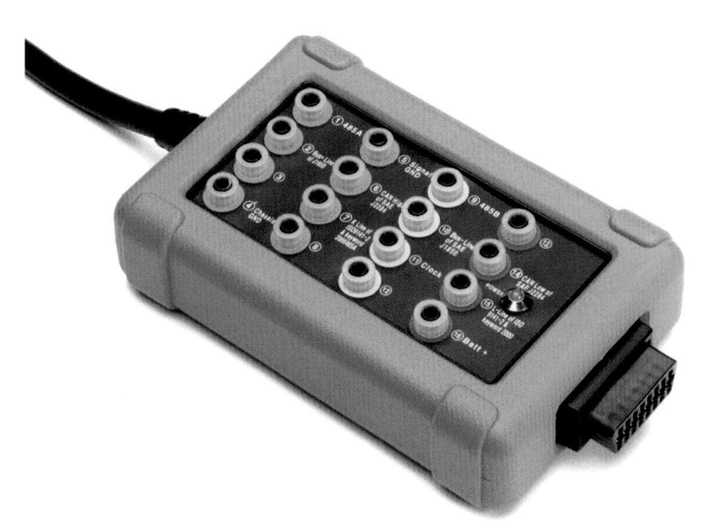

[사진 7.4]
CAN 브레이크 아웃 박스는 OBD 포트에 연결하여 버스에 쉽게 접근할 수 있도록 허용한다.

그림 7-22는 LINLocal Interconnect Network 버스 신호를 스코프 화면 그래프로 나타낸 것이다. LIN 버스 통신은 저속 단일 배선 직렬 데이터 버스(더 빠르고 복잡한 CAN 버스의 하위 버스)이다.

LIN 버스 통신은 자동차의 윈도, 미러, 잠금장치, HVAC 유닛 전기 시트 등 저속, 불안전한 중요 기능을 컨트롤하기 위해 사용된다. 낮은 수준의 전압(로직 0)은 배터리 전압의 20% 미만(일반적으로 1V)이어야 하며, 높은 수준의 전압(로직 1)은 배터리 전압의 80% 이상이어야 한다. 전압의 수준은 엔진이 시동되면 다소 변한다.

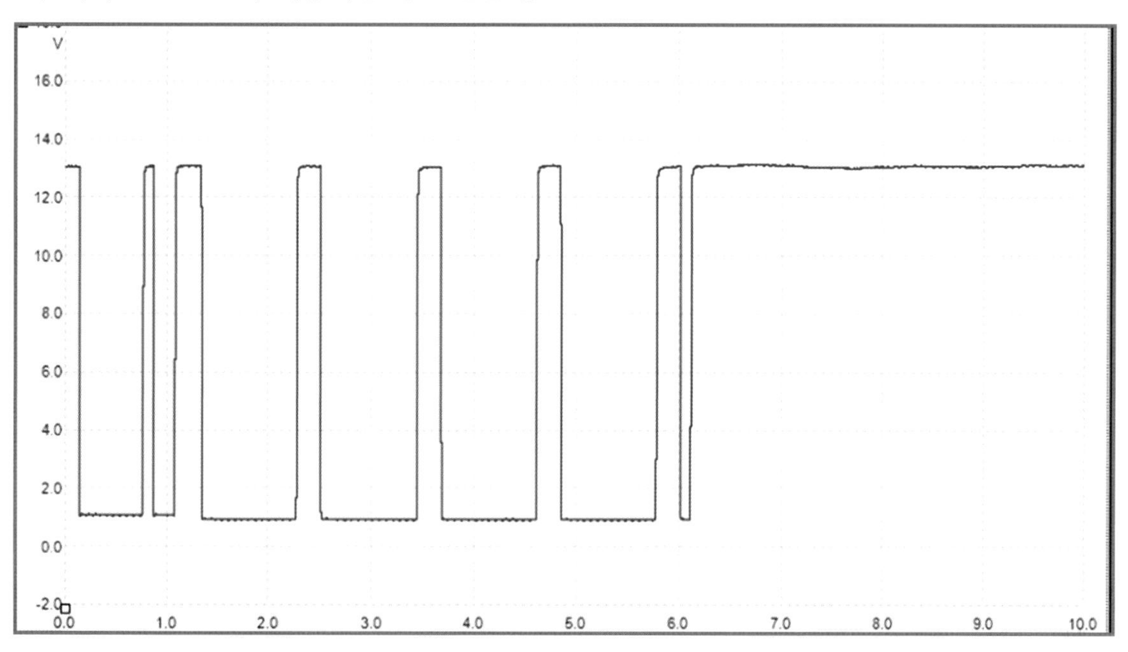

[그림 7.22]
LIN 버스 스코프 화면 그래프이다. 타임 베이스는 밀리초(ms) (피코 기술사 제공)

[사진 7.5]
필자는 컬러 시그런트 SHS806 2채널 오실로스코프를 사용한다. 이 유닛은 멀티미터와 같이 기록 기능도 수행할 수 있다.

K-라인K-Line은 많은 자동차와 상용차에 사용하는 초저속 단일 배선 시리얼 통신 시스템이다. 일반적으로 자동차의 전자제어 모듈ECM과 진단 장비(스캐너 및 데이터 로거) 사이의 진단용으로 연결하여 사용한다.

그림 7-23은 K-라인 화면 그래프를 나타낸 것이다.

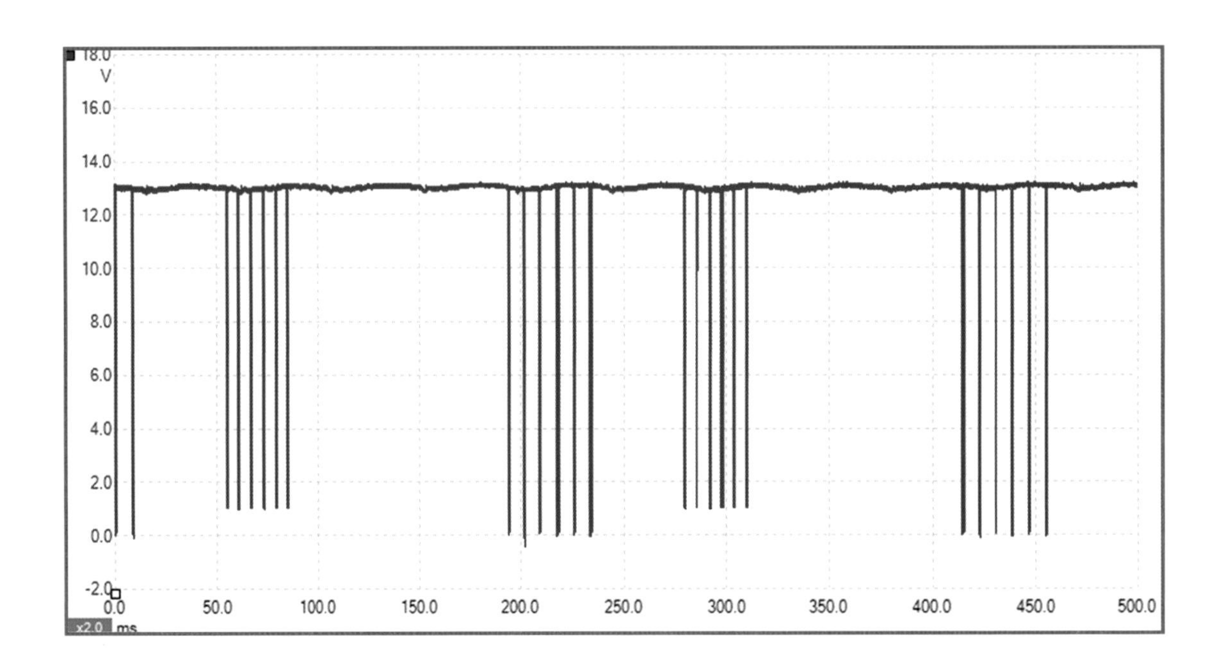

[그림 7.23]
K-라인 화면 그래프. 타임 베이스는 앞에서 2개의 버스 신호보다 더 길다. (피코 기술사 제공)

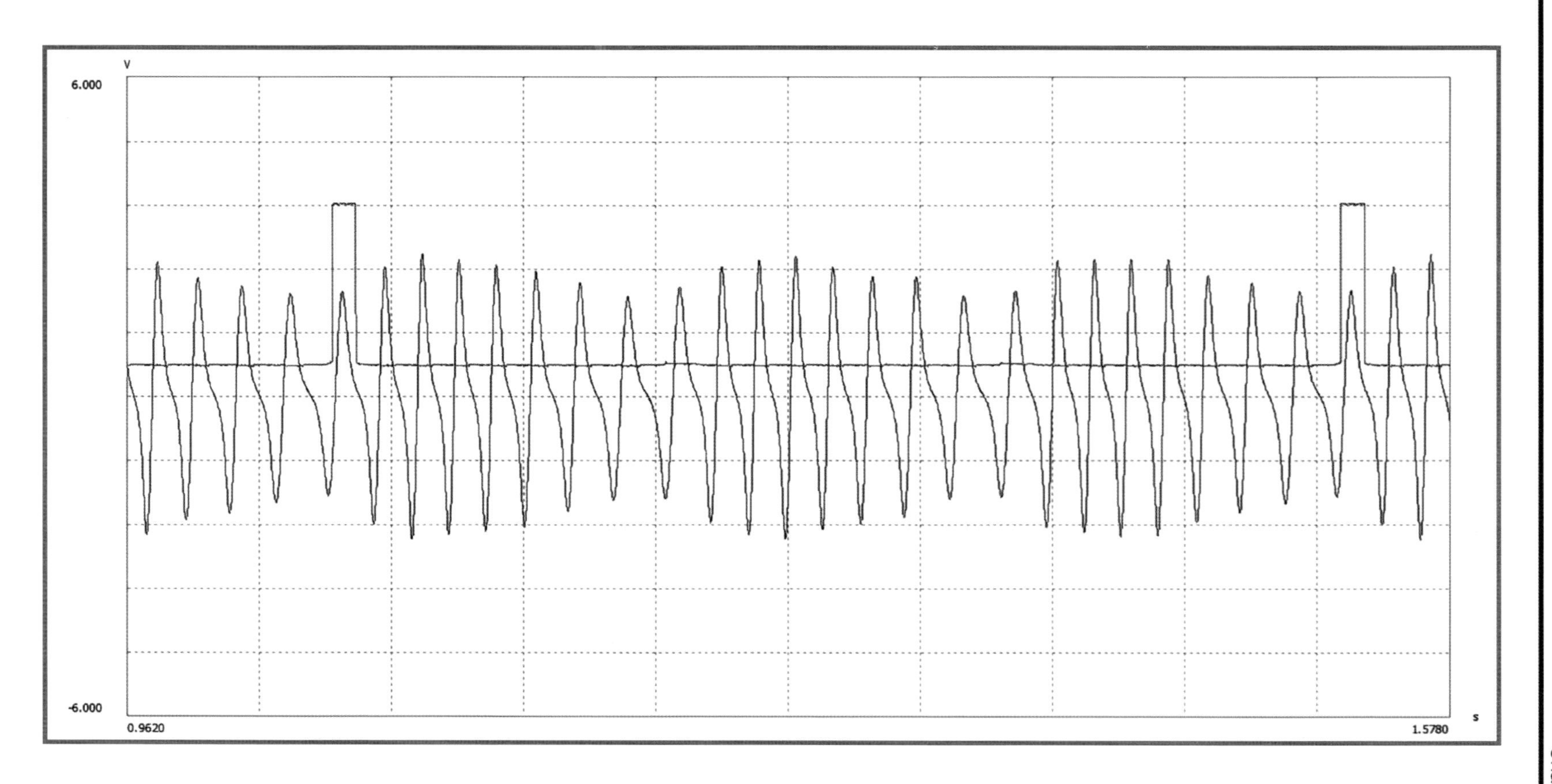

[그림 7.24]
MoTeC 프로그램이 가능한 엔진 관리 시스템의 내장형 스코프에서 캡처한 화면 그래프이다. 유도성 크랭크축 위치 센서와 캠축 홀 효과 TDC 센서의 출력을 시뮬레이션 한 변환 모듈의 출력을 나타낸 것이다.

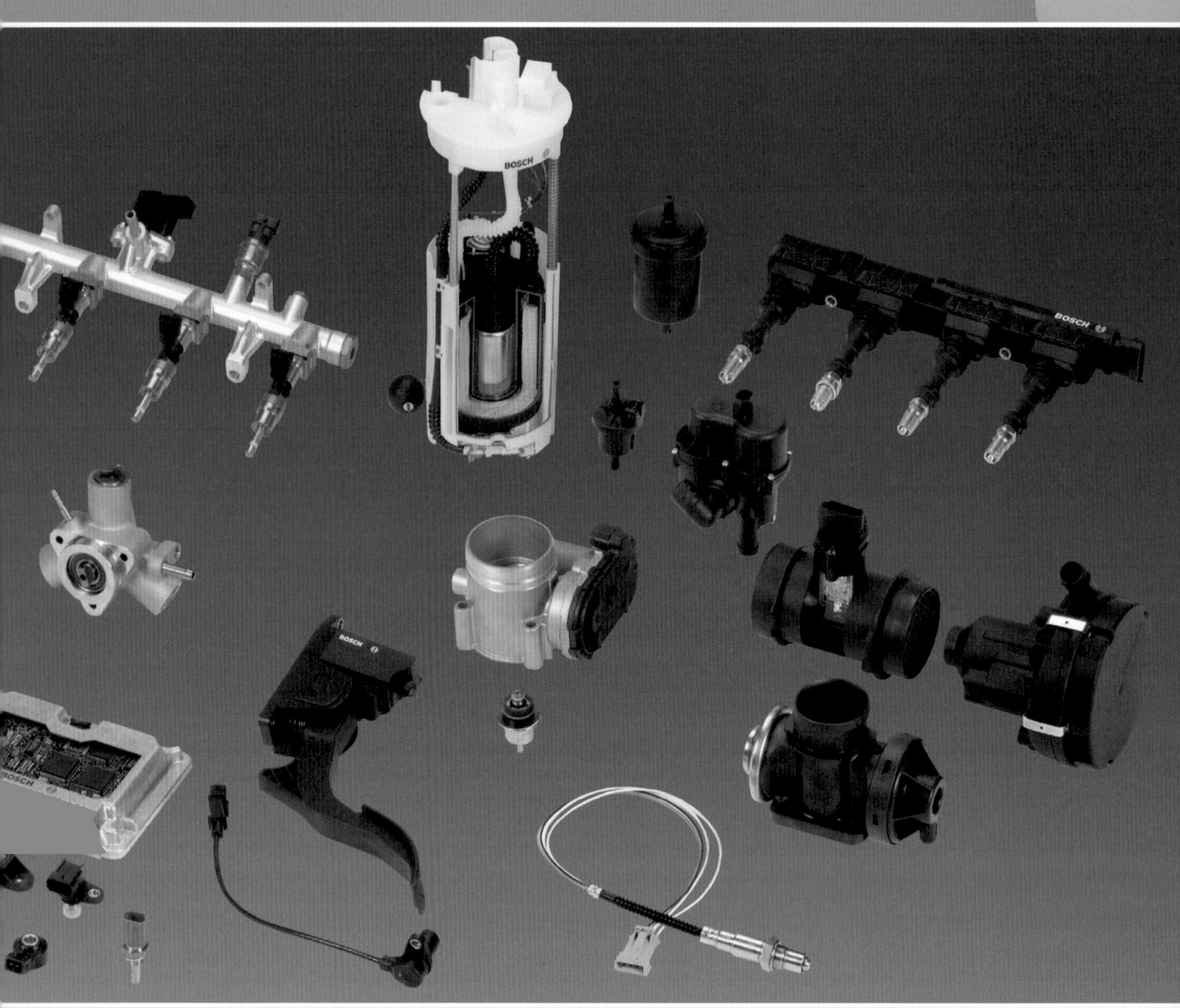
BOSCH
BOSCH
BOSCH
BOSCH

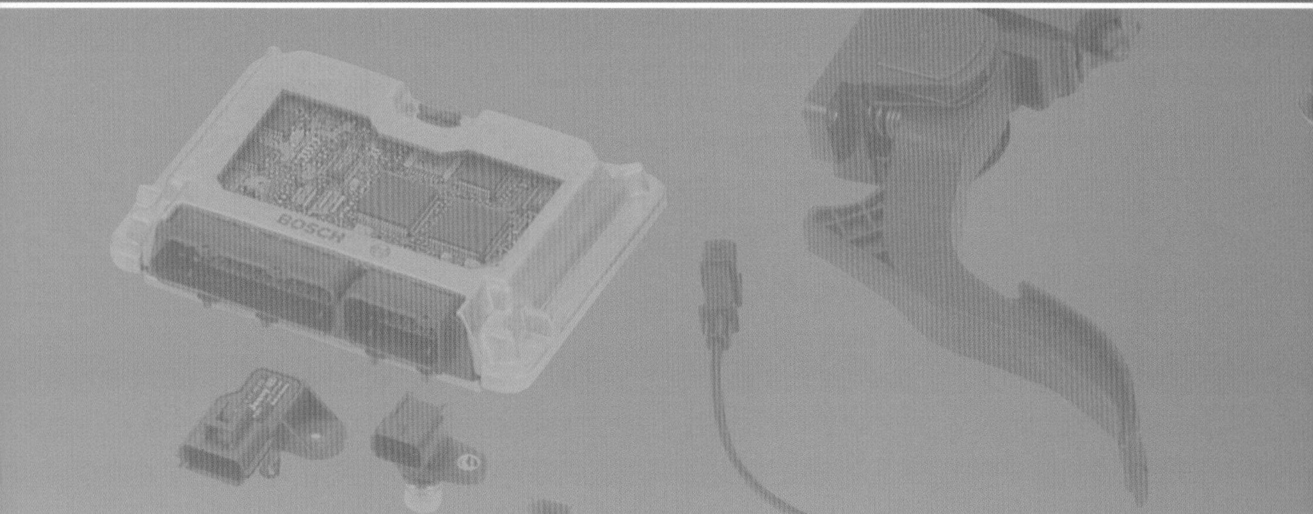
BOSCH

Chapter 8

엔진 관리

엔진 기능의 전자식 컨트롤은 1970년대 중반에 처음 도입되었다. 초기에 점화시스템은 기계식(예를 들면 포인식 배전기 작동)으로 컨트롤하였고 단지 연료 공급 기능만 전자식으로 만들었다. 이 자동차들은 전자제어 연료 분사장치(EFI ; Electronic Fuel Injection) 자동차라는 용어를 사용하였다.

예를 들면 초기에 보쉬 L-제트로닉 시스템은 이러한 방식으로 작동시켰다. 그 다음 단계는 연료와 점화장치가 전자식으로 컨트롤되는 방식이었다. 보쉬 모트로닉은 연료와 점화장치의 컨트롤을 모두 수행한 초기 시스템으로 가장 유명한 시스템 중의 하나이다.

그 후, 엔진 관리 시스템은 터보 부스트 컨트롤, 전자식 스로틀 컨트롤, 변속기 컨트롤 및 전자식 안정성 컨트롤과 같은 다른 제어 시스템과 통합하는 등 점점 더 많은 기능을 채택하였다.

그러나 기본적으로 연료와 점화장치는 엔진 관리 시스템이 컨트롤하는 가장 중요한 기능으로 이 부분부터 설명을 시작하기로 하자. 다음에 다룰 사항은 실린더 입구에서 분사되는 포트 분사 가솔린 시스템에 집중하고, 직접 분사와 디젤 시스템은 이장의 후반부에서 다루기로 한다.

1 엔진 관리 시스템의 필요성

모든 엔진은 적절한 비율로 혼합되는 연소용 공기와 연료가 필요하며, 각 실린더의 점화 플러그는 적정한 시기에 점화가 이루어져야 한다. 연료와 혼합되는 공기의 양은 공연비(공기/연료비)로서 표시한다. '농후한Rich' 혼합비(예로서 12:1)는 많은 연료를 사용하여 양호한 출력을 발생하고, '희박한Lean' 혼합비(예로서 17:1)는 연료를 적게 사용하므로 더 경제적이다.

일반적으로 가솔린의 경우 14.7:1의 공연비는 '이론 공연비(질량비)' 이라는 용어를 사용하며, 완전한 연소를 위해 화학적으로 정확한 비율이다. 배출가스 측면에 있어 최상의 기능인 촉매변환기의 성능을 극대화하기 위해 이론 공연비를 사용한다. 많은 엔진 관리 시스템은 고정된 이론 공연비를 유지하며, 다른 구형 시스템은 엔진의 작동 상태에 따라서 한정된 범위 내에서 변화하는 공연비를 사용하고 있다.

점화시기는 점화 플러그에서 점화가 이루어지는 크랭크축의 회전 지점으로 일반적으로 크랭크축의 각도로 표시한다. 점화 플러그에서 점화가 상사점전(BTDC Before Top Dead Centre) 15°에서 이루어지는 경우 점화시기는 '상사점전 15°'라고 한다. 엔진의 회전속도가 높아지면 연소가 이루어질 수 있는 시간이 짧아 점화시기가 변화되어야 하므로 상사점전에 점화가 이루어져야 한다. 또한 점화시기의 변화는 다양한 엔진의 부하, 온도와 연료의 여러 가지 옥탄가와 함께 필요하다.

2 입력 센서와 출력 액추에이터

1. 입력 센서

엔진의 전자제어 유닛ECU은 각 실린더에 얼마의 량으로 연료를 분사하는 것이 적당한가를 결정하고 점화 플러그에서 점화할 시기를 결정하기 위하여 엔진의 동작 상태를 정확하게 알아야 한다.

자동차가 매우 더운 조건에서 긴 언덕을 오르기 위하여 스로틀 밸브 충분히 열어서 3,000 rpm으로 운행하는 경우나 혹은 엔진을 시동하여 초기의 냉간 상태로 공회전하는 경우 등 다양한 유형의 정보를 ECU에 제공하는 것이 입력 센서이다. 가장 일반적인 몇 가지의 입력 센서를 살펴보자.

(1) 온도 센서Temperature Sensor

① 냉각수 온도 센서 :

ECU는 냉각수 온도 센서를 사용하여 엔진의 온도를 측정한다. 이 센서는 보통 서모스탯 하우징에 장착되어 있으며, 온도 변화에 따라 저항이 변하는 장치로 구성되어 있다. 일반적으로 센서가 가열되면 저항은 감소된다. 센서는 ECU에 의해 조정된 전압을 공급하는 전압 분배기 회로에서 하나의 저항체를 형성한다.

② 흡기 온도 센서 :

흡기 온도 센서는 에어 클리너 박스나 또는 흡입 통로에 설치되어 흡기 온도를 감지한다. 냉각수 온도 센서와 마찬가지로 흡기 온도 센서는 일반적으로 온도에 따라 변화하는 가변 저항기이다. 일부 자동차는 연료, 실린더 헤드 및 오일 온도를 측정하기 위하여 온도 센서를 설치하여 사용하기도 한다.

[사진 8.1]

흡기 온도 센서. 일반적으로 흡기 다기관 벽을 통해 나사로 고정된다.

(2) 에어플로 미터Air Flow Sensor

많은 자동차는 엔진의 부하를 측정하기 위해 에어플로 미터를 사용한다. 공기의 흐름은 엔진이 초당 흡입하는 공기의 질량에 비례하여 출력이 증가한다. 엔진이 많은 공기(예를 들면, 자동차가 가파른 언덕을 오르기 위하여 6000rpm으로 운행하도록 스로틀 밸브를 완전히 열기 때문이다)를 흡입하기 때문에 연료 또한 많이 분사하여 정확한 공연비를 유지하여야 한다. 엔진이 허용할 수 있는 높은 부하도 ECU가 선택하는 점화시기에 영향을 미친다. 에어플로 미터는 여러 가지의 종류가 있다.

① 핫 와이어 에어플로 미터 :

핫 와이어 에어플로 미터에서 흡입 공기는 매우 가늘고 가열된 백금 전선을 지나서 흐른다. 이 전선은 삼각형 모형으로 형성되어 흡기 통로에 매달려 있다. 백금 전선은 휘트스톤 브리지 전기 회로로 구성되어 있고 백금 전선에 흐르는 전기에 의해 온도 변화 없이 일정하게 유지된다.

전선을 통과하는 공기의 질량이 증가하면, 전선은 냉각되어 저항이 감소한다. 그 다음 브리지의 밸런스를 유지하기 위하여 외부 회로에서 가열 전류를 증가시킨다. 따라서 가열 전류 값(시리즈 저항기의 전압 강하에 의해 측정됨)은 흡입 공기량과 밀접한 관계가 있다.

핫 와이어 에어플로 미터는 반응 시간이 매우 빠르고 내부적으로 온도를 보상한다. 백금 감지 전선을 깨끗한 상태로 유지하기 위하여 엔진이 정지된 후에 잠시 동안 적열된 상태로 클린 버닝 온도가 되도록 가열한다(어떤 오염 물질이나 연소되지 않는 카본 등이 백금 전선에 붙어 있을 경우 태워 없애는 기능을 한다).

핫 와이어 에어플로 미터의 출력 전압은 0~5V 또는 가변 주파수 출력 신호를 사용할 경우도 있다. 미국에서는 이런 방법을 사용한 관리 시스템을 때로는 'MAF' 매스 에어플로라고도 한다.

[사진 8.2]
핫 필름 에어플로 미터. 엔진에서 모든 흡입 공기는 이 장치를 통과한다.

② 베인 타입 에어플로 미터 :

가장 오래된 자동차 에어플로 미터 등 하나로 베인 타입 에어플로 미터이다. 이것은 유입되는 공기 통로를 가로질러 배치되는 피벗 플랩을 사용하는 방법이다. 엔진이 시동되면 베인의 엔진 쪽에서 낮은 공기 압력에 의해 플랩이 조금 열리게 된다.

엔진에 부하가 증가하면 플랩은 점점 더 크게 열리게 된다. 플랩이 실재 위치에서 오버슈트(흡입 압력의 펄스로 인해 플랩의 불규칙한 이동이 발생함) 되는 것을 방지하기 위하여 다른 플랩이 감지 베인에 직각으로 연결된다. 이 2차 플랩은 닫혀진 공기실에 동작하여 1차 베인의 움직임을 감쇠시킨다.

베인 에어플로 미터의 피벗 어셈블리를 기계적으로 연결한 포텐시오미터는 일반적으로 다수의 탄소 저항기 세그먼트와 금속 슬라이더로 만든 것이다. 공기의 흐름에 반응하여 베인이 열리면 포트의 슬라이더 암이 세그먼트를 가로질러 이동하면 어셈블리의 전기 저항이 변화하게 된다. 조정되는 전압이 에어플로 미터에 공급되므로 공기량의 변화에 따라 베인이 이동하면은 에어플로 미터의 출력 전압이 변화하게 된다.

가변되는 부하가 있는 나선형 스프링은 공기 흐름에 대하여 플랩의 각도에 따라서 가변되어 공기의 흐름이 없을 때 플랩이 닫히도록 하기 위해 사용된다.

에어 바이패스는 플랩으로 주위에 구성되며, 이 바이패스에 조정 스크루를 배치하여 공전 혼합비를 컨트롤 한다. 베인 에어플로 미터는 공기의 체적만을 측정하기 때문에 내장된 온도 센서가 필요하다. ECU는 공기량과 온도의 입력으로 흡입되는 공기의 질량을 계산할 수 있다.

연료 펌프 스위치는 여러 개의 베인 에어플로 미터에 내장되어 있다. 이것은 에어플로 미터를 통과하는 공기가 없으면 연료 펌프는 스위치가 닫치도록 설계되어 있으며, 베인이 완전히 닫힌 위치에 있을 때 펌프가 동작하지 않는다.

공기의 체적과 공기 온도를 측정하고 연료 펌프를 작동시켜야 하기 때문에 베인 에어플로 미터는 커넥터 내에 7개의 접속 단자가 있다. 베인 에어플로 미터는 일반적으로 0~5V의 신호 출력이 있으며, 일부는 0~12V의 출력 범위를 사용한다.

③ 칼만 와류 에어플로 미터 :

칼만 와류 에어플로 미터는 주파수를 초음파 변환기와 수신기로 측정하는 와류(소용돌이)를 발생한다. 이것들은 에어플로 미터의 입구 쪽에 흐름을 정리하는 정류기를 사용하며, 출력의 특성은 가변 주파수 방식으로 나타난다. 칼만 보텍스사의 에어플로 미터는 특이하게 설계 되었으며, 비교적 적은 수의 제품을 제작하여 사용하고 있다.

(3) MAP 센서

많은 자동차는 에어플로 미터를 사용하지 않고, 대신에 엔진에 흡입되는 공기량을 계산하기 위해 3개 센서의 입력 신호를 활용한다. 그 하나는 흡기 온도 센서이고, 두 번째는 엔진 회전속도 센서이다. 그리고 세 번째로는 흡기 매니폴드 진공 센서이다. 이 센서는 MAPManifold Absolute Pressure 센서라고 부르며, MAP 센서는 흡기 매니폴드의 공기 압력을 연속적으로 측정한다.

흡기 매니폴드로 흡입되는 공기의 압력은 엔진 회전수, 스로틀 열림과 부하에 따라서 변화한다. 자연 흡기 자동차의 경우 시동 후 측정된 압력은 스로틀 밸브가 완전히 열린 경우를 제외하면 모든 조건에서 대기압력 이하가 된다.(대기압과 거의 동일) 터보차저가 설치된 자동차에서는 흡기 매니폴드의 흡입 공기의 압력은 터보차저가 작동하는 경우는 대기압 이상으로 상승하고 감속의 경우와 같이 터보차저가 작동하지 않는 영역에서는 대기압 이하가 된다.

자연 흡기 자동차에서 MAP 센서가 낮은 진공일 때는 고속회전 고부하의 상황으로 ECU에 전송한다. 고속회전 또는 저속회전에서 흡기 매니폴드의 진공이 높으면 스로틀 밸브가 닫혀 부하가 낮은 상황을 표시한다.

미국에서는 MAP 센서 방식을 때로는 "Speed Density"라고 부른다. MAP 센서는 스로틀 밸브 뒤에 위치한 포트를 통해 흡기 매니폴드 압력을 공급받는다. MAP 센서는 일반적으로 엔진 부근에 설치되지만 일부 자동차에서는 MAP 센서를 ECU 내에 설치하기도 한다.

[사진 8.3]
MAP 센서. 이 센서는 흡기 매니폴드의 공기 압력을 감지하도록 설계된 제품으로 볼트로 고정시킨다.

(4) 크랭크축과 캠축 위치 센서

ECU는 엔진의 크랭크축이 회전하는 속도와 회전하는 위치를 알아야 한다. 이 정보를 수집하기 위하여 한 개 이상의 위치 센서를 사용하여 수집한다. 대부분의 자동차는 캠축과 크랭크축 위치 센서를 모두 사용하여 ECU가 순차적으로 점화시기와 연료 분사시기 및 분사량을 제어하도록 한다. 아주 예전 차량에서는 크랭크축 위치 센서는 사용하였으나 순차적으로 점화시기 제어에 활용하지 않은 경우도 있다. 위치 센서는 여러 가지 형식의 종류가 있다.

① 광학식 위치 센서 :
광학식 위치 센서는 슬롯이 배치되어 있는 원판의 디스크를 사용한다. 이 디스크를 캠축의 끝에 부착하여 발광다이오드(LED)를 스쳐서 회전하도록 한다. 디스크의 반대편에 있는 포토다이오드는 슬롯을 통해 빛이 통과된 것을 감지하여 처리하고 ECU는 광펄스를 계산한다.

다른 종류의 광학식 위치 센서는 디스크에 360개의 슬롯을 사용하여 엔진의 회전속도를 매우 정교하게 분해한다. 이 광학식 위치 센서는 1980년대부터 널리 사용되었으나 지금은 거의 사용하지 않고 있다.

② 홀 효과 위치 센서 :
홀 효과 위치 센서는 영구 자석과 감지 장치(홀 센서) 사이를 통과하는 철제 블레이드 세트를 사용한다. 금속 블레이드가 영구 자석과 홀 센서 사이에 위치할 때마다 홀 센서는 OFF되는 상태이다. 이것은 엔진의 회전속도에 비례하는 주파수의 신호를 제공한다.

③ 전자유도 방식 위치 센서 :
전자유도 방식 위치 센서는 트리거 휠의 돌기를 해독한다. 이 센서는 자석과 코일 도선으로 구성되어 있으며, 트리거 휠의 돌기가 지나가면서 코일에 출력 전압 펄스가 발생한다. 전자유도 방식 센서와 홀 효과 센서는 모두 오랜 기간 동안 널리 사용되고 있다.

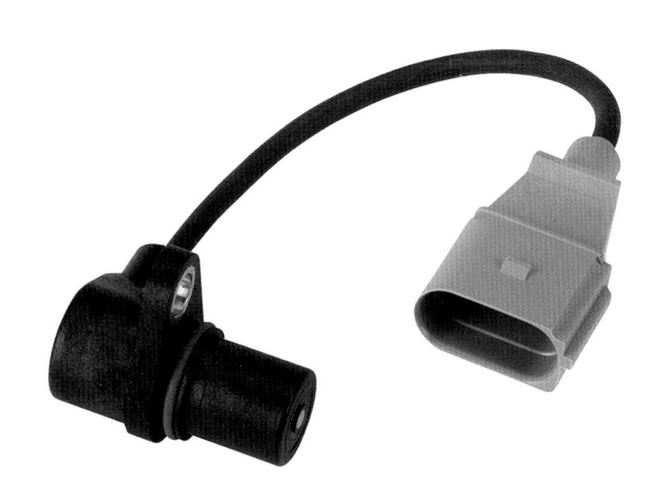

[사진 8.4]
크랭크각 센서

(5) 산소 센서

산소 센서(때로는 '**람다 프로브**Lambda Probe' 라고도 한다)는 배기 쪽에 설치한다. 센서는 배기관 내의 산소와 대기 중의 산소를 비교하여 산소가 얼마나 있는가를 측정하고 공연비를 ECU에서 지시한다. 산소 센서는 협대역 센서와 광대역 센서의 2가지 유형을 많이 사용하고 있다.

① 협대역 산소 센서 :

첫 째는 '**협대역**Narrow Band' 센서이며, 이 센서는 배터리와 같이 자체적으로 출력 전압을 발생시킨다. 공연비가 '**희박**'하면 센서는 매우 낮은 출력 전압(0.2V)을 방출하고, 공연비가 '**농후**'하면 출력 전압(0.8V)이 더 높아진다.

ECU는 산소 센서의 출력을 사용하여 크루즈 및 공회전 조건에서 공연비를 14.7:1 정도로 유지한다. 엔진 동작이 순조로운 상태와 느린 상태에서 혼합비를 14.7:1을 유지하기 위하여 이 센서의 출력을 ECU가 사용한다.

이것을 용이하게 하기 위해 공연비가 14.7:1의 이론 공연비로 작동하여 센서의 출력 전압이 Hi에서 Low(혹은 Low에서 Hi로) 빠르게 전환된다. 구형의 협대역 산소 센서는 하나의 배선(엔진 접지)을 사용하므로 히터가 내장되지 않은 경우이었으나 최근에는 3개의 배선 또는 4개의 배선 센서로 12V의 전압으로 작동되는 히터가 내장되어 있다.

② 광대역 산소 센서 :

광대역 센서로 최근의 자동차에 많이 사용하며, 이 센서는 넓은 범위의 공연비를 측정할 수 있다. 이를 통해서 ECU는 전체 시간 동안 **폐쇄회로**Closed Loop를 유지할 수 있으며, 광대역 센서의 입력을 사용하여 냉간 시동을 제외한 모든 조건에서 공연비를 측정할 수 있다.

[사진 8.5]
4개의 배선 산소 센서

광대역 센서는 협대역 센서와 다르게 공연비가 더 선형성을 유지하는 출력 전압이 발생한다. 광대역 센서의 커넥터는 4개 또는 5개의 단자를 사용한다.

산소 센서는 부적절한 실리콘 첨가제나 납 성분이 함유된 가솔린을 사용하면 오염이 될 수 있다. 이것은 시간이 경과하면 탄화되어서 그 응답이 느리게 된다.

많은 차량이 촉매 변환기 전후에 복수의 산소 센서를 설치한다. 이러한 방법으로 센서를 설치한 자동차에는 촉매 변환기의 효율을 높일 수 있는 ECU가 내장되어 있다. 투윈 터보와 'V'형 엔진은 일반적으로 최소 2개의 산소 센서가 설치되어 있으며, 최대 4개의 산소 센서를 설치하는 것이 좋다.

(6) 노크 센서Knock sensor

노크 센서는 폭발음처럼 두드리는 소리를 듣게 되는 마이크로폰과 같은 것이다. 이것은 실린더 블록에 스크루나 볼트로 고정시켜 노킹(두드리는 소리)이 발생하면 ECU가 감지하여 회로에서 여과하고 처리하는 동작을 한다.

점화시기가 설정 이상 빠르게 이루어지면 노킹의 원인이 될 수 있다. 엔진 관리에서 많은 엔진은 점화시기를 노킹에 매우 가깝게 제어하고 있으며, 노크 센서가 제공하는 정보는 연료의 불량에 의한 엔진 파손은 발생하지는 않으나 혹은 매우 더운 날에는 고장이 발생할 수 있다.

어떤 자동차(특히 V형 엔진)는 4개의 노크 센서를 작동시킨다. 일부 시스템은 개별 실린더 노크를 분리하여 해당 실린더의 점화시기만 지연시킬 수도 있다.

[사진 8.6]
중앙 개구부를 통과하는 부위에 큰 볼트로 엔진에 부착한다.

(7) 스로틀 위치 센서Throttle Position Sensor

스로틀 위치 센서(TPS)는 스로틀 밸브가 얼마나 열리는가의 정도를 표시한다. 구형 자동차에서 스로틀 위치 센서는 스로틀 밸브의 개폐에 의해 슬라이더가 있는 포텐시오미터로 구성되어 있다. 스로틀 위치 센서(TPS)는 정전압(일반적으로 5V)을 공급받으며, 출력 신호는 일반적으로 약 0.8~4.5 V정도 변화한다. 스로틀 밸브의 열림 정도가 더 크면 출력 전압도 높아진다. 스로틀 위치 센서는 보통 스로틀 보디에 장착되며, 3개의 커넥터 단자로 구성된다.

전자제어 스로틀 밸브 시스템이 있는 자동차에서는 2개의 스로틀 밸브 위치 센서를 사용한다. ECU가 서로의 구성을 확인하기 위하여 2개의 센서 출력 신호를 비교 분석하여 신뢰성을 확보한다.

2개의 신호는 반대 방향으로 작동하며, 운전자가 요청한 스로틀 밸브 위치는 스로틀 위치 센서에 요청도 하고 액셀러레이터 페달 위치 센서에 요청도 한다.
운전자가 요청한 스로틀 밸브 위치는 스로틀 위치 센서에 요청도 하고 액셀러레이터 페달 위치 센서에 요청도 한다. 2개의 신호는 반대 방향으로 작동한다.

[사진 8.7] 스로틀 위치 센서
내부에 포텐시오미터가 배치되어 있다.

(8) 기타 입력 센서

사용할 수 있는 다른 시스템 입력 센서들도 있으며, 이것들은 한정되어 있지 않고 다음과 같은 센서들이다.

① 자동차 속도 센서
② 대기압 센서
③ 연료 압력 센서
④ 냉각수 온도, 진공, 브레이크와 클러치 스위치
⑤ EGR 위치 센서
⑤ 중립 위치 센서

또한 요즈음 자동차에는 각종 ECU, 센서 등의 시스템에서 데이터 버스 접속(예를 들면 CAN 버스)을 경유하여 많은 정보를 얻을 수 있다.

[사진 8.8] 자동차 속도 센서

2. 출력 액추에이터

(1) 인젝터

ECU가 컨트롤 하는 가장 중요한 구성 요소는 인젝터이다. 인젝터를 통하여 분사되는 연료량은 인젝터의 열림 시간에 따라 결정된다. 이 개방되는 시간을 펄스폭이라고 하며, 밀리 초(ms) 단위로 측정된다. 연료는 인젝터가 열리면 연료가 정교하게 분사되어 뿜어낸다.

인젝터는 자동차마다 다르며, 많은 자동차의 인젝터는 크랭크축이 2회전할 때 마다 한 번씩 분사한다. 일부 구형 자동차의 경우 1개의 인젝터로 모든 실린더에 연료를 분사하는 경우도 있었다. 요즈음 자동차는 실린더의 점화 순서에 맞춰서 순차적으로 연료를 분사하도록 인젝터를 작동시킨다.

인젝터가 개방된 시간의 비율을 **'듀티 사이클'**이라고 한다. 시간의 절반 동안 인젝터가 개방되면 50% 듀티 사이클이고, 유효 시간의 3/4 동안 개방된 경우는 75% 듀티 사이클이다. 엔진의 최대 출력에서 인젝터는 85% 듀티 사이클이다. 이것은 인젝터에서 전체 용량의 85%로 연료가 분사된다는 의미이다.

인젝터는 상당히 다른 2가지 유형이 있다. 포트 분사 시스템에서 인젝터는 흡입 밸브 뒤쪽으로 미세한 분무를 통해 연료가 흐른다. 즉, 인젝터는 흡입 밸브 포트에 연료를 분사한다. 직접 분사식 엔진에서 연료는 인젝터를 통해 연소실 직접 분사한다. 일부 엔진은 2가지 형식의 분사를 혼합한 방식을 사용한다. 즉, 포트와 직접 분사 방법 등의 양쪽을 겸하고 있는 특징이 있다.

[사진 8.9] 포트 분사 시스템의 인젝터

전원이 공급되면 인젝터가 개방되어 연료가 분사된다.

(2) 점화시기 컨트롤

ECU는 인젝터를 컨트롤 하는 것에 외에도 점화시기를 컨트롤 한다. 그러나 대부분의 자동차에서 ECU는 점화 코일을 직접 컨트롤 하지 않는다. 대신, 점화 모듈은 점화 코일의 전원을 ON, OFF시키는 전원 스위치로 사용된다. ECU는 정확한 점화시기를 제공하기 위해 언제 전환해야 하는지를 점화 모듈로 알려준다.

예전의 엔진 관리 시스템은 단일 점화 코일과 배전기로 구성되어 있다. 배전기는 캡의 안에서 회전하는 로터를 사용하여 중심 고전압 케이블의 고전압을 적절한 시기에 점화 플러그로 보낸다. 이런 유형의 시스템에서는 크랭크축 위치 센서가 일반적으로 배전기 본체 내부에 배치되어 있다.

그러나 과거 20년 동안에 대부분의 자동차는 점화 플러그마다 단일 코일을 포함하거나 2개의 코일을 포함한 멀티 코일을 사용하는 방식으로 개선하였다. 이들 DLI 시스템은 코일이 개별적으로 점화하기 때문에 배전기를 사용하지 않는다.

1개의 점화 코일로 2개 실린더의 점화 플러그를 동시에 점화하는 경우에는 압축 행정에 있는 실린더와 배기 행정에 있는 실린더에 점화한다.

이러한 엔진에서 크랭크축 위치 센서는 일반적으로 크랭크축 자체에 장착한다. 많은 자동차가 코일을 점화 플러그에 직접 장착하기 때문에 고전압의 텐션 케이블을 피할 수 있다. 이들 코일은 코일 어셈블리에 전자식 스위치가 내장되어 있다.

[사진 8.10] 점화 코일

점화 플러그에 직접 장착된 코일이며, 코일 어셈블리에 전자식 스위치가 내장되어 있다.

(3) 공전속도 제어

공전속도 제어는 거의 닫쳐진 스로틀 밸브에 바이 패스할 수 있는 공기의 양을 변경하여 실행한다. 일부 자동차는 펄스 밸브를 사용하여 스로틀 바디를 바이 패스할 수 있는 공기량을 조절한다.

공전속도를 높일 필요가 있으면 밸브의 듀티 사이클을 증가시켜서 통과하는 공기를 더 많이 늘린다. 스텝 모터는 여러 시스템에서 사용한다. 전자제어식 스로틀 밸브를 사용하는 자동차에서는 시스템이 스로틀 밸브를 직접 작동하여 공전속도를 설정한다.

구형 자동차에서는 엔진이 아직 작동 온도에 이르지 않을 때 공전속도를 제어하기 위하여 추가로 밸브를 사용한다. 일반적으로 밸브(보조 공기 컨트롤 밸브라 부른다)는 바디를 통과하는 엔진 냉각수가 있고 또한 전기 가열 소자가 장착되어 있다. 엔진이 가열되어 따뜻해지면 밸브가 점진적으로 통로를 닫아 스로틀 밸브를 바이 패스하는 공기량이 줄어든다.

이렇게 하면 엔진이 워밍업 전이라도 공기량을 더 많이 흡입할 수 있어 공회전 속도를 높게 유지할 수 있다. 다른 엔진은 에어컨과 같은 부하가 커졌을 때 흡입 공기가 스로틀 밸브를 바이패스 할 수 있도록 ISAIdle Speed Actuator를 사용한다.

3 전자 제어 유닛ECU

ECU의 각 부품의 기능을 이해하는 것보다는 ECU가 엔진을 작동하기 위하여 사용하는 제어 논리Control Logic를 이해하는 것이 더 중요하다. 여기서 대부분의 자동차에서 ECU를 적용한 일반적인 전략의 일부를 살펴보기로 하자.

1. 폐쇄 루프Closed Loop 및 개방 루프Open Loop

폐쇄 및 개방 루프는 ECU가 원하는 수준의 공연비를 유지하기 위해 사용하는 것을 의미한다. 폐쇄 루프 컨트롤에서 ECU는 산소 센서의 입력을 사용하여 공연비를 측정한다. 공연비가 부정확할 경우 ECU는 연료 공급을 적절히 조정한다. 개방 루프에서 ECU는 사전에 프로그램된 인젝터의 펄스폭을 설정하고 그 결과를 확인하지 않는다.

구형 자동차에서 폐쇄 루프는 공연비를 질량비인 14.7:1을 유지하고 있다는 것을 의미한다. 구형 자동차에서 사용한 협대역 산소 센서는 이러한 상태를 검출할 수밖에 없었다. 그러나 광대역 센서를 장착한 자동차는 모든 작동 조건에서 공연비를 검출할 수 있으므로 산소 센서의 입력을 일정하게 유지할 수 있다. 따라서 광대역 산소 센서가 장착된 자동차는 전 영역에서 폐쇄 루프 상태로 있을 수 있고 부하나 혹은 다른 조건에 대해여 적절히 변화하는 공연비를 유지한다.

2. 연료 공급의 조정(공연비 학습)

산소 센서는 폐쇄 루프 작동 외에도 ECU의 공연비 학습 시스템의 일부로 사용된다. 자동차의 연료 필터가 약간 막혀 있어서 공연비가 항상 희박하다고 잠시 상상해 보자. 산소 센서는 이것을 측정하고 이에 응답하여 ECU는 공연비를 높여준다.

그러나 매일 동일한 방식으로 ECU가 응답하는 것은 비효율적인 시스템이다. ECU는 항상 혼합기가 약간 희박하다는 것을 인식하여 영구적으로 원만한 혼합기를 유지시킨다. ECU는 이 원만한 혼합기의 필요성을 학습하여 항상 이 혼합기로 수정을 실행한다.

연료 필터를 교환하면 ECU는 새로운 요구 조건을 다시 학습할 때까지 약간 원만한 혼합기가 공급된다. 이러한 자체 학습 과정은 대부분의 ECU에서 발생하며 전체적으로 산소 센서의 상태에 따라서 달라진다. 자체 학습을 통한 시간대에서 연료 공급 전략의 변화를 '공연비 학습'이라고 부른다. ECU는 OBD를 통해 이것들의 장단기 연료 조정을 표시할 수 있다.

3. 린 크루즈Lean Cruise

한 순간의 배기가 시원하지 못하여도 풍부한 혼합이 파워를 내는데 필요하나 순조롭게 운행하는데 희박한 혼합이 필요하다는 사실을 우리는 이미 알고 있다. 희박한 혼합은 더욱 경제적인 면을 개선하는데 사용할 수 있다. 이것이 **'린 크루즈'**로 ECU의 작동이다.

자동차가 일정한 속도를 유지하는데 얼마나 오래 걸리고, 얼마나 많은 스로틀을 사용하며, 엔진의 냉각수가 작동 온도에 도달 했는가 등에 주목한다. 이 모든 요인들이 정상이라면 ECU는 혼합기를 희박하게 시작할 것이다. 엔진에서 공연비가 18이나 19:1 만큼 희박하게 운행될 때까지 초 단위로 공연비는 점진적으로 더 희박하게 될 것이다.

속도를 줄이면 ECU는 정상적인 조건이 다시 충족될 때까지 린 크루즈에 대한 모든 것을 즉시 상실하게 된다. 정상적인 상태가 다시 복귀될 때까지이다. 모든 자동차가 린 크루즈 모드로 운행하는 것은 아니지만, 이 모드에서는 질소산화물의 배출량이 급격히 증가하기 때문에 연비가 상당히 개선될 수 있다.

[사진 8.11]
토요타 엔진 관리 ECU

4. 엔진 속도의 한계와 오버런 연료 차단

모든 엔진 관리 시스템은 회전 리미터를 사용한다. 이 리미터는 규정된 엔진 회전속도에서 연료를 완전히 차단하여 한계값 이하인 500rpm까지 연료의 차단을 유지한다. 이러한 곤란한 경지의 리미터에 맞추는 것은 크랭크축을 고장 내는 것이라고 생각할 수 있다. 다른 회전 리미터는 최대 유효한 rpm에 도달했다는 것을 거의 느낄 수 없도록 순서에 따라서 개별 실린더의 점화 플러그의 점화나 인젝터의 작동을 차단한다. 이러한 유연성의 리미터는 염려할 것 없이 회전 리미터까지 바로 사용할 수 있다는 것을 의미한다.

제로 스로틀을 고속에서 사용하면 ECU는 인젝터 스위치를 OFF시킨다. 이러한 상황은 예를 들면 큰 도로에서 빨간색 신호에 접근할 때 발생하는데, 이때 액셀러레이터 페달에서 완전히 발을 떼게 된다. 인젝터는 엔진의 회전수가 공회전 위 약500rpm으로 떨어질 때만 연료의 분사를 재개한다. 인젝터의 연료 차단은 연비와 배기가스의 배출 등에 모두 도움이 되며, 차속 센서의 입력 에 의존하는 ECU의 결과 중 하나이다.

5. 림프 홈 Limp Home Mode

지금 들으면 이상한 얘기지만, 엔진 관리형 자동차가 처음 출시되었을 때는, 매우 신뢰감이 없을 것이라고 폭넓게 인식되었다. 분명히, 이것은 사실이 아닌 것으로 판명되었다. 이것에 대한 한 가지 이유는 ECU가 내부에 지원하는 백 업 값과 센서에 고장이 발생하여도 활용할 전략을 가지고 있다는 사실이다.

예를 들면 냉각수 온도 센서에 결함이 있으면 ECU는 부정확한 입력을 도외시 하도록 프로그래밍 되어 있다. ECU는 냉각수 온도를 측정하는 대신에 흡입 공기 온도 센서를 활용하거나 또는 ECU는 냉각수 온도 센서의 입력이 사전에 프로그램 된 값으로 대체할 수 있다. ECU가 이렇게 작동할 때 이것을 **'림프 홈'** 모드라고 한다.

몇 년 전에 필자는 다이나모미터를 이용하여 자동차의 배기가스를 측정하는 테스트를 한바 있다. 테스트의 일부로서 여러 가지 엔진 관리 센서를 분리한 후 배기가스에 어떤 영향을 미치는지 점검했다. 법적으로 허용하는 표준 배기가스의 배출량을 훨씬 밑도는 혼다자동차의 경우 최종적으로 불법 배기가스를 배출하기 전에 별도의 여러 센서의 접속을 분리하는 것으로 해결하였다.

6. 자기 진단과 온 보드 진단

지난 25년간의 모든 자동차는 엔진 관리 시스템에 어떤 형식의 자기 진단 능력을 내장하고 있다. 이것들에 대한 설명은 제10장에서 상세하게 설명하기로 한다.

4 엔진 관리 시스템

이제 엔진의 관리 시스템에 대하여 좀 더 상세하게 살펴보기로 하자. 사용하고 있는 모든 시스템을 살펴보는 것은 불가능하지만 다음과 같이 여러 가지 자동차에서 사용하고 있는 시스템이 어떻게 작동하는지 관찰해 보기로 한다. 설명하는 모든 시스템은 보쉬 사에서 제공한 내용들이다.

1. L-제트로닉 전자제어 연료 분사 시스템

보쉬의 L-제토로닉 연료 분사 시스템은 생산 자동차에 널리 장착된 최초의 전자제어 연료 분사 시스템의 하나이다. 보쉬의 이름으로 판매되고 있는 것 외에도 매우 유사한 시스템이 수백 만대의 차량에 사용되고 있다. **그림 8-1**은 최근 L-제트로닉 시스템의 배치도이다. L-제트로닉 시스템은 1974~1989년까지 자동차에 적용하였다.

L-제트로닉 시스템은 아날로그 ECU로 작동한다. ECU에 대한 보쉬의 원래 설명서에는 트랜지스터 30개와 다이오드가 거의 40개를 포함하여 250개 이상의 부품으로 구성되어 있다. ECU의 커넥터 핀 단자는 25개가 있다. 필자의 두 번째 차인 1977년형 BMW 3.0si는 L-제트로닉 연료 분사 시스템을 사용하고 있다. 이것은 십년 이상 경과되었으나 지금도 애용하고 있음에도 불구하고 이 시스템은 시간이 지났어도 재래식 카뷰레터에 비교하면 발전되어 있는 시스템으로 볼 수 있다.

초기의 L-제트로닉 시스템의 인젝터는 그룹별로 분사하는 방식이었다. 4실린더 엔진의 경우 한 번에 2개씩, 6실린더 엔진은 한 번에 3개씩 연료를 분사하는 방식이다. 연료 분사시기는 배전기의 입력 신호에 의해 제공되었다. 점화시기에 사용하는 TDC 포인트 외에도 엔진 회전속도 포인트의 2세트가 회전속도와 점화시기의 정보를 ECU에 제공한다. 일부 L-제트로닉 시스템은 부피가 큰 MAP 센서를 사용했지만 대부분의 자동차는 베인 타입의 에어플로 미터를 사용하였다. 그리고 냉각수 온도와 흡입 공기 온도는 센서를 이용하여 측정한다.

냉각수 온도와 전부하 상태에서 농후한 연료 공급에 대한 디지털 룩업 테이블의 수정을 내부적으로 적용할 능력이 없어도, 이 부분의 제어 영역은 최근의 시스템과 아주 다르게 수행되었다. 별도의 콜드 스타트 인젝터는 냉간 시동 시에 연료를 분사한다. 이것은 서모 타임 스위치에 의해 컨트롤 되는 연속적으로 분사되는 인젝터이다.

보조 공기 밸브는 이 연료와 함께 공급하는데 필요한 공기를 증가시켰다. 이 밸브는 엔진의 냉각수에 의해 밸브가 가열될 때 오리피스가 닫힌다. 전부하시의 연료는 스로틀 밸브나 흡기 매니홀드 압력 스위치에 의해 작동이 시작된다. 이러한 초기의 시스템은 콜드 스타트 인젝터의 연료 차단과 가속 연료 공급 조건을 구비하고 있었다. 최근의 L-제트로닉 시스템은 협대역 산소 센서를 통해 폐쇄 루프 제어를 추가하였다.

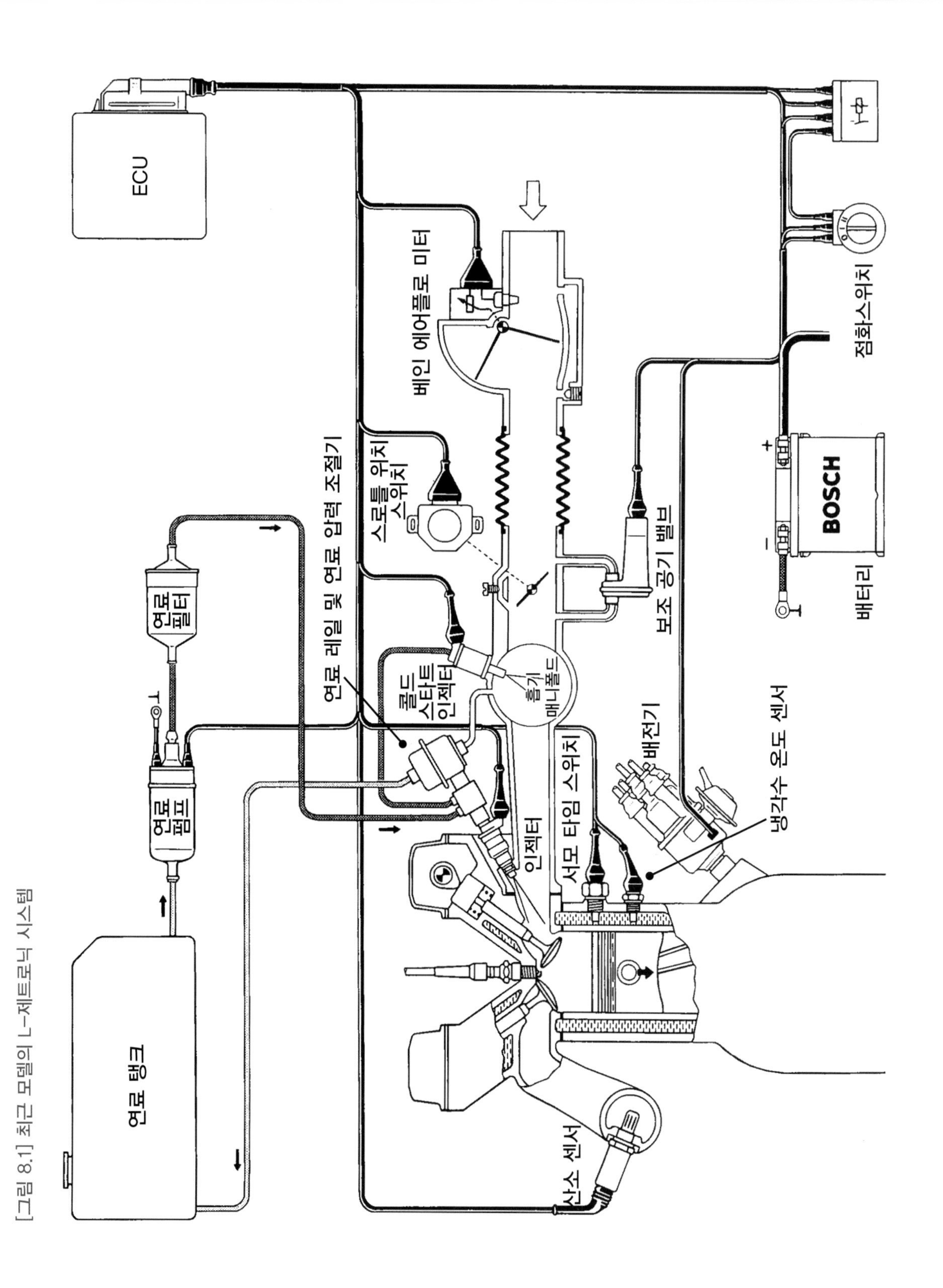

[그림 8.1] 최근 모델의 L-제트로닉 시스템

이들 시스템은 자기 진단의 형식을 가지고 있지 않다. 그러므로 고장 탐구는 제10장(자동차 첨단시스템 고장 진단)에서 보다는 제4장(기본적인 자동차전기시스템의 고장 탐구)에서 설명한 방법이 더 일반적이다. 이러한 이유로 여기서 L-제트로닉의 간단한 고장 탐구에 대한 것을 설명한다.

자동차의 시동에 문제가 있는 경우 먼저 점화시스템과 모든 호스를 철저히 점검한다. 다음 단계로 연료 압력을 점검하여 이상이 없으면 콜드 스타트 인젝터를 작동시킨다. 서모 타임 스위치(스타트 인젝터를 작동시키는 스위치)와 보조 공기 조절 밸브(엔진이 콜드면 필요한 공기를 증가시켜서 유입되게 한다)를 점검한다.

다음 단계로 베인 에어플로 미터를 점검한다. 베인이 수동으로 유연하게 열리는가를 체크한다. 엔진이 쉽게 정지되면 스로틀 위치 스위치의 아이들 접점을 점검한다. 콜드 스타트 인젝터가 새지 않고 보조 공기 컨트롤 밸브가 엔진 작동 온도에서 닫혀야 한다. 그러면 인젝터는 연료가 새거나 줄줄 흐르지 않고 정확하게 작동한다.

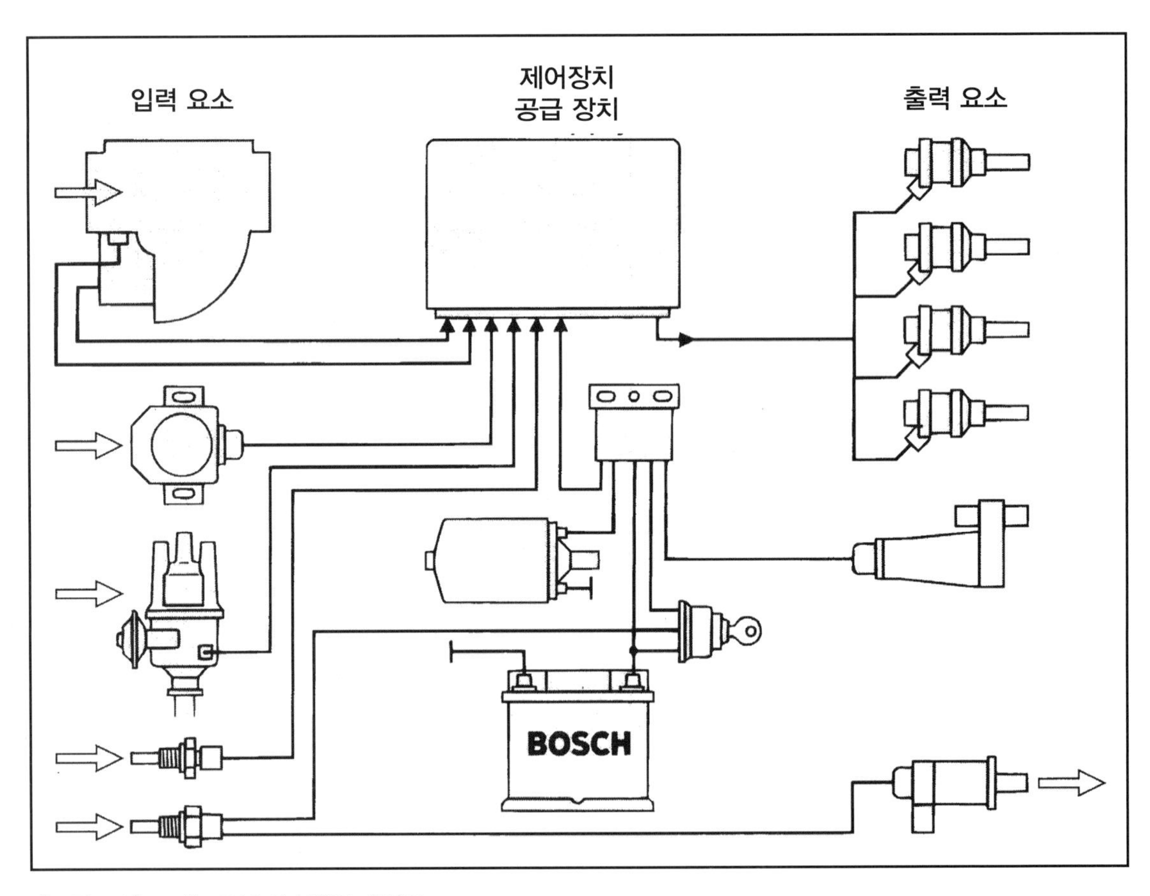

[그림 8.2] L-제트로닉 시스템의 배치도

좌측은 베인 에어플로 미터의 ECU 입력, 스로틀 위치 스위치, 배전기 접점, 냉각수 온도와 흡입 공기 온도 센서. 우측은 ECU 출력-인젝터, 보조 공기 밸브와 콜드 스타트 인젝터(보쉬사 제공)

작동하지 못하는 엔진은 점화시스템의 문제나 혹은 L-제트로닉 시스템의 배선 또는 커넥터의 결함일 가능성이 높다. 이 상황에서 특별히 점검할 사항은 교류 발전기에서 발전하는 전압이 높거나 낮아서 발생하는 현상이다. 또한 부하에 필요한 연료량의 공급이 부족한 경우 연료 펌프의 결함에서 오는 현상이다.

이것은 콜드 스타트 인젝터에 호스를 분리하고 이 호스를 용기에 넣어 점검할 수 있다. 수동으로 에어 플로미터의 플랩을 열어서 연료 펌프(점화 스위치도 ON시켜야 한다)를 동작시킨다. 1분에 1~1.5리터의 연료가 공급될 것으로 예상된다. 부분적으로 인젝터가 작동하지 않는 것은 높은 부하를 요구하는 원인이 된다.

이 테스트를 수행하려면 흡기 매니폴드에서 한 번에 하나씩 인젝터를 탈거하고 공회전에서 눈금 용기에 연료가 분사되도록 한다. 모든 인젝터는 동일한 양의 연료가 분사되도록 유지해야 한다. 마지막으로 엔진이 작동하지 않는 경우 ECU가 문제일 수 있으므로 양호한 ECU로 교환하여 점검할 수도 있다.

BOSCH

Technical Instruction

Electronically Controlled Gasoline Injection System

[사진 8.12] 보쉬 기술 지침서의 표지

초기 L-제트로닉 ECU의 내부를 촬영한 사진이다.(보쉬사 제공)

[사진 8.13]

L-제트로닉 연료 분사 시스템을 사용한 1980년 중반의 BMW 735. 벤인 에어플로 미터는 에어 클리너의 우측에 스로틀 보디 전에 설치되어 있다.

산소 센서를 사용하지 않은 L-제트로닉 자동차(구형 L-제트로닉 자동차)의 공연비를 변경하는 것은 쉬운 일이다. 공연비 미터를 작동시키고 자동차를 부하 범위 내에서 희박하게 하거나 농후하게 연료를 공급하여 작동시킬 수 있다. 에어플로 미터의 리턴 스프링의 장력을 조절할 수 있다.

이것은 플라스틱 커버를 분리한 다음 스프링 조절 기구를 조정하면 가능하다. 자동차가 희박한 공연비로 구동하면 리턴 스프링의 장력을 줄이면 되고 자동차가 농후한 공연비로 구동되면 리턴 스프링의 장력을 올리면 된다. 초기의 위치를 표시하는 것에 유의하고 그 자리를 유지해야한다. 이 결과를 시험하기 전에 매우 작은 변경 사항만 수행하도록 주의하여야 한다.

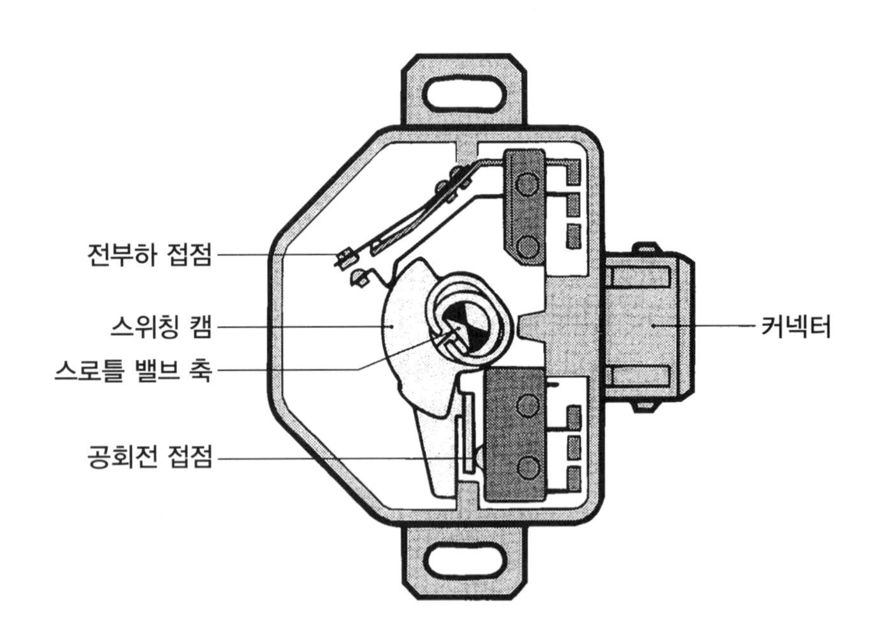

[그림 8.3] L-제트로닉 시스템에서 스로틀 위치 스위치

2. 모노-제트로닉 싱글 포인트 연료 분사 시스템

앞에서 설명한 바와 같이 EFI 시스템의 대다수는 엔진 각각의 실린더에 대하여 1개의 인젝터를 사용한다. 그러나 전자제어 분사 시스템의 다른 방법으로 싱글 포인트 분사 시스템이 있다. 보통 1개 혹은 2개의 인젝터를 사용하는 이 시스템은 인젝터 수를 절반 이상으로 줄일 수 있으며, 에어플로 미터나 MAP 센서는 필요하지 않다.

그 결과 유도 시스템의 비용은 아주 작다. 그러나 자동차가 적당한 성능을 유지하려면 복합적이고 기술적인 해법이 필요하다. 이 장에서는 인젝터 1개와 4개의 주요 입력 센서만을 사용하는 간단하고 저렴한 EFI 시스템을 살펴본다. 이번에도 1988년부터 1995년까지의 자동차와 그 파생된 모델에 광범위하게 장착되었다.

(1) 시스템의 배치

모노-제트로닉은 일반적인 EFI 시스템과 비슷한 시스템이다. 연료는 전기 펌프에 의해 압력을 가하여 연료 필터를 통해 공급된 다음 전자적으로 제어되는 인젝터로 공급되기 이전에 연료 압력 조정기에 의해 매니폴드 공기 압력 이상으로 인젝터 상단에 공급된다. 에어 클리너를 통과한 공기는 흡기 온도 센서에 의해 온도를 모니터링 한 다음 엔진의 스로틀 밸브를 통과한다. **그림 8-4**는 전체 시스템을 나타낸 것이다.

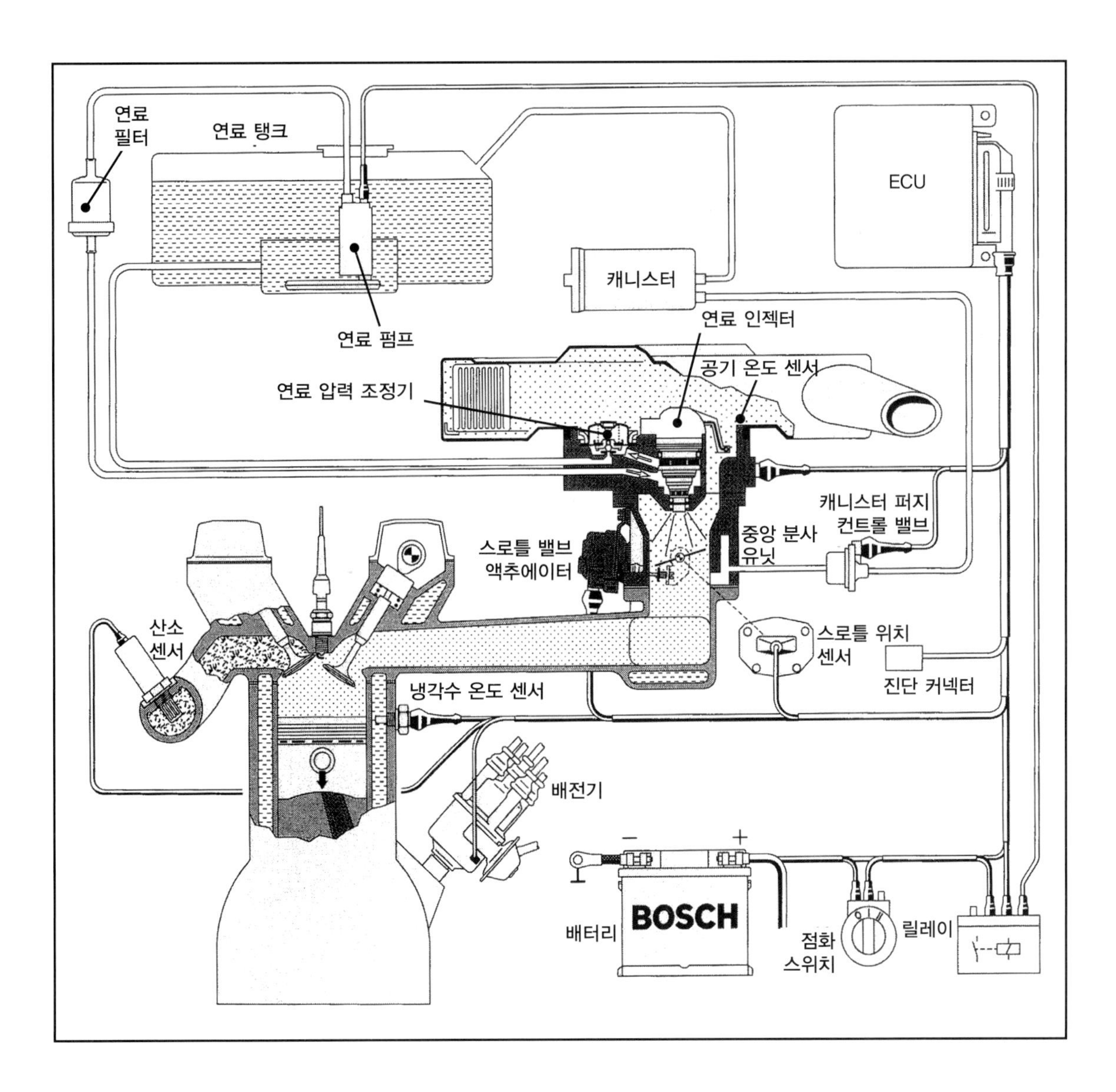

[그림 8.4] 모노-제트로닉 시스템(보쉬사 제공)

그러나 **그림 8-5**에 나타낸 것과 같이 시스템의 물리적인 배치는 상당히 이례적이다. 연료 인젝터, 흡기 온도 센서, 연료 압력 조정기, 스로틀 밸브, 아이들 스피드 컨트롤 액추에이터와 스로틀 위치 센서는 모두 1개의 유닛에 통합되어 있다. 이러한 방법으로 1개의 패키지에 여러 가지 부품을 결합하면 제조 및 설치비용이 절감된다. 이 어셈블리는 흡기 매니폴드 상단에 구형 카뷰레터를 장착하여 사용하는 것과 비슷한 위치에 배치된다.

(2) 엔진 데이터의 수집

인젝터의 펄스폭으로 결정되는 2개의 중요한 입력은 엔진 회전속도와 스로틀 밸브 위치이다. 엔진 회전속도는 점화 신호의 모니터링으로 유도되나 스로틀 밸브 위치의 정확한 감지는 매우 어렵다. 스로틀 밸브 열림 각도의 모니터링을 통해 부하의 감지가 발생할 경우 스로틀 밸브의 열림과 스로틀 바디 내에 연료 흐름간의 상호관계는 모든 생산 유닛에서 매우 근접한 허용 오차 이내로 유지되어야 한다. 이것은 스로틀 밸브의 작은 움직임이 엔진 부하에 큰 변화를 줄 수 있기 때문이다.

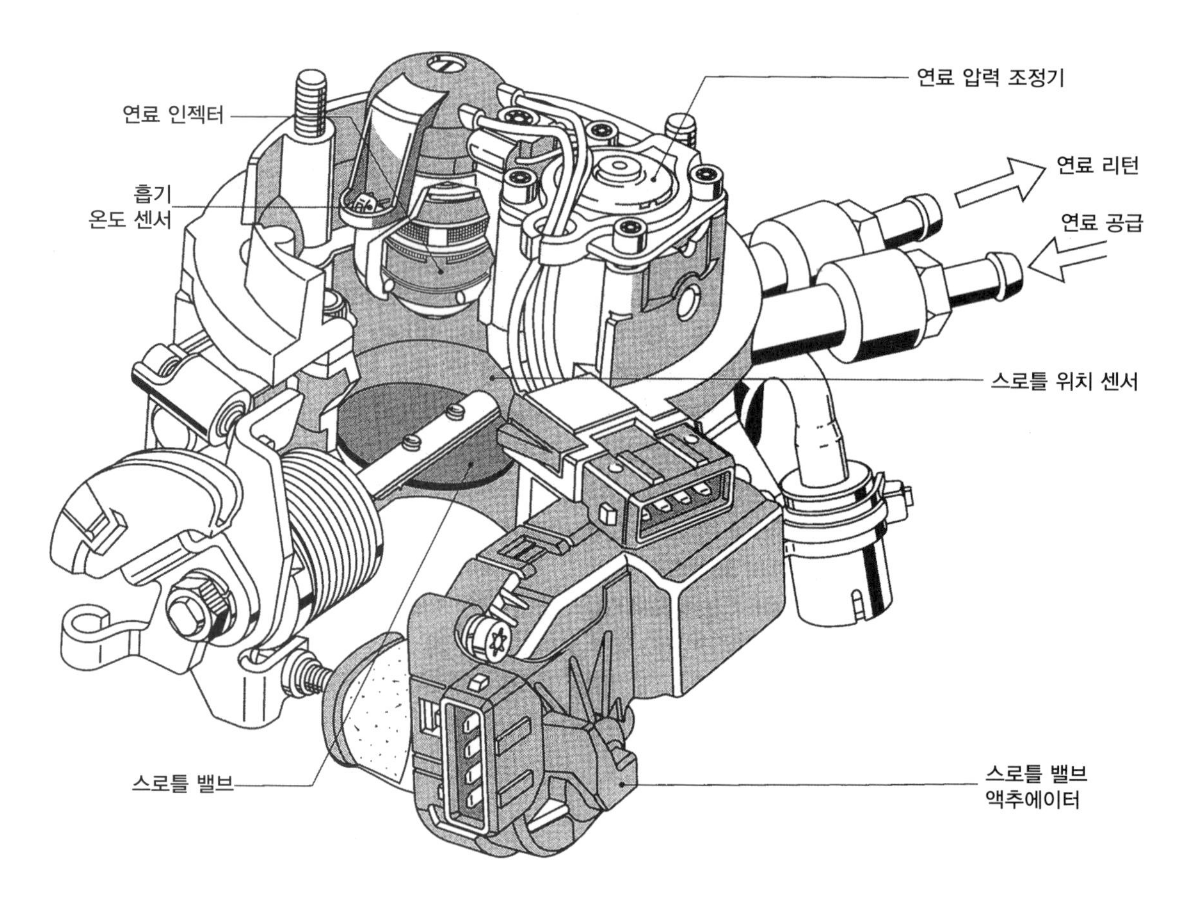

[그림 8.5] 모노-제트로닉 중앙 분사 유닛 (보쉬사 제공)

시스템을 개발하기 위한 첫 단계는 엔진을 중심으로 정밀하게 다이나모미터(동력계)로 시험하는 것이다. 이것은 다양한 엔진의 회전속도와 스로틀 밸브 열림 각도에서 1개의 흡기 사이클에 대한 공기 충전량을 측정할 수 있도록 하기 위함이다. **그림 8-6**은 이들 공기 충전량의 예를 나타낸 도표이다.

도표에 몇 가지 관심 있는 사항을 표시하였다. 먼저, 흡입 행정 당 흡입되는 공기량은 풀 스로틀(스로틀 밸브가 90° 개방)이 지시하는 공기 충전량 라인으로 표시한 바와 같이 피크 토크에서 최대이다.

그림 8-6에서 나타낸 것과 같이 엔진에서 흡입 행정 당 최대 흡입되는 공기량은 약 3,000 rpm 발생한다. 그러나 추가해야 할 정확한 양의 연료를 측정하려고 할 때 더욱 중요한 것은 스로틀 밸브 열림 각도가 작은 경우의 흡입 공기량의 차이이다. 공회전 및 저부하 시 ±1.5° 스로틀 밸브 열림의 변화는 ±17%의 흡입 공기량의 차이를 유발한다. 반면, 고부하에서 동일한 양의 스로틀 밸브 이동은 ±1%의 변화만을 일으킬 수 있다. 그러면, 스로틀 밸브의 열림이 작은 경우 매우 정확하게 측정되어야 한다.

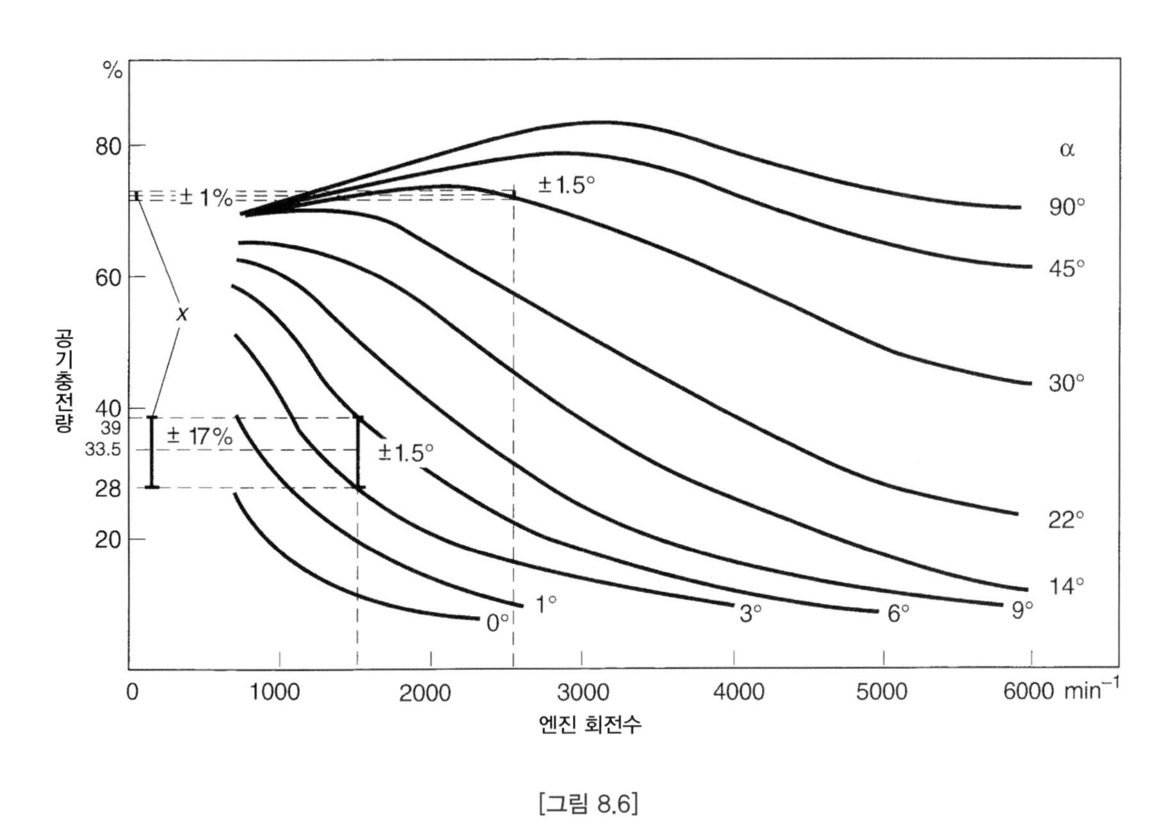

[그림 8.6]

이 그래프는 여러 가지 스로틀 밸브 각도와 rpm에서 공기 충전량을 나타낸 것이다. 엔진이 흡입하는 공기의 량이 매우 작은 스로틀 밸브 각도의 변화에 따라 어떻게 크게 변화하는지 주목한다.(보쉬사 제공)

모노-제트로닉 시스템에서는 특별한 스로틀 위치 센서를 사용한다. 스로틀 위치 센서는 포텐시오미터로서 하나는 스로틀 밸브의 열림 각도 0~24° 범위를 담당하고, 다른 하나는 스로틀 밸브의 열림 각도 18~90° 범위를 담당하는 2중 포텐시오미터를 사용한다. **그림 8-7**은 이 센서를 나타낸 것으로 1번 트랙은 0~24°의 각도 범위를, 2번 트랙은 18~90°의 각도 범위를 담당한다. 각 트랙의 각도 신호는 전용의 아날로그·디지털 변환기 회로에서 변환되어 발생한다. ECU는 이 데이터를 사용하여 트랙에서의 마모 및 온도 변화를 보상하기 위해 전압비를 평가한다.

엔진 부하는 MAP 센서나 또는 에어 플로미터로서 정확하게 평가할 수 없기 때문에 시스템은 배기가스에서 산소 농도를 검출하는 산소 센서의 피드백을 필요로 한다. 협대역 산소 센서의 출력은 질량비의 공연비 수준을 빠르게 변화시키는 낮은 전압이다. 다른 센서의 입력에는 냉각수 온도와 흡기 온도, 에어컨 및 자동변속기의 컨트롤 신호가 포함된다. 에어컨 및 자동변속기 산호의 입력은 공전속도 컨트롤 전략의 일부로서 사용된다.

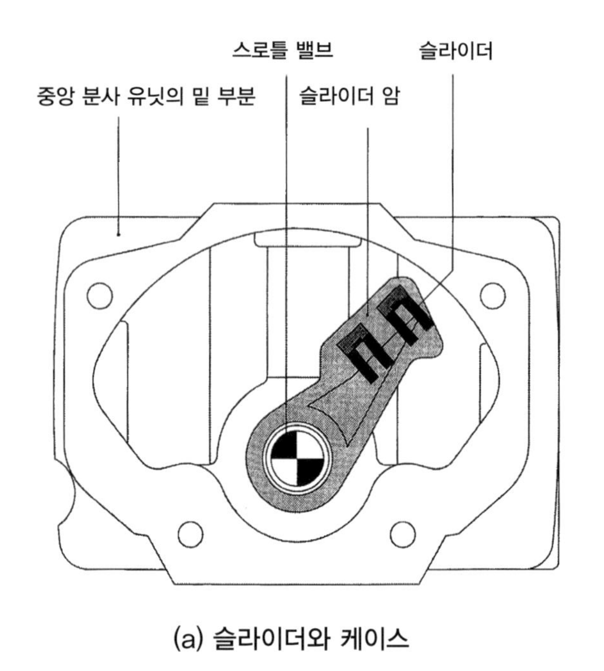

(a) 슬라이더와 케이스

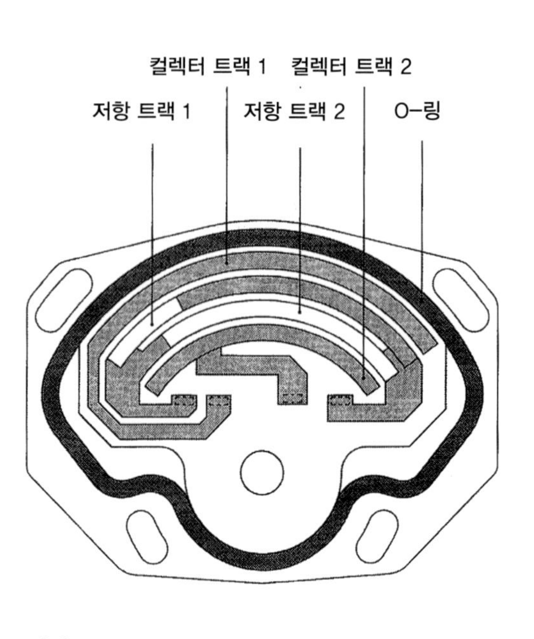

(b) 포텐시오미터 트랙을 포함한 케이스

[그림 8.7] 모노-제트로닉 스로틀 위치 센서 (보쉬사 제공)

(3) 입력 데이터의 처리

그림 8-8은 시스템의 ECU 구성도이다. TPS, 산소 센서, 냉각수 온도와 흡기 온도 센서 등의 입력은 아날로그·디지털 변환기에 의해 데이터 워드로 변환하여 데이터 버스를 통하여 마이크로프로세서에 전송된다. 마이크로프로세서는 데이터 및 주소 버스를 통해 EPROM과 RAM으로 연결된다.

ROMRead Only Memory 메모리는 작동 파라미터의 정의에 따라서 프로그램 코드와 데이터가 포함되어 있다. 특히, RAMRandom Access Memory은 산소 센서의 입력을 기본으로 하여 발생한 자체 학습 중에 개발된 적응 값을 저장한다. 이 메모리 모듈은 점화 스위치가 OFF될 때마다 유효한 데이터를 유지하기 위해 자동차의 배터리에 영구적으로 연결된 상태를 유지한다.

연료 인젝터, 공전속도 컨트롤 액추에이터, 캐니스터 퍼지 솔레노이드 밸브(저장된 가솔린 탱크 증기를 연소할 수 있음) 및 연료 펌프 릴레이의 제어 신호를 생성하기 위해 다양한 출력 단계가 사용된다. 이 엔진 경고등은 센서나 액추에이터 결함 등을 운전자에게 알려주는 진단 인터페이스(고장 코드를 점멸시켜 적절한 조치를 실행한다)의 역할도 한다.

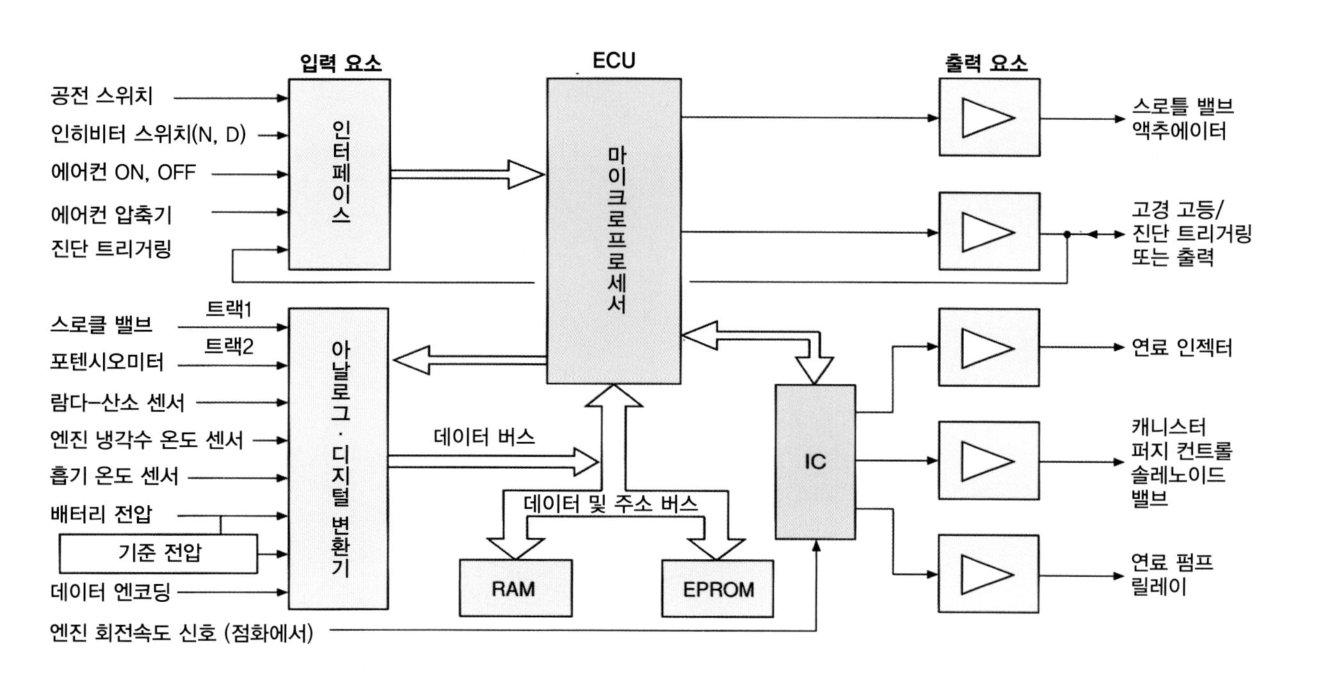

[그림 8.8] 모노-제트로닉 입력과 출력 (보쉬사 제공)

(4) 공연비 제어

적절한 연료 인젝터의 펄스폭 계산을 위한 시작점은 자기진단 테스트 데이터에서 유도 저장된 3차원 맵(Map)이다. 이 람다 맵(**그림 8-9**를 참조)은 모든 작동 조건에서 질량비의 공연비를 제공하기 위한 최적의 펄스폭을 포함하고 있다.

맵은 225개의 컨트롤 좌표로 구성되어 있으며, 스로틀 위치의 경우 15개의 기준 좌표와 엔진 회전속도의 경우 15개의 좌표로 구성되어 있다. 흡입 공기량(공기 충전) 곡선이 심한 비선형적인 형태이므로 데이터 포인트는 맵의 저부하 끝부분에 매우 밀접하게 위치해 있다. ECU는 맵 내부의 불연속 점 사이를 보충한다.

ECU가 질량비의 공연비에서 벗어난 편차로 인해 연장된 시간에 기본적인 분사가 지속되어 수정해야 하는 경우, 혼합기의 보정 값을 생성하여 적응 프로세서의 일부로 저장한다. 이런 방법으로 엔진 대 엔진의 변형과 엔진의 마모를 보상한다.

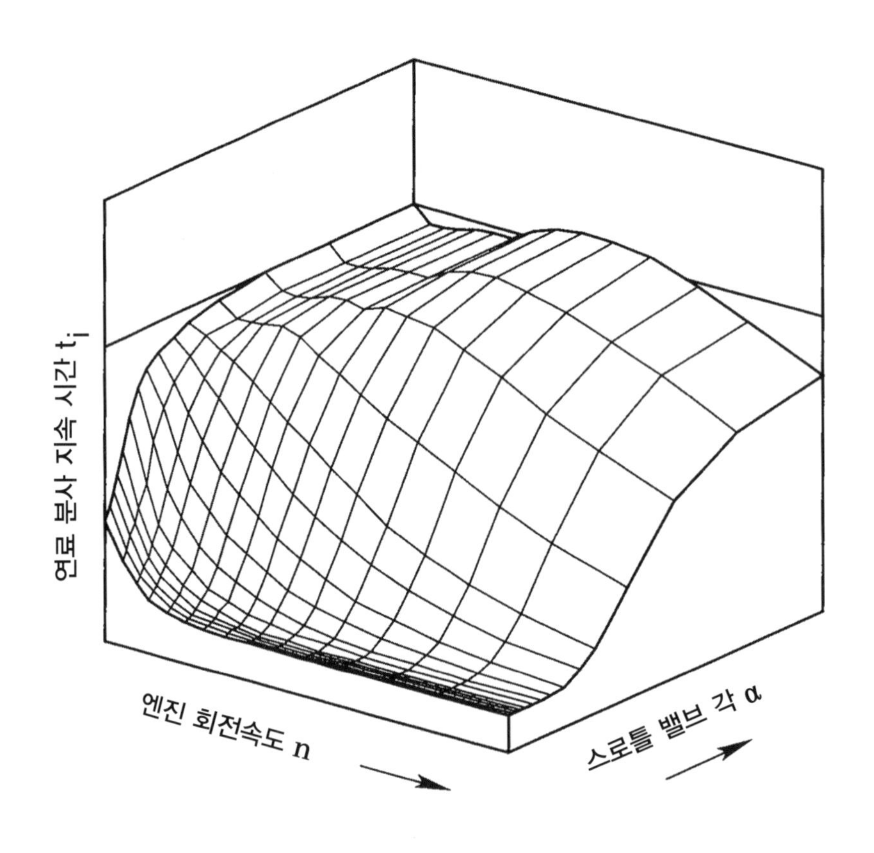

[그림 8.9]
분사 지속 시간 대 스로틀 위치 및 엔진 속도의 모노-제트로닉 3D 맵 (보쉬사 제공)

(5) 보상

모노-제트로닉 시스템은 싱글 인젝터 위치만을 사용하기 때문에 보상을 통한 매니폴드 월웨팅은 멀티 포인트 시스템보다 더 큰 문제가 된다. 모든 디지털 EFI 시스템과 마찬가지로 엔진이 냉각된 상태로 작동하면 인젝터의 펄스폭을 증가시켜야 한다.

그러나 연료의 보상은 공기의 흐름 속도에 따라 달라지기 때문에 엔진의 회전속도가 증가함에 따라 인젝터의 연료 분사의 지속시간이 감소한다. 엔진의 크랭킹이 길어져 연료를 과다하게 공급할 가능성에 대응하기 위해 연료의 분사량이 줄어들어 크랭킹 6초 후에 80%까지 감소한다. 엔진이 시동되면 인젝터 연료 분사의 지속시간은 람다 맵에 저장된 값을 기본으로 하여, 엔진 냉각수 온도 센서 신호의 입력에 의해 시간과 온도가 기본적으로 수정된다.

모든 EFI 시스템은 스로틀 밸브가 급격히 열리는 경우 카뷰레터의 가속 펌프와 동등한 것을 사용하지만, 모노-제트로닉 시스템의 싱글 인젝터 위치는 이 부분을 임계 영역으로 만든다. 스로틀 밸브 위치의 급격한 변화 중에는 다음 3가지 요인을 고려하여야 한다.

① 중앙 인젝터 유닛과 흡기 매니폴드 내의 연료 증기는 흡입 공기와 동일한 속도로 매우 빠르게 운송된다.
② 작은 연료 방울은 일반적으로 흡입 공기와 함께 동일한 속도로 운반되지만, 때때로 흡기 매니폴드 벽에 부딪혀 박막을 형성한 후 증발한다.
③ 액체 연료는 흡기 매니폴드 벽면의 연료 필름으로 송출되어 시간이 경과한 후 연소실에 도달한다.

공회전 및 저부하에서는 흡기 매니폴드 내부의 공기 압력이 낮으며(높은 진공도), 연료는 거의 증발되어 흡기 매니폴드 내부에는 연료의 박막 현상이 발생되지 않는다. 스로틀 밸브가 열리면 흡기 매니폴드 내의 압력이 상승하여 매니폴드 벽에 축척되는 연료 비율도 상승한다.

즉, 스로틀 밸브가 열리면 흡기 매니폴드 벽면에 축척되는 연료량이 증가하기 때문에 혼합기가 희박해지는 것을 방지할 필요가 있어 어떤 형태의 보상이 있어야 한다는 의미이다. 스로틀 밸브가 닫히면 흡기 매니폴드 벽면에 축척되는 연료량이 감소한다. 어떤 형태로든 혼합기가 희박해지지 않으면 엔진의 작동 상태에 알맞은 혼합기가 형성된다.

시스템은 스로틀 밸브가 급격히 열리는 위치에만 보상을 기초로 하기보다는 스로틀 밸브가 열리거나 닫히는 속도를 결정하는 인자로 사용하여야 한다. 스로틀 밸브가 초당 260도 이상으로 열릴 때 최대의 보상이 이루어진다. 또한 이러한 동적 혼합기 보상에는 엔진 냉각수 온도 센서 및 흡기 온도 센서의 입력도 포함된다.

(6) 혼합기의 적용

혼합기의 적응 시스템은 산소 센서 신호의 입력을 사용한다. 시스템은 3가지 변수에 대하여 보상을 하여야 한다.

① 높은 고도에서 자동차를 주행할 때 공기 밀도의 변화.
② 흡기 매니폴드에서 진공 누출.
③ 인젝터 응답 시간의 개별적인 차이가 발생.

업데이트된 주파수는 엔진 부하와 회전속도에 따라서 100ms와 1초 사이에서 변한다.

3. 모토로닉 – 점화와 연료 컨트롤

표준 엔진 관리 시스템을 생각할 때, 그들은 보쉬 모토로닉 시스템이나 그것의 가까운 파생 모델 중 하나를 생각할 것이다. 이 시스템은 연료 제어와 점화시기 제어의 기능을 모두 갖춘 엔진 관리 기능이다.

모트로닉은 엔진의 부하와 회전속도를 기본으로 하여 설정하는 컨트롤 출력(예를 들면 인젝터 펄스폭이나 점화시기)을 이용한 3차원 맵 검색표를 포함하는 디지털 ECU를 사용한다.

맵 검색표을 사용하면 어느 지점에도 원하는 출력을 얻을 수 있다. 모트로닉이 출시되었을 때 보쉬는 이 시스템의 장점을 다음과 같이 설명하였다.

① 카뷰레터와 배전기 형식에 비교하면 연료를 절감하며, 가솔린 분사와 재래식 트랜지스터식 점화 장치를 탑재한 엔진을 비교하였을 때 연료가 절감된다.
② 엔진의 예열과 점화시기를 적절히 조정하면 정교한 혼합비에 의해 연료를 절감한다.
③ 전 부하로 작동 시 엔진의 회전속도에 따른 정교한 혼합비에 의해 연료를 절감한다.
④ 연료 소비를 더욱 감소시키는 오버런의 연료를 차단한다.
⑤ 모든 작동 조건에 우선하여 점화시기 제어를 실시하여 배기가스 규제에 충족하면서 연료 소비를 줄인다.
⑥ 시동 시 최적의 점화시기 및 연료 측정으로 안정적인 시동 및 냉간 시동 조건을 제공한다.
⑦ 안정적인 공전속도
⑧ 엔진의 저속에서 양호한 토크 특성.
⑨ 최고의 토크를 위해 전부하에서 점화시기 진각이 설정되고, 부분부하 범위의 한정된 배기가스를 충족하면서 최소의 연료 소비량을 위해 설정한다.
⑩ 최상의 연료량 조절과 점화시기 진각 및 부하 조건까지 발전시켜 유해 배출가스 저감

[그림 8.10] 초기 모트로닉 시스템의 배치도
(보쉬사 제공)

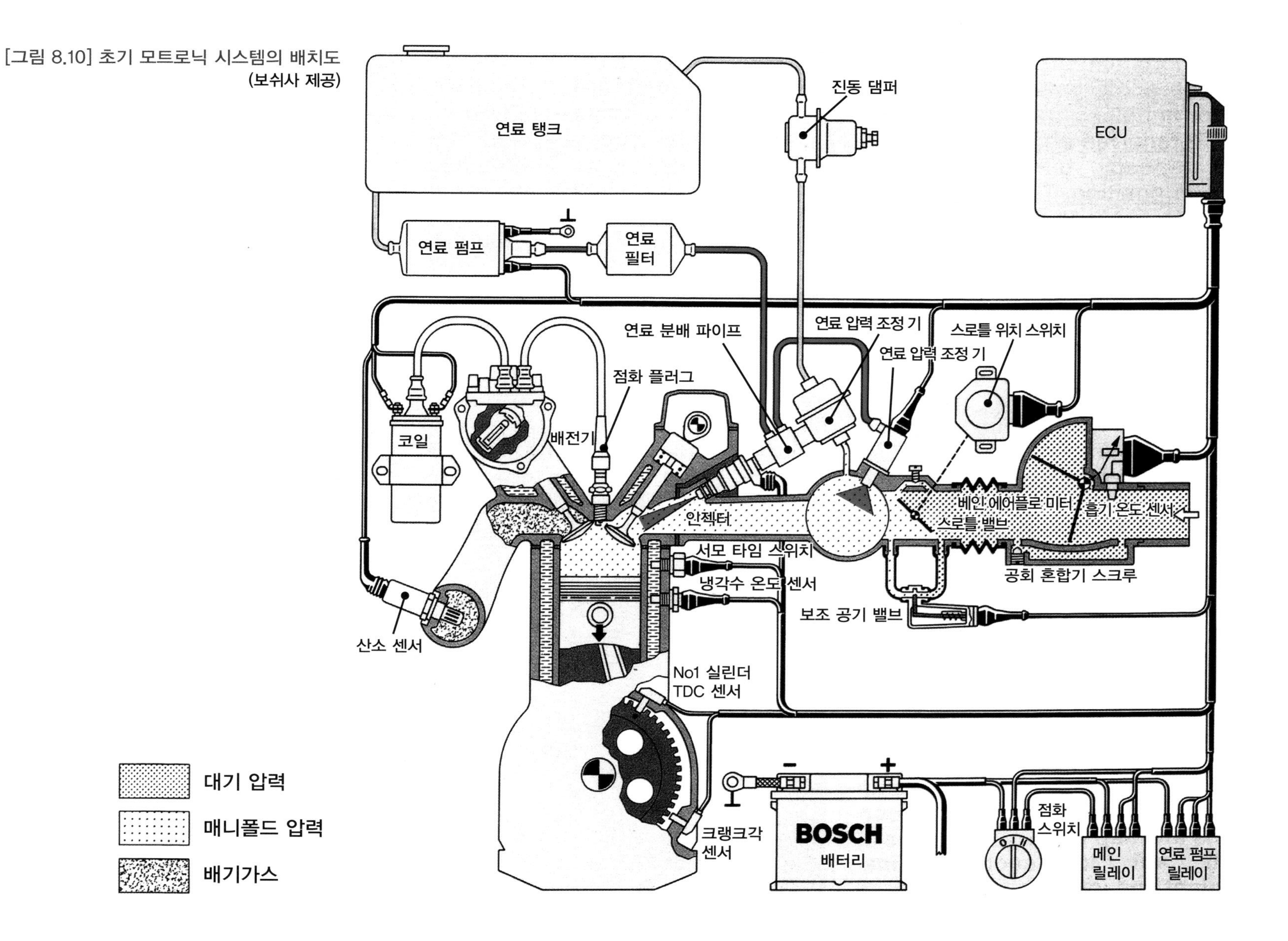

그래서 이것은 시장에는 없는 것이다.(L-제트로닉에서 이용 가능한 오버런 연료 차단은 제외). : 이 사항들은 장점의 일부 일뿐이며, 목록은 계속된다(L-Jetronic에서도 이용 가능한 오버런 연료 차단제 제외). 꼭 마케팅과 관련된 것은 아니다.

재래식 진공진각 및 원심진각 장치로 불가능한 방식으로 점화시기를 정밀하게 진각하는 컨트롤 능력과 완전한 디지털 컨트롤로 전환은 앞선 기술에 비해 크게 도약한 결과의 산물이다. 예로서, 이전에는 어렵고 불가능했던 방식으로 터보차저를 사용하여 해결하였다. 모트로닉은 1980년대 중반에 사용이 가능하게 되었으며, 약 20년 동안 사용되고 있다.

여러 가지 관점에서, 먼저 모트로닉 시스템은 구형 L-제트로닉 시스템과 매우 유사한 방법이다. 이것들은 베인 에어플로 미터, 연료 공급 시스템과 인젝터를 사용하였으며 최근의 L-제트로닉 시스템과는 다르지만 거의 비슷한 시스템이다. 많은 시스템이 배전기 형식의 점화시스템을 보유하고 있다. **그림 8-10**은 초기 모트로닉 시스템의 배치도를 나타낸 것이다. L-제트로닉 콜드 스타트 인젝터와 보조 공기 컨트롤 밸브, 베인 에어플로 미터를 사용한 것에 유의하기 바란다.

시간이 지나면서 이들 콜드 스타트 인젝터는 표준 인젝터를 통해 냉간 시동 시 농후한 연료를 공급하는 논리로 교체 되었고, 보조 공기 컨트롤 밸브는 PWM 컨트롤 공전속도 컨트롤 밸브로 교체 되었으며, 베인 에어플로 미터는 핫-와이어(최근에는 핫 필름) 에어플로 미터로 교체 되었다. 배전기는 각 스파크 플러그에 설치된 점화 코일이 직접 점화하므로 교체하였다.

그러나 3D 그래프로 표현할 수 있는 3차원 룩업 테이블을 사용하는 모토로닉 시스템의 기본 제어 논리는 수십 년 동안 그대로 유지되었다(**그림 8-11** 참조). 이 방식은 오늘날에도 프로그래밍이 가능한 엔진 관리 시스템에 사용되고 있다.

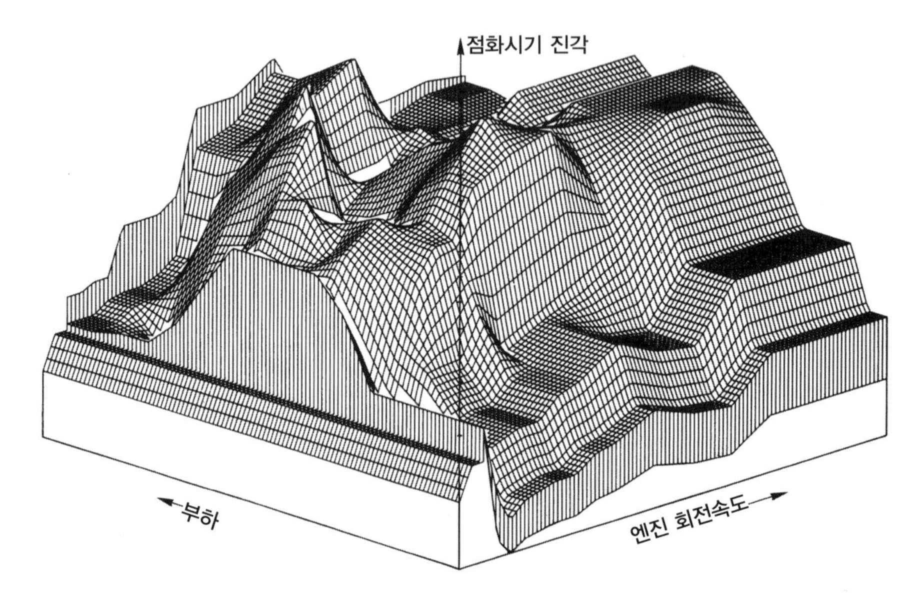

[그림 8.11] 디지털 엔진 관리 시스템의 구형 3차원 맵

시간에 대한 회전을 표시 : 점화시기의 값이나 혹은 연료 인젝터 펄스폭의 값은 엔진의 회전속도와 부하를 조합하여 프로그래밍 할 수 있다. 이 맵은 점화 진각에 대한 엔진의 부하와 회전 속도를 나타낸 것이다. (보쉬사 제공)

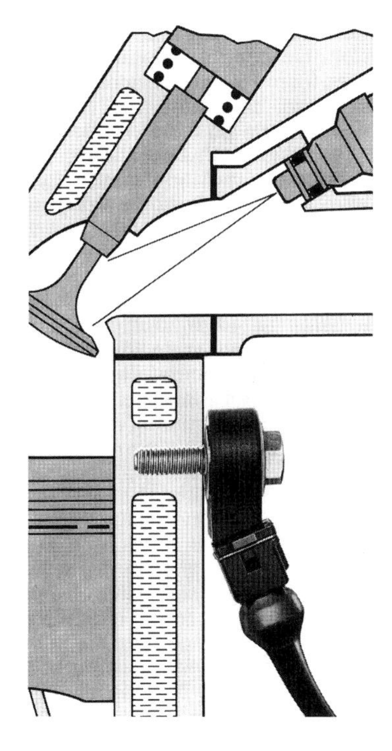

[그림 8.12] 연료 분사 컨트롤에 점화시기를 추가한 모트로닉

노크 센서를 실린더 블록에 볼트로 고정시킨 것이다. 이 다이어그램은 포트 연료 분사 시스템(상측)의 인젝터 배치 위치를 매우 선명하게 나타낸 것이다. (보쉬사 제공)

4. ME-모트로닉 – 전자제어 스로틀 밸브와 토크 모델링

보쉬 ME-모트로닉 시스템은 지금까지 설명한 엔진 관리 시스템에 대해 상당히 다른 접근 방식을 취한다. 처음에는 연료 인젝터, 입력 센서, 전자 컨트롤 유닛 등 현대 전자 관리 시스템의 일반적인 구성 요소만 가지고 있는 것으로 보이지만, 액셀러레이터 페달 위치 센서 및 전자 스로틀 액추에이터를 사용하여 이 시스템이 이전에 사용한 방식과는 상당히 다른 시스템을 만들었다.

액셀러레이터 페달 위치와 스로틀 개방 사이의 관계는 처음으로 조정이 가능해졌다. 이 시스템은 연료 분사 및 점화뿐만 아니라 실린더의 충진율도 제어할 수 있다. ME-모트로닉은 다른 엔진 관리 시스템과 다르게 주어진 상황에서 엔진의 토크가 얼마나 필요한지를 결정하고, 엔진이 그 만큼의 토크를 발생할 수 있도록 스로틀 밸브를 전기적으로 충분히 개방한다.

액셀러레이터 페달의 작동은 협조제어를 통한 트랙션 컨트롤 시스템, 스피드 리미터, 엔진 제동 토크 제어 등에 의해 발생할 수 있는 다른 토크 요청에 대해 가중치를 부여하는 운전자가 '**요청하는 토크**'의 입력 신호이다. 또한 엔진 관리 ECU는 항상 엔진의 순간적인 토크의 발생을 모델링하여 요청한 토크와 발생된 토크 사이의 관계에 따라 스로틀 밸브의 열림을 조정한다. **그림 8-13**은 시스템의 배치도를 나타낸 것이다.

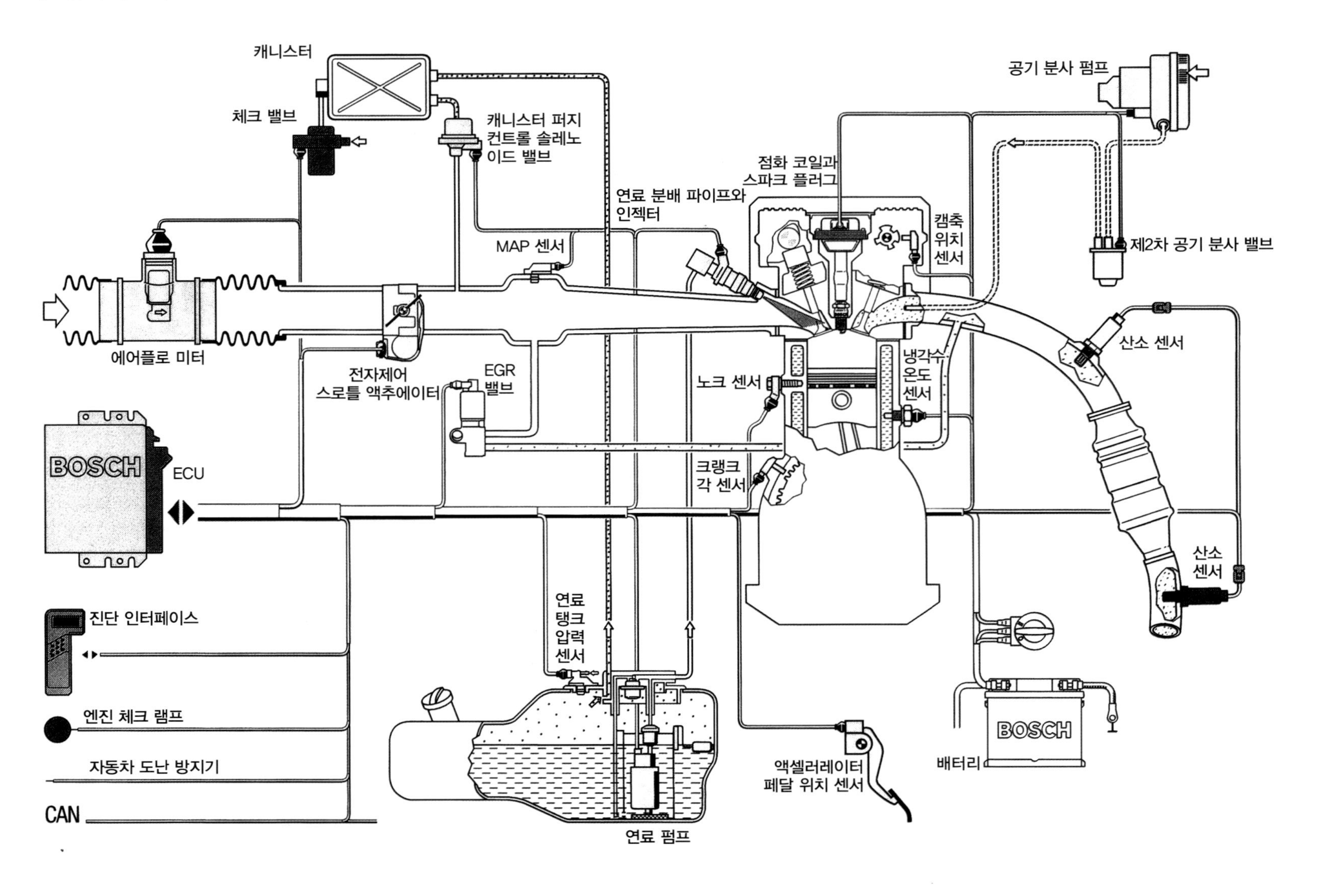

[그림 8.13] 보쉬 ME-모트로닉 시스템 (보쉬사 제공)

(1) 입력과 출력

그림 8-14는 일반적인 ME-모트로닉 시스템의 입력과 출력을 나타낸 것이다. 그림에 나타낸 바와 같이 ME-모트로닉 시스템은 언뜻 보기에 다른 현재의 관리 시스템과 매우 비슷해 보인다.

1) 입력 요소

2가지의 진단 및 CAN 버스(자동변속기 ECU와 같은 다른 시스템과 통신) 외에 입력은 다음과 같이 구성되어 있다.

① 자동차 속도 센서
② 인히비터 스위치
③ 캠축 위치 센서
④ 크랭크 각 센서(회전속도와 TDC)
⑤ 산소 센서(촉매 변환기의 양쪽에 배치. V형 엔진은 4개의 센서를 보유)
⑥ 노크 센서
⑦ 냉각수 온도 센서
⑧ 흡기 온도 센서
⑨ 배터리 전압
⑩ 에어 플로미터
⑪ 스로틀 밸브 위치
⑫ 액셀러레이터 페달 위치 센서

2) 출력 요소

출력 요소는 다른 최근의 관리 시스템과 또한 매우 비슷하다.
① 스파크 플러그
② 인젝터
③ 태코미터
④ 연료 펌프 릴레이
⑤ 가변 흡기 매니폴드 통로 컨트롤(VIS)
⑥ 증발가스 컨트롤, 2차 공기 분사와 배기가스의 재순환(모든 배출가스 컨트롤)

액셀러레이터 페달 위치 센서
스로틀 밸브 액추에이터
공기 질량
배터리 전압
흡기 온도 센서
엔진 냉각수 온도
노크 센서
람다 산소 센서 1 2
크랭크 각 센서 (회전속도, TDC)
캠축 위치 센서
인히비터 스위치
차속 센서
CAN
고장 진단

ADC
기능 프로세서
RAM
플래시 EPROM
EEPROM
컴퓨터 모니터

스파크 플러그
ETC 액추에이터
인젝터
메인 릴레이
태코미터
연료 펌프 릴레이
1 2 람다 산소 센서, 센서 히터
캠축 컨트롤
탱크 환기 시스템
가변 흡기 매니폴드 러너 컨트롤
2차 공기 분사
배기가스 재순환 (EGR)

[그림 8.14] 전형적인 ME-모트로닉 시스템의 입력과 출력 (보쉬사 제공)

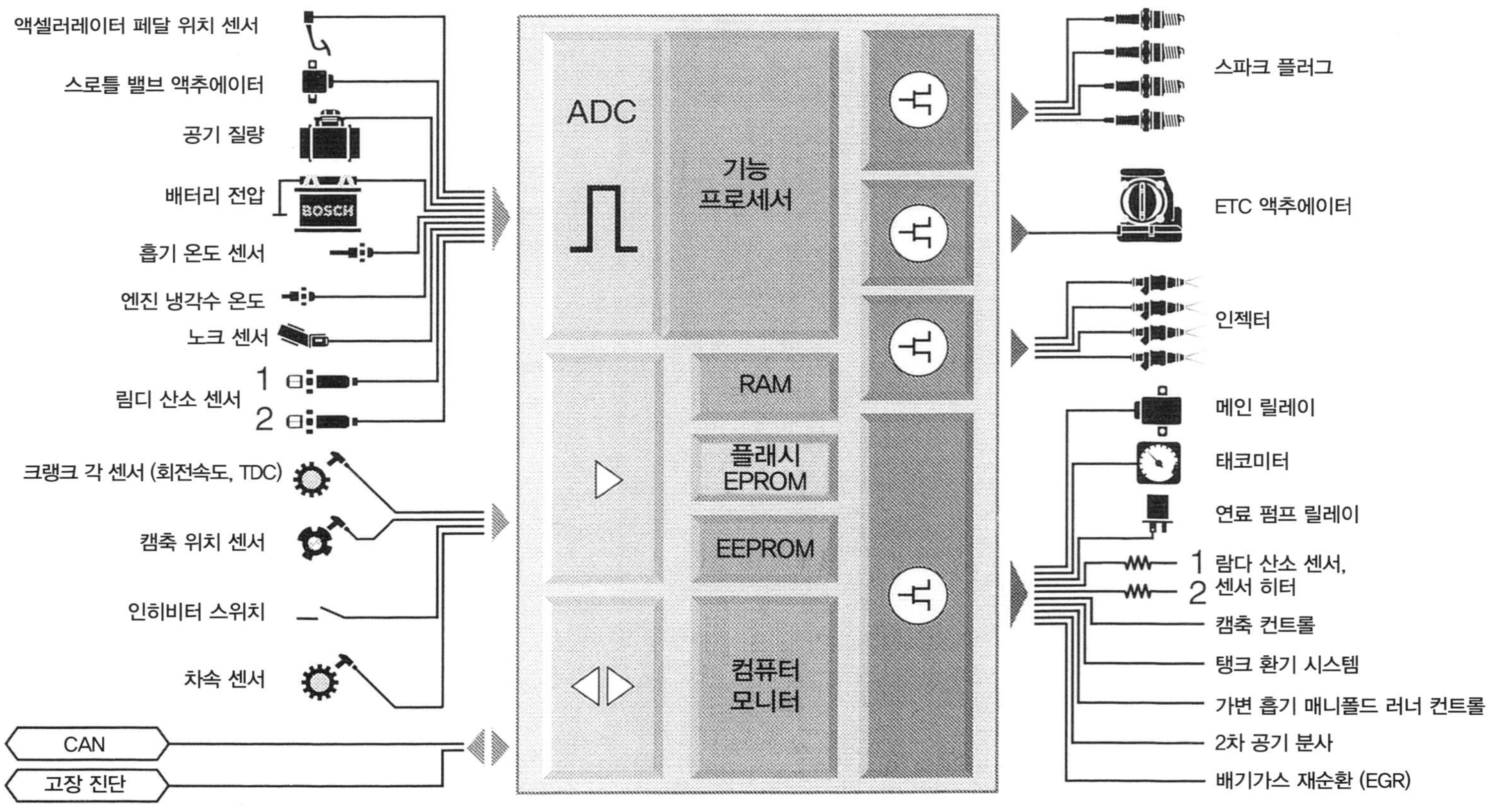

(2) 추가 사항

하드웨어는 액셀러레이터 페달 위치 센서와 전자 스로틀 컨트롤 액추에이터가 추가되었다. 이들 2개의 구성 요소를 좀 더 자세히 살펴보자.

1) 액셀러레이터 페달 위치 센서APS

액셀러레이터 페달 위치 센서는 2개의 신호 값을 출력하도록 설계되었지만 전기적으로는 동일하다. 액셀러레이터 페달의 움직임은 2개의 로터리 포텐시오미터를 전자제어 스로틀 엔진과는 다르게 적용한 것이다. 액셀러레이터 페달의 움직임을 스로틀 밸브에 연결하는 케이블이 존재하지 않는다.

2개의 포텐시오미터는 이중으로 검출이 가능하도록 센서에 장착되어 있다. 만일 1개가 고장이 나더라도 다른 포텐시오미터는 여전히 시스템이 작동되도록 한다. 포텐시오미터의 출력은 동일하지만 전압의 오프셋은 다르다. 자동변속기가 장착된 자동차는 어셈블리에 추가로 킥다운 스위치가 없으며, 대신에 킥다운 스위치의 느낌을 주기 위해 **'기계적인 압력 포인트'**를 사용한다.

액셀러레이터 페달 위치 센서가 고장이 액셀러레이터 페달과 스로틀 밸브 사이의 기계적인 연결이 없으므로 정밀한 **'림프 홈'** 모드 2가지를 적용한다.

① 림프 홈 모드 # 1

APS 2개의 신호 중 1개의 신호가 고장일 때

- 엔진의 회전수를 설정값 이하로 제한된다.
- 2개의 포텐시오미터에서 신뢰할 수 없는 신호가 발생하는 경우 둘 중의 낮은 값을 사용한다.
- 엔진 경고등은 공회전 속도에 도달했을 때 지시하는 것을 사용한다.
- 엔진 경고등이 점등된다.

② 림프 홈 모드 # 2

APS 2개의 신호 모두 고장일 때

- 엔진은 공회전 속도에서만 작동한다.
- 엔진 경고등이 점등된다.

액셀러레이터 페달 위치 센서와 브레이크 페달을 함께 밟으면 스로틀 밸브는 자동으로 닫혀 정해진 작은 위치의 열린 상태가 된다. 브레이크 신호가 입력되고 액셀러레이터 페달 위치 센서의 신호가 동시에 입력될 경우 림프 홈 제어를 통해 설정된 엔진 회전수를 유지하여 가속을 방지한다.

2) 전자 스로틀 컨트롤 액추에이터 ETC

전자제어 스로틀 밸브는 DC 모터, 감속 기어 구동 장치 및 2중 스로틀 밸브 위치 센서 등으로 구성되어 있다. 스로틀 밸브 위치의 피드백을 위해 2개의 포텐시오미터가 사용되는 것은 중복성의 이유 때문이다. 그러나 스로틀 밸브 위치 센서는 액셀러레이터 페달 센서와는 다르게 서로 반대되는 저항 특성을 가지고 있다. 스로틀 밸브 위치를 지속적으로 감지하는 동안 ECU가 스로틀 밸브의 4가지 중요한 기능을 인식한다.

① 스로틀 밸브가 기계적 한계의 닫힘(완전히 닫힘) 상태를 인식한다.

② 스로틀 밸브 하한선 위치 값의 학습 :
정상 작동에 사용되는 하한 위치로 스로틀 밸브를 완전히 닫지 않으므로 하우징과 스로틀 밸브의 접촉 마모를 방지한다.

③ 시스템 고장 시 위치 :
전원이 공급되지 않을 때 스로틀 밸브의 위치로 공회전 속도가 표준 속도보다 약간 높게 유지된다.

④ 스로틀 밸브 상한선 위치 값의 학습 :
스로틀 밸브가 완전히 열린 위치로 컨트롤 시스템의 자기 학습 기능이며, 전자 스로틀(스프링 장력) 내의 기구의 상태는 스로틀 밸브의 반응 속도를 평가하여 결정된다.

액셀러레이터 페달 위치 센서와 마찬가지로 전자식 스로틀 컨트롤 액추에이터에 문제가 발생할 경우 정교한 림프 홈 모드 3가지를 적용할 수 있다.

① 림프 홈 모드 # 1
스로틀 바디 내부의 스로틀 밸브 위치 센서가 고장이거나 또는 신뢰할 수 없는 신호가 수신될 때 발생한다. 필요한 것은 완전한 스로틀 위치 센서와 흡입 공기 질량의 측정이다.
- 다른 시스템에서 토크의 증가 요청은 무시된다.(예를 들면, 엔진 브레이크 컨트롤에서)
- 엔진 경고등이 점등된다.

② 림프 홈 모드 # 2
이것은 스로틀 밸브 구동 장치가 고장이거나 또는 기능이 불량일 때 발생한다. 2개의 스로틀 밸브 포텐시오미터는 응급시 스로틀 밸브의 작동 위치를 인식하여야 한다.
- 스로틀 밸브가 림프 홈 위치로 기본 설정되도록 스로틀 밸브 구동 장치의 전원을 차단하는데 사용한다.
- 가능하면 오래, 점화시기 컨트롤과 터보 부스트 컨트롤은 운전자가 요구하는 토크를 실행하는데 사용한다.
- 엔진 경고등이 점등된다.

③ 림프 홈 모드 # 3
이것은 스로틀 밸브의 위치를 알 수 없는 경우 혹은 스로틀 밸브가 림프 홈 위치를 정확하게 알지 못할 경우에 발생한다.

- 스로틀 밸브가 림프 홈 위치로 기본 설정되도록 스로틀 밸브 구동 장치의 전원을 차단하는데 사용한다.
- 연료 분사를 제어하여 엔진의 속도는 약 1200rpm으로 제한된다.
- 엔진 경고등이 점등된다.

(3) 토크 컨트롤 로직

ME-모트로닉 시스템은 전체적인 토크 컨트롤의 전략을 구현할 수 있도록 요구하는 토크의 우선순위를 정하고 조정하며, 요구하는 토크는 '내부' 혹은 '외부'로 분류한다. 외부 토크의 요청은 운전자가 만드는 것으로 크루즈 컨트롤 시스템과 자동 안정성 컨트롤과 같은 동적인 구동 시스템 등이 포함된다.

내부 토크의 요청은 엔진 컨트롤과 공전속도 컨트롤과 같은 ECU 요인의 내부 프로그래밍에 의해 수행되는 요청이다. 요청된 총 토크는 촉매 변환기 온도나 혹은 구동이 유연하게 작동하는 것을 고려한 전략에 의해 변경된다. **그림 8-15**는 프로세스를 표시한 그림이다.

이전의 엔진 관리 시스템에서는 운전자가 스로틀 밸브 각도의 기계적 변경을 통해 실린더 충진의 질량을 직접 컨트롤하여 관리한다. 관리 시스템은 토크 감소 전략(예를 들면 연료의 차단) 또는 스로틀 밸브를 바이패스 하는 공기의 질량 조절을 통하여 경미한 토크의 증가로 제한되었다. 그러나 이런 방법은 동시에 발생할 수 있는 경쟁 토크 요청과 반대 토크의 요청에 잘 대응하지 못한다.

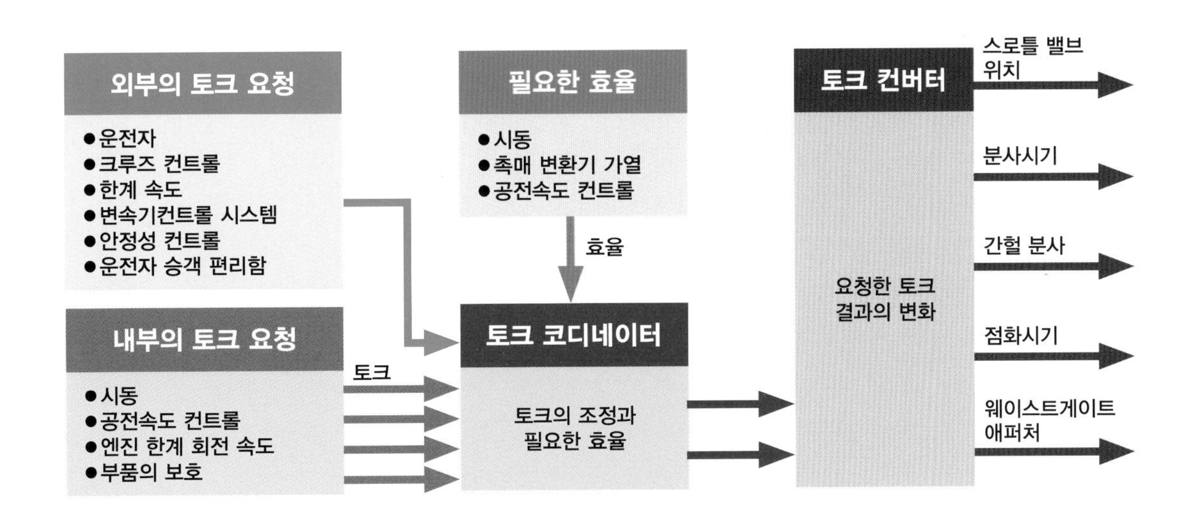

[그림 8.15] ME-모트로닉 시스템의 작동 특성 프로세스 구성도 (보쉬사 제공)

ME-모트로닉 시스템은 전체적인 토크 컨트롤의 전략을 구현할 수 있도록 요구하는 토크의 우선순위를 정하고 조정한다. 외부 토크의 요청은 운전자, 크루즈 컨트롤 시스템 및 자동 안정성 컨트롤과 같은 동적인 구동 시스템이 포함된다. 내부 토크의 요청은 엔진 컨트롤 및 공전속도 컨트롤과 같은 ECU 요인의 내부 프로그래밍에 의해 수행되는 요청이다. 요청된 총 토크는 촉매 변환기 온도 또는 구동의 유연성을 고려한 전략에 의해 수정된다.

ME-모트로닉 시스템은 내부적으로 엔진의 순수한 토크를 개발한 모델이다. 이 모델은 파워 스티어링과 워터 펌프와 같은 내부 마찰, 펌핑 손실 및 부가되는 부하를 통한 손실을 고려한다. ECU의 내부 매핑은 최상의 연비와 배기가스의 상반되는 요건을 고려하여 순수하게 원하는 토크 값에 대하여 충진 밀도, 분사 지속 시간 및 점화시기에 대한 최적의 사양을 허용한다.

이 요건은 시스템이 정상 상태의 부하를 받을 때뿐만 아니라 토크가 급격히 변화하는 과도현상에서도 잘 수행되어야 한다는 것을 명시한다. 일정한 부하와 과도 부하 조건에서 모두 양호한 성능을 발휘하기 위해 2가지 다른 제어 컨트롤 방법을 선택하였다. 보쉬는 첫 번째 컨트롤 전략을 충진 패스Charge Path라고 칭하였다.

이 맥락에서 '충진'은 실린더 내에 갇힌 공기의 질량 밀도를 말한다. 주어진 공연비 및 점화시기 진각 시 이 공기의 질량은 연소가 진행되는 동안 발생하는 힘에 정비례한다. 스로틀 밸브의 열림 각도(터보차저 탑재 차량의 부스트 압력)로 컨트롤되는 충진 패스는 정적으로 작동 시 엔진 토크의 출력을 컨트롤 하는데 사용된다. 이 컨트롤 시스템이 빠르게 변화할 수 있는 능력은 스로틀 액추에이터의 컨트롤 속도와 흡기 매니폴드의 시정수로 인하여 제한을 받는다. 엔진의 저속에서 수백 밀리 초의 크기로 할 수 있다.

토크 출력을 컨트롤하는 두 번째 전략은 크랭크축 동기 패스라고 칭하였다. 이것은 점화시기와 연료 분사 지속시간의 변화로 빠르게 발생할 수 있는 토크의 변화를 말한다. 연료 분사 지속시간은 공연비에 영향을 주는데 사용한다. 이 방법은 자동변속기의 기어 변경 중 토크의 감소 및 자동차 안정성 시스템이 작동하는 경우의 예라고 할 수 있다.

그림 8-16은 모든 것을 하나로 제시한다. 좌측 끝에는 위치에 대한 자존심을 건(적어도 그림상으로) 운전자가 있다. 운전자의 토크 요청은 운전 가능한 기능적인 면에서 우선순위를 정하고 명칭을 붙여서 처리한다. 여기에는 필터링 및 슬로프 제한, 대시 포트(토크 변화가 너무 빨리 발생하지 않도록 하기 위함)와 급발진을 저지하는 기능을 포함한다. 이러한 기능은 적용 범위를 넓혀 교정을 한다. 예를 들면, 고급 자동차에 적합하도록 수준 높은 급발진 저지 혹은 스포츠카에 적합하도록 매우 빠른 스로틀 반응 등이 그것이다.

운전자의 토크 요청 외에도 다른 토크 변동(예를 들면, 에어컨 컴프레서를 작동시키기 위한 토크의 증가 또는 부하 변동 감쇄 시스템에서 필요한 토크 감소)은 '충진 밀도 변환 박스에서 토크'에 공급되는 최종 요청 사항에 대하여 처리를 한다. 토크 요청이 있을 때 ECU는 이 요구 조건을 충족시키기 위해 엔진에 흡입되는 신선한 공기 질량을 계산한다. 실제 필요한 공기의 질량은 점화시기, 엔진의 내부 마찰, 순간적인 공연비와 다른 요인에 의해 결정된다.

요구 조건을 충족하는 흡입 공기 질량을 정량화하면 스로틀 밸브의 열림 각을 계산한다. 그러나 모든 엔진에서 요구하는 각도는 흡기 매니폴드 압력에 따라 달라지며, 터보차저 엔진에서 흡기 매니폴드의 압력은 실제로 흡입되는 공기 질량이 매우 중요하다. 따라서 이러한 엔진에서 터보차저 부스트 압력과 스로틀 밸브의 열림은 모두 규정 토크 출력에 필요한 충진 밀도에 도달하도록 지정된다.

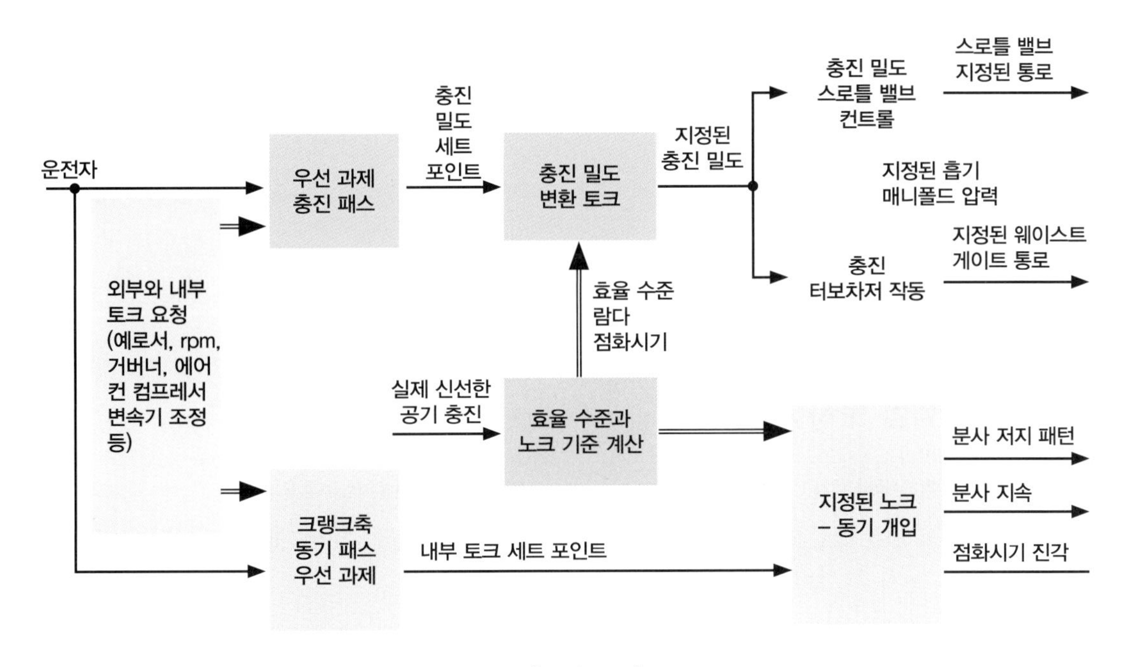

[그림 8.16]

이 플로 차트는 전체 토크를 개발하는 방법을 제시한 것이다. 운전자의 토크 요청은 운전 가능의 기능적인 측면에서 우선권을 정하여 처리한다. 이것들은 필터링과 슬로프 제한, 대시 포트(토크 변화가 너무 빨리 발생하지 않도록 하기 위함)와 급발진 방지 등을 포함한다. (보쉬사 제공)

전통적으로 흡입 공기량을 측정하기 위해 에어 클리너 박스와 스로틀 바디 사이에 배치한 에어 플로미터를 사용해 왔다. 그러나 엔진의 기계적인 설계는 평균 질량 공기량의 측정을 정확하게 감지할 수 없어서 그 방법의 하나로 실린더 충진을 극대화하는 기법을 사용한다.

ME-모트로닉 시스템에서 유효한 센서를 직접 평가하는 것보다는 충진 공기 모델의 입력으로 사용된다. 이런 충진 공기 모델에서 필요한 사항은 다음과 같다.

① 공진 동조와 혹은 가변 흡기 매니폴드를 사용한 엔진과 가변 밸브 타이밍을 사용한 엔진으로 정확한 충진 공기 질량을 결정한다.

② 배기가스 재순환 조건에 대한 정확한 응답이다.

③ 필요한 스로틀 밸브 통로(터보차저 엔진에서 터보 부스트가 필요)를 계산한다.

엔진이 일정한 부하를 유지하면 흡입 공기량의 측정은 비교적 정확하다. 초당 X-kg의 공기가 에어 플로미터를 통과한다면 모든 공기의 흐름은 실린더에 흡입된다고 가정할 수 있다. 그러나 과도기에는 상황이 훨씬 복잡해진다.

예를 들면, 스로틀 밸브가 갑자기 열리면 흡기관에 과급된 공기가 연소실에 빠르게 채워진다. 이것은 에어 플로미터에서 부정확하게 높은 출력 값을 제공하게 된다. 이 에어 플로미터는 실제로 발생한 것보다 더 높은 실린더 충진을 나타낸다. 흡기 매니폴드 압력이 상승해야만 실린더 내로 공기의 흐름이 시작된다.

이러한 특성의 결과로서 ME-모트로닉 시스템은 일반적으로 흡기 매니폴드의 절대 압력(MAP)과 핫 와이어 에어 플로미터(HFM) 신호의 입력을 모두 사용한다. 어떤 경우에는 MAP 센서가 장착되지 않은 경우도 있으며, 더 나가서 소프트웨어 모델리을 통해 기능이 중복되는 경우도 있다. HFM은 보쉬와 다른 관리 시스템에서 사용하는 설계를 추가하여 개발하고 있다. 더욱더 정확하게 개선한 결과는, 예를 들면, 엔진으로 흡입되는 공기의 흐름과 역방향으로 흐르는 공기의 펄스를 구별할 수 있는 기능이 향상되었다.

5 가솔린 직접 분사 GDI Gasoline Direct Injection

우리가 보는 바와 같이, 기존의 전자식 연료 분사 엔진은 인젝터를 사용하여 흡기 포트에 연료를 분사한다. 순차 분사방식의 엔진에서는 각 인젝터는 관련된 흡기 밸브가 열리기 직전에 연료를 분사하며, 동시 분사방식의 엔진에서는 인젝터가 동시에 모두 연료를 분사한다.

어느 경우든 작은 연료 방울의 분무는 흡기 밸브가 열릴 때만 엔진으로 흡입된다. 이와는 반대로 가솔린 직접 분사 엔진은 연료를 연소실에 바로 분사하는 방식이다.

[사진 8.14]
직접 분사 시스템의 연료 인젝터는 연소실의 압축 압력과 높은 연소 온도 환경에서 작동한다. 최소 인젝터의 분사 시간은 5ms에 불과하며, 연료 방울은 평균적으로 20μm 이하로 작다. 인젝터에서 무화된 연료 입자의 크기는 사람 머리카락 직경의 1/3 정도이다.(보쉬 제공)

디젤 엔진과 같이 공기와 연료의 혼합은 흡기 포트보다는 연소실 내부에서 이루어진다. 이러한 방법을 선택하면 연소 과정을 훨씬 더 잘 컨트롤할 수 있으며, 초 희박 공연비를 포함한 다양한 연소 작동 모드를 사용할 수 있다. 그러나 하나의 연소 작동 모드에서 다른 연소 작동 모드로 원활하게 변환하기 위해 필요한 전자 컨트롤의 정도는 복잡하며, 엔진의 작동 과정은 기존 포트 연료 분사의 경우보다 훨씬 더 면밀하게 모니터링 하는 것이 필요하다.

1. 기계적인 시스템

그림 8-17은 보쉬의 직접 분사식 시스템의 배치도를 나타낸 것이다. 이 시스템의 기계적인 소자는 3가지 중요한 방법으로 기존의 포트 분사와는 다르다.

(1) 2개의 연료 펌프 사용

연료 공급 시스템은 2개의 연료 펌프를 사용하며, 그 중 하나는 기존의 전기식 연료 펌프(기존에는 고압 펌프라고 불렸지만 이 시스템에서는 저압 펌프라고 한다)와 기계적으로 구동되는 고압 펌프를 사용한다. 저압 펌프는 0.3~0.5MPa(43~72psi)의 압력에서 작동하고, 고압 펌프는 5~12 MPa(725~1740 psi)에서 작동한다.

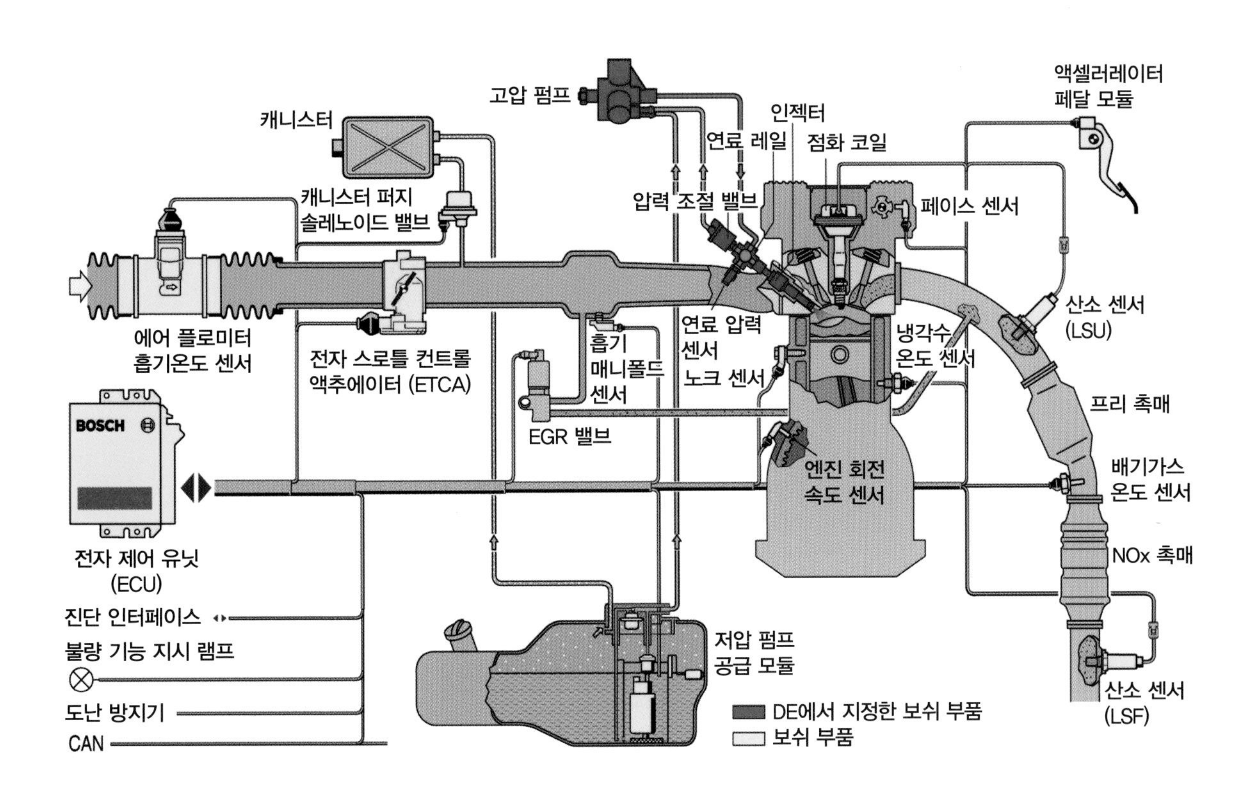

[그림 8.17] 대표적인 보쉬 직접 분사 시스템의 배치도 (보쉬사 제공)

고압 연료는 인젝터에 공급되는 연료 레일에 저장된다. 연료 레일은 각 인젝터가 연료를 분사할 때 최소화 한 범위 내에서 압력의 변동이 있으나 충분한 크기로 제작되어 있다. 연료 공급 레일의 압력은 고압 펌프의 출구에서 다시 입구로 연료를 되돌릴 수 있는 전자제어 바이패스 밸브에 의해 컨트롤 된다. 연료 바이 패스 밸브는 ECU에 의해 펄스폭이 변조되어 흐르는 연료 통로가 변화한다. 연료 압력 센서는 연료 레일 압력을 모니터하는데 사용된다.

(2) 고압 인젝터 사용

기존의 포트 연료 분사 시스템과 비교하였을 때 연료 인젝터는 매우 높은 연료 압력으로 작동할 수 있어야 한다. 또한 매우 짧은 시간 내에 많은 양의 연료를 분사할 수 있어야 한다. **그림 8-18**은 인젝터의 단면도를 나타낸 것이다. 분사가 완료될 수 있는 시간이 훨씬 단축된 이유는 모든 분사가 유도 행정 이내에서 발생해야 하기 때문이다.

포트 연료 인젝터는 크랭크축이 2회전하여 분사를 완료한다. 연료의 충전 시간은 6,000rpm의 엔진 회전속도에서 20ms에 해당한다. 그러나 직접 분사 연료 인젝터는 전부하 운전에서 연료 분사 시간은 5ms밖에 걸리지 않는다. 직접 분사 연료의 작은 방울은 평균 크기가 20μm 미만으로 포트 분사 인젝터의 연료 크기와 비교하면 5분의 1이며, 사람 머리카락 직경의 3분의 1에 불과하다.

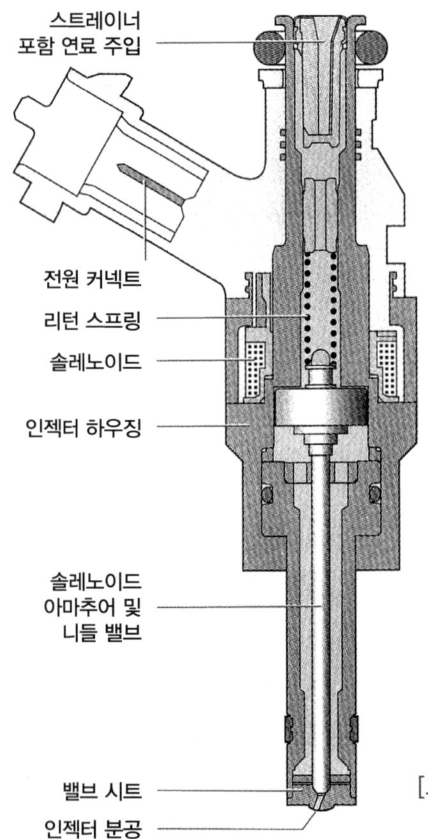

[그림 8.18] 직접 분사식 가솔린 인젝터의 단면도

(3) NOx 흡장형 촉매 변환기 사용

가솔린 직접 분사 시스템이 작동할 수 있는 희박 공연비는 매우 많은 양의 질소산화물(NOx)을 만들어 내는 결과를 초래한다. 결과적으로, 직접 분사식 자동차는 엔진에 가깝게 장착된 1차 촉매 변환기와 하류에 NOx 흡장형 촉매 변환기를 추가로 장착해야 한다.

2. 연소 모드

실제로 직접 연료 분사식의 기본적인 성질은 다른 연소 모드를 시험할 때 알 수 있다. 연소하는 것에서 선택할 수 있는 6가지 다른 방법이 있다.

(1) 성층 충진 모드

약 3,000 rpm의 낮은 토크 출력에서 엔진은 성층(층계 식) 충진 모드로 작동한다. 이 모드에서 인젝터는 압축 행정 중에 스파크 플러그의 점화 직전에 연료를 분사한다. 압축 행정에 분사된 연료는 연소실 내에서 공기의 유동에 의해서 스파크 플러그 주변에 농후한 혼합기가 둘러싸게 된다.

연소실의 나머지 부분은 상대적으로 희박하게 되며, 재순환되는 배기가스로 구성되므로 연소 온도를 낮춰 NOx 배출량이 줄어든다. 보쉬의 직접 분사 시스템에서 전체 연소실 내의 공연비는 22:1~44:1과 같은 희박한 상태가 된다. 미쓰비시 자동차는 전체 연소실의 공연비 35~55:1을 사용하고 있다. 이것은 공연비가 14.7:1 보다 희박한 혼합기를 사용하고 있는 기존의 포트 연료 분사 엔진과 비교가 된다.

(2) 균질 모드

균질 모드는 높은 토크의 출력 및 고속회전에서 사용한다. 연료의 분사는 흡입행정에서 시작되므로 연소실 전체에 공연비의 혼합기 분배될 충분한 시간이 있다. 이 모드에서 보쉬 시스템은

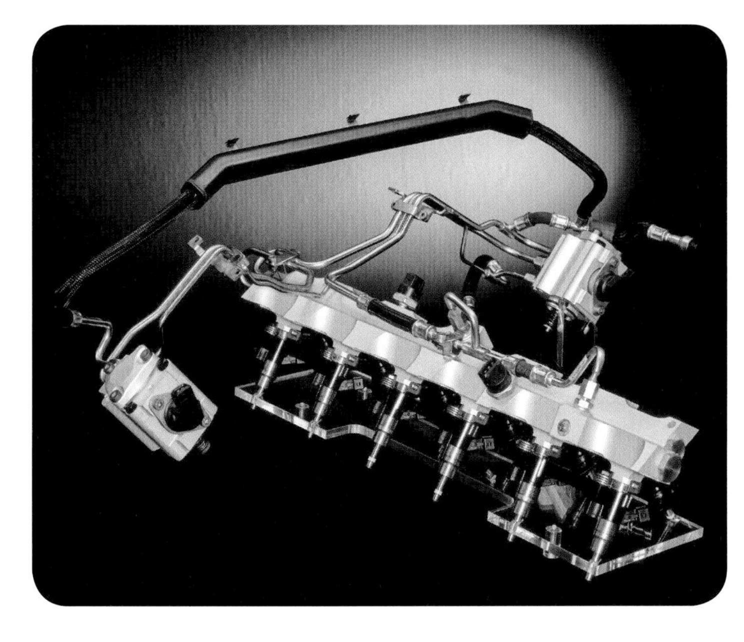

[사진 8.15]
BMW V12기통 엔진 직접 분사식 인젝터와 연료 레일. 연료 레일 압력은 30~100 Bar(435~1450psi). 분사 펌프는 출구 캠축 위에 장착되고 추가 캠으로 구동된다.
(BMW 제공)

14.7:1의 공연비를 사용한다.(경 부하에서 포트 연료 분사와 동일한 것), 미쓰비시 자동차는 13~24:1의 공연비를 사용한다.

(3) 균질 린번 모드

성층 모드와 균질 모드 간의 변환에서 엔진은 균질하게 희박한 공연비로 작동할 수 있다.

(4) 균질 성층 충진 모드

초기에 이 모드는 비논리적인 방식으로 나타났으나 어떻게 연소 과정이 균질하고 성층화로 진행 될 수 있을까? 그러나 발생하는 것은 하나가 아니고 2가지 분사 사이클이 성립한다. 초기 분사는 흡입 행정 중에 이루어지며, 연소실 전체에서 공기와 연료가 혼합하는 데 충분한 시간을 제공한다.

전체 연료의 추가로서 약 75%는 첫 번째 분사에서 발생하며 두 번째는 25%를 분사한다. 성층 충진 모드는 성층 충진에서 균질 모드로 변환하는 동안 사용된다. 또한 균질 노크 방지와 성층 충진 등 2가지 모드가 더 있다. 첫 번째 스로틀은 최대 스로틀 모드에서 사용하고 두 번째 스로틀은 촉매 변환기를 작동 온도로 빠르게 가열하기 위해 사용하는 모드이다. 최종 모드는 농후한 균질 모드로 NOx 촉매 변환기를 재생하는데 사용한다. NOx 흡장형 촉매 변환기는 질소산화물을 질산염(NH_3)의 형태로 축적된다. 촉매를 재생하면 일산화탄소와 함께 배기가스는 질소와 산소의 배출을 감소시킨다. **그림 8-19**는 2가지의 1차 연소 모드를 나타낸 것이다.

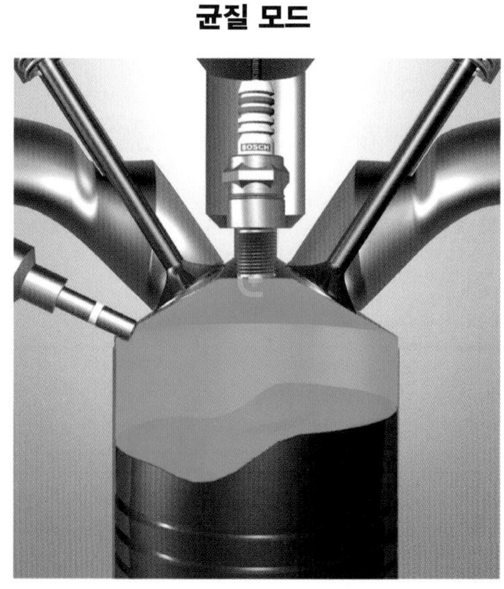

[그림 8.19]

직분 분사 엔진에서 발생할 수 있는 연소 모드가 최소 6가지 이상 있지만, 이 일러스트는 2가지 주요 모드를 나타낸 것이다. 성층 모드에서 인젝터는 압축행정 중에 스파크 플러그가 점화하기 추가로 연료를 분사한다. 분사 완료와 스파크 플러그의 점화 사이의 시간 동안 연소실 내부의 공기 흐름은 혼합기를 스파크 플러그 쪽으로 이동시킨다. 따라서 상대적으로 농후한 혼합기가 스파크 플러그 전극을 둘러싸고 연소실의 나머지 부분은 상대적으로 희박한 혼합기가 된다. 균질 모드에서는 흡입행정에서 연료 분사가 시작되므로 연소실 전체에 혼합기를 분배할 시간이 충분하다. 성층 모드는 믿을 수 없는 55:1만큼 공연비가 희박해질 수 있다. (보쉬사 제공)

3. 전자 컨트롤 시스템

앞에서 설명한 것처럼 인젝터는 매우 높은 연료 압력에 대항하여 니들 밸브가 열린다. 이를 달성하기 위해 개방 전류가 매우 높고 유지 전류가 훨씬 감소하는 피크·유지 전략으로 사용된다. 이 전략을 반영하는 전용의 트리거 모듈인 부스터 커페시터는 초기에 인젝터를 개방하는 데 50~90V의 전압을 공급함으로써 인젝터를 컨트롤하는데 사용한다. **그림 8-20**은 이 과정을 나타낸 것이다.

실린더 충진의 질량을 감지하는 것은 포트 분사 엔진보다 직접 분사 엔진이 더 복잡하다. 이것은 때때로 재순환되는 배기가스가 전체 실린더 충진의 주요 구성요소를 형성하기 때문이다. 그 결과 2개의 흡입 공기량 센서를 사용한다. 이것들은 핫 필름 흡입 공기량 센서(즉, 핫 와이어 에어 플로미터와 비슷함)와 흡기 매니폴드 압력 센서(MAP 센서)로 구성되어 있다.

에어 플로미터를 통과하는 공기의 흐름은 흡기 매니폴드 내의 압력 계산에 입력으로서 사용되며, 이것은 MAP 센서가 측정한 실제 흡기 매니폴드 압력과 비교한다. 2개 사이의 차이는 재순환된 배기가스의 질량 흐름을 나타낸다.

많은 포트 분사식 엔진 관리 시스템으로서 직접 분사는 전자제어 스로틀 밸브를 사용해야 한다. 그러나 실제 스로틀 밸브의 열림이 운전자의 액셀러레이터 페달 토크의 요청에 따르는 포트 분사식 시스템과는 다르다. 직접 분사 엔진의 경우 스로틀 밸브가 완전히 열린 시간 동안에 엔진의 토크 출력이 대신 연료 공급을 변경하여 조절된다.

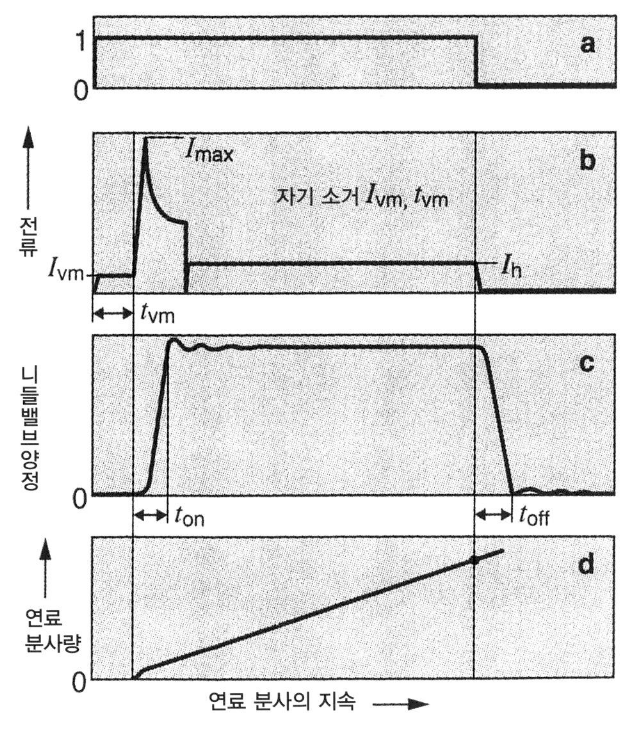

[그림 8.20]

직접 분사 인젝터의 작동은 피크 · 유지 시스템을 사용한다.

(a)는 ECU로부터의 트리거 신호이다.
(b)는 현재의 실제 인젝터 전류
(c) 인젝터 니들 밸브의 양정
(d) 분사되는 연료량, 부스터 커패시터는 현재 높은 개방 전류를 공급하기 위해 사용된다. (보쉬사 제공)

그림 8-21은 이러한 현상이 어떻게 발생하는지 방법을 제시한 그림이다. 성층 충진 모드에서는 액셀러레이터 페달 신호의 입력에 관계없이 스로틀 밸브가 완전히 열린 상태로 유지된다. 요청한 토크가 낮은 경우 공연비는 희박하며(보쉬는 과잉 공기비를 증가라고 한다), 더 많은 토크가 요청될수록 공연비는 점진적으로 농후해지면서 필요한 토크를 얻는다.

엔진의 회전속도에 규정하는 토크를 기본으로 하고 필요한 토크의 양에 해당하는 특정 지점에서 엔진은 균질 모드로 변경된다. 간단히 하기 위해 이 다이어그램에서 과잉 균질 린번 모드는 무시 한다. 모드가 변경되면 스로틀 밸브의 열림은 운전자가 요구하는 토크와 관련이 있으며, 공연비는 일정한 엔진 부하 범위의 나머지 부분에서 이론 공연비(즉, 14.7:1 혹은 람다=1)를 유지한다.

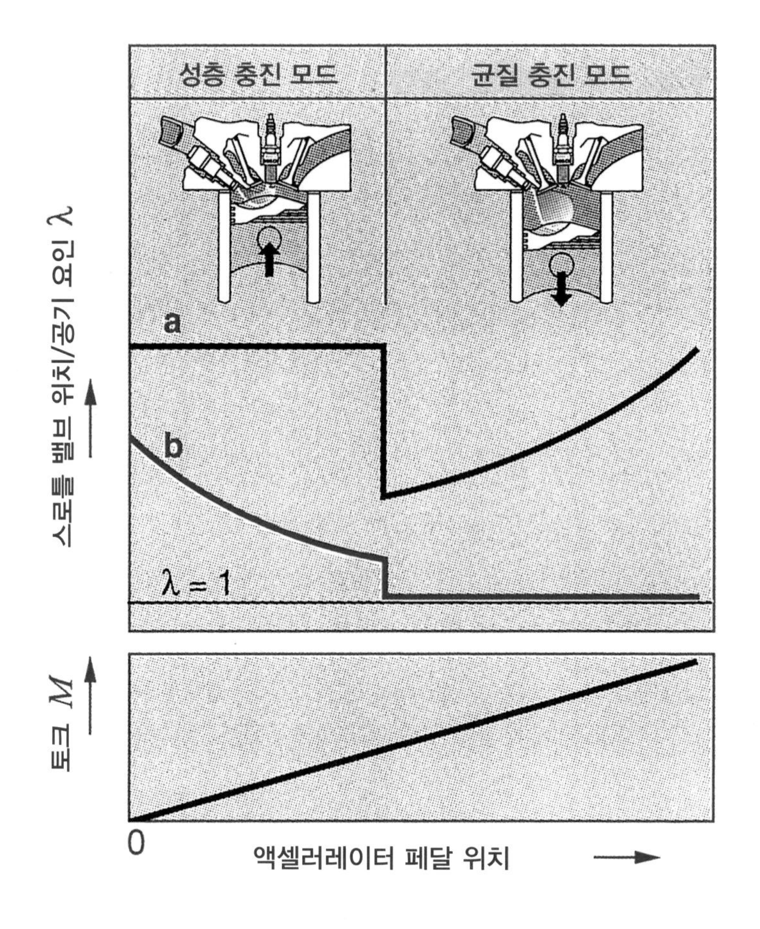

[그림 8.21]

성층 충진 모드 동안 액셀러레이터 페달 신호의 입력과 관계없이 스로틀 밸브가 완전히 열린 상태가 유지된다. 이 모드에서는 요청하는 토크가 낮은 경우 공연비가 매우 희박하며, 더 많은 토크가 필요할 경우 공연비는 점차 농후해 진다. 특정 지점에서 엔진이 균질 충진 모드로 변경이 된다. 모드가 변경되면 스로틀 밸브의 열림은 운전자의 토크 요청과 관련이 있으며, 공연비는 나머지 엔진 부하 범위에서 이론 공연비(즉, 14.7:1 또는 람다=1)를 유지한다. (보쉬사 제공)

이 시스템은 엔진의 회전속도와 요청하는 토크에 따라 작동 모드를 맵핑하는 작동 모드 조정기가 통합되어 있으므로 개방 모드에 맞추어서 개방 모드와 동등하게 일치시킨다. **그림 8-22**는 이 컨트롤러의 기능을 나타낸 다이어그램이다. 보다시피 필요한 작동 모드를 확인할 때 10단계 우선순위 개방 모드를 반영하여 사용한다.

선택된 연소 모드가 발생하기 이전에 배기가스 재순환, 연료 탱크 환기, 충진 이동 플랩(포트 변환 밸브나 또는 가변 길이 흡기 매니폴드) 등에 대한 컨트롤 기능의 작동이 시작되어 전자제어 스로틀 설정을 요청한 것과 같이 초기에 실행한다. 시스템은 이들의 작동이 연료 분사와 점화시기 이전에 실행하기 위하여 작동을 대기한다.

부하가 낮은 범위에서 전자 스로틀 밸브의 완전한 열림의 장점은 펌핑 손실을 크게 줄인다. 그러나 브레이크 부스터에 정상적으로 사용할 수 있는 부분 진공이 부족하게 되는 단점이 있다. 이러한 문제를 해결하기 위하여 진공 스위치나 압력 센서가 브레이크 부스터 진공을 모니터링하고 필요할 경우 다시 진공을 유효하게 사용할 수 있도록 연소 모드를 변경한다.

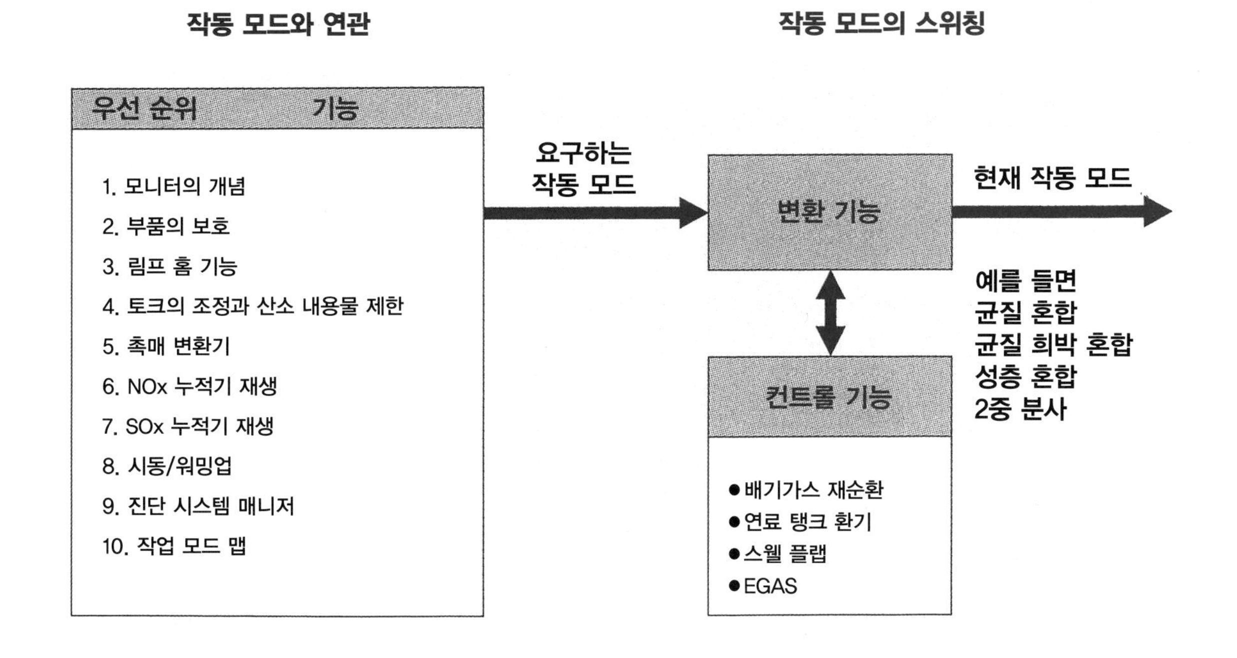

[그림 8.22]

직접 분사 시스템에는 작동 모드 조정기가 통합되어 있다. 보다시피, 필요한 작동 모드를 확인할 때 10단계 우선순위를 사용한다. 선택된 연소 모드가 발생하기 전에 필요에 따라 배기가스 재순환, 연료 탱크 환기, 충전 이동 플랩 및 전자식 스로틀 설정을 위한 컨트롤 기능이 시작된다. 시스템은 적절한 연소 모드를 제공하기 위해 연료 분사 및 점화시기를 변경하기 전에 이러한 조치가 수행되었음을 확인할 때까지 대기한다. (보쉬사 제공)

4. 효율성 향상

부하가 낮은 범위에서 스로틀 밸브가 완전히 열리면서 발생하는 펌프 손실의 감소 외에 성층 충진 모드 동안에 열역학적인 효율도 상승한다. 이것은 스파크 플러그 주변에 가연성의 농후한 혼합기 무화 공기층에 의해 열적으로 절연이 되고 이것을 둘러싸고 있는 재순환된 배기가 스이기 때문이다.

기존의 포트 분사 엔진에서 사용할 수 있는 것보다 희박한 혼합기가 많아지면 공회전 시 최대 40%까지 상승하여 연료 효율이 개선된다. 균질 모드 작동 중에 공연비가 14.7:1보다 결코 농후하지 않으며, 일반적으로 직접 분사 엔진과 관련된 높은 압축비를 사용하면 약 5%의 연료 절감의 효과를 얻을 수 있다.

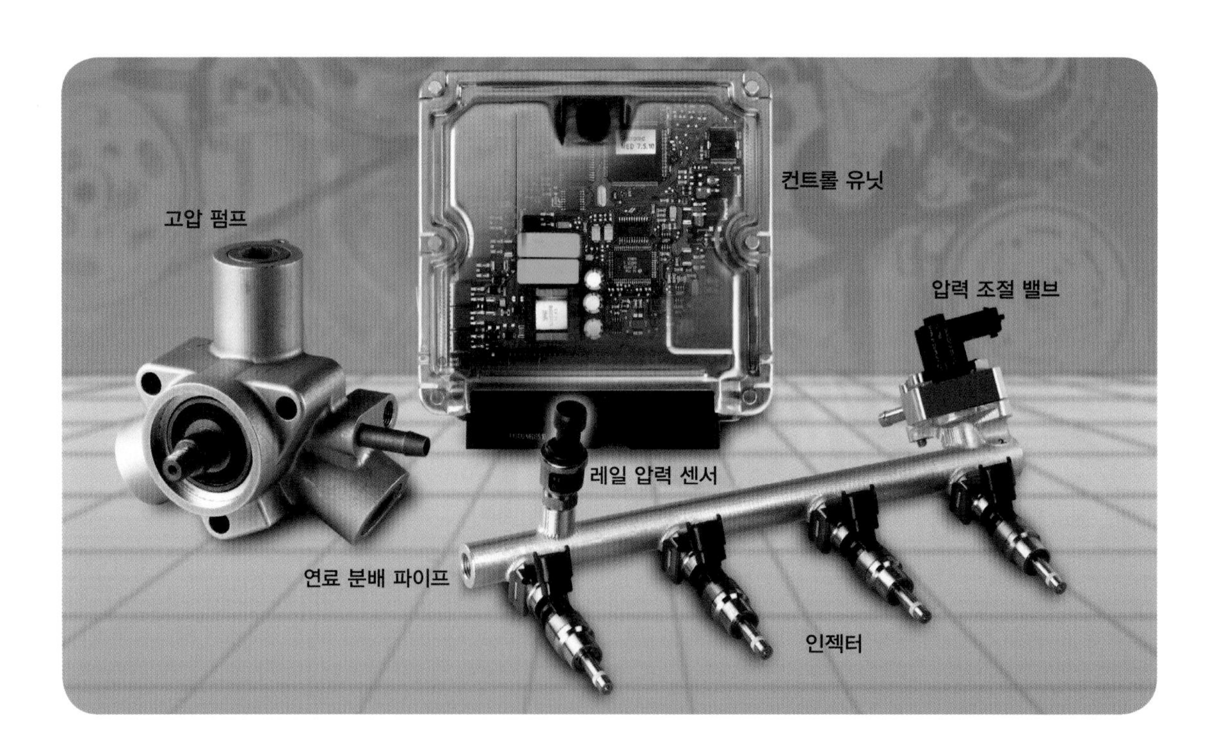

[그림 8.23]

고압 펌프는 엔진에서 직접 구동되며, 12 MPa(1,700 psi)의 높은 연료 압력을 발생한다. 이러한 고압의 연료는 전자 컨트롤 유닛의 펄스 폭 변조(PWM) 신호에 의해 연료 펌프의 바이패스 밸브가 작동하여 압력이 조절된다. 인젝터는 최대 90V를 전달하는 커패시터에서 높은 전류의 방전 작용으로 열린다. 연료 레일의 압력은 전용의 센서에 의해 모니터링 된다. (보쉬사 제공)

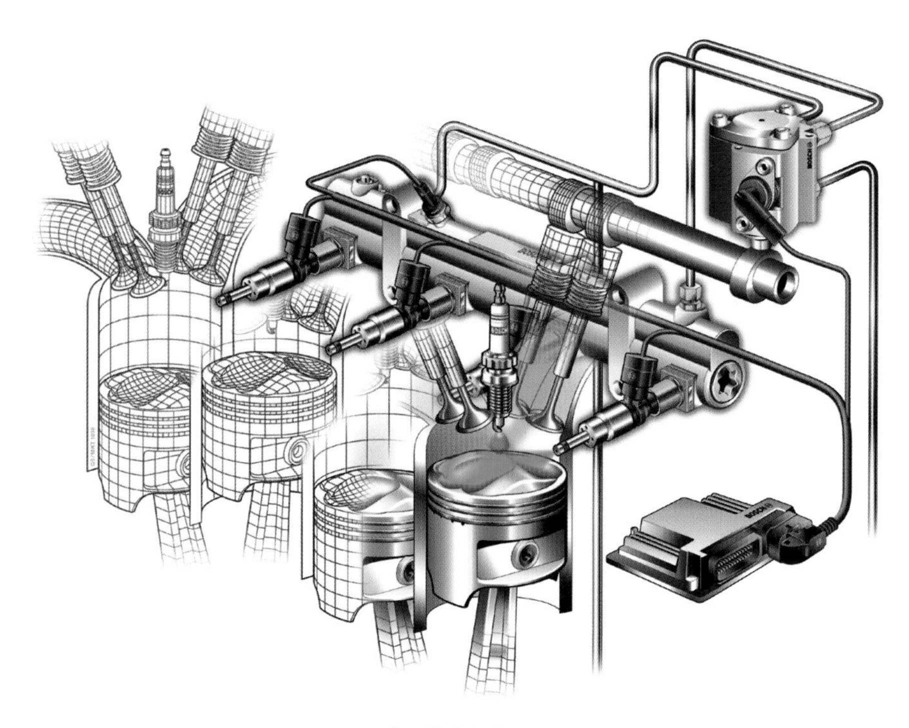

[그림 8.24]

연료는 고압 인젝터에 의해 연소실에 직접 분사된다. 작동 모드에 따라서 연료는 흡입 행정 중이나 또는 압축 행정 양쪽 중에 추가로 분사된다. (보쉬사 제공)

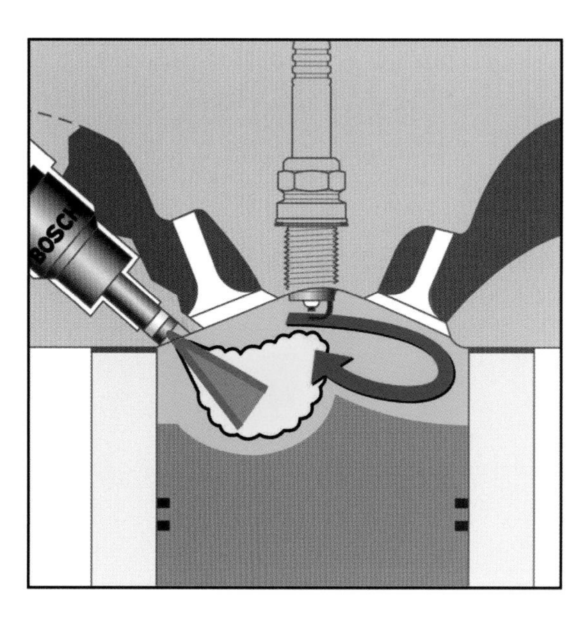

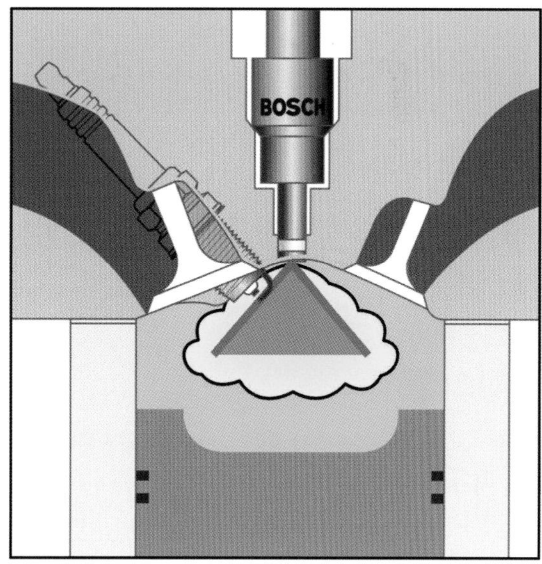

[그림 8.25]

연료 분사를 목표하는 위치로 유도하는 주된 2가지 방식이 있다. 벽면(왼쪽) 안내에서는 연소실 내의 공기 이동이 스파크 플러그 방향으로 농후한 혼합기를 안내한다. 스프레이 안내(오른쪽)에서는 연료를 스파크 플러그의 부근에 직접 분사한다. 후자의 안내 방식은 배기가스 배출과 연비는 개선되지만 스파크 플러그는 열적으로 부하를 받는다. (보쉬사 제공)

6 커먼레일 디젤 엔진 관리

가솔린 엔진과 디젤 엔진의 기본 설계는 비슷하지만(둘 모두 크랭크축을 구동하는 왕복 피스톤을 사용하는 2행정 또는 4행정으로 설계), 디젤 엔진은 공기만을 압축하여 높은 압축열이 발생한다. 피스톤이 TDC 부근에 위치하면 연소실의 뜨거운 압축 공기에 연료가 인젝터에 의해 분사되어 혼합기가 형성됨으로써 자기 착화로 연소가 된다.

디젤 연소실 내부의 공기가 자기 착화를 하기 위해 적절한 온도에 도달하기 위해서는 압축비가 가솔린 엔진보다 훨씬 높아야 한다. 일반적으로 16:1 ~ 24:1 범위의 압축비가 사용되며, 터보차저 디젤 엔진의 경우 최대 150bar(약 2200psi)의 압축 압력으로 연소실에 압축된다. 이때는 최대 900℃(1,650°F)의 압축 온도가 발생하며, 디젤 연료의 자기착화 온도는 250℃(480°F)에 불과하기 때문에 압축 행정에서 피스톤이 상승한 후 연료가 분사될 때 연료가 연소되는 이유를 쉽게 알 수 있다.

디젤 엔진은 저속 회전에서 높은 토크를 발생하여 연비를 개선하도록 설계되었다. 최근에 터보차저와 커먼 레일 직접 분사의 사용은 디젤 자동차 엔진의 특정 토크 출력을 획기적으로 향상시켰다.

가솔린 엔진(직접 분사 엔진 제외)과 비교할 때 디젤은 매우 희박한 공연비로 인해 연료비가 적게 든다. 전부하 상태에서 디젤 엔진의 공연비는 17:1~29:1 사이며, 공회전이나 무 부하 상태의 경우 공연비는 145:1을 초과할 수 있다. 그러나 연소실 내에서 배속된 공연비는 변화하며 연소실 내에서 공기와 연료의 균일한 혼합기를 얻는 것은 불가능하다. 연소실 내에서 공연비의 변화를 줄이기 위해 많은 수의 매우 작은 연료 방울이 분사된다. 연료 압력이 높아질수록 연료의 무화가 개선되므로 현재 사용되는 연료 분사 압력의 증가를 설명할 수 있다.

1. 연료 분사

디젤 엔진은 스로틀 밸브가 없고, 대신에 연소 반응은 다음과 같은 변수의 영향을 받는다.

① 연료 분사 시기
② 분사의 지속 시기
③ 연료 분사 특성 곡선.

전자식 컨트롤 커먼 레일 분사를 사용하면 이러한 변수를 개별적으로 컨트롤할 수 있으므로 각 변수를 간단히 살펴보기로 한다.

(1) 연료 분사 시기

연료 분사 시기는 배기가스 농도, 연료 소비량과 엔진 소음 등에 큰 영향을 미친다. 분사 시작의 최적 시기는 엔진의 부하에 따라 달라진다. 자동차 엔진의 경우 무부하 상태에서 최적의 분사는 상사점 전(BTDC) 2°에서 상사점 후(ATDC) 4°의 범위 내에서 이루어진다. 부분 부하에서는 이것은 BTDC 6°에서 ATDC 4°로 변경되며, 전부하에서는 분사 시작은 BTDC 6°~15°에서 이루어져야 한다. 전부하에서 연소 기간은 크랭크축 회전이 40°~60°에서 지속된다.

연료 분사시기가 너무 빠르면 피스톤이 상승하고 있을 때 연소를 시작하여 효율이 떨어지므로 연료 소비는 증가하게 된다. 또 실린더 압력이 급격하게 상승하면 엔진의 소음도 증가한다. 연료 분사시기가 너무 늦으면 토크가 감214소하고 불완전 연소가 발생하여 연소되지 않은 탄화수소의 배출량이 증가한다.

(2) 분사의 지속 시간

분사된 연료의 양이 인젝터 개방 시간에 정비례하는 것으로 간주될 수 있는 기존의 포트 연료 분사 가솔린 엔진과 달리 디젤 인젝터는 분사 및 연소실 압력, 연료 밀도(온도에 따라 다름)의 차이에 따라 질량 흐름이 변화한다. 인젝터는 연료의 동적인 압축성 따라서 규정된 분사 지속 시간을 고려해야 한다.

(3) 연료 분사 특성 곡선

디젤 연료 인젝터는 한 번의 이벤트에서 연소 사이클에 연료를 추가하지 않고 최대 4개의 다른 모드로 작동한다. 첫 번째는 연소 소음과 질소산화물(NOx)의 배출량을 감소시키는 짧게 지속되는 펄스의 파일럿 분사Pilot Injection이다.

그런 다음 연료의 대부분은 주 분사Main Injection 단계에서 추가되며, 인젝터가 순간적으로 정지되기 이전에 분사하여 연료량을 추가한다. 이후 분사는 매연의 배출을 감소시킨다. 마지막으로 최대 180° 이후 크랭크축에서 지연 후 사후 분사Post Injection가 일어날 수 있다. 후자의 경우 NOx 흡장형 촉매 변환기에 환원제 역할을 하거나 혹은 미립자 필터의 재생을 위해 배기가스 온도를 높인다.

분사량은 파일럿 분사 시 1mm³에서 전부하 상태의 분사 시 50mm³까지 다양하다. 분사 시간은 1~2ms이다.

2. 커먼 레일 시스템의 개요

전자적으로 제어되는 이전의 디젤 연료 분사 시스템과 달리 커먼 레일 시스템은 그 이름에서 시사하는 바와 같이 커먼 레일에서 모든 인젝터에 연료를 공급한다. 커먼 레일 시스템은 연료 압력의 발생 기능과 연료 분사 기능을 분리함으로써 이전의 시스템보다 넓은 범위의 분사 시기와 높은 압력으로 연료를 공급할 수 있다.

그림 8-26은 간단한 커먼 레일 연료 분사 시스템을 나타낸 것이다. 기계식 고압 펌프는 커먼 레일에 고압의 연료를 공급한다. 연료 압력 컨트롤 밸브는 연료의 압력을 ECU가 설정한 수준으로 유지하는 역할을 한다.

커먼 레일은 전기적으로 작동하는 솔레노이드 밸브인 인젝터에 연료를 공급한다. ECU에 대한 입력 센서는 연료 압력, 엔진 회전속도, 캠축 위치, 액셀러레이터 페달 위치, 부스트 압력(대부분의 엔진은 터보차저), 흡기 온도와 엔진 냉각수 온도 등으로 구성되어 있다.

더욱 복합적인 커먼 레일 시스템은 다음과 같이 추가되는 센서를 사용한다.

① 자동차 속도
② 배기가스 온도
③ 광대역 산소 센서
④ 차압 센서(촉매 변환기의 결정과 배기 미립자 필터 막힘 확인)

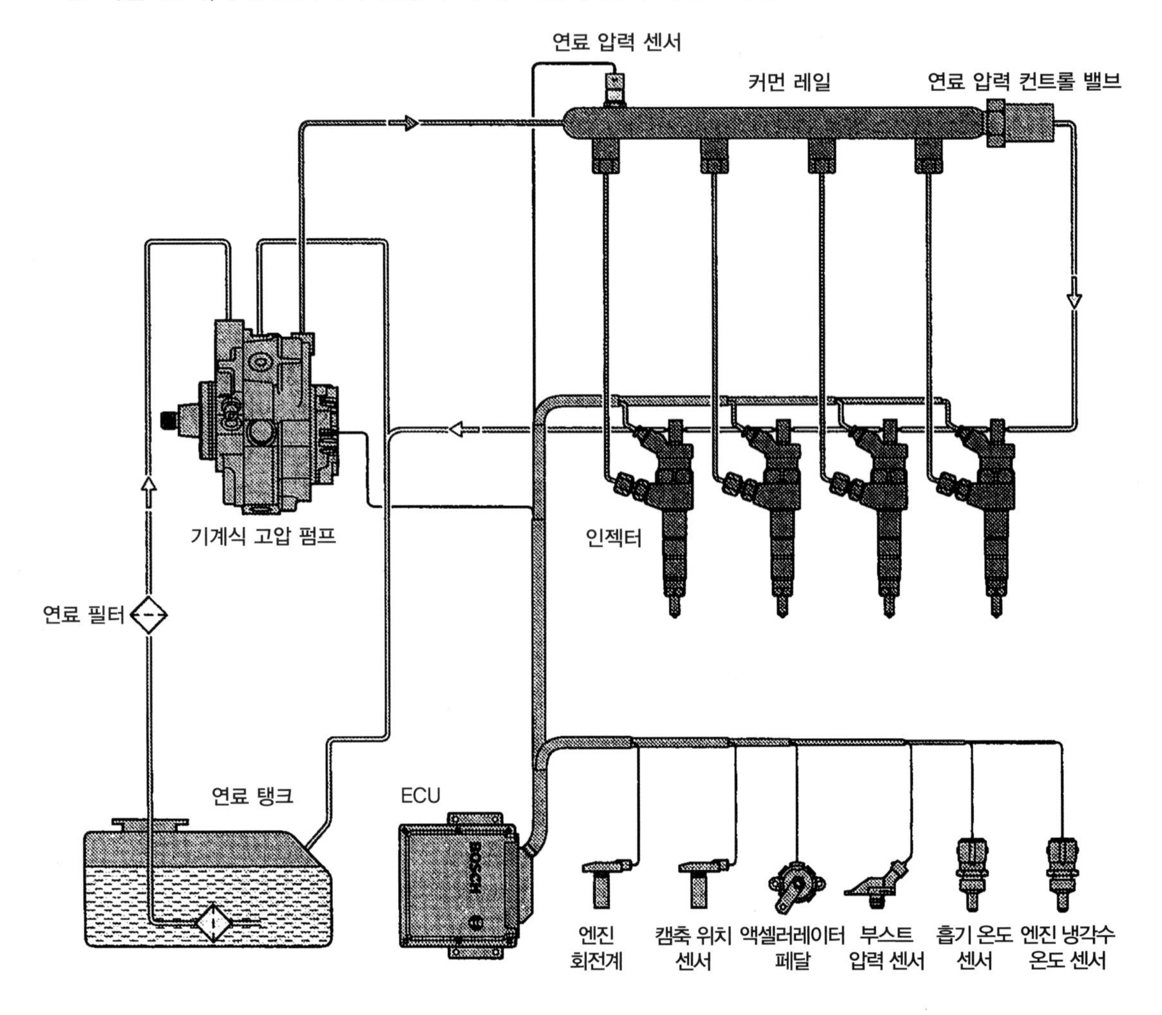

[그림 8.26] 간단한 커먼 레일 디젤 연료 분사 시스템 (보쉬사 제공)

이 다이어그램에는 표시되어 있지 않지만 글로우 플러그가 있다. 커먼 레일 디젤은 여전히 글로 플러그를 사용지만 0°C(32°F) 이하의 외부 온도에서 엔진 시동을 하는 경우를 제외하면 일반적으로 사용할 필요가 없다. 별도의 ECU 출력에는 터보차저 부스트 압력, 배기가스 재순환과 흡기 포트 텀블 플랩 등의 컨트롤이 포함될 수 있다.

(1) 고압 펌프

고압 펌프는 최대 1,600bar(23,000psi)의 연료 압력을 발생시킨다. 크랭크축으로 구동되는 이 펌프는 일반적으로 **그림 8-27**으로 표시한 바와 같이 방사형으로 설계된 피스톤으로 구성되어 있다. 펌프는 연료에 의해 윤활 되고 최대 3.8kW(5HP)를 소비한다.

그래서 이 펌프에 흐르는 연료는 엔진의 부하에 따라서 변할 수 있도록 펌프의 개별 피스톤의 작동을 정지시킬 수 있다. 이것은 솔레노이드를 사용하여 피스톤의 흡기 밸브를 열림 상태로 유지함으로써 달성된다. 그러나 피스톤이 작동하지 않으면 연료 공급 압력이 3개의 피스톤이 모두 작동 중일 때보다 더 크게 변동한다.

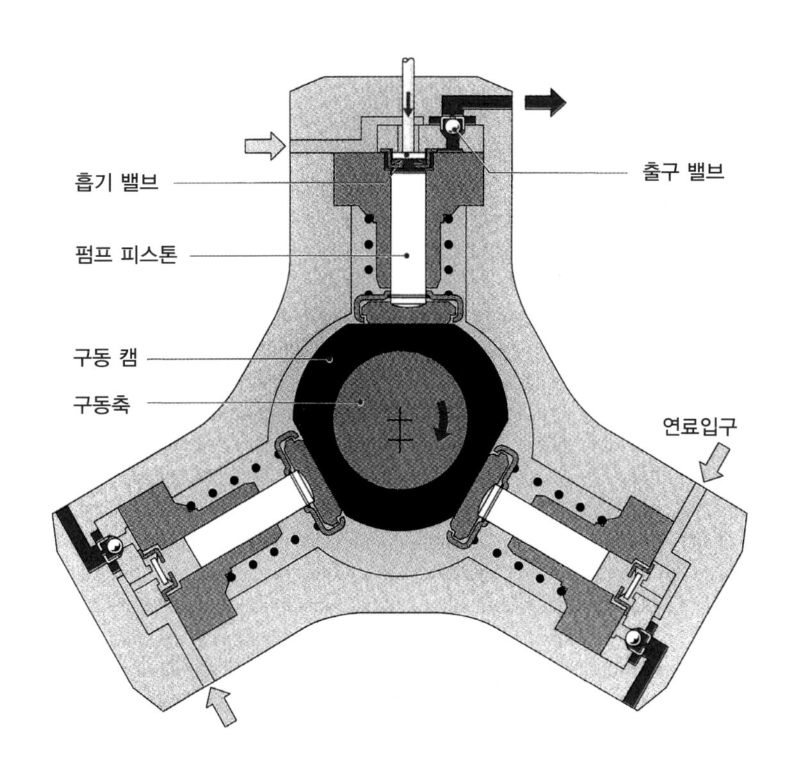

[그림 8.27]

커먼 레일 디젤 연료 분사에 필요한 고압의 연료 압력은 기계식 구동 펌프에서 발생한다. (보쉬사 제공)

(2) 압력 컨트롤 밸브

연료 압력 컨트롤 밸브는 **그림 8-28**에 나타낸 바와 같이 연료에 의해 냉각되는 솔레노이드 밸브로 구성되어 있다. 연료 압력 컨트롤 밸브의 열림은 솔레노이드 코일이 1kHz의 주파수에서 펄스폭의 변조 신호에 의해 작동하여 조정된다. 연료 압력 컨트롤 밸브가 동작하지 않을 때 내부 스프링은 약 100 bar(1,450 psi)의 연료 압력을 유지한다.

연료 압력 컨트롤 밸브가 동작할 때 전자석의 힘은 내부 스프링을 보조하여 연료 압력 컨트롤 밸브의 열림을 적게 함으로써 연료의 압력이 증가된다. 연료 압력 컨트롤 밸브는 또한 기계식 압력 댐퍼의 역할을 하여 3개 미만의 피스톤이 작동할 때 방사형 피스톤 펌프에서 나오는 고주파 압력 펄스를 유연하게 발생되도록 한다.

(3) 커먼 레일

커먼 레일은 각 인젝터에 연료를 공급한다. 내부의 압력은 인젝터에서 방출되는 연료에 의해 상대적으로 영향을 받지 않을 정도로 충분한 압력이다. 앞에서 설명한 바와 같이 커먼 레일은 연료 압력 센서가 장착되어 있어 설정 압력 이상의 고압을 방지하기 위해 연료 압력 컨트롤 밸브도 장착되어 있다.

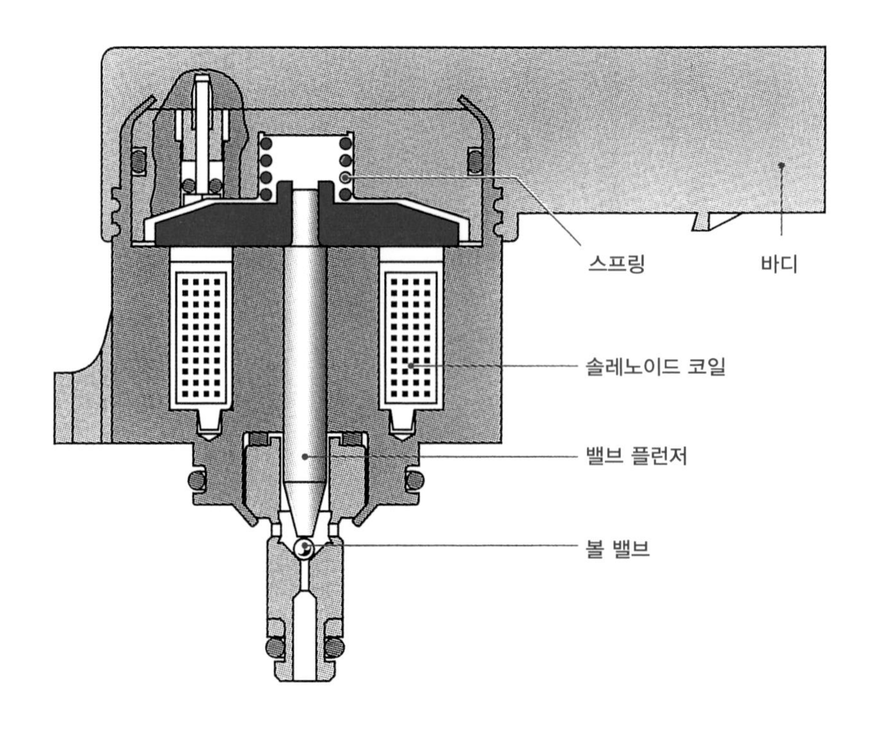

[그림 8.28]

연료 압력 컨트롤 밸브는 전자식으로 컨트롤 된다. 1kHz의 주파수에서 펄스 폭 변조에 따라 변환되는 밸브의 열림량을 조정하며, 연료에 의해 냉각되는 솔레노이드 밸브로 구성되어 있다. (보쉬사 제공)

(4) 연료 인젝터

연료 인젝터는 기존의 포트 가솔린 분사 시스템에 사용하는 인젝터와 표면상으로 비슷하지만 실제로는 상당히 다르다. **그림 8-29**는 커먼 레일 인젝터를 나타낸 것이다. 커먼 레일의 연료 압력이 매우 높기 때문에 인젝터를 작동시키기 위하여 유압 서보 시스템을 사용하여 작동한다. 이 설계에서 솔레노이드 플런저는 인젝터 내의 밸브 컨트롤 체임버에서 나오는 연료의 량을 조절하는 작은 볼의 움직임을 컨트롤 한다.

인젝터가 작동을 하지 않으면 볼은 밸브 컨트롤 체임버의 출구를 막는 역할을 한다. 밸브 플런저의 위쪽에 작용하는 연료 압력이 밸브 플런저 아래쪽 숄더에 작용하는 연료 압력보다 더 높게 작용하여 인젝터는 닫힌 상태를 유지한다. 그러나 코일에 전원이 공급되면 솔레노이드 플런저와 볼을 위로 들어 올려 밸브 컨트롤 체임버의 연료 압력이 낮아진다. 이때 밸브 플런저 아래쪽 숄더에 가해진 연료 압력이 밸브 플런저 상단에 작용하는 연료 압력보다 높아지는 순간 밸브 플런저가 상승하여 니들 밸브를 들어 올림으로써 인젝터가 연료를 분사하게 된다.

커먼 레일 디젤 연료 인젝터의 수명을 말하기는 어떤 면에서 어렵다. 그러나 보쉬는 상용 자동차의 인젝터가 서비스 수명 동안 10억 번 이상 개폐될 것으로 예측하고 있다.

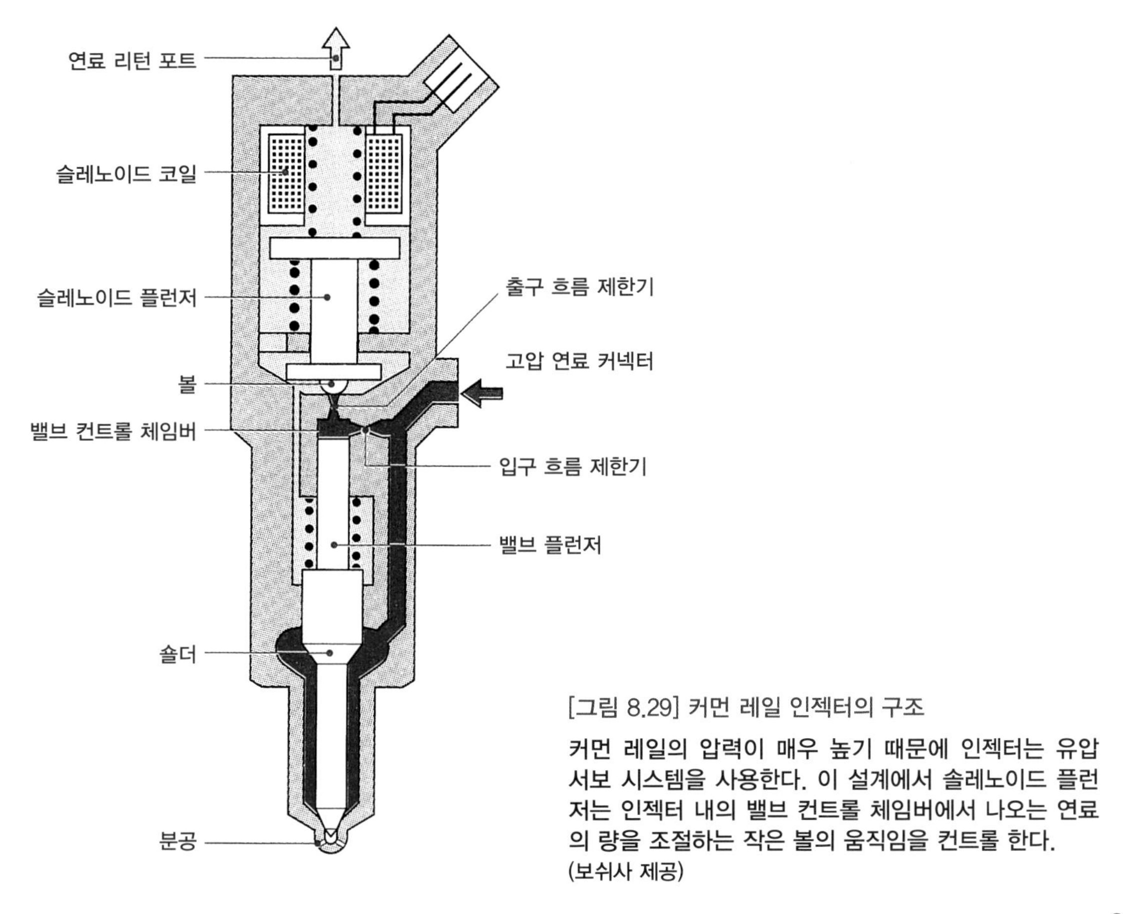

[그림 8.29] 커먼 레일 인젝터의 구조

커먼 레일의 압력이 매우 높기 때문에 인젝터는 유압 서보 시스템을 사용한다. 이 설계에서 솔레노이드 플런저는 인젝터 내의 밸브 컨트롤 체임버에서 나오는 연료의 량을 조절하는 작은 볼의 움직임을 컨트롤 한다.
(보쉬사 제공)

3. 배출가스

디젤 엔진의 배기가스의 배출량을 줄이는데 주로 다음의 5가지 방법을 채택한다.

(1) 설계

엔진 자체 내에서 연소실의 설계, 분사 노즐의 배치와 연료의 무화 상태 등 모든 것들은 배기가스를 줄이는데 도움이 된다. 엔진 회전속도의 정확한 컨트롤은 분사 량, 분사시기, 연료 압력, 온도와 공연비 등은 질소산화물, 특히 탄화수소와 일산화탄소 등의 배출을 줄이기 위해 사용한다.

(2) 배기가스의 재순환

배기가스의 재순환에서 배기가스는 흡입 공기와 혼합하여 질소산화물의 생성을 줄이기 위해 사용된다. 연소실에 내의 산소 농도, 대기 중에 배출되는 배기가스의 양과 배기가스 온도를 낮춰 질소산화물의 생성을 줄인다. 재순환율은 50%까지 높아질 수 있다.

(3) 촉매 변환기

디젤 산화 촉매 변환기는 탄화수소와 일산화탄소의 배출량을 경감하는데 사용하며, 물과 이산화탄소로 변환시킨다. 그래서 이것들은 신속하게 작동 온도에 도달하며 이런 형식의 촉매 변환기는 엔진 부근에 장착된다.

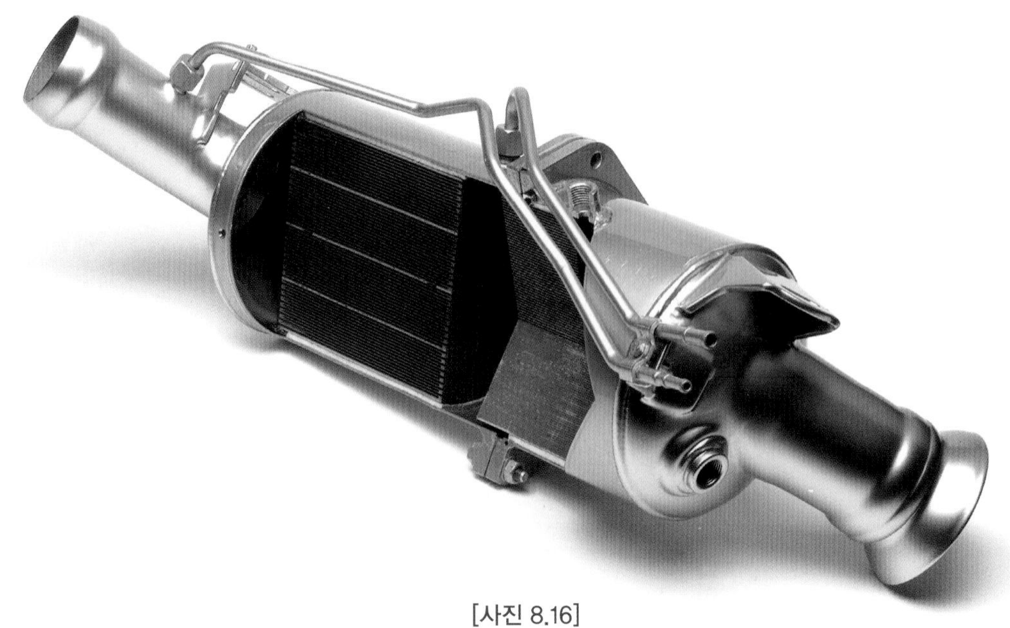

[사진 8.16]

메르세데스 자동차에 장착된 이와 같은 미립자 필터에 의해 육안으로 보이는 매연과 스모그의 배출량이 감소하고 있다. 이것은 사후 분사 및 흡입 공기량 제한으로 달성할 수 있는 상태인 600°C(1100°F) 이상으로 가열하여 주기적으로 재생할 수 있다.(메르세데스 벤츠 제공)

NOx 흡장형 LNT Lean Nox Trap 촉매 변환기도 사용한다. 이 유형의 설계는 NOX를 30초에서 몇 분까지 저장하여 분해한다. 질소산화물은 NOx 흡장열 표면에 있는 금속산화물과 결합하여 질산염을 형성하며, 이 과정은 공연비가 희박할 때(산소가 과잉됨) 발생한다. 그러나 저장은 단기간 동안 할 수 있고 질소산화물을 결합하는 능력이 감소하면 저장된 NOX를 방출하여 질소로 변환함으로써 촉매 변환기를 재생할 필요가 있다. 이를 위해 엔진은 농후한 혼합기(예: 공기/연료비 13.8:1)를 활용하여 잠시 작동한다.

재생이 필요한 시점과 완료 되었을 때의 검출은 아주 복잡하다. 재생의 필요성은 촉매 변환기의 온도를 근거로 하여 저장된 질소산화물의 양을 계산한 모델을 사용하여 평가할 수 있다. 또는 지정된 NOx 센서를 흡장형 촉매 변환기의 다운 스트림에 위치시켜 촉매 변환기의 효율이 감소하는 시기를 감지할 수 있다.

재생이 완료된 것을 평가하여 모델을 기본으로 하는 방법이나 또는 촉매 컨버터의 다운 스트림에 위치한 산소 센서에 의해 평가한다. 높은 산소 농도에서 낮은 산소 농도의 신호가 바뀌면 재생 단계가 종료된다. NOx 흡장형 촉매 컨버터가 냉간 상태에서 효과적으로 작동할 수 있도록 전기 배기가스 히터를 사용할 수 있다.

(4) 선택적 환원 촉매의 감소 SCR

디젤 배기가스 처리에 대하여 가장 효과적인 방법의 하나는 선택적 환원 촉매의 감소다. 이 방법은 소량의 묽은 요소 용액 환원제를 측정된 배기가스에 첨가한다. 그런 다음 수산화 촉매 변환기를 통해 요소 용액을 암모니아로 변환하고 암모니아는 NOx와 반응하여 질소와 물로 변환된다. 이 시스템은 NOx 배출량을 줄이는데 매우 효과적이어서 정상적인 공연비보다 더 낮은 연료를 사용할 수 있어 연비가 개선된다. 요소 탱크는 각 서비스마다 채워진다. 애드블루AdBlue는 이러한 액체의 한 가지 예이다.

(5) 미립자 필터

배기 미립자 필터는 다공성 세라믹 소재로 만든다. 이 미립자가 가득 차면 600℃ 이상으로 가열하면 재생할 수 있다. 이것은 일반적인 디젤 엔진에서 경험하는 것보다 더 높은 배기가스 온도이며, 이를 위해 사후 분사 및 흡입 공기량 제한으로 배기가스의 온도를 상승시키는데 사용할 수 있다.

4. 엔진 관리

커먼 레일 디젤 엔진에서 엔진 관리 시스템은 다음과 같은 사항을 제공하여야 한다.

① 매우 높은 연료 분사 압력(2000 bar : 2,900 psi)
② 엔진 작동 조건에 알맞은 연료 분사량, 흡기 매니폴드 압력 및 분사시기 변화
③ 파일럿 분사와 사후 분사
④ 시동 시 온도에 따른 농후한 공연비
⑤ 엔진 부하와 관계없는 공회전 속도 컨트롤
⑥ 배기가스 재순환
⑦ 장기간 정밀성

현재 가솔린 엔진 관리 시스템과 마찬가지로 운전자는 더 이상 분사되는 연료량을 직접 컨트롤할 수 없다. 대신, 액셀러레이터 페달의 작동은 토크의 요청으로 처리되며, 응답하는 실제 연료 분사량은 엔진의 작동 상태, 엔진의 온도, 배기가스 배출량과 다른 시스템의 간섭(예를 들면 트랙션 컨트롤) 등에 따라 달라진다.

그림 8-30은 보쉬 커먼 레일 관리 시스템의 입력, 출력과 내부 처리 등의 전체 개요를 나타낸 것이다.

(1) 시동

시동에 필요한 연료 분사량과 분사 시기는 기본적으로 엔진의 냉각수 온도와 크랭킹 속도에 의해 결정된다. 특히 매우 추운 날씨에서 시동, 해발 고도가 높은 위치 등의 환경에서는 토크가 작으면 정지하게 될 수 있어 자동차의 운행 정지를 방지하기 위하여 충분히 큰 동력이 필요하다.

(2) 구동

정상적인 주행에서 연료 분사량은 액셀러레이터 페달 위치 센서, 엔진 회전속도, 연료와 흡기 온도 등에 의해 결정된다. 그러나 다른 데이터 맵은 실제로 사용되는 연료 분사량의 보정에 많은 영향을 준다.

[그림 8.30] 커먼 레일 디젤 엔진 관리 시스템

ECU에 대한 입력 신호는 좌측에 있고 액셀러레이터 페달 위치, 흡입 공기량, 연료 레일 압력과 엔진 회전속도 등을 포함한다. 여기에 표시되지 않았지만 광대역 산소 센서가 포함되어 있다. 출력(우측)은 연료 인젝터 컨트롤, 배기가스 재순환(EGR)과 연료 레일 압력을 포함된다. ECU(중앙) 내부에 컨트롤 전략은 공회전 속도, 유연한 동적 컨트롤, 연료 분사량, 분사시기와 다른 많은 것들. (보쉬사 제공)

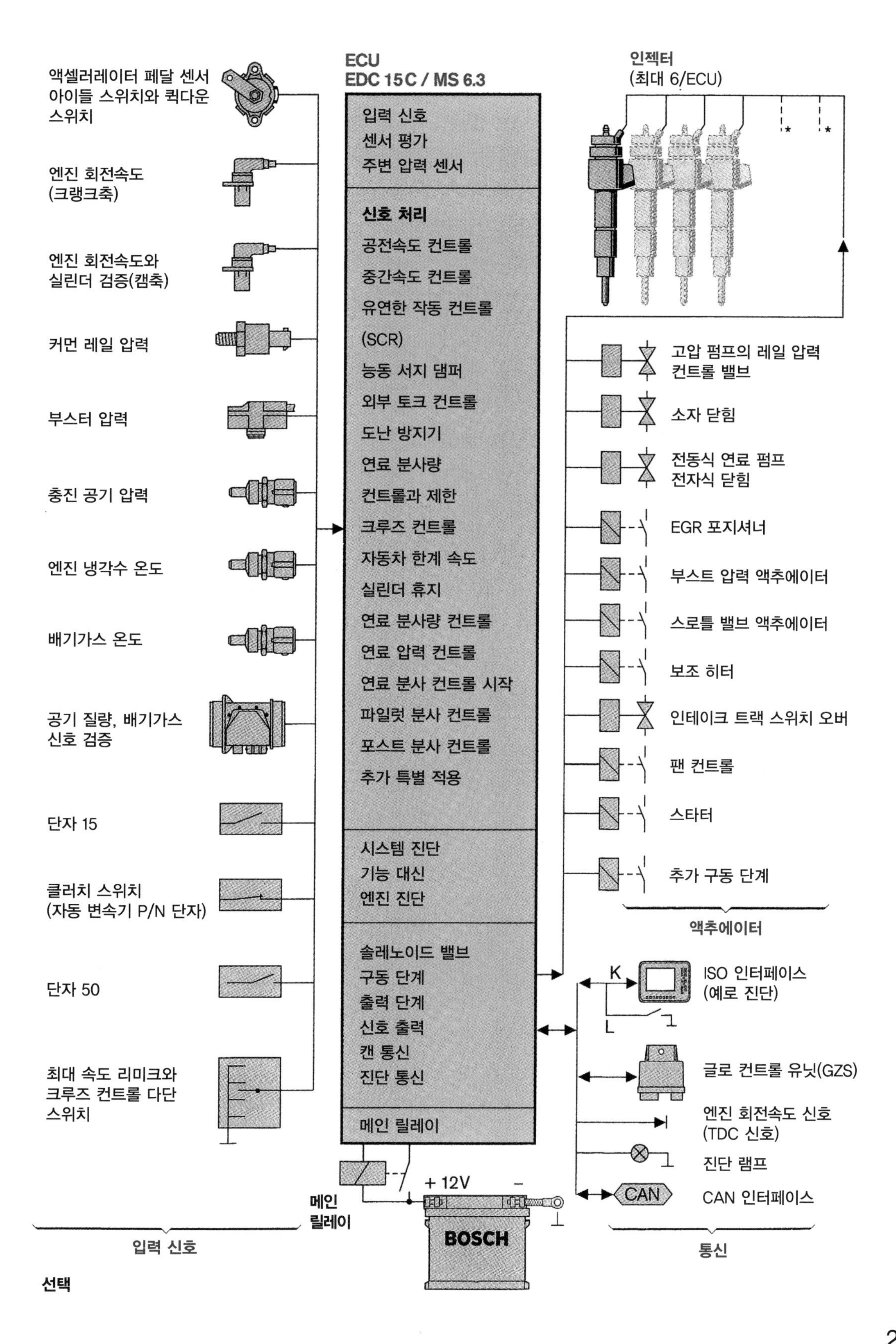

액셀러레이터 페달 센서
아이들 스위치와 퀵다운
스위치
엔진 회전속도
(크랭크축)
엔진 회전속도와
실린더 검증(캠축)
커먼 레일 압력
부스터 압력
충진 공기 압력
엔진 냉각수 온도
배기가스 온도
공기 질량, 배기가스
신호 검증
단자 15
클러치 스위치
(자동 변속기 P/N 단자)
단자 50
최대 속도 리미크와
크루즈 컨트롤 다단
스위치
입력 신호
ECU
EDC 15C / MS 6.3
입력 신호
센서 평가
주변 압력 센서
신호 처리
공전속도 컨트롤
중간속도 컨트롤
유연한 작동 컨트롤
(SCR)
능동 서지 댐퍼
외부 토크 컨트롤
도난 방지기
연료 분사량
컨트롤과 제한
크루즈 컨트롤
자동차 한계 속도
실린더 휴지
연료 분사량 컨트롤
연료 압력 컨트롤
연료 분사 컨트롤 시작
파일럿 분사 컨트롤
포스트 분사 컨트롤
추가 특별 적용
시스템 진단
기능 대신
엔진 진단
솔레노이드 밸브
구동 단계
출력 단계
신호 출력
캔 통신
진단 통신
메인 릴레이
메인
릴레이
+ 12V
BOSCH
인젝터
(최대 6/ECU)
고압 펌프의 레일 압력
컨트롤 밸브
소자 닫힘
전동식 연료 펌프
전자식 닫힘
EGR 포지셔너
부스트 압력 액추에이터
스로틀 밸브 액추에이터
보조 히터
인테이크 트랙 스위치 오버
팬 컨트롤
스타터
추가 구동 단계
액추에이터
K
L
ISO 인터페이스
(예로 진단)
글로 컨트롤 유닛(GZS)
엔진 회전속도 신호
(TDC 신호)
진단 램프
CAN
CAN 인터페이스
통신
선택

이것들은 배기가스, 매연 발생, 기계적인 과부하와 열에 인한 과부하(배기가스, 냉각수, 오일, 터보차저 및 인젝터의 측정이나 모델링된 온도 포함) 등을 제한하는 전략이 필요하다. 연료 분사 컨트롤의 시작은 엔진 회전속도, 연료 분사량, 냉각 온도와 외부 압력의 함수로 맵핑된다. **그림 8-31**은 연료 분사와 매연 컨트롤에 대한 데이터 맵을 예로서 나타낸 것이다.

[사진 8.17]
4기통 커먼 레일 BMW 디젤용 ECU
(보쉬사 제공)

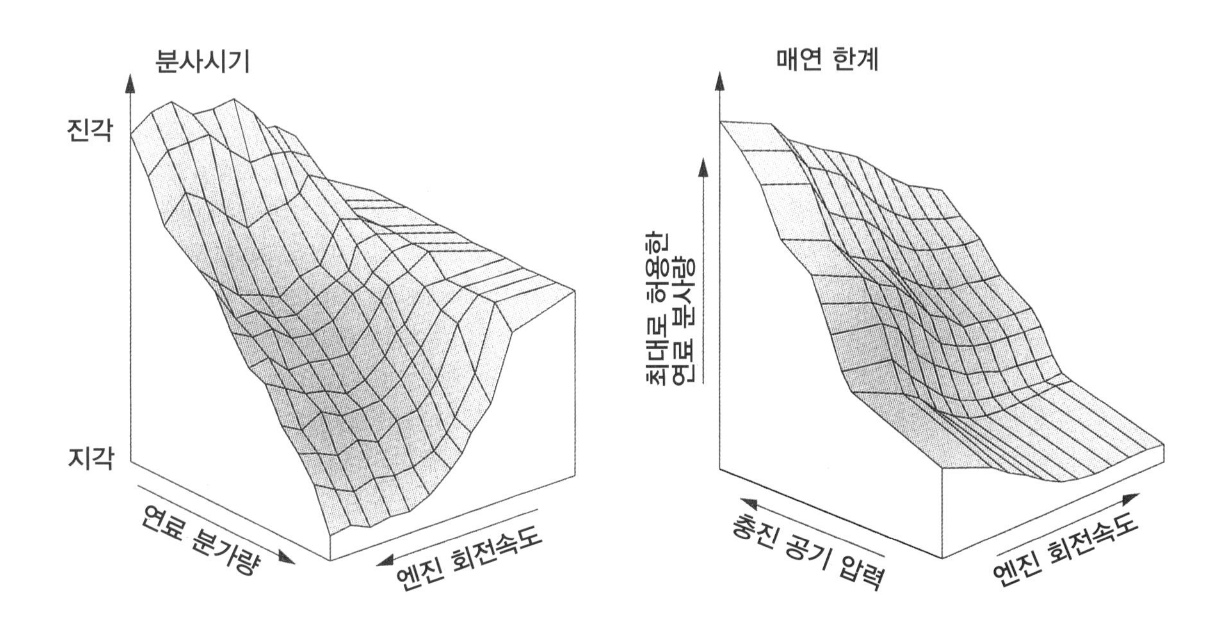

[그림 8.31]
다른 많은 변수와 함께 분사시기와 매연 제한에 3차원 ECU 맵이 사용된다. (보쉬사 제공)

(3) 공전속도 컨트롤

설정된 공전속도는 엔진 냉각수 온도, 배터리 전압과 에어컨 등의 작동에 따라 달라진다. 공전속도는 ECU가 실제 엔진의 회전속도를 모니터링하고 원하는 속도에 도달할 때까지 연료량 조절을 계속하는 폐쇄 루프 기능이 있다.

(4) 회전수 제한

일반적으로 엔진 회전수의 허용 한계에 도달하면 연료가 갑자기 차단되는 가솔린 엔진 관리와는 다르게 디젤 엔진 관리 시스템은 엔진의 회전수가 최고 출력이 발생되는 회전수를 초과함에 따라 점차적으로 연료 분사량을 감소시키며, 최대 허용 엔진의 회전수에 도달했을 때 연료 분사를 차단한다.

(5) 진동의 감쇠

엔진 토크 출력의 갑작스런 변화는 자동차의 구동계통에서 진동을 발생할 수 있다. 이는 자동차의 운전자나 동승자에게는 가속 시 불쾌한 진동으로 인식된다. 능동적인 진동의 감쇠는 이러한 진동이 발생할 가능성을 감소시킨다. 진동의 감쇠는 2가지 방법이 있으며, 첫 번째로는 액셀러레이터 페달의 갑작스런 움직임을 저지하고, 두 번째로는 ECU가 엔진의 토크가 급상승하는 것을 감지하여 엔진의 회전속도가 떨어지면 분사 연료량을 증가시켜 이것을 적극적으로 대응한다. **그림 8-32**는 이 과정을 나타낸 것이다.

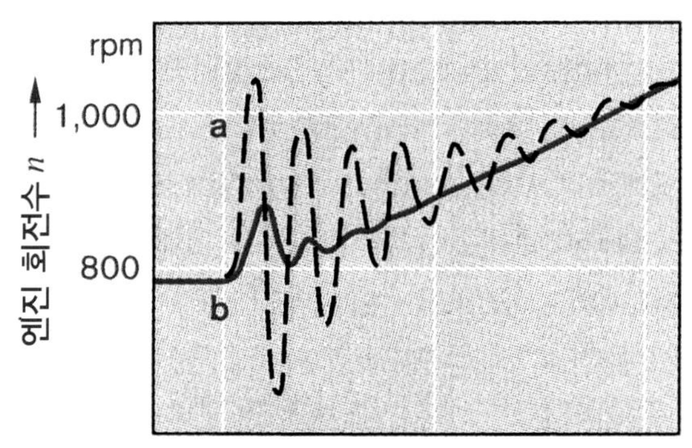

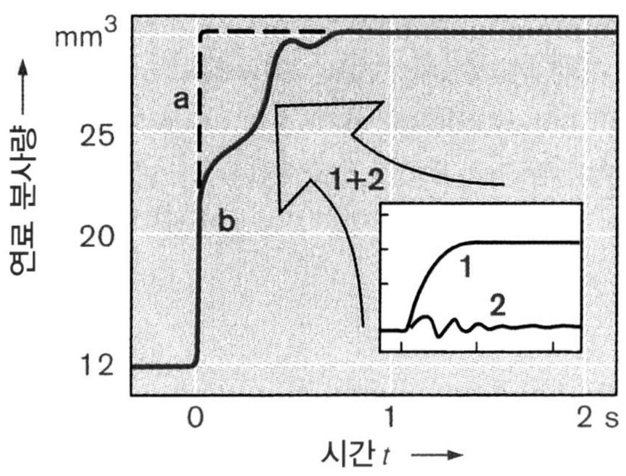

[그림 8.32]

진동의 감쇠는 가속에서 원하지 않는 진동을 방지하기 위하여 사용된다. 위쪽 그림은 진동 감쇠가 있을 때(b)와 없을 때(a)로 가속도의 변화를 나타낸 것이다. 자동차 운행의 이러한 변화는 2가지 방법으로 진동의 감쇠를 얻을 수 있다. 아래쪽 그림은 액셀러레이터 페달 위치 센서 출력 신호의 전자 필터의 효과(1)를 표시하고 엔진 회전속도가 떨어질 때 연료 분사량을 증가시키고 회전속도가 증가하면 연료 분사량을 감소시켜 능동적 진동 감쇠 보정(2)을 표시한 것이다. (보쉬사 제공)

(6) 유연한 작동의 컨트롤

실린더 간 기계적인 편차로 인하여 각 실린더의 토크 발생이 동일하지 않은 경우는 엔진 부조의 발생과 유해 배기가스를 증가시키는 원인이 된다. 이것을 방지하기 위하여 유연한 작동의 컨트롤은 엔진 출력 토크의 변화를 감지하기 위해 엔진 회전속도의 변동을 사용한다.

구체적으로 연료를 실린더 분사한 직후의 엔진 회전속도와 평균 엔진 회전속도를 비교한다. 만일 엔진의 회전속도가 떨어지면 해당 실린더의 연료 분사량을 증가시킨다. 엔진의 회전속도가 평균보다 높으면 해당 실린더의 연료 분사량을 줄인다. **그림 8-33**은 이 공정을 나타낸 것이다.

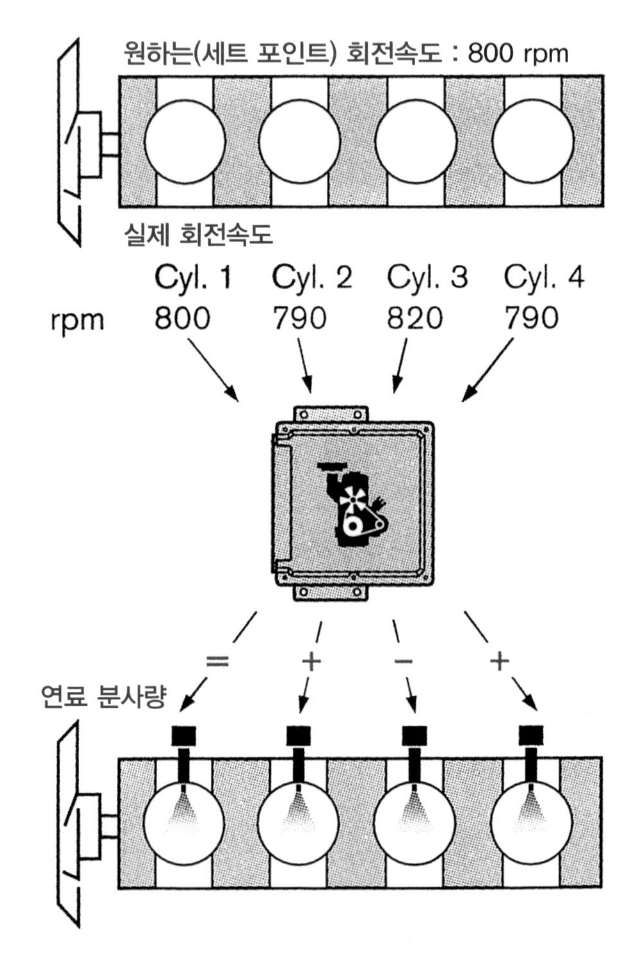

[그림 8.33]

유연한 작동의 컨트롤은 각 실린더의 토크 출력이 동일하지 않다는 사실을 나타낸 것이다. 이러한 현상을 방지하기 위하여 시스템은 실린더에 연료를 분사한 직후의 엔진 회전속도와 평균 엔진 회전속도(이 경우에 800 rpm)를 비교한다. 엔진의 회전속도가 떨어지면 해당 실린더에 연료 분사량을 증가시키고 엔진 회전속도가 평균보다 높으면 해당 실린더의 분사 연료량을 감소시킨다. (보쉬사 제공)

(7) 산소 센서 폐쇄 루프 컨트롤

가솔린 엔진 관리 시스템과 마찬가지로 디젤 엔진 관리 시스템도 산소 센서 폐쇄 루프 컨트롤을 사용한다. 그러나 디젤 시스템에서는 60:1의 희박한 공연비를 측정할 수 있는 광대역 산소 센서가 사용된다. 이 전영역 람다 센서는 측정 셀과 산소 펌프 셀을 결합하여 구성된다.

전영역 람다 센서의 출력 신호는 배기가스 중의 산소 농도와 배기가스 압력의 함수이기 때문에 센서의 출력은 배기가스 압력의 변화를 보상한다. 또한 전영역 람다 센서의 출력 신호는 시간이 경과함에 따라 변화를 하며, 이를 보상하기 위해 엔진이 오버런 상태에 있을 때 배기가스의 측정된 산소 농도와 센서의 예상 출력 간 비교가 이루어진다. 어떤 차이가 있으면 학습된 보정 값으로 적용한다.

폐쇄 루프 산소 컨트롤은 분사된 연료량에 대한 단기 및 장기 적응 학습에 사용된다. 이것은 스모크 출력을 제한하는데 특히 중요하며, 여기서 측정된 배기가스의 산소는 스모크 한계 맵의 목표 값과 비교한다. 전영역 람다 센서의 피드백은 목표로 하는 배기가스의 재순환을 결정하기 위해 사용된다.

5. 연료 압력 및 흐름 컨트롤

커먼 레일의 연료 압력은 폐쇄 루프 컨트롤에 의해 조절된다. 커먼 레일에 장착되어 있는 압력 센서는 실시간 연료 압력을 모니터링 하며, ECU는 연료 압력 컨트롤 밸브를 조절하는 펄스폭 변조에 의해 연료 압력을 원하는 수준으로 유지한다. 엔진의 회전속도는 높지만 연료의 수요가 낮을 때 ECU는 고압 펌프의 피스톤 중 하나를 비활성화 한다. 이것은 연료의 예열을 감소시킬 뿐만 아니라 펌프에 의해 유도하는 기계적인 동력을 감소시킨다.

6. 기타 관리 시스템 출력

디젤 엔진 관리 시스템은 인젝터의 컨트롤 이외에 다음과 같은 항목을 컨트롤 할 수 있다.

① 0℃ 미만의 시동 조건에서 글로우 플러그 제어
② 혹한기에 냉각수를 가열하여 실내 난방을 제공하는 예열 플러그 제어
③ 스월 컨트롤 밸브 컨트롤(저부하 운전 시 실린더 내 스월에서 더 좋은 기능을 제공하기 위해 난류 덕트를 통해 공기가 강제 공급된다)
④ 터보차저 부스트 압력 컨트롤
⑤ 라디에이터 냉각 팬 컨트롤

7. 인젝터 구동

인젝터의 구동은 다음과 같이 5단계로 나눌 수 있다.

① 첫 단계에서 인젝터는 100V 부스터 커패시터로부터 많은 전류가 공급되어 빠르게 열린다. 피크 전류는 20A로 제한되며, 일정한 인젝터의 열림 시간을 허용하도록 선류의 증가 속도를 제어한다.

② 두 번째 단계를 '**픽업 전류**'라고 한다. 이 단계에서는 인젝터에 대한 전류 공급이 커패시터에서 배터리로 전환된다. 이 단계에서 피크 전류가 계속 20A로 제한된다.

③ 12A 펄스폭 변조의 유지 전류를 사용하여 인젝터의 열림 상태를 유지한다. 솔레노이드는 '**픽업**' 단계에서 '**유지**' 단계로 변경되는 과정에서 인젝터 전류가 감소될 때 발생되는 역기전력은 부스터 커패시터의 경로로 통해 재충전 과정이 시작된다.

④ 인젝터에 공급되는 전류가 차단되면 역기전력은 다시 부스터 커패시터로 되돌아간다.

⑤ 실제 인젝터 파형 사이에 톱니 파형은 닫쳐진 인젝터에 적용된다. 사용된 전류는 인젝터를 열기에 불충분하고 발생된 역기전력은 100V에 도달할 때까지 부스터 커패시터를 재충전하는데 사용된다.

그림 8-34는 인젝터, 니들 밸브 리프트 및 연료 흐름 사이의 관계를 나타낸 것이다.

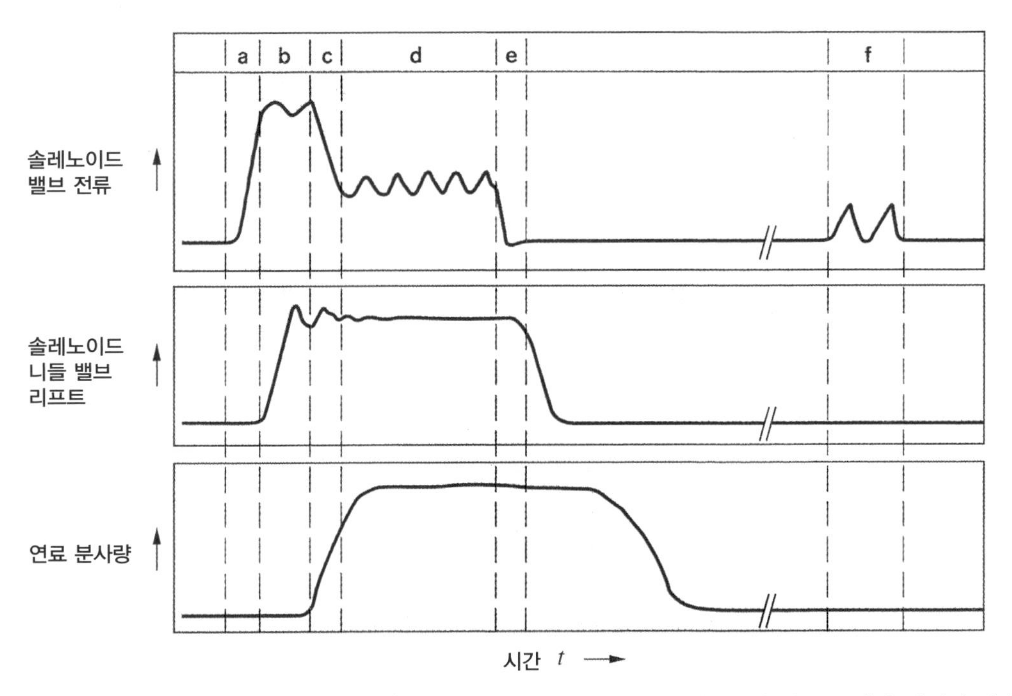

[그림 8.34] 솔레노이드 밸브(인젝터) 전류, 솔레노이드 밸브 니들 리프트와 연료 분사량 사이의 관계

(a) 급속하게 상승하지만 제어되는 전류로 인젝터를 개방하고, (c) 전류는 감소하지만 인젝터를 개방 상태로 유지하기에 충분하다. (e) 전류는 차단되고 인젝터가 닫힌다. 실제 인젝터 파형(f) 사이에 톱니 파형이 닫쳐진 인젝터에 적용된다. 사용하는 전류는 인젝터를 개방하는데 불충분하며, 생성된 역기전력은 100V에 도달할 때까지 부스터 커패시터를 재충전하는데 사용된다. (보쉬사 제공)

7 기타 엔진 관리 기능

앞에서 설명한 시스템은 가장 싼 자동차에서부터 가장 비싼 자동차에 이르기 까지 다양한 사항에 대한 것이다. 그러나 자동차 기술에서 한 가지 만큼은 일정한데, 그것은 시스템이 항상 진화하고 있다는 것이다. 이 장에서는 아직 설명하지 못한 센서와 시스템에 대하여 간단히 설명하고자 한다.

1. 가변 흡기 매니폴드 VIS

가변 흡기 시스템은 흡기 매니폴드 통로의 길이 또는 흡기관 체임버의 체적을 변경시키는 것이다. 이를 통해 흡입구는 둘 이상의 조정된 rpm을 가질 수 있으므로 예를 들면, 최대 토크와 최대 출력 모두에서 더 나은 실린더의 충진을 제공할 수 있다. 상태의 전환은 일반적으로 단일 단계로 수행되며, 흡기 시스템은 하나의 구성 또는 다른 것과 함께 구성한다.

흡기 시스템은(특히 6기통 엔진의 경우) 고속 회전에서는 트윈 흡기관을 연결하지만 저속 회전에서는 별도로 조절하여 작은 체적을 유지하도록 하는 등 여러 가지 방법으로 가변시킬 수 있다. 특정 rpm에서 두 번째 흡기 통로를 가변시키는 것은 또 다른 시스템의 방법이다. 그러나 가장 일반적인 방법은 저속 회전속도에서는 긴 통로를 통하여 공기가 통과하도록 하고, 고속 회전속도에서는 짧은 통로로 변환하는 것이다. 이것이 긴 통로를 적극적으로 닫아야 하며, 병행하여 짧은 통로 열면 흡기 시스템의 유효 통로의 길이를 변경하는 것이 충분하다.

통로의 전환은 일반적으로 엔진의 진공을 내부 매니폴드 전환 밸브를 개폐시키는 기계식 액추에이터로 유도하는 솔레노이드 밸브에 의해 수행된다. **그림 8-35**는 이러한 시스템을 나타낸 것이다. 전환 포인트는 엔진의 rpm(이것이 가장 공통적이다), 엔진의 부하 또는 양쪽을 결합한 것을 기본으로 할 수 있다.

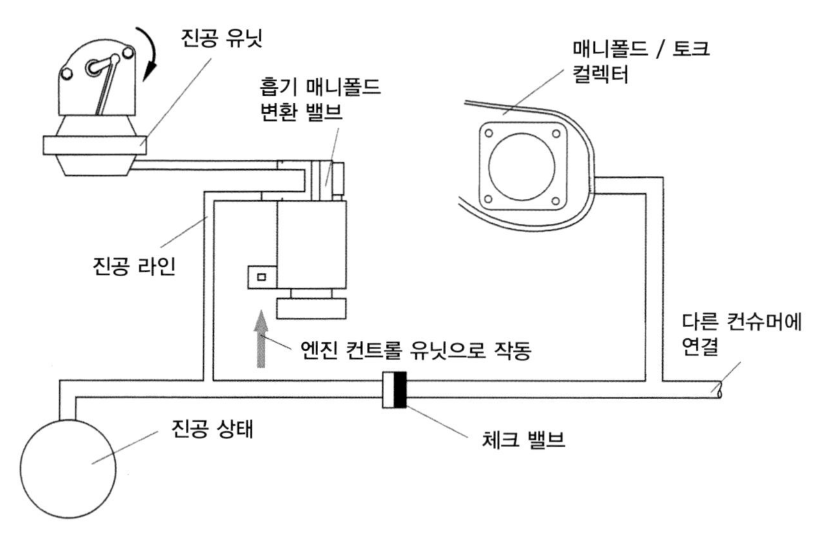

[그림 8.35]
2개의 크고 작은 유효 길이 흡기 매니폴드용 진공 제어 시스템. ECU가 흡기 매니폴드 전환 솔레노이드를 작동시켜 흡기 매니폴드 통로의 유효 길이를 변경하는 액추에이터로 진공을 유도한다. (폭스바겐 제공)

2. 가변 밸브 타이밍CVVT

가변 밸브 타이밍 시스템은 밸브 열림 및 닫힘 시기 또는 밸브의 리프트를 변화시킨다. 초기에 대부분의 가변 캠축 타이밍은 2개의 캠축 중 하나에 불과했고 캠축 타이밍은 한 번 변화하였다. 즉, 엔진이 특정 rpm이나 또는 부하에 도달했을 때 ECU가 캠축 타이밍을 이동시켰으므로 캠 하나가 진각 또는 지각 위치에 있었다. 엔진과 제조 회사에 따라서 가변 캠은 흡기 캠이나 배기 캠이 될 수 있다.

그 후 연속가변 캠 타이밍이 도입되어 엔진의 모든 부하에서 대응할 수 있도록 하였다. 이는 캠축의 타이밍 위치를 연속가변 할 수 있도록 하여 싱글 스텝 캠 타이밍의 변화보다 훨씬 나은 결과를 제공한다. 초기에는 단 하나의 캠축에만 가변 캠 타이밍을 사용했지만 현재 많은 제조업체들이 연속적인 가변 타이밍을 사용하여 흡기 캠축과 배기 캠축 모두에서 캠 타이밍이 변한다. **그림 8-36**은 토요타 VVTi 시스템에서 선택한 방법을 나타낸 것이며, 이 방법은 흡기 캠에만 가변 밸브 타이밍만을 변화시킨다.

밸브 리프트와 캠 타이밍을 추가로 변화시키는 시스템도 사용된다. 혼다의 VTEC 시스템은 싱글 스텝 시스템 중에서 가장 잘 알려진 오래된 시스템일 것이다. BMW는 흡기 밸브 리프트(배기와 흡기 밸브 타이밍과 함께)가 모두 연속적인 가변 밸브 타이밍을 사용하였다. 캠축 타이밍과 리프트를 변경하는데 사용되는 기술도 다양하다.

그러나 캠축 타이밍이 한 단계에서 변경되는 경우 ECU의 ON, OFF 신호를 사용하여 유압을 기계식에 공급하는 솔레노이드를 작동시켜 변화가 이루어진다. 캠축 타이밍을 단계 없이 연속적으로 변화시키기 위해 캠 위치 센서가 위치에 따라 변화할 수 있도록 펄스 솔레노이드가 사용된다. 캠축 타이밍은 엔진의 rpm, 스로틀 위치, 엔진 냉각수 온도와 흡입 공기량 등을 포함한 입력 신호에 따라서 변화할 수 있다.

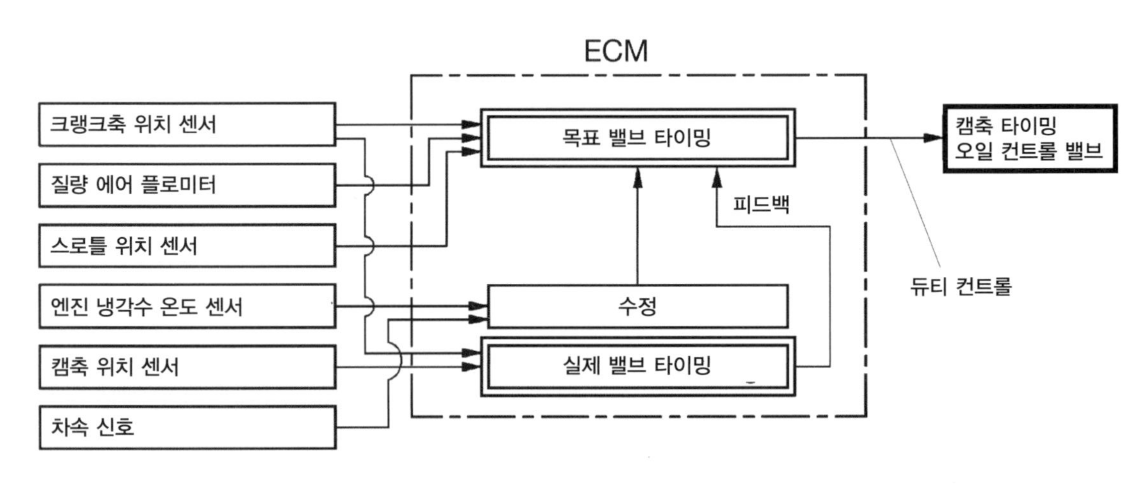

[그림 8.36]

이 시스템은 흡기 캠축 타이밍의 연속가변을 나타낸 것이다. 시스템이 마모를 통해 타이밍에 발생하는 모든 오류를 스스로 교정하는 방법에 주목한다. 이 시스템에서는 가변 듀티 사이클을 액추에이터로 제공한다. (토요다 제공)

3. 터보차저 부스트 컨트롤

과거 30년 동안 모든 터보차저 탑재 자동차는 전자식 부스트 컨트롤을 사용하였다. 이러한 자동차에 사용하는 웨이스트 게이트 컨트롤 시스템은 실제로 스프링 다이어프램에 의해 작동하는 웨이스트 게이트를 사용한 오래된 방법을 기초로 하고 있다. 다이어프램에 대한 부스트 푸싱은 스프링의 장력을 극복하면 다이어프램이 변형되어 웨이스트 게이트를 열고 배기가스가 터보차저를 바이패스 할 수 있는 레버를 이동시킨다. 이것은 터보차저가 더 빠르게 회전하지 못하도록 하여 최대 부스트를 제한한다.

전자식 컨트롤은 웨이스트게이트 호스에서 공기를 블리딩 하는 가변 듀티 사이클 솔레노이드를 추가하여 웨이스트게이트 액추에이터에서 보는 압력을 변경한다. 일부 자동차들은 터보차저 자체의 기하학적 구조가 부스트 압력을 제어하기 위해 변형된 가변 베인 터보차저를 사용한다.

대부분의 터보차저 부스트 컨트롤 시스템은 폐쇄 루프로 되어 있다. 이 방식에서 부스트 수준은 다른 고도와 온도에서도 원하는 부스트 수준을 제공하도록 컨트롤 시스템을 조정할 수 있는 매니폴드 압력 센서에 의해 모니터링 된다. 터보차저 부스트 컨트롤은 엔진 관리 ECU에 통합되어 있어 시스템은 흡기 온도, 노크 센서 출력 신호 및 MAP 센서 신호 등 모든 일반적인 엔진 관리 입력 신호를 사용할 수 있다.

4. 엔진 냉각수 온도 관리

냉각수 온도의 능동적인 컨트롤을 적용하고 있는 자동차의 수가 증가하고 있다. 즉, 왁스 펠릿 서모스탯을 사용하지 않는 대신 전자 컨트롤로 냉각수의 온도를 조절한다. 능동적인 냉각수 온도 컨트롤의 장점은 워밍업 시간이 단축되고 부분부하 스로틀 구동 조건에서의 연료 소비량의 감소 및 유해 배기가스의 저감 등이다. 또한 부하가 높을 때는 냉각수의 온도를 낮춰 엔진의 출력을 높여준다.

전기 가열 소자가 추가된 서모스탯을 사용하는 것도 하나의 방법이다. 전기적으로 가열되지 않았을 때 서모스탯의 정상적인 개방 온도가 110℃이다. 전기 가열 소자를 작동시킴으로써 컨트롤 시스템은 필요에 따라 서모스탯을 이온도보다 더 낮은 온도에서 개방할 수 있다.

그림 8-37은 폭스바겐이 사용하는 전자 컨트롤 시스템의 개요를 나타낸 것이다. ECU는 엔진 회전속도, 에어 플로미터, 2개의 냉각수 온도 센서, 운전자가 요청하는 히터 온도 등의 입력 신호를 사용한다. ABS 컨트롤 유닛에 연결된 CAN을 경유하여 자동차의 주행 속도를 판단한다. 출력은 전기 가열 서모스탯, 2개의 라디에이터 팬으로 구성되어 있다. 자기진단은 정상적인 진단 커넥터에 접속을 통하여 유효하게 사용할 수 있다.

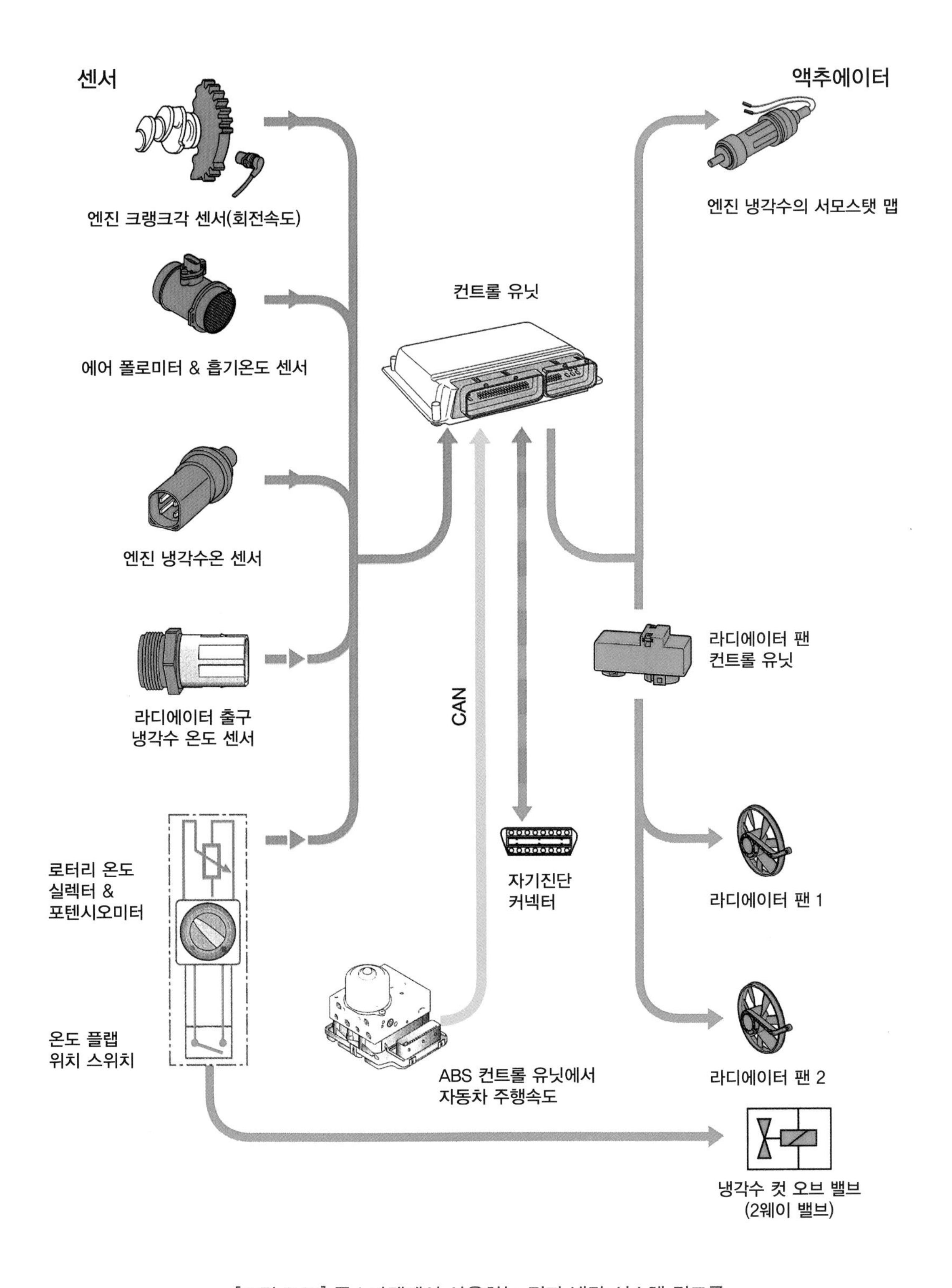

[그림 8.37] 폭스바겐에서 사용하는 전자 냉각 시스템 컨트롤

ECU는 엔진 회전속도, 에어 플로미터, 2개의 냉각수 온도 센서, 운전자가 요청하는 히터 온도 등의 입력 신호를 사용한다. ABS 컨트롤 유닛에서 CAN과 연결하여 자동차의 주행 속도를 판단한다. 출력은 전기 가열식 서모스탯과 2개의 라디에이터 팬이다. 자지진단은 정상적인 진단 커넥터에 접속을 하면 유효하게 사용할 수 있다.(폭스바겐 제공)

포르세 991과 981의 박스터 모델 및 911은 다음과 같은 냉각수 온도 관리의 전략을 활용하고 있다.

(1) 워밍업

① 연료 소비량 절감을 위한 조치

- 자동차의 모든 냉각수 경로에 냉각수를 충만 시킨다.
- 열손실을 최소화하고 워밍업 시간을 단축시킨다.

② 난방의 편의성 향상

- 가열 시간을 늘인다.
- 지정된 경로로 유효한 열을 실내로 순환시킨다.

(2) 엔진 작동온도

- 엔진의 냉각수 온도를 105℃로 높여 연료 소비를 감소시킨다.

(3) 엔진의 냉각

- 냉각수 온도를 85℃까지 온도를 낮춰 성능을 최적화 한다.

포르세의 경우 계기판의 냉각수 온도 게이지에 정상적인 작동 온도 90℃가 표시되지만,
실제로는 85~105℃ 범위에서 변화하고 있는 것이다.

일부 터보차저 탑재 자동차는 점화 스위치를 OFF 시킨 상태에서도 라디에이터 팬(보조 전동 워터 펌프가 장착된 경우)을 작동시킬 수 있다. 이러한 '런-온' 냉각 모드는 엔진의 냉각수 온도와 최종 주행 사이클(고부하 주행으로 인해 엔진이 더 뜨거워졌을 가능성이 있다)의 연료 소비 등을 기초로 한다. 전동 워터 펌프의 작동은 터보차저 베어링을 냉각시키고 오일의 코킹을 줄인다.

5. 오토 스타트 & 스톱

하이브리드 자동차를 처음 도입하였을 때 장점 중 하나는 자동차가 정지되어 있을 때 엔진의 스톱시키는 능력으로 연료 소비량을 감소시키는 것이었다. 이것의 효과를 보고 제조업체들은 오토 스타트 & 스톱 시스템에 요구되는 빈번한 시동과 충전시스템을 강화하여 필요한 엔진에 대처하기 시작하였다. 브레이크 페달을 밟아 자동차가 정지한 후 엔진을 1~2초에 스톱시키는 것도 하나의 방법이다.

(1) 오토 스톱의 작동 조건

① 브레이크를 작동시켜 자동차가 정지한 상태에서 기어 레버의 위치를 D, N, P 중의 하나한 경우 또는 수동식은 기어 위치를 1단이나 2단인 경우
② 운전석의 안전벨트를 착용하고 운전석 도어가 닫혀 있고 브레이크 페달이 눌려 있는 경우
③ 보닛(후드)이 닫혀 있는 경우
④ 엔진, 배터리 및 변속기가 작동 온도에 도달한 경우
⑤ 마지막 오토 스톱 이후 1.5초 이상 주행 또는 2km/h 이상 주행한 경우
⑥ 도로의 경사가 10% 이하인 경우
⑦ 스포츠 모드가 아니고 안정성 컨트롤 시스템이 작동하는 경우
⑧ 운전자가 오토 스타트 & 스톱 기능을 활성화 한 경우
⑨ 에어컨이 최대로 작동하지 않고 있으며, 성에 제거가 선택되지 않은 경우
⑩ 리어 포그 램프가 점등되지 않은 경우
⑪ 트레일러가 감지되지 않은 경우

(2) 오토 스타트 작동 조건

① 자동차의 움직임 감지된 경우
② 후진 기어 또는 스포츠 모드가 작동되는 경우
③ 오토 스타트-스톱 모드에서 허용되지 않는 기어로의 변경
④ 풋 브레이크를 해제하거나 액셀러레이터 페달을 밟을 경우
⑤ 스포츠 모드, VDC OFF 모드, 에어컨 최대 또는 성에 제거 실행하는 경우
⑥ 브레이크 압력이 감소되는 경우
⑦ 배터리 최대 허용 에너지 이하일 경우

포르세 카이엔에는 ECU의 오토 스타트 & 스톱 자체 기능 이외에 관련되는 7개의 다른 통신 시스템과 17가지의 단품 구성 요소(외부 온도 센서에서 브레이크 진공 센서에 이르기 까지)로 조합되어 있다.

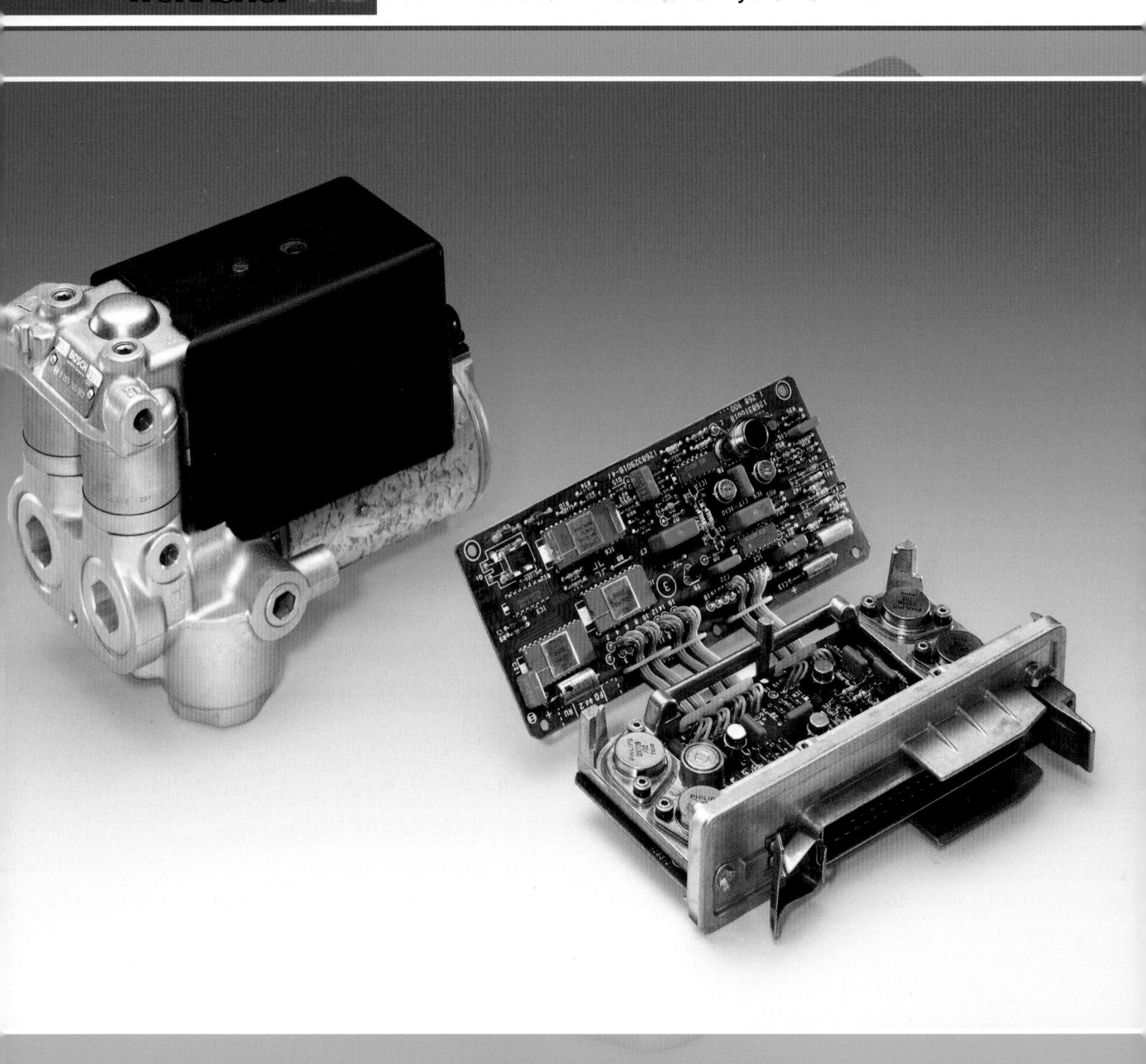

Chapter 9

기타 전자 컨트롤 시스템

1. 에어 서스펜션 시스템(Air - ECS)
2. 안티 록 브레이크 컨트롤 시스템(ABS)
3. 전자식 차체 자세 컨트롤 시스템(ESP)
4. 전동 파워 스티어링 컨트롤 시스템(MDPS)
5. 전자동 공조 컨트롤 시스템(FATC)
6. 자동변속기 컨트롤 시스템(TCU)

앞 장에서 몇 가지의 엔진 관리 시스템에 대하여 자세하게 설명하였다. 입력과 출력을 살펴보고 ECU에 의해서 컨트롤되는 방법도 설명하였다. 이제 다른 시스템의 컨트롤을 살펴보기로 한다. 필자는 약간 다른 관점에서 컨트롤 하는 방법을 설명하려고 한다. 바로 ECU를 하나의 '블랙박스'로서 크게 부각시키는 방법이다.

이 시스템은 ECU에 제공하는 입력 신호를 기본으로 하여 결정하는 장치이다. 예를 들면 에어컨 시스템에서 실내 온도 컨트롤 시스템의 환기구를 움직이기 위해 모터를 작동시키거나 또는 전동 파워 스티어링 보조 장치의 작동 정도를 변경하는 작업 등이다.

이 '블랙박스' 즉, 시스템 접근 방법을 사용하면 시스템에 익숙하지 않은 경우에도 대부분의 자동차 전자장치를 빨리 이해할 수 있다. 전자제어 기술들을 크고 복잡한 시스템으로 보는 것보다 "입력은 무엇이고 출력은 무엇인지"를 확인한다. 그리고 시스템의 기능성을 고려한 다음, ECU의 유효성을 컨트롤 논리로서 예측할 수 있다. 고장 진단이 쉽지는 않지만 "입력·출력·컨트롤 논리"로 분류하여 생각하면 보다 쉽게 진단할 수 있을 것이다.

1 에어 서스펜션 시스템 Air – ECS

이 시스템 접근법의 한 가지 예로서 전자식 컨트롤 에어 서스펜션 시스템에 대하여 설명하려고 한다. 에어 서스펜션 시스템은 폭스바겐, 아우디, 메르세데스와 레인지로버 차량에 매우 비슷한 설계의 전자식 컨트롤 에어 서스펜션 시스템이 장착되었다. 이 시스템은 컴프레서, 공기 저장 탱크, 솔레노이드 밸브 블록 및 4개의 에어 스프링 등을 사용한다.

이 시스템은 하중에 관계없이 차고를 일정하게 유지하며, 어떤 시스템은 자동차의 주행 속도가 낮아지면 자동적으로 차고를 조정하거나 자동차가 정차하면 차고를 낮게 설정한다.(승·하차하기가 더 쉬워진다.) **그림 9-1**은 아우디 차량에 장착된 에어 서스펜션 시스템의 개요를 나타낸 것이다. 그래서 다음과 같은 "입력·출력·컨트롤 논리'의 방법으로 에어 서스펜션 시스템의 입력을 살펴보도록 하자.

1. 입력 신호

(1) 앞 좌측의 차고 센서

(2) 앞 우측의 차고 센서

(3) 뒤 좌측의 차고 센서

(4) 뒤 우측의 차고 센서

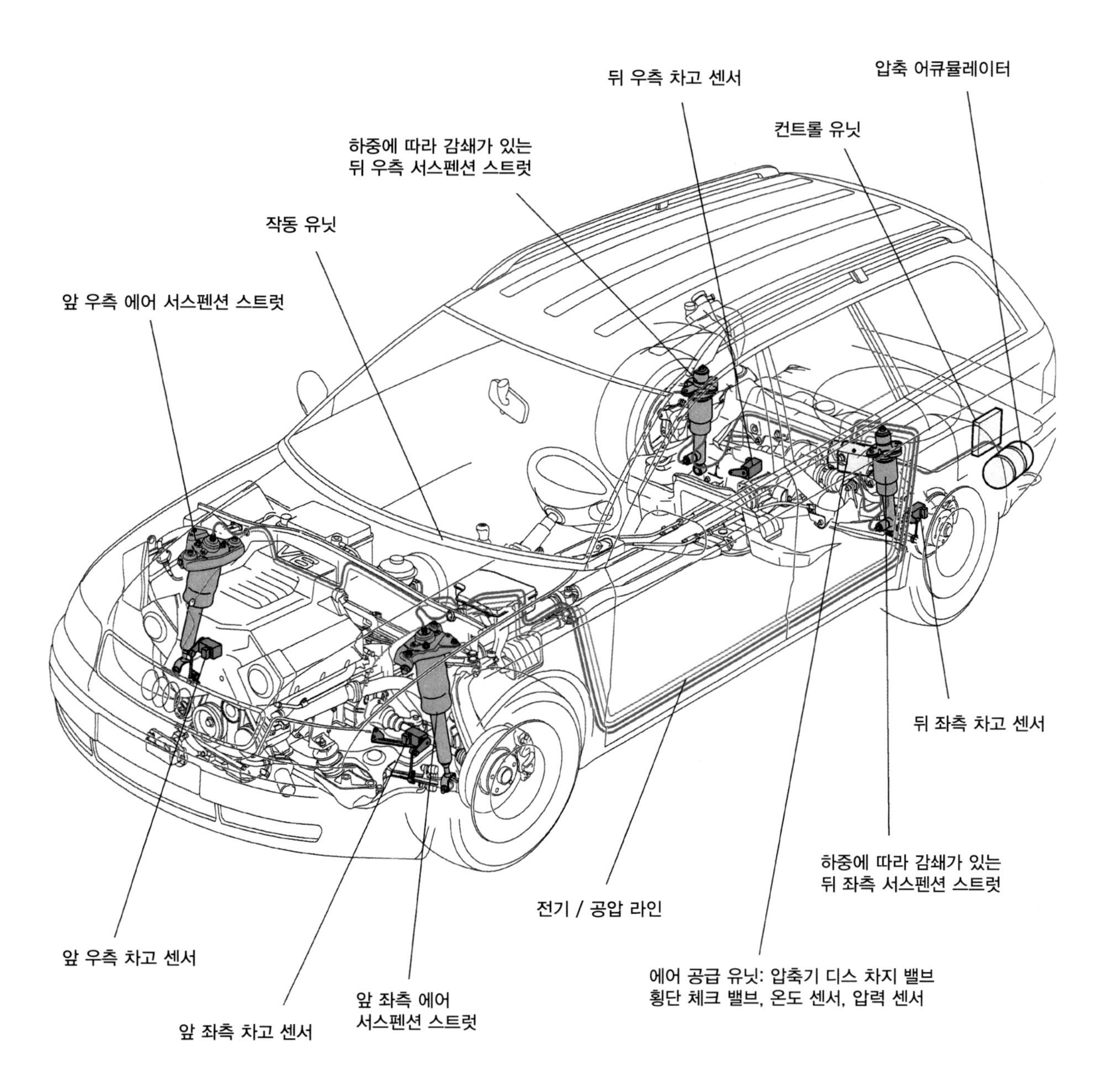

[그림 9.1] 아우디 에어 서스펜션 시스템의 개요

처음에는 압도적으로 보일 수 있지만 시스템을 입력, 출력, ECU 컨트롤 로직으로 시스템을 세분화하면 훨씬 이해하기 쉬워진다. (아우디 제공)

시스템이 하중과 관계없이 차고를 일정하게 유지하려면 ECU가 각 코너의 차고를 알아야 한다. 그렇지 않으면 에어 스프링에 공기가 많이 필요한지 적게 필요한지의 상황을 알 수가 없다. 또한 공기 저장 탱크의 공기의 압력도 알아야 하므로, 다음과 같은 다른 입력 신호도 있다.

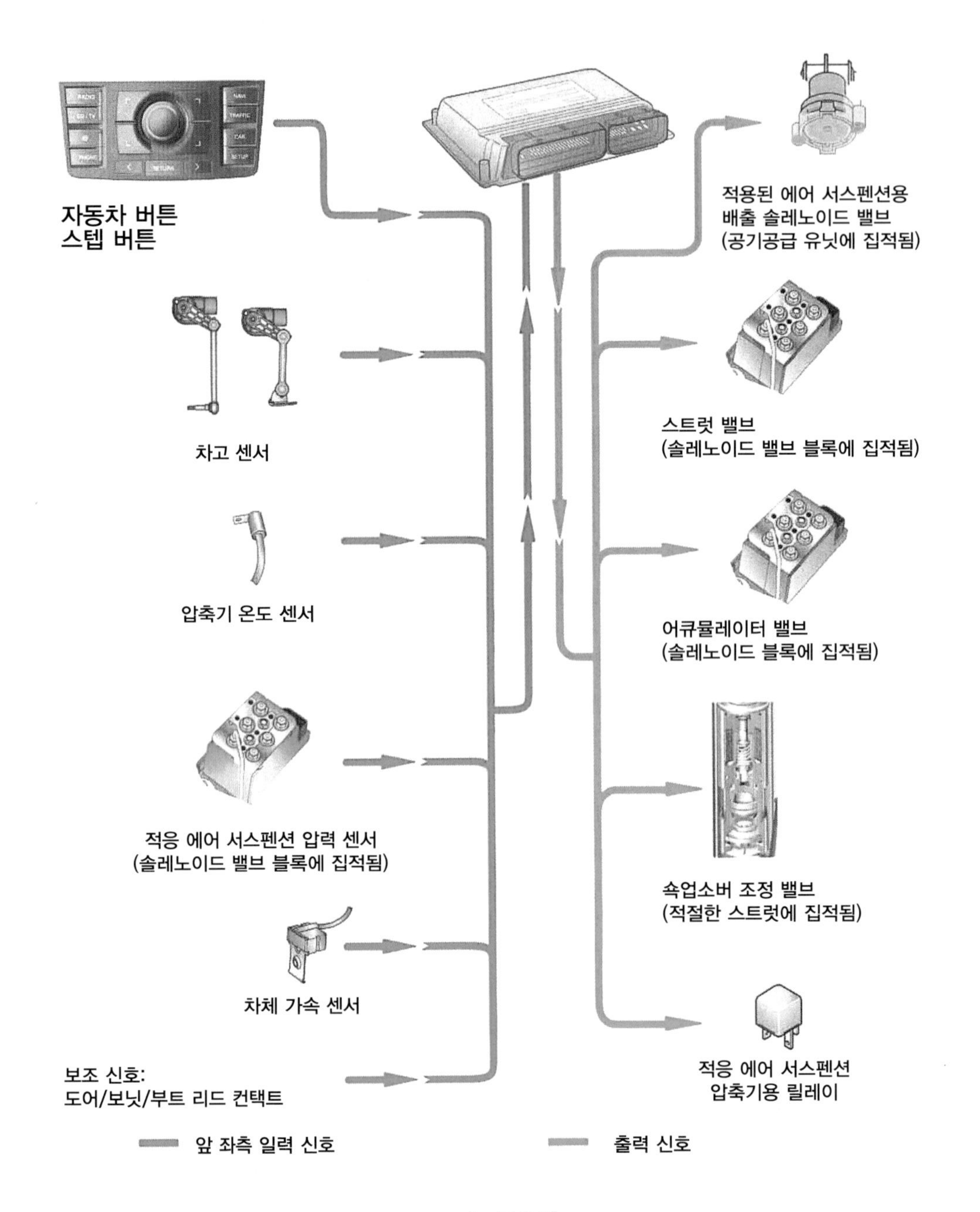

[그림 9.2]

에어 서스펜션 시스템은 가변 감쇄 기능이 통합되어 있으며, 이 '시스템'의 방법을 채택하여 사용하면 이 에어 서스펜션 시스템이 ECU에 추가로 차체 가속도 센서의 입력 신호를 이용하여 작동하는 것을 알 수 있다. (아우디 제공)

(5) 탱크 압력 신호

이들 시스템 중 일부는 압축기의 헤드에 온도 센서를 장착하여 사용한다. 주변의 온도가 매우 뜨겁고 압축기가 오래 작동하면 압축기가 과열될 수 있다는 의미이다. 그래서 또 다른 입력 신호를 추가한다.

(6) 압축기의 온도 신호

에어 서스펜션 시스템은 전자제어 차체 자세 컨트롤 시스템ESP과 CAN 버스로 정보를 주고 받는다. ESP의 휠 스피드를 CAN으로 입력 받아 상태인지 정지 상태인지를 판단한다.

(7) 다른 컨트롤러에서의 버스 신호

에어 서스펜션 시스템의 장점 중 하나는 운전자가 다른 차고를 선택할 수 있다는 점이다. 이것은 대시보드 컨트롤에 의해 수행되므로 또 다른 입력 신호가 된다.

(8) 운전자가 차고를 선택

8개의 입력 신호가 있으며, 그 입력 중에서는 CAN 버스를 통해 많은 정보를 활용하기도 한다.

2. 출력

각 코너의 에어 스프링에 공기의 흐름을 조정하는 4개의 솔레노이드 밸브를 제어하여 각 차고를 컨트롤 한다.

(1) 솔레노이드 전면 좌측

(2) 솔레노이드 전면 우측

(3) 솔레노이드 뒤쪽 좌측

(4) 솔레노이드 뒤쪽 우측

탱크 압력이 낮아지면 압축기를 작동시킬 필요가 있다.

(5) 압축기 릴레이

운전자가 수동으로 서스펜션 높이를 변경할 때 모니터로 출력된다.

(6) 계기판

(7) 고장 진단

2개 이상의 솔레노이드를 사용하며, 그 하나는 압력 탱크를 수용한 시스템에서 사용하고, 다른 하나는 공기 스프링에서 공기를 배출하는데 사용한다.

(8) 탱크 솔레노이드

(9) 배출 솔레노이드

3. ECU의 로직으로는 입력과 출력을 기본으로 ECU가 실행하는 다음과 같은 기능을 추측할 수 있다.

① 각 코너의 서스펜션 높이를 모니터링 하여 선택한 차고를 유지하기 위하여 적절히 공기를 추가하거나 또는 공기를 배출시킨다.
② 탱크의 압력이 낮으면 압축기를 가동하고 탱크의 압력이 규정 압력에 도달하면 압축기의 가동을 정지시킨다.
③ 운전자의 요구 조건을 모니터링 하여 필요한 서스펜션의 높이를 변경한다.
④ ESP나 ABS의 작동 상황을 CAN 버스 신호로 모니터링 하여 서스펜션의 제어를 중지한다.
⑤ 고속 주행 중 감속 또는 정차한 조건을 CAN 버스 신호로 모니터링 하여 서스펜션 높이를 변경한다.
⑥ 압축기의 온도가 과도하게 올라가면 작동을 중지시킨다.
⑦ 고장이 감지되면 경고등 및 고장 코드를 활성화 하여 기록한다.

입력, 출력, 제어를 분석하면 잠재적 결함의 증상을 훨씬 더 쉽게 이해할 수 있다. 예를 들면, 고장 코드의 표출이 압축기가 과열된 것을 나타내면 과열된 원인을 생각할 수 있다. 날씨가 갑자기 많이 더워지지 않았다면 압축기의 장시간 가동이 원인이 되어 과열이 된 것이다. 압축기는 탱크의 압력이 낮을 때 작동하는데 탱크의 압력이 낮아진 이유가 무엇인지를 살펴본다. 압축기의 성능 저하 또는 시스템에서 누출이 될 경우 설정된 탱크 압력에 도달하는데 시간이 많이 소요될 수 있다. 그래서 전적으로 압축기의 고장 때문만은 아니다.

또 다른 예로서 자동차의 고장 코드 상 특정 차고 센서에 문제가 있는 것으로 표출될 경우이다. 에어 스프링에 누출이 있는 것일 수 있지만 2가지 특성을 조합하면 차고 센서의 단품과 배선을 먼저 점검해야 한다는 것을 알 수 있다.

마지막 예로서, 자동차가 정지했을 때 규정된 차고로 낮아지지 않는 경우이다. ECU의 고장이 원인일 수 있지만, 언제 차고를 낮출지 결정하기 위해 ECU가 필요한 입력 신호를 놓치고 있다고 의심하는 것이 더 좋은 고장 진단의 출발점이 될 것이다. 스캐너를 이용하여 진단을 하면 CAN 버스의 오류가 표시될 것이다. 전자제어 시스템을 입력, 출력, ECU 로직으로 분류하여 진단한다.

2 안티 록 브레이크 컨트롤 시스템ABS

안티 록 브레이크 컨트롤 시스템ABS은 타이어에서 장애가 발생할 경우 휠의 록킹이 가장 큰 원인이 될 수 있다는 원리에서 출발한다. 이러한 관점은 개념이 직관적이지 않으므로 약간의 설명이 필요하다.

운행 중인 자동차의 휠에 록이 발생하면 자동차는 노면에서 회전하지 않는 휠로 인해 미끄러지므로 브레이크의 효과가 없으며, 아무런 구동 역할을 할 수 없게 된다. 최대 제동력을 얻기 위해 필요한 바퀴의 힘을 슬립률Slip Ratio이라고 부른다. 슬립률 100%는 휠이 록 되어 있는 반면, 0%는 자유롭게 회전한다는 것을 의미한다. 최대 제동 성능을 얻기 위하여 필요한 슬립률은 고정되어 있지 않다.

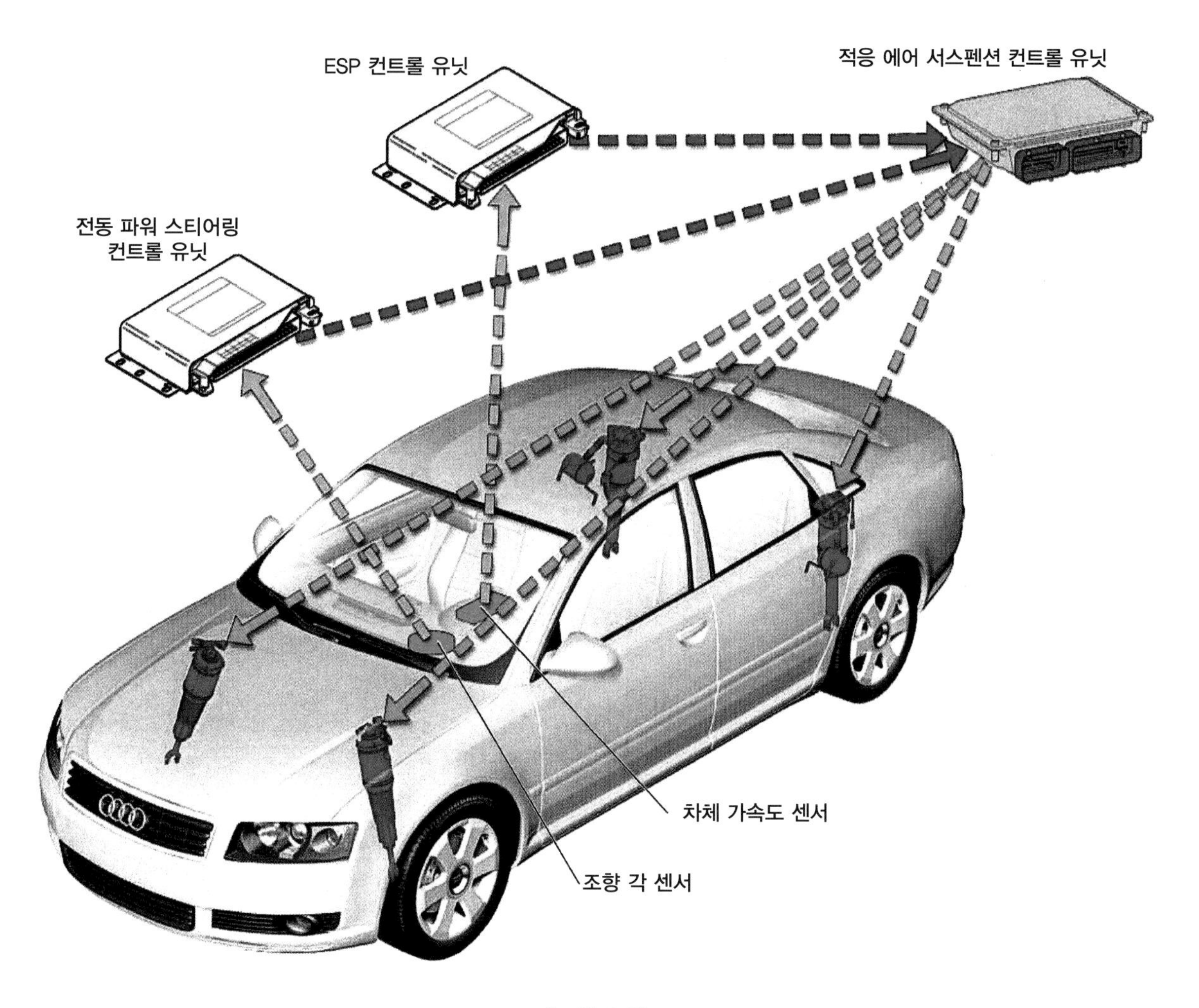

[그림 9.3]

이 그림은 에어 서스펜션 컨트롤러와 통신하는 다른 컨트롤 유닛을 나타낸 것이다. 다시 한 번 '시스템'의 접근 방법을 사용하여 각 컨트롤러가 에어 서스펜션 컨트롤러와 통신하는 이유를 제시할 수 있는가? (아우디 제공)

슬립률은 노면, 타이어 복합체, 트레드, 노면 온도 등에 따라 달라진다. 일반적으로 슬립률은 8~30%가 가장 효과적이다. 즉, 브레이크 시에 휠이 주행 속도보다 최대 1/3 더 느린 속도로 회전한다는 뜻이다.

전자식 ABS 시스템의 주요 부품은 전자 컨트롤 유닛ECU, 휠 속도 센서, 유압 컨트롤 유닛HCU 등이다. 간단히 말해서 ECU는 각 휠의 속도를 모니터링 한 다음 HCU가 록킹의 징후를 보이는 휠의 브레이크 유압을 일시적으로 감소시키도록 지시한다. 대부분의 시스템은 3~4개의 휠 속도 센서를 사용하며, 각 프런트 및 리어 휠은 4센서 시스템에서 모니터링 되고 프런트 및 리어 액슬(또는 하나의 뒤 바퀴)은 3센서 시스템에서 모니터링 된다.

휠 속도 센서는 한 개의 코일과 톤 휠(허브 혹은 제동 디스크의 일부를 부착)이 작동할 때 여자 되는 한 개의 자석으로 구성되어 있다.(센서 설계는 엔진 관리 시스템에 사용하는 크랭크축 위치 센서와 비슷하다). 출력 신호는 휠 속도에 비례하여 출력 주파수를 발생시킨다. ECU는 센서가 장착된 각 휠의 회전 속도를 감지할 수 있다. **그림 9-4**는 간단한 ABS를 나타낸 것이다.

일부 ABS 시스템은 휠 속도 센서 외에도 세로 방향의 가속도 센서를 사용하므로 ECU가 실제 감속도를 감지할 수 있다. ABS에서 발생한 초기의 문제 중 하나는 눈길과 진흙길에서 발견되었는데 여기서 휠이 록 되면 실제로 자동차가 더 빠르게 정지할 수 있었다.

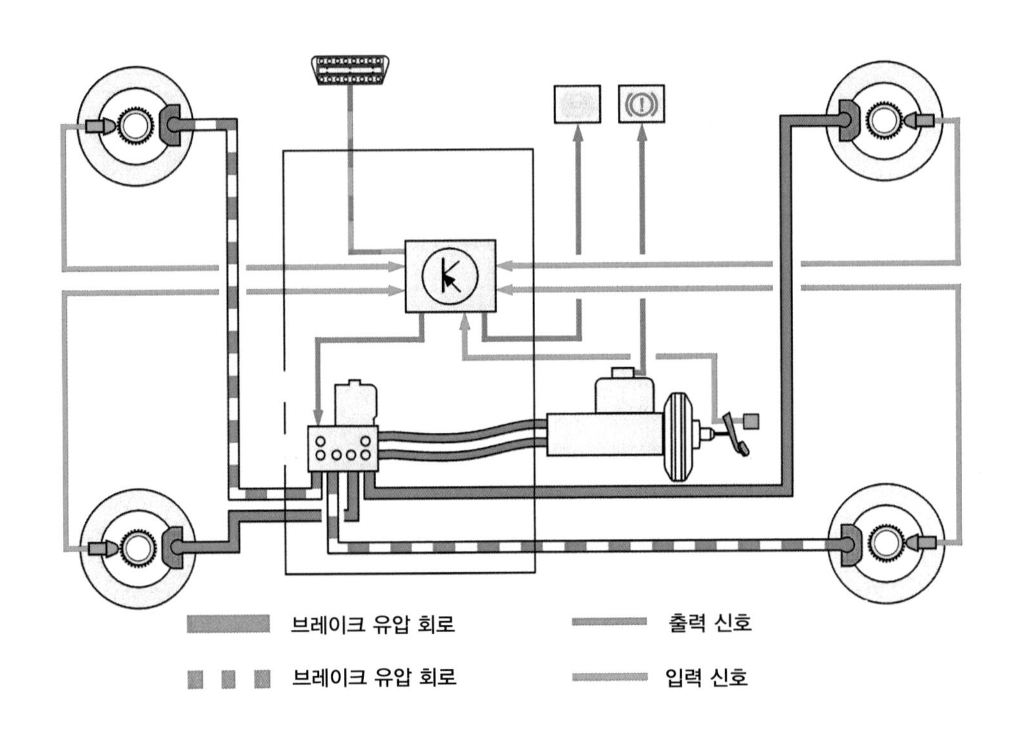

[그림 9.4] 간단한 ABS의 개략도

입력은 4개의 휠 속도 센서와 브레이크 페달로 이루어진다. 출력은 유압 컨트롤 유닛 및 대시보드 경고등까지이다. 진단 커넥터는 양방향의 정보 흐름을 가지고 있다. (폭스바겐 제공)

이것은 록 된 휠이 주변의 단단한 도로를 헤쳐 나오는 것이 어렵기 때문이며, 또한 록 된 휠 앞에 눈이나 모래가 쌓여 자동차의 속도를 늦추는데 도움을 주기 때문이다. 세로 방향의 가속도 센서를 사용하면 ECU가 실제 발생하는 감속도를 감지할 수 있으므로 자동차가 신속하게 정지하지 않을 경우 이것의 작동을 수정할 수 있다.

[사진 9.1]

14년간의 개발 끝에 1978년 보쉬 ABS가 처음 출시되었다. 처음에는 메르세데스 벤츠 'S'급 자동차에, 얼마 후에는 BMW 7 시리즈에 옵션 장비로 장착되었다. (보쉬사 제공)

[사진 9.2]

1978년형 메르세데스 S급 자동차에 채용된 사진. ABS 시스템이 장착되지 않은 좌측 자동차와 시스템이 장착된 우측 자동차이다. 우측 자동차는 브레이크가 충분히 작용하여 장애물 주변에서도 조종이 용이하다. (메르세데스 벤츠 제공)

3 전자식 차체 자세 컨트롤 시스템 ESP

ABS와 함께, 전자식 차체 자세 컨트롤 시스템ESP은 지금까지 적용된 자동차 전자 시스템 중 가장 큰 안전성을 대표하고 있다. ESP는 각 휠, 스티어링 앵글 센서, 가로축과 세로축 가속도 센서와 요yaw 센서의 입력 신호를 사용한다.(요는 수직, 중앙 축에 대한 차량의 회전이다). ESP의 주요 출력은 전자식 스로틀 개방을 컨트롤하고 ABS 모듈을 통해 개별적으로 휠을 제동하는 것이다.

자동차가 언더 스티어링 중일 때 안쪽 리어 휠을 제동하면 언더 스티어링의 발생량이 감소한다. 예를 들면, 자동차가 우측 커브 길에서 언더 스티어링 하고 있는 경우, 뒤 안쪽 휠을 제동하는 동안 다른 휠은 정상 속도로 계속 회전하게 되어 우측으로 선회하게 된다. 이것은 우측 커브를 돌 때 자동차의 회전축이 우측에 있기 때문으로 우측으로 기울어져서 가기를 원하면 언더 스티어가 줄어들게 된다.

자동차가 오버 스티어링 할 경우 미끄러짐을 수정하기 위하여 앞 바깥쪽 휠을 거의 록 될 정도로 제동 하여야 한다. 이 바퀴는 거의 정지 상태가 되었다고 생각하지만 다른 휠들은 정상 속도를 계속 유지하면 자동차의 회전축이 좌측으로 있기 때문에 좌측으로 선회하여 오버 스티어를 줄이려 시도한다고 상상할 수 있다.

그림 9-5는 이것을 나타낸 것이다. 개별 휠을 제동하는 것 외에도 ESP의 작동 중에 대부분의 자동차는 스로틀 밸브를 닫거나 점화시기를 늦추거나 또는 캠축 타이밍을 변경하여 엔진의 토크를 감소시킨다.

[그림 9.5] 전자식 차체 자세 컨트롤 시스템(ESP) 동작하는 방법

ESP가 없는 좌측 자동차는 빨간 선으로 표시한 경로를 따라간다. ESP가 있는 우측 자동차는 더욱 정확한 경로를 따라서 진행한다. 확대경 안을 보면 앞 좌측 휠이 오버 스티어 슬라이드를 보정하기 위해 개별적으로 제동을 하여 좌측 앞 휠의 이동을 볼 수 있다. (메르세데스 벤츠 제공)

ESP를 사용하는 ECU 로직은 스티어링 휠 각도와 자동차의 실제 요 레이트(가로 가속도)를 비교하는 것이다. 즉, 운전자가 정해진 속도에서 좌측으로 10°를 돌려서 적용하면, 자동차는 해당 속도와 스티어링 휠 각도를 반영하는 속도로 선회해야 한다. 정해진 것보다 더 크게 선회하고 있다면 자동차는 오버 스티어링이 된다.

만일 차량이 정해진 것보다 작게 선회하고 있다면 자동차는 언더 스티어링이 된다. (ESP가 장착된 자동차에서는 운전자가 원하는 방향으로 스티어링을 유지하게 된다.) **그림 9-6**은 다른 기능(예를 들면 ABS)이 컨트롤러에 통합되어 있는 ESP 시스템을 나타낸 것이다.

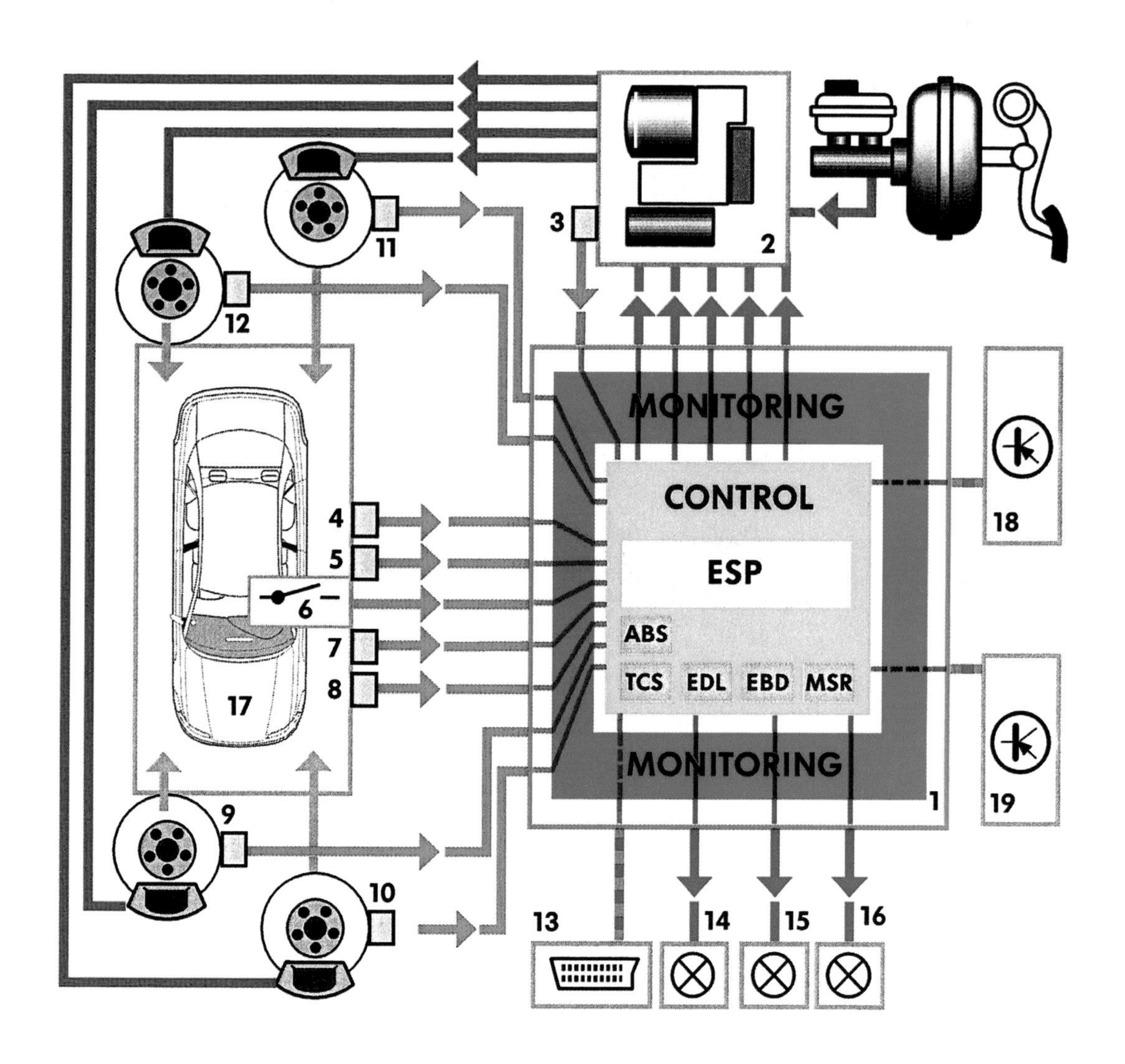

[그림 9.6] 전자식 차체 자세 컨트롤 시스템

1. ESP 및 기타 제어 기능이 있는 ABS 컨트롤 유닛 2. 유압 컨트롤 유닛 3. 브레이크 압력 센서 4. 가로 방향 가속도 센서 5. 요 레이트 센서 6. 대시보드 버튼 7. 스티어링 앵글 센서 8. 브레이크등 스위치 9~12. 휠 속도 센서 13. 자기진단 커넥터 14~16. 경고등 (메르세데스 벤츠 제공)

[그림 9.7]

스티어링을 보조하는 유압 오일 가압용 스피드 컨트롤 전동기를 사용한 하이브리드 전기 유압식 스티어링 시스템 (폭스바겐 제공)

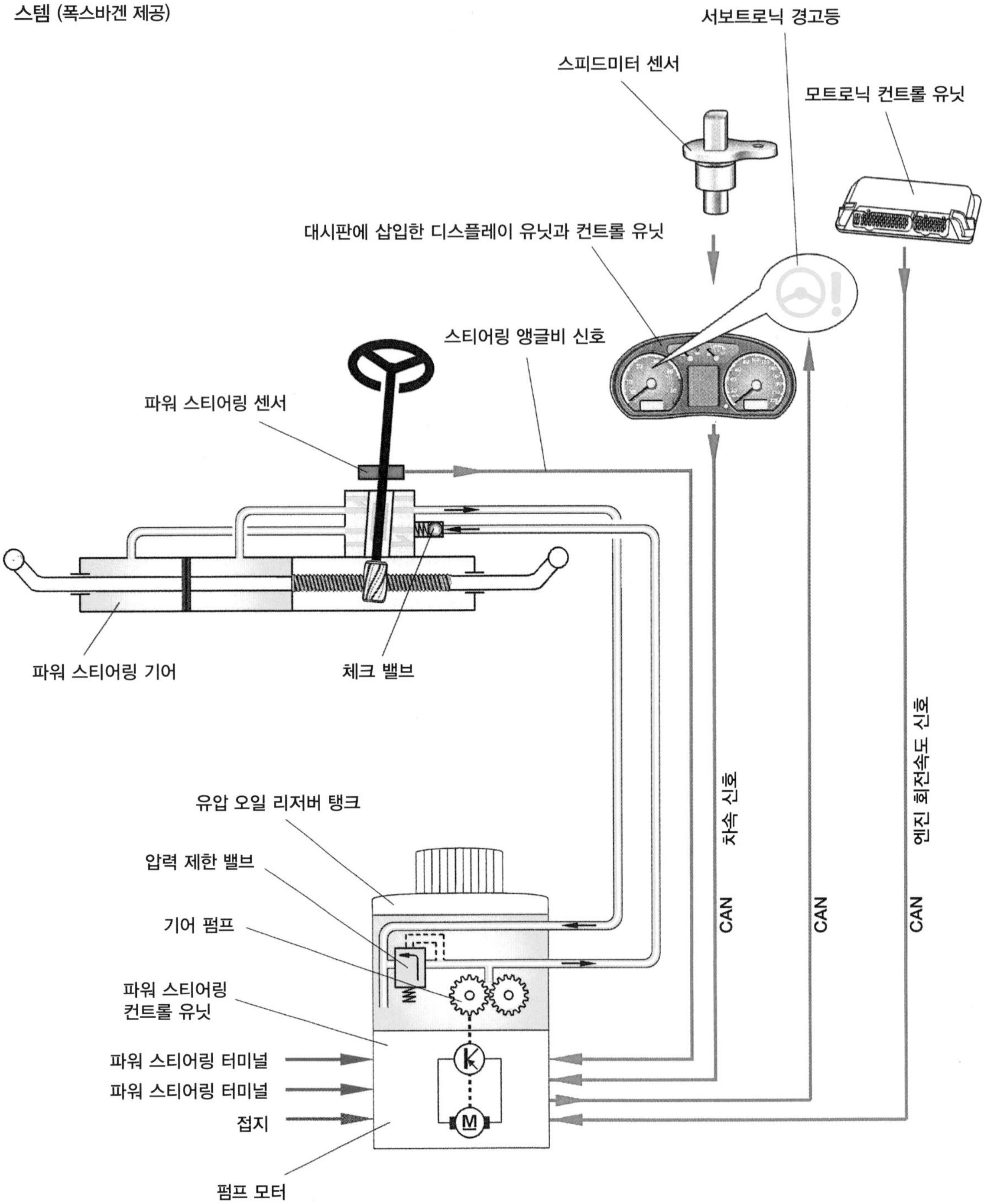

서보트로닉 경고등
스피드미터 센서
모트로닉 컨트롤 유닛
대시판에 삽입한 디스플레이 유닛과 컨트롤 유닛
스티어링 앵글비 신호
파워 스티어링 센서
파워 스티어링 기어
체크 밸브
차속 신호
엔진 회전속도 신호
유압 오일 리저버 탱크
압력 제한 밸브
기어 펌프
파워 스티어링 컨트롤 유닛
CAN
CAN
CAN
파워 스티어링 터미널
파워 스티어링 터미널
접지
펌프 모터

4 전동 파워 스티어링 컨트롤 시스템 MDPS

많은 파워 스티어링 시스템은 일부 유압 구성 요소를 보유한 전자식 컨트롤 방식이나 또는 순수하게 전기적인 컨트롤 방식을 사용한다.

하이브리드 전기 유압식 스티어링 시스템은 엔진으로 직접 구동하는 펌프를 사용하지 않고 전기 모터를 사용하여 유압 펌프로 구동한다. 이러한 방법은 유압 펌프의 속도를 변화시켜 조향 조작을 쉽게 컨트롤 할 수 있는 스티어링 방식이다. **그림 9-7**은 이러한 형식의 시스템을 나타낸 것이다.

전동식으로 지원되는 파워 스티어링 시스템은 전기 모터를 사용하여 가역식 기어박스를 작동시켜 운전자의 스티어링 조작력을 보조한다. 어떤 경우에는 전자식 클러치를 사용하기도 하며, ECU는 보조력의 지원 정도를 결정한다. **그림 9-8**은 이러한 형식의 시스템을 나타낸 것이다.

전동식 스티어링 시스템은 스티어링 휠 토크 센서와 차속 센서의 입력 신호를 사용한다. 출력은 전기 모터(순수 전동식 파워 스티어링)를 직접 구동하거나 유압 펌프(전기 유압식 파워 스티어링)의 속도를 변경하는 것이다. 전동식 파워 스티어링은 유압식 파워 스티어링과 비교하면 많은 장점이 있다.

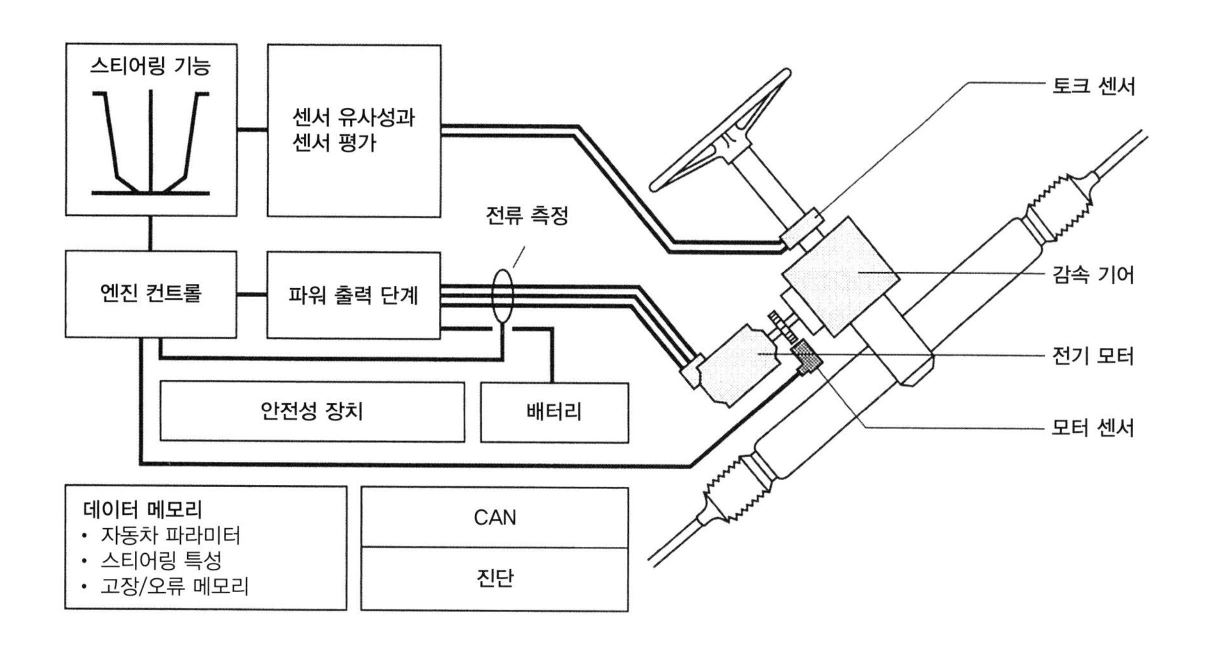

[그림 9.8] 전동식 파워 스티어링의 개략도 (보쉬사 제공)

전동식 파워 스티어링 시스템의 엔진의 부하 감소(자동차를 직선으로 주행할 때 4W까지 낮을 수 있음)는 연비에 있어서 경제적인 장점이 있다. 전동식 파워 스티어링을 사용하면 자율 주차 및 자율 주행 기능도 실현할 수 있으며, 조립 라인 시간을 단축할 수 있으며, 스포츠카나 리무진과 같은 다양한 자동차에 적합한 파워 스티어링의 보조력 특성을 소프트웨어로 쉽게 동조시킬 수 있다. 전동식 파워 스티어링은 또한 여러 가지 기계식 구조를 사용할 수 있다.

구분	전동 모터의 배치 위치	동력 전달 경로
피니언 어시스트	스티어링 칼럼의 대시보드 아래	모터 〉웜 기어 〉칼럼 샤프트 〉피니언 샤프트
	스티어링 래크 입력 피니언	모터 〉기어 트레인 〉피니언 샤프트
래크 어시스트	스티어링 래크	모터〉볼 스크루〉래크 샤프트
	스티어링 래크의 두 번째 피니언	모터 〉유성 기어트레인 〉또 다른 샤프트 피니언 〉래크 샤프트

5 전자동 공조 컨트롤 시스템 FATC

전자동 공조 컨트롤 시스템은 자동차의 제작년도와 생산 원가에 따라서 다양하게 적용된다. 그러나 이 모든 경우에, 시스템은 운전자나 승객이 선택한 수준에서 실내의 온도를 일정하게 유지하려고 시도한다. 이 시스템에서는 다음과 같은 입력과 출력이 사용된다.

1. 입력

① 내기 온도 센서
② 외부 온도 센서
③ 외부 공기 온도 센서
④ 발밑 공간 출구 온도 센서
⑤ 일사량 센서
⑥ 발밑 공간/성에 제거 플랩 위치 센서
⑦ 중앙 플랩 위치 센서
⑧ 온도 믹싱 플랩 위치 센서
⑨ 외부 공기/재순환 플랩 위치 센서
⑩ 냉매 압력 스위치

2. 출력

① 발밑 공간/성에 제거 플랩 액추에이터
② 중앙 플랩 액추에이터
③ 외부 공기/재순환 플랩 액추에이터
④ 블로워 속도 조절기
⑤ 히터 플로 밸브 액추에이터
⑥ 에어컨 컴프레서 클러치 릴레이
⑦ 자기진단 커넥터

구형 자동차에서는 실내 온도 조절 시스템의 플랩이 진공 액추에이터에 의해 작동되는 경우가 많았지만, 현재의 자동차에서는 DC 모터를 컨트롤 하여 사용한다. ECU 로직은 히터로 공급되는 냉각수가 예열이 될 때까지, 또는 냉방 시스템이 냉각 공기 흐름을 제공할 수 있을 때까지 실내의 공기 흐름을 억제하는 것이 포함될 수 있다. 또한 일부 시스템에는 공기역학적 램 효과가 증가함에 따라 실내 팬의 속도를 감소시키는 차속 센서의 입력이 있다.

그림 9-9는 1990년대 고급 승용차에 설치된 진공식 작동 액추에이터를 사용한 간단한 실내 온도 조절 시스템의 개략도를 나타낸 것이다. 이러한 형식의 시스템은 자기진단의 기능이 없다. 그림 9-10은 전동식 액추에이터 시스템의 배선도의 일부를 나타낸 것이다.

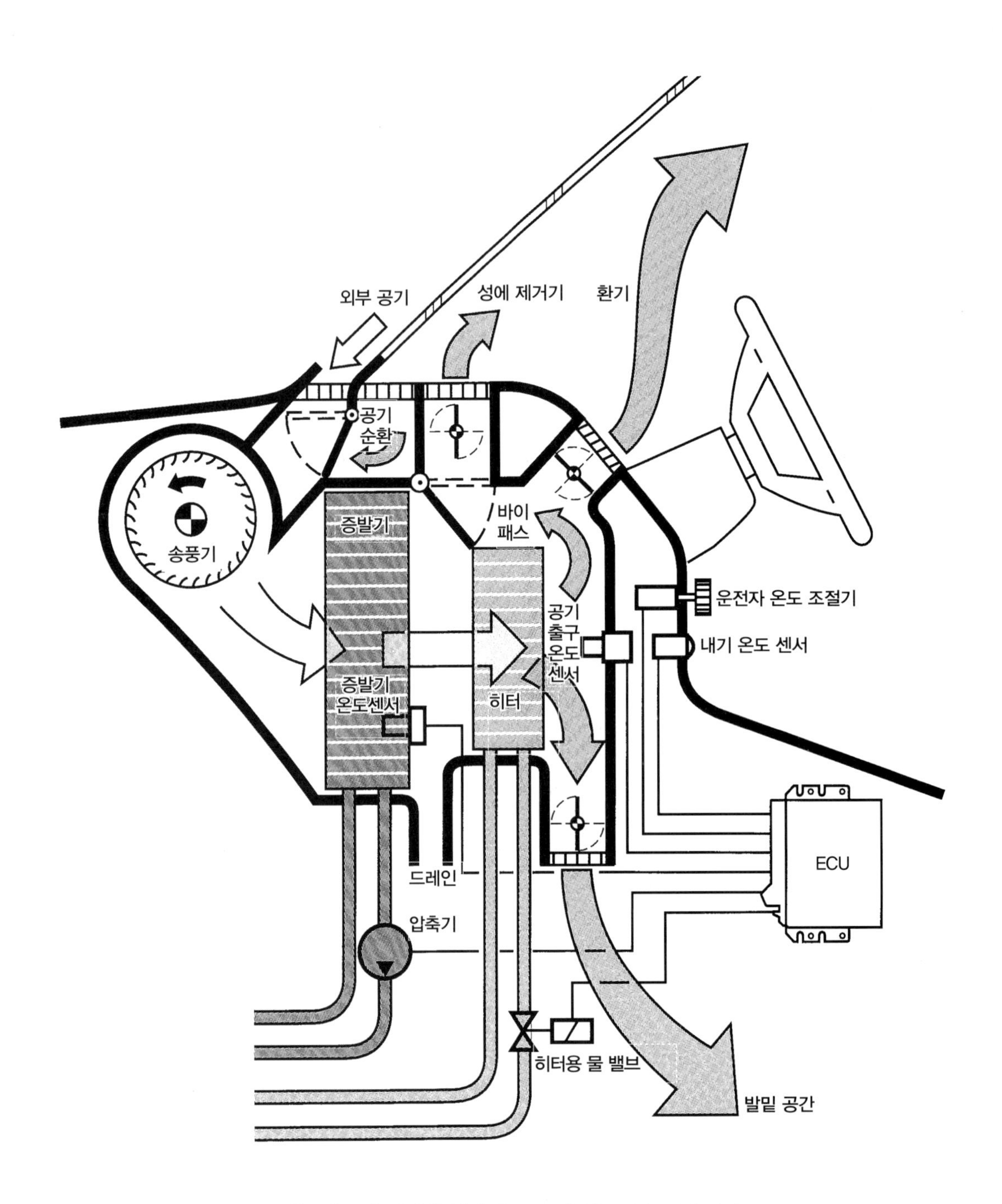

[그림 9.9] 간단한 실내 온도 조절 시스템 (보쉬사 제공)

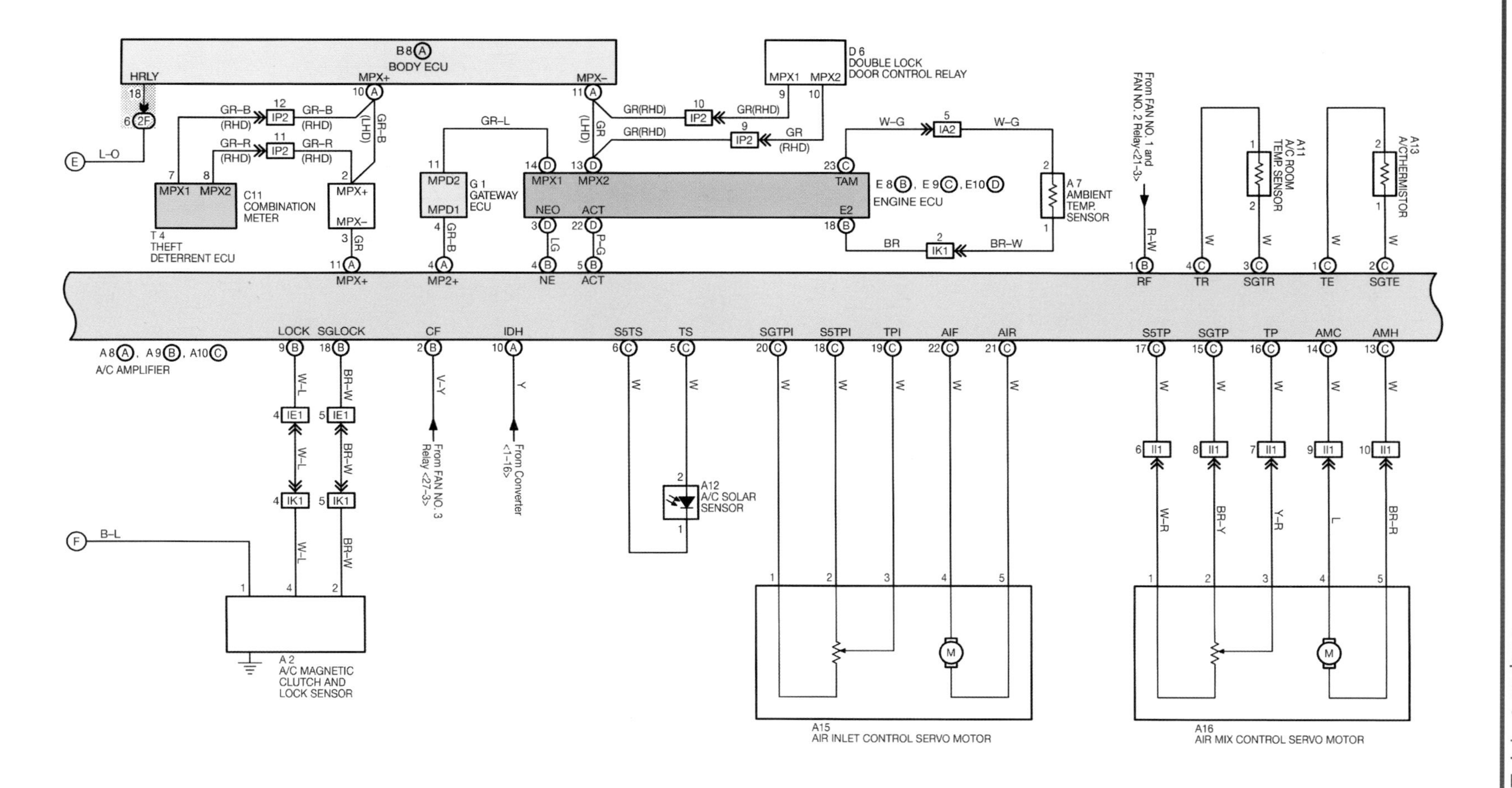

[그림 9.10] 토요타 실내 온도 조절 시스템 배선도의 일부

실내 온도 컨트롤 ECU는 파란색으로 표시하고 실내 온도 조절 시스템이 통신하는 다른 ECU도 컬러로 표시되어 있다. 플랩의 위치가 포텐시오미터로 모니터링 되는 2개의 에어 플랩 컨트롤 액추에이터는 전기 모터를 사용한다. 또한 외부 온도가 엔진 관리 ECU에 의해 감지되어 이 정보를 실내 온도 조절 ECU에 전달하는 것을 볼 수 있다. (토요타 제공)

6 자동변속기 컨트롤 시스템TCU

많은 자동차에서 자동변속기의 컨트롤은 엔진 관리 시스템에 통합되어 있기 때문에, 변속기 컨트롤 유닛과 엔진 컨트롤 유닛이 사용하는 입력 센서 중 동일한 입력 센서(예: 스로틀 위치, 흡입 공기의 흐름, 엔진 온도 등)를 사용할 수 있다. 또한 필요에 따라 엔진의 작동 조건을 변경할 수도 있다. 예를 들면 기어의 변속으로 엔진의 출력이 떨어지는 동안 점화시기를 지연시켜 변속이 더 유연하게 이루어지도록 한다. 다른 자동차에서는 전용의 TCU로 변속기를 컨트롤 한다.

자동변속기의 컨트롤은 변속기 내부의 여러 개의 유압 밸브를 작동시켜 실행된다. 이는 내부 클러치와 브레이크 밴드를 작동 및 해제하여 기어를 변속하는 유압 오일의 흐름을 컨트롤한다. 내부 클램핑 압력과 기어 변속시기를 결정하는데 사용되는 2개의 주요 입력은 스로틀 위치와 차속 신호를 메인으로 활용한다.

스로틀 위치는 스로틀 위치 센서의 출력 신호가 ECU에 입력되면 ECU가 내부적으로 엔진의 토크 출력(예를 들면 스로틀 위치, 공기 흐름 등)을 모델링 한 후 이 정보를 자동변속기 컨트롤과 공유한다. 구형 자동차의 경우는 스로틀을 변속기에 기계적으로 연결하는 스로틀 케이블을 사용하였다.

라인 압력은 자동변속기 내에서도 변화된다. 이 압력은 클램핑 힘을 컨트롤하며, 기어 변속 시 큰 영향을 미친다, 엔진의 출력이 증가하면 라인 압력도 증가한다. 또한 자동변속기에는 토크 컨버터에 로크 업 클러치가 배치되어 있어 체결 시 내부 슬립을 방지하며, 로크 업 클러치는 차속과 부하를 기본으로 컨트롤 하고 제동 시에는 자동으로 해제된다.

자동변속기 유압 컨트롤 솔레노이드 밸브의 작동은 2가지 방법을 사용한다. 한 가지는 전원의 ON이나 OFF로서 작동하는 방법이고, 다른 한 가지는 가변 밸브로 설계하여 무단계로 작동한다. 변속 단을 컨트롤하는 솔레노이드 밸브는 일반적으로 ON이나 OFF로 작동을 하는 반면, 유압 컨트롤과 토크 컨버터 로크 업 클러치 컨트롤은 각각 솔레노이드 밸브를 통과하는 유량을 변화시킴으로써 이루어진다. 이러한 흐름의 변화는 듀티 사이클PWM을 변화시킴으로써 이루어진다. **그림 9-11**은 비교적 간단한 전자식 변속기 컨트롤 시스템을 나타낸 것이다.

시스템의 입력은 스로틀 위치, 차속, 인히비터 스위치, 변속기 오일 온도, 엔진 회전속도 등을 포함한다. 또한 운전자가 수동으로 선택하는 모드 스위치(파워/경제)도 있다. 기본 출력은 7개의 유압 컨트롤 솔레노이드 밸브가 있으며, 대시보드 변속기 모드 지시등과 진단 커넥터에 대한 출력도 있다. 솔레노이드나 센서 및 배선이 정상이면 자동변속기 컨트롤 시스템에서 대부분의 고장을 스스로 고쳐주는 기능이 빠르게 실행된다.

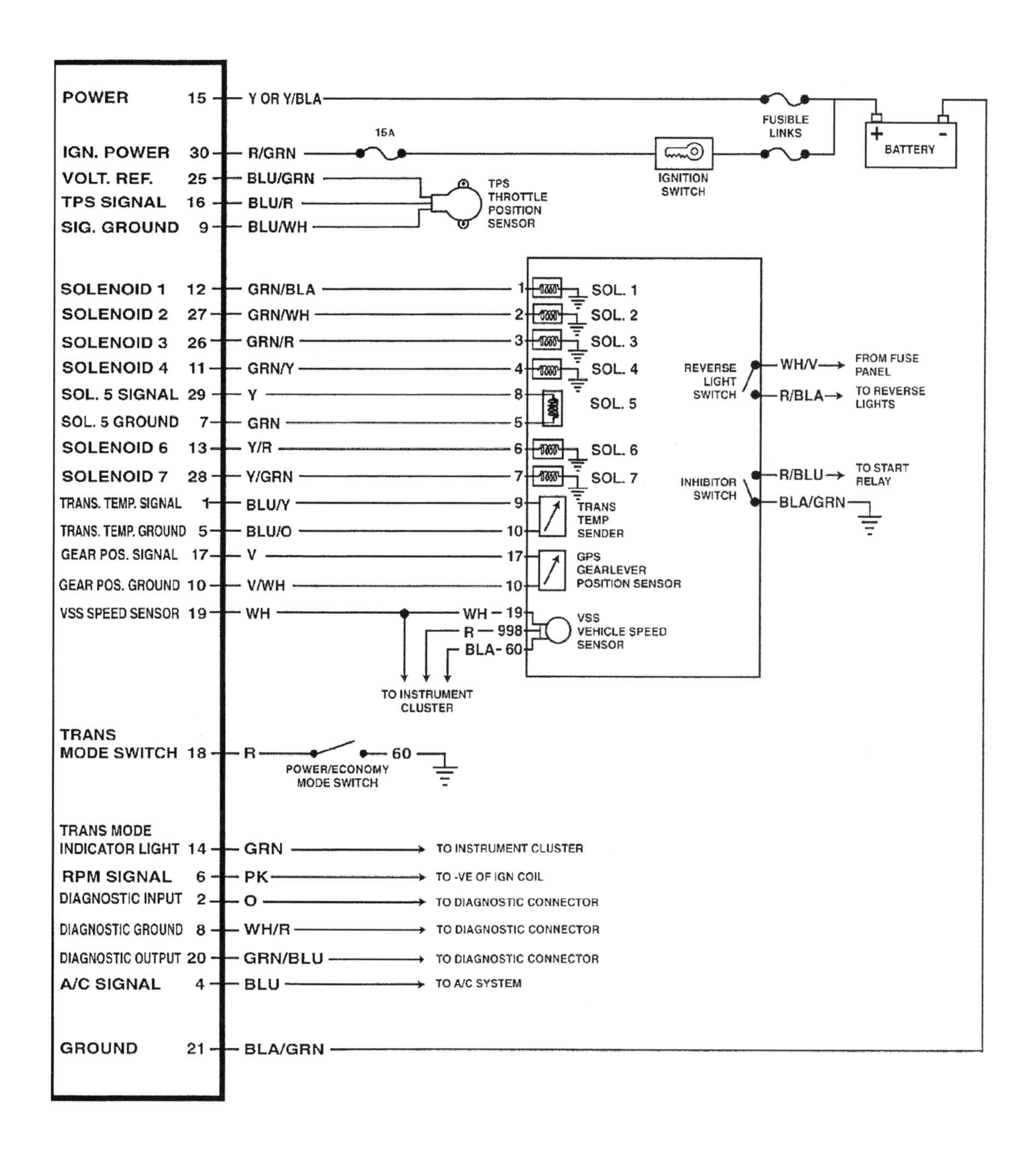

[그림 9.11] 구형 차량의 자동변속기 컨트롤러

시스템의 입력은 스로틀 위치, 차속, 인히비터 스위치, 변속기 오일 온도와 엔진 회전속도를 포함한다. 메인 출력은 7개의 유압 컨트롤 솔레노이드 밸브이다. (스냅-온 제공)

220
240
260
km/h
D
L
EFI
31

Chapter 10

자동차 첨단 시스템 고장 진단

[사진 10.1] OBD-II 자기 진단 커넥터

OBD 리더를 이 커넥터에 연결하여 고장 코드를 읽고 삭제하며, 시스템의 작동에 대한 실시간 정보를 확인할 수 있다. 최신의 자동차와 고가의 OBD 리더라면 더 많은 항목의 정보를 이 커넥터를 통하여 얻을 수 있다.

구형 자동차에 사용했던 간단한 전기 및 전자 시스템과는 다르게, 최신의 자동차는 더 복잡한 시스템을 가지고 있으며, 다양한 트러블을 고장 코드로 표출하는 자기 진단 모드가 있다. 자동차와 시스템에 따라서 다음과 같이 고장 코드를 확인할 수 있다.

① 대시보드 경고등 또는 ECU 경고등(예 : 엔진 경고등 등)
② 대시보드에 표시되는 번호 또는 메시지(예 : 계기판이나 엔터테인먼트 화면)
③ 플러그인 툴(예 : 온 보드 진단 - OBD - 아래의 설명 포함)
④ 제조사 지정 서비스 툴(예 : 자동차 메이커 전용 진단 장비)

시스템이 취하는 처리 방식에 따라서 코드는 영어로 표시되는 메시지(예: '936 - yaw sensor') 또는 코드 자체일 수 있다(예: '214' 또는 'P0037'). OBD 코드는 진단 장비로 쉽게 판독할 수 있으며 많은 코드가 있다. 또한 고장 수리 방법이 고장 코드로 설명되지 않는다는 것도 기억하자. 따라서 더욱 복잡한 시스템의 고장 진단을 하려면 다음과 같이 해야 한다.

① 고장 진단 대상 시스템의 고장 코드를 트리거하고 판독하는 방법
② 시스템의 기술적인 정보(부품의 위치, 처리하는 방법과 테스트 하는 방법)

고장 코드가 있으면 그것으로부터 고장을 수리하는 시작점이 된다.

1 자기 진단

자기 진단 기능이 있는 초기의 자동차(1980년대 중반 무렵)는 고장 코드를 교신하기 위해 점멸하는 라이트를 사용하였으며, 이것들은 **'점멸 코드'**라고도 부른다. 예를 들면, 당시의 닛산은 ECU 내부에 빨간색과 녹색 LED를 장착했는데, ECU 케이스 측면의 작은 구멍을 통하여 그것들을 확인할 수 있었다. 하나의 컬러 LED는 '10' 단위를 다른 하나의 컬러 LED는 '1' 단위로 나타냈으므로 각 LED가 고장 코드를 표현하기 위해 몇 번 점멸하는지를 계산해야 했다.

(여담. 필자의 4번째 자동차는 당시로서는 고가인 직렬 6기통 터보 엔진의 ECU에 2개의 LED 시스템을 사용하였다. 당시에 판매점에서 구입하여 집으로 가져갔는데 그 차의 노크 센서의 고장 코드가 점멸되고 있다는 것을 알게 되었다. 이 자동차에는 엔진 체크 라이트가 없었기 때문에 수동으로 ECU에서 트림 커버를 분리하고 자기 진단 기능을 트리거하여 코드를 확인하였다.

나는 자동차를 판매점으로 다시 가져가 노크 센서가 문제를 일으킨다고 항의하며 보증에 따라 수리할 수 있는지 물어보았다. 직원들은 내가 노크 센서에 결함이 있음을 안다는 것에 대해 불신감을 표시한 후(그 당시 많은 소유주들이 코드를 확인하지 않았다) 그것을 고쳐주겠다고 했지만, 그러지 않았다. 그들은 단지 전원 커넥터를 빼서 ECU를 재설정할 뿐이었고 며칠 후에 코드가 다시 나타났다.

나는 차를 자동차 판매점으로 다시 가져갔다. 이번엔 그들이 수리해주었는데 실린더 블록에서 노크 센서를 분리한 후 노크 센서 본체에서 배터리의 음극 단자까지 와이어를 연결하여 접지한 다음 노크 센서를 폼 고무에 싸서 편리한 위치에 연결하였다. 현재는 노크 센서 코드가 소거되었고 노크 센서 기능도 없다)

이 시대의 일부 자동차에는 계기판에 엔진 체크 라이트를 점멸시켜 고장 코드를 표출하였다. 일반적으로 진단 커넥터에 2개의 단자를 연결하여 이 기능을 작동시킨다. 전 세계에서 판매하고 있는 자동차를 살펴보면, 진단 커넥터는 OBD 스타일의 형태 또는 제조사의 전용 커넥터가 있다. 진단 커넥터에 맞는 플러그가 있으면 브리지 기능을 제공하는 디바이스로 쉽게 만들 수 있다.

예를 들면, OBD 커넥터인 경우 OBD 플러그를 구입한 다음 진단 출력 단자 2개를 브리지 배선으로 연결한다. 그 다음에 플러그를 꽂으면 자기 진단 모드가 작동된다. 정비지침서를 참고하거나 또는 웹에서 정보 검색으로 이러한 플러그를 만들려면 연결을 정확하게 하여야 한다.

여기서 이러한 방식으로 고장 코드를 트리거하는 예를 제시하면, 1999년 현대 액센트를 기준으로 OBD-II 소켓 단자는 다음과 같은 기능을 가지고 있다.

① 1번 단자 : TCM
② 4번 단자 : 접지
③ 7번 단자 : 엔진
④ 8번 단자 : ABS
⑤ 12번 단자 : 에어백
⑥ 14번 단자 : 차속 센서
⑦ 15번 단자 : L-와이어
⑧ 16번 단자 : 배터리 +(상시 전원)

고장 코드를 트리거 하려면 다음과 같은 단계가 필요하다.

1. 점화 스위치를 ON시킨다.(자동차의 시동은 걸지 않는다)
2. 데이터 링크 커넥터에 15번 단자인 L-와이어를 2.5~7초 동안 접지시킨다.
3. 고장이 없으면 점검 표시등이 '4444'를 점멸한다.(MIL은 엔진 체크 라이트의 다른 명칭이다)
4. 고장 코드는 L-와이어가 다시 접지될 때까지 반복된다(다음 고장 코드가 나타날 때까지).
5. '3333'은 코드 출력 종료를 나타낸다.

[사진 10.2]

OBD 스타일의 포트가 장착된 구형 자동차는 진단 장비를 사용하지 않고도 고장 코드를 표출할 수 있다. 이 경우 OBD 포트에서 2개의 단자를 브리지 배선을 하면(여기서는 적절한 유선 플러그를 사용하여 달성됨) 대시 보드에 코드를 표출할 수 있다.

이 시대의 대부분의 자동차는 엔진 관리 시스템에서만 자기 진단을 사용하였다. 고가의 복잡한 시스템의 자동차에서는 엔진 관리 외에 다른 시스템에서도 이러한 기능을 사용하기 시작하였다. 그러나 수백(지금은 수천)개의 고장 코드를 사용한다면 점멸하는 불빛을 카운트하는 과정이 피곤해진다.

그래서 당시 자기 진단 방식의 변화도 특히 미국 정부의 입법에 의해 촉발되었다. 차량들이 계속해서 배기가스 기준을 충족시키도록 미국 정부는 처음에는 캘리포니아서, 그리고 그 다음에는 미국 전역에서 판매되고 있는 모든 자동차에 온 보드 진단(OBD)의 기능이 존재하도록 의무화하였다.

OBDⅠ은 유해 배기가스를 모니터하기 위하여 1988년 캘리포니아 대기 자원 위원회가 시행하였다. OBD1은 데시보드 라이트를 통한 깜박이 코드를 사용하였다.

OBDⅠ은 대시 보드의 엔진 점검 라이트를 통해 점멸 코드를 사용하였다. 그 이후에 OBD II는 표준화한 커넥터(공식 명칭 : 데이터 링크 커넥터 - DLC), 디지털 통신 포트 및 표준화한 고장 코드(공식 명칭 : 고장 진단 코드 - DTC)와 함께 도입되었다.

[사진 10.3]

2개의 OBD 소켓 단자를 브리지로 연결한 후에 대시 보드에 고장 코드가 표출된다. 다른 자동차들은 다른 처리 방법을 사용하므로 이것이 모든 자동차에서는 가능하지는 않다.

OBD-II에 대한 SAEJ 1979 표준은 다양한 진단 데이터를 요청하는 방법과 사용 가능한 표준 파라미터 목록을 정의하고 있다. 이러한 파라미터는 '파라미터 인식 번호' 또는 PID로 처리된다. 개별 제조업체는 종종 추가된 제조업체의 전용 고장 코드로 OBDII 코드 세트화를 보강하고 있다.

OBD-II는 전 세계에 퍼져 있으며, 지난 수십 년 동안 대부분의 자동차에서 발견할 수 있다. 그러나 OBD 프로토콜이 하나만 있는 것은 아니며, 다음과 같이 다양한 OBD 프로토콜을 포함하고 있다.

① CAN
② VPW
③ PWM
④ ISO
⑤ KWP 2000

다양한 프로토콜에 대한 자세한 사항은 여기서 언급하지 않지만, OBD 리딩 툴을 구입한다면 지정하여 만든 툴의 작동과 자동차 모델 등을 함께 사용할 수 있다. 당신이 살고 있는 지역에서도 구매 가능하다.

특히 미국 이외의 지역에서 판매되는 구형 자동차에는 OBD를 완전히 준수하는 것부터 아예 준수하지 않는 것까지, 제조업체가 선택한 여러 가지 유사한 OBD 방법으로 수많은 것들이 있다. 미국 이외의 국가에서는 OBDII 커넥터가 구형 자동차에 존재한다해도 자동차에 OBD-II 데이터 스트림이 있다는 것을 보증하지는 않는다.

OBD-II 소켓은 법적으로 자동차 실내에 설치하도록 규정되어 있으며, 공구 없이도 설치할 수 있어야 한다.(실제로 내부 트림 패널을 들어 올리려면 소형 스크루 드라이버가 필요할 수 있다.) 소켓의 위치는 대시 보드 아래, 재떨이 뒤, 글로브 박스 아래, 핸드 브레이크 밑 트림 패널 아래 등 비슷한 위치에서 찾으면 된다. 16 단자 소켓은 특별한 형태(하부보다 상단에 있는 웨이더)로서 푸시 온 커버로 보호되어 있다.

2 OBD 리더

일반적인 OBD 리더는 매우 저렴하지만 툴의 기능을 먼저 조사하지 않고 구입해서는 안된다. 앞서 설명한 대로 SAE 표준에 따라 제공하는 파라미터 외에도 개별 제조업체는 자체 확장 데이터 판독 및 고장 코드를 사용한다. 가장 효과적인 방법으로, 당신이 사용하는 코드 리더는 가능한 많은 자동차 제조업체별 코드와 호환되는 것이 적합하다.

또한 당신은 다양한 전자 자동차 시스템에 엑세스할 수 있고, ABS에서 에어백, 변속기 컨트롤에 이르기까지 수십 개의 전자식 자동차 시스템에 활용하기를 원할 것이다. 예를 들면, 특정 스냅-온 스캔 툴은 폭스바겐과 아우디 제품에서 각각 다음과 같은 시스템의 데이터를 판독할 수 있다.

① 엔진 관리
② 전자식 계기 패널
③ ABS·EDS·ESP·TCS
④ 에어백·프리텐셔너
⑤ 에어컨
⑥ 내부 경보 시스템
⑦ 오디오 시스템
⑧ 자동 변속기
⑨ 중앙 도어 록 시스템
⑩ 이모빌라이저(도난 방지기)
⑪ 스티어링 핸들 전자 시스템
⑫ 스티어링 지원
⑬ 4WD 전자식 시스템
⑭ 안전성 시스템
⑮ 시트 조정 시스템 – 운전석
⑯ 시트·아웃사이드 미러 조정
⑰ 중앙 전자 유닛
⑱ CAN 버스 인터페이스
⑲ 추가 히터·파킹 히터
⑳ 전자식 레벨 컨트롤
㉑ 오토 라이트 시스템
㉒ 타이어 공기 압력 모니터
㉓ 주차 지원
㉔ 라디오
㉕ 내비게이션 시스템
㉖ 전자 루프 컨트롤
㉗ 거리 컨트롤
㉘ 서스펜션 전자 시스템
㉙ 백 스포일러
㉚ 응급 컨트롤
㉛ 음성 컨트롤
㉜ 조명 컨트롤 – 좌측
㉝ 조명 컨트롤 – 우측
㉞ 오토 라이트 스위치

[사진 10.4]

이 OBD 스캔 툴을 사용하면 실시간 센서 데이터를 나타낼 수 있으며, 구성 부품의 위치에 대한 텍스트를 기본으로 설명이 되어 있고, 많은 일반적인 고장 코드를 지원할 수 있다. (OTC 제공)

이 리스트의 범위는 간단한 OBD 코드 리더기(일반적인 엔진 관리 코드만 판독할 수 있다)와 전문 워크숍에서 사용하는 특수 툴(모든 자동차의 시스템과 제조업체별 코드를 판독할 수 있다) 사이의 기능이 다른 점을 제시한다.

OBD 리더기를 모든 자동차의 응용 프로그램에 적합하도록 일반화하는 것은 불가능하다. 가장 좋은 방법은 우리가 특수화한 온라인 검토 그룹을 만드는 것이다. 어떤 경우에는 개인 기업들이 특정 자동차 또는 제조업체의 작동 파라미터와 고장 코드를 최상으로 표시하기 위해 새로운 하드웨어와 소프트웨어를 개발하기도 한다.

이러한 패키지 중 일부는 판매점 전용 프로세스인 편의 기능의 작동을 변경하거나 새로운 키 또는 모듈을 코딩하여 활용하는 것이다. 예를 들어 폭스바겐·아우디 자동차의 VCDS는 판매자의 말에 따르면, 판매점 전용의 고가의 스캔 툴 기능을 활용할 수 있는 윈도우용 소프트웨어 패키지라고 한다.

폭스바겐 제품(스코다)을 소유하고 있으면 VCDS를 사용한다. 인사이트 애용자인 피터 퍼킨스는 2000년형 하이브리드 혼다 인사이트를 소유하고 있었는데 이것을 광범위하게 개조하였다. 인사이트 하이브리드 제어 시스템에 의해 생성된 혼다Honda 고유의 고장 코드를 기본으로 하여 이 차의 모든 고장 코드를 판독할 수 있는 하드웨어와 소프트웨어를 개발하였다.

리더기의 일반적인 OBD 디스플레이는 앞 유리 내부에 반사된 판독 값을 보여주는 헤드업 디스플레이를 포함하여 컬러 대시보드 디스플레이로 사용할 수 있다. 그러나 이러한 디스플레이는 일반적으로 상당히 제한된 수의 파라미터만 표시하기 때문에 진단 툴로서 유용성이 떨어진다.

[사진 10.5]

이와 같은 전문적인 수준의 스캔 툴은 거의 모든 자동차의 시스템에서 활용할 수 있고 일반적인 OBD 코드와 같이 제조업체별 코드를 판독할 수 있다. 또한 이 OBD 리더기는 멀티미터와 오실로스코프가 통합되어 있어 함께 사용할 수 있다. 그것은 또한 집에서 자동차를 사용하는 대부분의 사람들에게는 재정적인 부담이 클 것이다. (스냅 온 제공)

스캔 게이지는 사용 가능한 일부 OBD 리더기 만큼 화려하지는 않지만 범용 OBD 리더기 및 디스플레이로서 평판이 양호하며, 고장 코드를 삭제할 수 있다. 필자는 스캔 게이지를 사용해 왔고 광고에 나온 대로 작동을 하였다. OBD 리더기는 OBD 소켓에 연결하기만 하면 다른 설치는 필요 없다.

3 OBD 코드

OBD 코드는 특정한 형식을 사용한다. 이것들은 다음의 표로서 제시한다.

첫 번째 자리	시스템	B = 보디 C = 섀시 P = 파워트레인 U = 네트워크
첫 번째와 두 번째 자리	코드 형식	일반(SAE): P0 P2 P34-P39 B0 B3 C0 C3 U0 U3 제조업체별: P1 P30-P33 B1 B2 C1 C2 U1 U2
세 번째 자리	서브 시스템	1 = 연료 및 공기 측정 2 = 연료 및 공기 측정 3= 점화시스템 또는 엔진 점화 불량 4 = 보조 배출 컨트롤 5 = 차량 속도 컨트롤과 공회전 컨트롤 6 = 컴퓨터 출력 회로 7 = 변속기 컨트롤 8 = 변속기 컨트롤

예를 들어 'P0129' 코드는 파워 트레인, 연료 및 공기 측정 코드로서, 대기압 센서의 출력이 너무 낮은 것을 나타낸 것이다.

4 OBD-II 모니터링

OBD-II 모니터링은 시스템이 자체적으로 성능을 테스트한 결과를 보여준다. 이 중 일부는 연속적인 반면 다른 일부는 특정 조건에서만 실행이 된다. 계속하여 작동하는 것을 모니터링하는 항목은 다음과 같다.

① 점화의 불량
② 연료 시스템
③ 포괄적인 성능의 모니터(CCM)

포괄적인 성능의 모니터CCM는 엔진 컨트롤 유닛으로 작동하는 진단 프로그램이다. 단선 회로, 접지 측 단락, 전원 측 단락, 센서 회로에서 오는 신호의 합리성을 점검한다. 신호의 합리성에 대한 결정은 작동 조건에 따라 달라진다.

예를 들면, 엔진의 rpm과 스로틀 밸브의 열림 각도가 모두 낮지만 공기량 흐름이 매우 높은 경우, 공기량 측정값은 해당 rpm과 스로틀 밸브 열림 각도에 대해 합리적이지 않다. 이 경우 신뢰할 수 없는 공기량에 대한 고장 코드가 저장된다. 비연속적으로 모니터링하는 항목으로는 다음과 같다.

① EGR 시스템
② O_2센서
③ 촉매 작용
④ 증발 시스템
⑤ O_2센서 히터
⑥ 2차 공기
⑦ 촉매 모니터링
⑧ 에어컨 시스템

OBD 시스템은 이러한 시험이 완료되었는지, '준비' 또는 '완료' 태그를 통해 결과를 표시한다. OBD 모니터 시스템이 완성되기 위해서는 다양한 정상적인 작동 조건에서 자동차를 주행해야 한다. 이러한 작동 조건에는 고속도로 주행, 도시 주행 및 하룻밤 이상의 점화 스위치 OFF 기간이 혼합되는 것을 포함한다. 준비된 지침은 자동차를 사용하는 동안 배기가스 기준을 충족해야 하는 자동차가 검사소에서 신속하게 통과(또는 통과되지 못함)될 수 있도록 설계되어 있다.

본문에서 제시한 바와 같이 OBD는 온 보드 진단Onboard Diagnostics을 가리킨다. 따라서 OBD 코드 리더기는 OBD 코드만 읽을 수 있다고 생각할 수도 있다. 그러나 법률에 의해 배기가스와 관련된 코드와 데이터만 OBD 포트를 통해 전송되도록 요구되지만 대부분의 제조업체는 이 커넥터를 모든 시스템이 진단되는 통로로 만들었다.

따라서 필자는 이 포트의 데이터를 읽을 수 있는 계측기의 총칭으로 'OBD 리더기'라는 용어를 사용하고 있다. 때때로 이러한 리더를 '스캔 툴'이라고도 부른다. 스캔 툴에서 고장 코드를 판독하는 것 외에도 입력과 출력의 실시간 데이터를 확인할 수 있다.

5 고장 상황 데이터 Freeze Frames

배기가스와 관련된 고장이 발생할 경우 OBD-II 시스템은 코드를 설정할 뿐만 아니라 자동차의 작동 파라미터의 스냅 샷을 기록하여 문제를 식별하는 데 도움을 준다. 이러한 값을 고장 상황 데이터라고 한다. 이 데이터에는 엔진의 rpm, 자동차의 속도, 흡입 공기량, 엔진의 부하, 연료 압력, 연료 트림 값, 엔진 냉각수 온도, 점화시기 진각 또는 폐쇄 루프 상태가 포함된다.

6 수리 시스템

그렇다면 엔진 컨트롤, 실내 온도 컨트롤, 자동 변속기 컨트롤 및 차체 자세 안정성 컨트롤 등 복잡한 자동차 시스템의 고장을 수리하는 방법으로 첫째, 고장 코드는 무엇을 표시하는가?

1. 엔진 냉각수 온도 센서

엔진 문제(예: 엔진 경고등 점등)가 표시되면 P0118 코드를 나타내는 OBD 스캔을 실행한다. 이런 고장 코드에 따라 검색 조건으로 엔진 냉각수 온도ECT 센서의 출력 값이 규정값 이상으로 높으면 감지한다.

(1) OBD 리더기와 ECU의 판독값 비교

OBD 리더기를 사용하여 냉각수의 온도가 리더기에 표시된 것과 일치하는지 점검한다. 즉, 냉각수 온도가 실제로 85℃인 경우 ECU가 판독한 온도의 오차는 5℃ 이내에 있어야 한다.(실제 냉각수 온도는 외부 온도계로 확인할 수 있다.) OBD 리더기의 판독 값과 실제 온도가 매우 근접하면 센서 측 배선이 양호하고, 배선의 단선 또는 단락이 발생하면 판독한 온도의 오차가 크게 발생한다. 반면에 센서의 모니터링 온도를 판독한 값과 상당히 다른 경우 배선 및 센서의 커넥터에서 단자의 부식 여부를 점검한다.

(2) 엔진 냉각수 온도 센서 단품 점검

다음 단계에서는 센서를 탈거하고 단품의 저항을 점검하여야 하는데 냉각수의 온도에 따른 저항의 변화를 점검한다. 즉 정비지침서에 표시된 것과 같이 센서가 온도에 따라 그 저항이 변하는지 점검한다. 그렇지 않은 경우 센서를 교환하여야 한다.

수천 개의 OBD 고장 코드가 있기 때문에 웹 사이트는 그 코드들이 무엇을 뜻하는지 알아내는 가장 빠른 방법이며, 문제를 해결하는 방법에 대한 몇 가지 지침을 제공한다. www.troublecodes.net는 필자의 추천 사이트이다. 이곳에 제공되는 P0118 코드에 대한 정보를 예로 들어보겠다.

(3) P0118의 공통된 원인

① 센서의 접속 불량
② 센서와 ECU 간의 전압 공급이 낮음
③ 불량 ECU (발생할 수 없는 것)
④ 불량 ECT 센서(내부에서 단락)

(4) P0118 설정될 때 발생할 수 있는 현상

① 냉각 팬에 ON 명령이 전달된다.
② 엔진 냉각수 온도 게이지가 작동하지 않는다.
③ 에어컨 압축기의 작동을 정지시킨다.

(5) P0118 조건 설정

① ECT가 –39℃이하의 온도를 5초 이상 유지하는 것을 ECU가 감지하는 경우
② 점화 스위치가 ON이거나 엔진이 10초 이상 작동이 유지되는 경우
③ 엔진의 작동 시간이 10초 이내에서 IAT 센서의 온도가 –7℃ 이상으로 예열되는 경우.
④ 활성화 조건 범위 내에서 DTC P0118을 계속 실행시킨다.

OBD 리더기와 스캔 툴 제조업체에서 제공하는 자동차별 매뉴얼은 특정 자동차에서 읽을 수 있는 데이터에 대한 많은 세부 정보도 포함한다. 이러한 자료는 제조업체별 고장 코드뿐만 아니라 다양한 모니터링 파라미터도 포함되어 있다. 아래의 정보는 스냅 온 툴로서 '메르세데스–벤츠의 자동차 통신 소프트웨어 매뉴얼'에서 이용할 수 있는 자료의 한 가지 예이다.

2. 흡입 공기 온도 센서

(1) 온도 범위 : –60~65° C

(2) DC12, DM, DM2, EDS, ERE·EVE·ASF(IFI 디젤), EZ, HFM, LH, ME10, ME20, ME27, ME28 및 SIM4 시스템에서 사용한다.

이 파라미터는 흡기 매니폴드로 유입되는 공기의 온도를 ℃로 표시한다. 판독 값은 흡기 온도(IAT) 센서의 입력 신호를 기본으로 한다. 디젤 시스템 ERE·EVE·ASF(IFI 디젤)에서, 이 파라미터는 매연의 배출을 제한하는 연료 분사량 컨트롤, EGR 제어 및 흡기 압력 컨트롤 등에 사용된다. 사전에 설정한 온도는 ℃이다.

3. 가변 흡기 시스템

(1) 범위 : 온·오프

(2) DM2 및 HFM 및 ME20 시스템에서 사용한다.

이러한 파라미터는 공기 유도 시스템에 사용되는 공명 플랩의 상태를 표시한다. 디스플레이가 OFF로 표시되면 엔진이 저속으로 작동하여 플랩이 닫힌다. 디스플레이가 ON으로 표시되면 플랩이 열려 엔진이 고속으로 작동한다. 공압 제어 공진 플랩은 흡기 매니폴드에 위치하며 효과적으로 2개의 흡기 매니폴드 길이를 생성한다.

공진 플랩은 ECU에 의해 제어되는 흡기 매니폴드 전환 밸브와 연결된다. 엔진이 저속으로 작동하면 공진 플랩이 닫힌 상태에서 공기는 더 긴 흡기 통로로 유도된다. 이것은 램 에어 효과를 사용하여 낮은 토크를 증가시킨다. 엔진이 고속으로 작동하면 공진 플랩이 열린 상태에서 흡입 공기는 짧은 흡기 통로로 공급된다. 이것은 엔진의 더 높은 요구를 충족시키기 위해 공기량을 증가시킨다.

스냅 온 사에서 다운로드가 가능한 매뉴얼은 개별 차량의 진단 커넥터 위치, 점멸 표시등 또는 OBD 코드를 트리거하는 방법, 다양한 시스템의 테스트 단계 등을 기술하고 있다. 특히 OBD 기능이 완전히 갖추어지지 않은 구형 자동차를 가지고 있다면 이러한 매뉴얼은 특별한 자료를 제시하고 있다.

웹 사이트에서 사용자에게 도움이 될 수 있는 정보를 검색할 때 모델별 마니아 포럼을 참고하기 바란다. 필자 개인적으로도 이 포럼들은 때때로 매우 유익 하였으며, 또한 일반적인 결함에 대한 유용한 정보원이기도 하였다. 예를 들면, 앞에서 혼다 인사이트에 대해 언급한 적이 있는데 그 당시 엔진룸에서 엔진과 차체 사이의 접지 스트랩이 파손되어 전기적인 문제가 발생한 것으로 파악되어 쉽게 해결할 수 있었다. 비슷한 '내부' 지식은 많은 다른 자동차 관련 그룹에서도 이용할 수 있다.

7 고장 진단 정보

고장 코드가 떴다고 너무 걱정하지 않아도 된다. 예를 들면 시스템이 특정 센서나 컨트롤러의 고장을 표출한다해도, 그것이 그 부분에 실제로 결함이 있음을 의미하지는 않는다. 구체적으로 예를 들어 설명하면 메르세데스 E500은 전자식 게이트웨이에 의해 제어되는 두 개의 12V 배터리를 사용한다.

고장 진단 결과 이 게이트웨이가 의심스러웠으며, 다른 게이트웨이를 구입하는 것은 값비싼 제안이었다. 하지만 12V 배터리 중 하나를 교환하였더니 문제가 해결되었다. 게이트웨이에 결함이 있다기보다는 사실 쇠약해지고 있는 12V 배터리가 원인이었다.

많은 자동차에서 크루즈 컨트롤 시스템의 고장은 일반적으로 브레이크 램프 또는 브레이크 램프 스위치의 결함으로 추적한다. 크루즈 컨트롤 시스템에 집중하기 보다는 먼저 기본적인 자동차의 점검을 하는 것이 가장 좋다. 입력 센서에 결함이 있다는 고장 코드가 표시되면 ECU(특히 구형 자동차의 경우)는 일반적으로 실제로 결함이 있는 센서가 맞는지 또는 해당 센서에 연결되는 배선이 맞는지 알 수 있는 방법이 없다.

특정 센서의 고장을 나타내는 고장 코드는 시스템의 해당 부분에서의 고장으로 생각할 수 있다. 따라서 먼저 결함 있는 센서로 의심되는 부분을 직접 조사하기보다는 시스템 전체를 살펴야 한다. 어떤 센서들은 오래되어 고장이 발생한다. 베인 에어 플로미터, 스로틀 위치 센서 및 산소 센서는 시간이 지남에 따라 성능이 떨어진다. 이것들은 필히 교환하여야 한다.

반면에 물리적으로 구별할 수 있는 경우가 아니면 노크 센서와 흡기 온도 센서는 고장일 가능성이 훨씬 낮다. 특히 구형 자동차에서는 배선, 플러그 소켓과 릴레이 등이 모두 문제가 될 수 있는 후보들이다. 실내 온도 조절 장치와 같은 공조 시스템에서 움직이는 부품과 액추에이터가 고장으로 악명이 높지만, 예를 들어 외부 온도 센서는 그렇지 않다. 임의로 부품을 변경하기 전에 가장 가능성이 높은 문제의 영역에 집중하여 문제가 해결되었는지 확인하여야 한다.

경우에 따라서는 부품을 교환하는 것만이 유일한 방법일 수도 있다. 필자는 한때 엔진 결함을 일으키는 복잡한 자동차(트윈 터보, 4륜구동)를 갖고 있었지만 고속도로에서 2~3시간 동안 계속 주행한 뒤에야 트러블이 발생하였다. 고장 코드도 없었고, 뚜렷한 해결책도 없었다. 이 문제는 필자가 수리용품 시장에서 ECU를 구입하여 설치했을 때 우연히 해결되었다. 원래의 ECU는 그 정도의 시간을 실행한 후에야 발생하는 간헐적인 문제를 가지고 있었다.

8 고장 진단 7단계

복잡한 자동차 시스템의 고장에 직면할 경우 다음 리스트에 표시한 바와 같이 단계적으로 처리하는 방법을 제시한다. 이 리스트를 제시하면서 필자는 사람들이 이러한 단계들을 명백하게 떠올릴 것이라고 생각했지만, 몇 년 동안 많은 사람들이 실제로 결함이 없는 부품을 교환하는데 많은 돈을 쓰는 것을 보았다. 만약 그들이 이 단계를 따랐다면, 그런 일은 일어나지 않았을 것이다.

① 단계 1 : 고장 코드를 스캔한다.
② 단계 2 : 고장 코드에 관련된 증상이 없으면 고장 코드를 소거하고 코드가 다시 나타나는지 확인한다. 다시 나타나지 않으면 순간적으로 오류에 의한 코드라고 생각하자. 그러나 다시 나타난다면 다음 단계로 넘어간다.
③ 단계 3 : 웹 사이트에서 해당 차량의 현재 고장에 대한 정비사례를 검색한다. 고장 코드와 증상(있는 경우)을 인용하여 관련 토론 그룹에 게시하고, 문제의 가장 일반적인 원인을 묻는다.
④ 단계 4 : 고장 코드와 웹 검색 결과가 의심스럽다고 가리키는 시스템 부분을 주의 깊게 확인한다. 또한 연관될 수 있고 문제를 야기할 수 있는 다른 시스템도 고려한다.
⑤ 단계 5 : 배선의 연속성을 측정한다. 위치 센서의 스코프 트레이스를 검토하면서 정비지침서의 사양에 따라 전압 및 저항이 일치하는지 점검한다.
⑥ 단계 6 : 고장 부품을 교환하고 배선을 고정한다.
⑦ 단계 7 : 고장 코드를 소거하여 다시 나타나지 않도록 한다.

9 구형 및 복잡한 자동차의 전동식 시트 수리

전기나 전자에 문제가 있는 자동차를 수리하는데 있어, 모든 시나리오를 다루는 것은 불가능하다. 그러나 여기서 필자가 취한 방법의 예를 들어보겠다. 그건 구형 E23 BMW 735i(1985년)의 전기식 시트를 수리하는 작업이었다. 이 좌석은 자기 진단 기능이 없었고 정비지침서도 없었다.

이러한 구형 자동차의 전기·전자·기계 시스템에서 고장이 발생하는 원인은 일반적으로 기계 또는 배선의 문제라는 점에 유의한다. 다시 말해, 일반적인 BMW에서 엔진은 작동이 잘 되었지만 바디의 전기 시스템이 노후하여 고장이 발생하는 것이다.

[사진 10.6]

BMW의 앞좌석은 아주 구형 자동차 중에서도 아주 복잡한 편에 속한다. 앞좌석의 위 · 아래, 뒷좌석의 위 · 아래, 헤드 레스트의 위 · 아래, 등받이 레이크의 앞 · 뒤를 전기식으로 조정한다. 그러나 이것들은 전기식의 허리 부분 조절장치가 없고 에어백도 없었다.(작업 중인 시트에 에어백이 있는 경우 정비지침서를 읽어 시트 작업을 위한 안전 절차를 확인하여야 한다.)

[사진 10.7]

좌석의 기능은 모두 이 복잡한 스위치에 의해 컨트롤 되며, 자동차의 동승석 측에도 중복 설치되어 있다. 여기서 볼 수 있듯이 운전석은 3개의 포지션 메모리가 있다. 부수적으로 뒷좌석은 양쪽에 개별적으로 리클라이닝 기능이 있는 전기식이다. 그러나 이 자동차에서 뒷좌석은 조정이 잘 되고 있었다.

[사진 10.8]

운전석의 좌석은 3가지의 문제가 있었다.
① 좌석을 뒤로 이동시키는 버튼이 작동하지 않았다. 그러나 그 좌석을 메모리 키 중 하나로 뒤로 움직일 수 있었다.
② 좌석의 앞부분을 높일 수 없었다.
③ 오른쪽 버튼을 누를 때마다 모터가 윙윙거리는 소리가 들렸지만 헤드 레스트는 위나 아래로 움직이지 않았다.

[사진 10.9]

첫 번째 단계는 모든 부품에 접근할 수 있도록 차량에서 시트를 분리하는 것이었다. 시트는 전기적으로 앞으로 이동했고 그 다음 2개의 리어 플로어 마운팅 볼트를 풀어 탈착했다.

[사진 10.10]

하지만 프런트 마운팅 볼트에 어떻게 접근할 수 있었을까? 조정 버튼을 눌러도 좌석이 뒤로 이동하지 않았고, 이 단계까지 메모리 버튼은 작동을 안 했다. 그 방법은 모터를 작동시키기 위해 시트에 수동으로 전원을 공급해 주는 것이었다. 모든 접속된 커넥터와 가장 무거운 케이블을 포함하는 커넥터를 분리하였다.(좌석 위치 변환기 등의 배선이 커넥터에 배치되어 있지만 모터는 눈에 띄게 굵은 케이블로 구동된다.)

[사진 10.11]

12V 전원 공급 장치인 가정용 과전류 보호 장치를 사용하여, 굵은 전선에 연결되는 단자에 전원을 공급하였더니 좌석은 프런트 마운팅 볼트에 접근할 수 있을 때까지 역방향으로 구동이 되었다. 이렇게 하여 마운팅 볼트를 분해한 다음 좌석이 트랙 중앙에 놓일 때까지 앞으로 이동시켜서 자동차에서 내리기가 더 쉬워졌다.

[사진 10.12]

BMW 좌석 밑의 구조를 살펴보자. 4개의 모터가 보이고 등받이 안쪽에 또 1개가 있다. 각 전기 모터의 케이블은 감속 기어 박스에 접속되어 있다. 나중에 발견한 것이지만 각각의 기어 박스 안에는 플라스틱 기어를 구동하는 웜 기어가 래크에서 작동하는 피니언 기어를 구동시킨다.

이 단계에서 전원을 모터의 배선 커넥터에 연결하고 기능이 정상적으로 작동하는지 간단한 테스트로 확인한다. 헤드 레스트의 위 · 아래 이동 결함을 제외한 모든 기능이 작동하여, 헤드 레스트를 제외한 모든 문제는 스위치 또는 커넥터 연결부에 있으며, 모터나 관련 구동 시스템은 정상이라는 것을 보여주었다. 하지만 헤드 레스트를 위 · 아래로 고정하는 방법은?

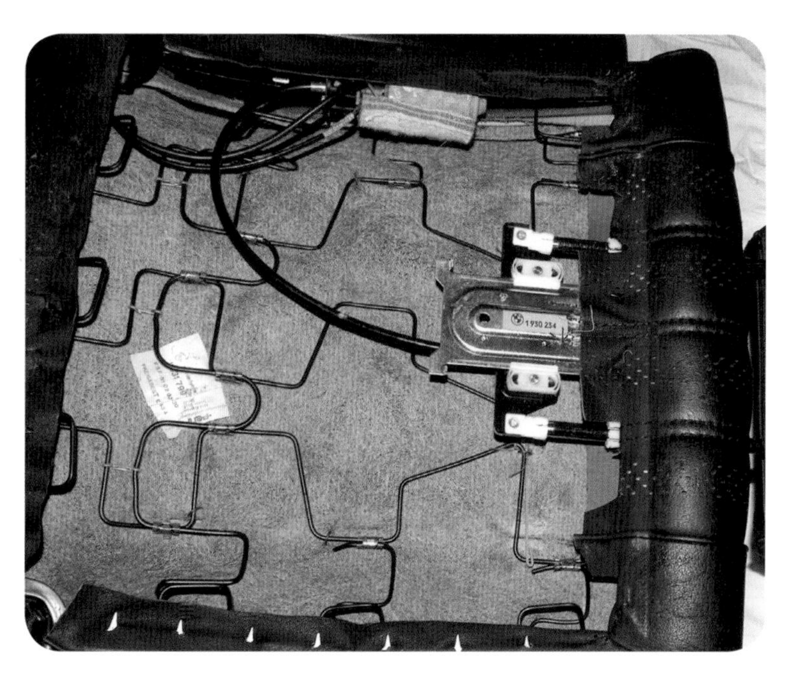

[사진 10.13]

좌석의 후면 트림 패널은 4개의 나사를 풀어서 분리하였다. 다른 좌석의 모터와 마찬가지로 기구는 조정 케이블을 구동하는 브러시형 DC 모터로 구성되어 있었다. 모터는 전원을 연결한 상태에서 작동이 잘 되었지만 헤드 레스트는 움직이지 않았다. 내부의 구동 케이블이 회전하고 있음을 피복 외부를 통해서 느낄 수 있었다. 문제점은 헤드 레스트 자체에서 가장 가까운 기구에 있는 것으로 판단되었다.

[사진 10.14]

조정 기구는 작은 금속 스파이크를 삽입하여 가죽 커버의 내부에 쿠션을 넣고 하나의 스크루로 고정되어 있었다. 헤드 레스트 레그는 조정 기구에 플라스틱 컵 모양으로 제작되어 장착하고 스크루 드라이버로 주의하여 조정함으로써 튀어나올 수 있었다.

[사진 10.15]

조정 기구의 전체 상단 부분을 좌석 등받이에서 들어 올려 좌석 옆에 놓을 수 있었다. 전기 모터가 제자리에 유지되고 있으므로 탈거할 필요도 없었다.

[사진 10.16]

기어 박스는 4개의 나사로 함께 고정되어 있었으며, 필자가 소유한 툴에도 없는 이상한 모양의 소켓 헤드 구조였다. 그러나 교환용 소형 볼트는 항상 찾을 수 있기에 그것을 풀기 위해 바이스 그립을 사용하였다.

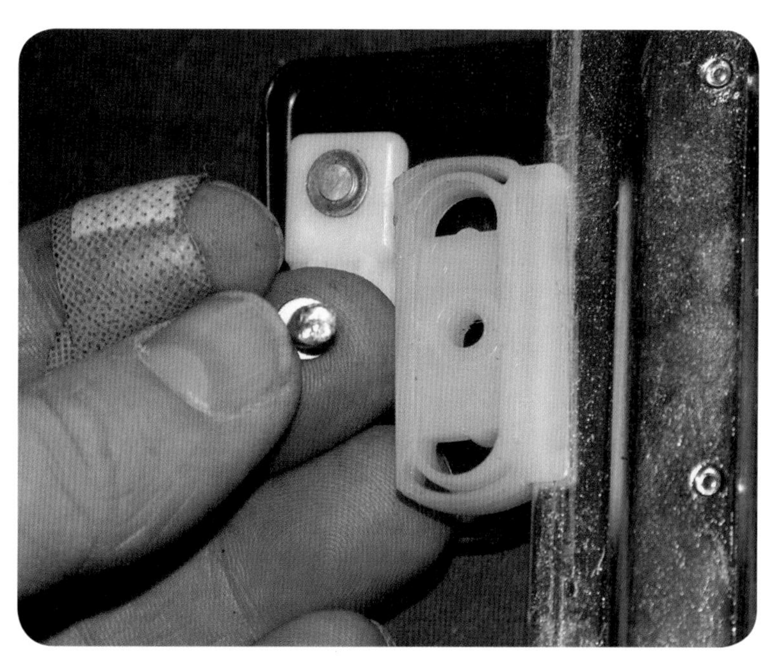

[사진 10.17]

유닛의 내부를 확인하기 위해 리벳을 제거해야만 했는데 수리할 수 있도록 설계되지 않았다. 처음 분해 단계로 플라스틱 슬라이더를 트랙에 고정시키는 리벳을 제거하였다. 그 다음 래크에 있는 피니언 기어를 작동시켜 점검하였다. 어느 쪽도 특별히 닳아 보이지 않았고 모터에 전원을 공급하면 피니언 기어가 회전하지 않는다는 것을 판단할 수 있었다. 즉, 기어 박스 내부에 문제가 있었다.

[사진 10.18]

기어 박스 내부에 있는 웜 기어 구동 장치와 관련 플라스틱 기어가 보였다. 처음에는 플라스틱 웜 기어가 마모 되었다고 생각했지만 검사 결과 정상이었다. 그런데 왜 구동력이 기어 박스 밖으로 나오지 않았을까? 필자는 다시 모터에 전원을 공급하고 어떤 일이 발생되는지 지켜보았다.
케이블이 시스(sheath) 안에서 회전하는 소리가 들렸음에도 불구하고 구동력이 웜 기어에 전달되지 못하고 있었다. 웜 기어에서 사각형 구동 케이블을 당겨 빼내어 검사한 결과 케이블 끝이 약간 마모되어 웜 기어의 구동 구멍에서 다시 빠져 나오고 있었다.(화살로 표시된 부위 내부에서 미끄러짐 현상이 발생하고 있었다.)

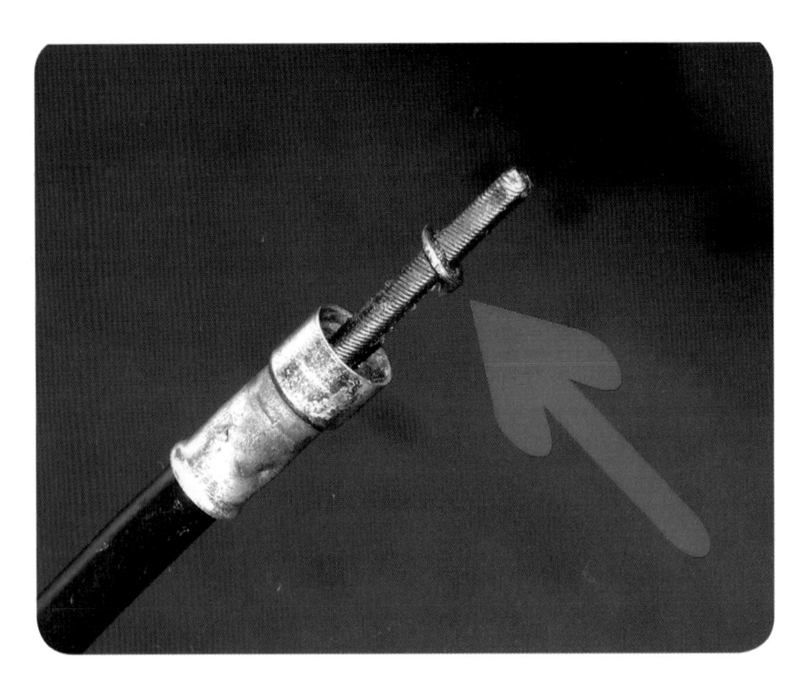

[사진 10.19]

고정 장치는 드라이브 케이블을 피복에서 약간 빼낸 후 스프링 강 와셔를 크림핑한 다음(여기에서는 일반 와셔로 지지됨) 드라이브 케이블을 다시 슬리브에 밀어 넣는다. 크림핑된 와셔로 인해 케이블의 마모된 부분이 웜 기어의 사각 구동 구멍에서 미끄러지지 않게 되어 기어 박스에 구동력이 복원되었다.

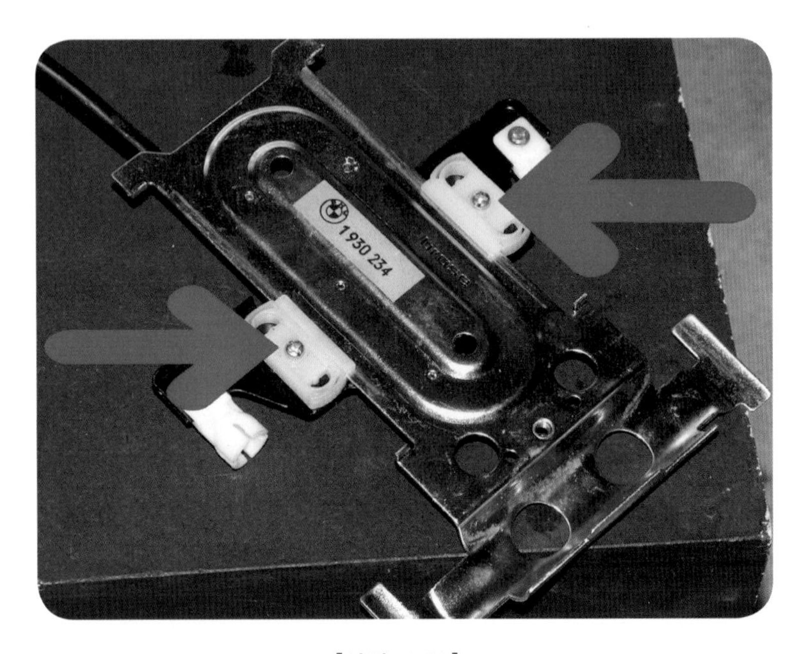

[사진 10.20]

그 다음 조정 기구를 다시 조립할 수 있었다. 바이스 그립핑 된 나사와 드릴로 뚫은 리벳도 새로운 나사와 너트(화살표)로 교체 하였다. 조립 전에 기어 박스에 그리스를 다시 바르고 조립하였다. 좌석 뒤쪽에 설치되어 있는 조정 기구에 전원을 공급하여 확인한 결과 작동이 잘 되었다.

[사진 10.21]

모든 모터가 정상 작동하는 것으로 입증되었기 때문에 전동식 후방 이동과 좌석의 위 · 아래 이동은 좌석의 등받이가 자동차 안에 있어야만 수리할 수 있었다. 그것은 배선이나 스위치의 문제로 예상된다. 그러나 좌석이 없는 동안 모든 트랙과 노출된 기어를 닦아내고 다시 그리스를 도포하는 것이 타당했다.

[사진 10.22]

운전석 밑에는 릴레이와 시트 메모리 기능이 모두 포함된 컨트롤 모듈이 설치되어 있다. 장치 및 관련 플러그와 커넥터에 대한 정밀 검사를 한 결과 약간의 부식이 발생한 것을 알게 되었다. 부식된 핀에 녹색 스크랩이 묻어 있어 작은 일자 드라이버로 까다롭지만 조심스럽게 긁어냈다. 그리고 플러그의 핀 안쪽에 있는 퇴적물을 긁어내기 위해 관련 커넥터를 20~30회 끼웠다 뽑아내면서 제거하였다. 이렇게 해서 모든 좌석 기능이 복구되었다.

LM3886TF
LM3886TF
LM3886PCB
2013.8.1
V1.1
GND
L OUT
R OUT
Y-3655
350W

Chapter 11

전자 부품 구성(전자 빌딩 블록)

1. 타이머 모듈
2. 온도 컨트롤러와 디스플레이
3. 전압 스위치
4. 스마트 배터리 모니터링 LED
5. 전압 부스터
6. 고전류 플래셔
7. 가변 전압 파워 모듈
8. 조정이 가능한 전압 조정기
9. 4채널 자동차 음향 앰프
10. 다목적 모듈
11. 스템 셀

자동차 전자 시스템의 가장 큰 변화 중 하나는 일반적으로 사전에 제작된 고품질의 전자 모듈을 사용할 수 있는 시대가 되었다는 점이다. 이로 인해 자동차의 튜닝을 수월하게 할 수 있게 되었다. 왜냐하면 전자 모듈을 이전보다 훨씬 비싸고 어려운 것들로 쉽게 구할 수 있게 되었기 때문이다.

모든 모듈을 온라인으로 구입 가능하며, 해당 모듈이 사용 불가라 하더라도 시간의 허비 없이 아주 비슷한 모듈로 대체 가능하다. 이전에 전자 모듈에 관련된 작업을 해본 적이 없다면 다음 사항에 유의하도록 하자.

① 이러한 모듈은 제공된 대로 PCB(인쇄 회로 기판) 상에 구성되어 있으며, 사용 중인 컨트롤러는 박스에 장착해야 한다. 보드 상에 노출된 모듈로 작업할 때 단락 및 모듈이 파괴될 수 있으므로 보드 하부가 금속 부분과 접촉되지 않도록 주의하여야 한다.

② 대부분의 모듈은 양극과 음극 단자를 반대로(역극성) 접속하면 파괴된다. 트랜지스터 출력으로 구성되는 모듈은 출력의 단락으로부터 보호되지 않는다(나중에 다루어야 할 eLabtronics 다목적 모듈은 예외). 릴레이 출력을 사용하는 모듈은 문제가 없다.

③ 모듈은 항상 퓨즈를 경유하여 전원을 공급받아야 한다.

이 모듈의 대부분은 아주 저렴하기 때문에 대부분의 경우 한 번에 2~3개를 구입할 수 있다.

1 타이머 모듈

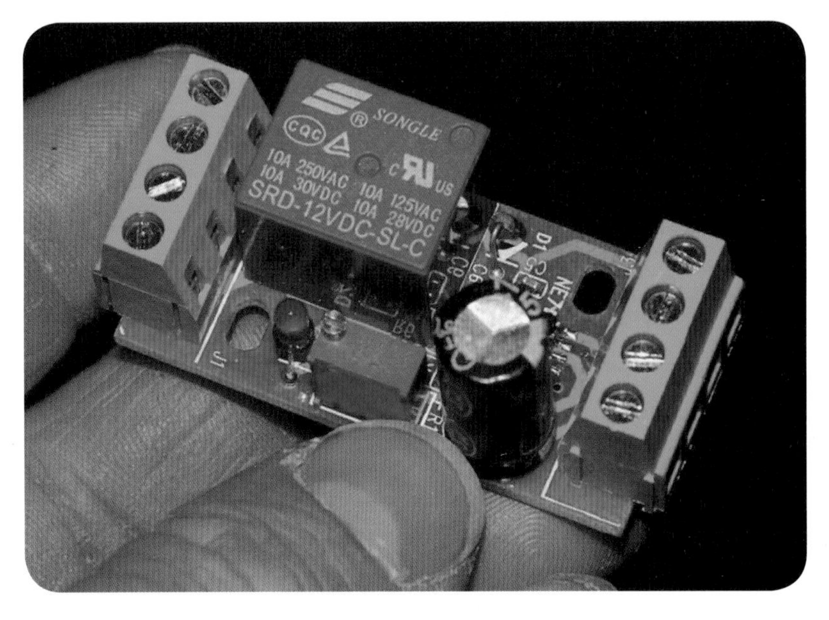

[사진 11.1] 릴레이 출력이 가능한 저렴한 일반 용도의 타이머
이 모듈은 1초에서 3분까지 조정이 가능하다.

1. 일반 용도의 타이머 모듈

한 번도 버튼을 누르지 않고 작동하는 모듈은 어떤 기능이 필요한가? 일반적인 용도의 12V 타이머가 있다. 1초에서 3분까지 조절이 가능하며, 최대 10A의 전류가 흘러서 기기를 작동할 수 있는 온 보드 릴레이가 제공되고, 완전히 제작되어 제 자리에 쉽게 연결할 수 있다. 온라인에서 '조정 가능한 지연 타이머 모듈 12VAdjustable Delay Timer Module 12V'를 검색하면 된다.

56×26×23mm (L×W×H)에 불과한 이 소형 모듈에는 LED, 릴레이 및 멀티 턴 조정 포트가 내장되어 있다. 2개의 단자 스트립이 양쪽 끝에 하나씩 배치되어 있다.

(1) 좌측 단자 스트립(전원 접속)

① 12V 전원 및 접지(배선의 방향을 바꾸면 안 된다)
② 트리거 입력

(2) 우측 단자 스트립(릴레이 접속)

① 공통(×2)
② 일반적으로 열려(OFF되어) 있다.
③ 일반적으로 닫혀(ON되어) 있다.

(3) 배선 연결

배선의 접속이 쉽다. 버튼을 한 번만 눌러 앞 유리 워셔 스프레이를 2초 동안 작동시키려고 할 경우 이것의 접속 방법은 다음과 같다.

① 12V 전원 단자를 점화 스위치 전원 12V 단자에 접속한다.
② 접지 단자를 섀시에 접지시킨다.
③ 일반적으로 열려 있는 푸시 버튼에 2개의 트리거 신호 배선을 연결한다.
(이들 배선은 방향에 문제가 없다)
④ 펌프의 전원 단자에서 점화 스위치 전원 12V 단자에 연결한다.
⑤ 펌프의 다른 단자는 릴레이의 열린 단자에 연결한다.
⑥ 공통의 릴레이 단자를 섀시에 접지시킨다.

전원, 접지, 푸시 버튼을 연결하면 타이머를 쉽게 설정할 수 있다. 푸시 버튼을 누르면 릴레이가 클릭되고 LED가 켜진다. 타이밍이 완료되면 LED가 꺼지고 릴레이가 다시 클릭(끄면서)된다. 멀티 턴 조정식 포트는 소형 스크루 드라이버로 돌려서 타이머를 변경할 수 있다. 시간 짧게 하려면 시계 방향으로 돌려서 시간을 단축시킨다(시간을 길게 하려면 반시계 방향으로 돌려 조정한다). 타이머가 올바르게 설정된 경우에 모듈을 상자에 넣어서 설치한다.

2. 펄스를 발생시키는 타이머 모듈

펄스 신호로 출력되는 큰 전자 모듈이 있다. 'ON'과 'OFF' 시간을 모두 따로 설정할 수 있어 폭 넓게 조정할 수 있다. 전류 부하(최대 10A)를 구동할 수 있는 릴레이 출력을 사용한다. '12V DC 순환 시간 지연 릴레이 모듈12V DC Circulate Time Delay Relay module'을 온라인에서 검색하면 된다.

완전히 구성된 모듈은 크기가 약 56×30mm이다. 보드의 한쪽 끝에는 전원 입력 및 접지 단자가 있고 다른 한쪽 끝에는 공통용, 보통용, 일반용 등 3개의 릴레이 단자가 있다. 보드에는 2개의 포트가 장착되어 있는데, 하나는 'OFF' 타임을 컨트롤하고 다른 하나는 'ON' 타임을 컨트롤 한다.

전원이 공급될 때마다 빨간색 LED가 점등되고, 릴레이가 작동하면 녹색 LED가 점등된다. 보드에는 구성이 가능한 링크도 있으며, 보드에 링크를 해 놓으면 릴레이의 '공통' 단자까지 12V가 공급된다. 이것은 부하가 다른 릴레이 단자와 접지 사이에 연결될 수 있기 때문에 많은 응용에서 배선을 훨씬 단순하게 만든다. 보드는 잘 만들어져 있고 양질의 릴레이가 사용된다.

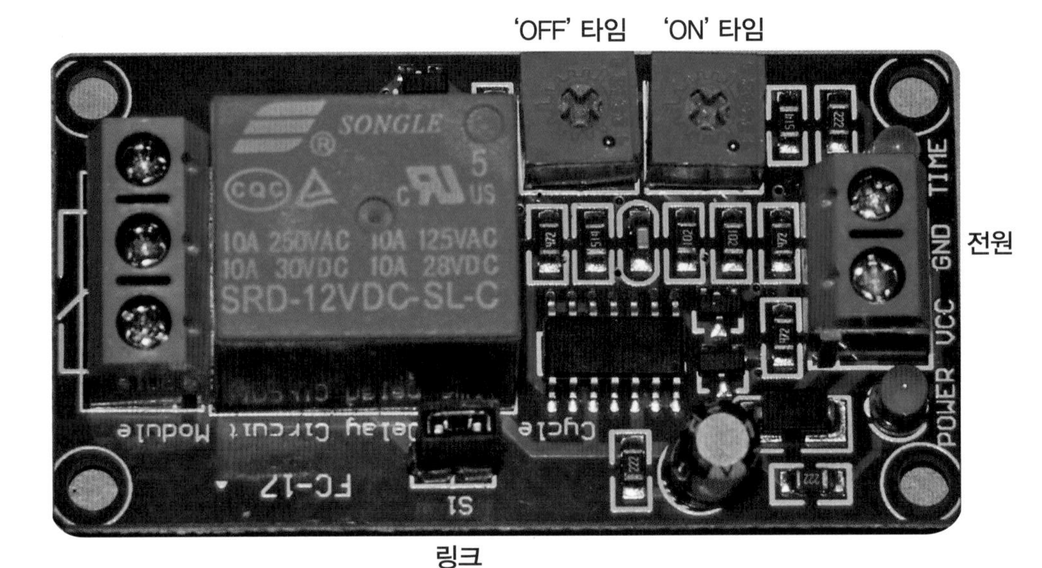

[사진 11.2]

이 전자 모듈은 펄스를 출력하는 데 사용할 수 있다. 'ON'과 'OFF' 타임을 모두 따로 설정할 수 있어 폭 넓게 조정할 수 있다. 전류 부하(최대 10A)를 구동할 수 있는 릴레이 출력을 사용한다.

모듈의 작동을 확인하는 가장 쉬운 방법은 전원과 접지를 정확하게 연결하는 것이다. 2개의 포트를 반시계 방향으로 완전히 회전시킨다. 전원을 넣으면 빨간색 LED가 즉시 점등된다. 타임 설정 포트에서는 녹색 LED가 점등되며, 'ON'과 'OFF' 타임은 1초 간격이다. 이것은 사용 가능한 가장 짧은 출력 시간이다.

'OFF' 포트를 시계 방향으로 회전시켜보자. 출력이 1초 동안 발생되지만 이것은 매 5 초마다 발생할 수도 있다. 예를 들면, 10초 동안에 5초 간격으로 출력을 발생시키려면 'ON' 포트를 시계 방향으로 조금 더 회전시킨다. 주파수와 듀티 사이클은 모두 이러한 방법으로 조정할 수 있다.

샘플 모듈에서 'OFF' 타임은 1~120초로 조정할 수 있고 'ON' 타임은 1~40 초로 조정이 가능하다. 포트를 용도에 맞게 조정하면 원하는 타이머 컨트롤을 유지할 수 있다. 어디든지 펄스 신호로 출력을 원하면 이러한 모듈을 사용하면 편리하다.

2 온도 컨트롤러와 디스플레이

엔진의 냉각수 온도, 오일이나 변속기의 오일 온도를 대시 보드에 표시하기 원하거나 또는 사전에 설정한 온도를 초과할 때 경고음이나 경고등이 켜지기를 원하는 경우 이 모듈을 사용할 수 있으며 가격도 저렴하다. 섭씨와 화씨의 버전에서 모두 사용할 수 있으므로 여기에서는 섭씨의 온도 버전을 예로서 사용한다.

이 모듈은 78×71×29mm(L×W×H)의 크기이며, 70×28mm 컷아웃의 디스플레이 윈도를 사용한다. 이 모듈의 무게는 110g으로, 100℃까지는 소수점 한자리(예 : 35.6)까지의 온도가 표시되고, 100℃ 이상에서는(예 : 105)를 단일 단위로 표시하는 LED 디스플레이를 가지고 있다. 업데이트 속도가 빠르고(초당 약 3회) 온도 변화에 매우 민감하게 반응한다.

숫자 디스플레이에 외에도 2개의 개별 LED가 있다. 하나는 설정 포인트를 초과할 때 표시된다.(설정 포인트는 출력하기 위해 장치를 설정하는 온도가 된다). 이 LED는 릴레이가 작동할 때 계속 켜져 있고, 설정 포인트를 지나면 모듈이 출력을 하기 전 지연을 실행하고 있을 때 점멸하는 두 가지 모드가 있다. 이 지연 시간을 바로 더 변경할 수 있다.

다른 단일 LED는 디스플레이가 설정 포인트 온도를 표시하고 있음을 나타낸다. 계측기의 전면에는 업·다운 화살표, 설정과 재설정 등 4개의 푸시 버튼이 있다. 배선의 연결은 모듈의 뒷면에 스크루식 단자를 사용한다.

이 계측기의 가장 간단한 용도는 온도만 표시하는 것이다. 이것은 4개의 배선 연결만 필요하며, 메뉴의 구성은 필요 없다. 전원(12V 정격 전압)은 3번 단자와 4번 단자에 연결하는데, 3번 단자는 접지이고 4번 단자는 플러스(+) 전원을 연결한다. 제공되는 NTC(부온도 계수) 센서는 7번 단자와 8번 단자에 연결한다. 이렇게 배선을 연결하면 디스플레이는 문제없이 온도를 표시한다.

이 모듈은 5A 릴레이가 장착되어 있다. 이것은 저전압 버저와 팬 및 경고등에 직접 연결할 수 있다는 뜻이다. 컨트롤 시스템이 작동하는 것을 감지한다. 세트 버튼을 짧게 누르면 설정 포인트 온도가 표시되도록 디스플레이가 변경된다. 이 설정은 업·다운 버튼을 눌러서 변경한다. 설정이 완료되면 세트 버튼을 다시 누르거나, 몇 초 동안 기다리면 디스플레이가 현재 온도로 변환된다.

[사진 11.3]

이 고품질의 온도 디스플레이와 컨트롤러는 팬과 경고등을 컨트롤 하는데 이상적이며, 보너스로 모니터링 되는 온도도 나타내준다. 섭씨와 화씨 버전에서 모두 사용할 수 있다.

세트 버튼을 3초 동안 누르면 제2의 메뉴가 나온다. 업·다운키를 눌러서 다른 파라미터를 선택할 수 있다. 선택한 파라미터를 변경하려면 세트키를 한 번 더 누른 다음 업·다운키로 조정을 한다. 어떤 설정을 선택하든 전원이 차단되더라도 메모리는 유지된다. 사용 가능한 파라미터는 다음과 같다.

HC : 이 메뉴는 온도가 설정 포인트('C' 모드)를 초과하면 모듈이 릴레이를 작동하도록 구성하며, 온도가 설정 포인트('H' 모드)보다 낮아지면 릴레이를 작동시키도록 구성한다.

d : 스위치 ON과 OFF 사이의 온도 차이를 설정한다(이를 히스테리시스라고 부른다). 업·다운키를 사용하여 1~15℃의 어느 곳에서나 설정할 수 있다. 시스템의 기능에 큰 차이를 만들 수 있는 매우 강력한 컨트롤이다.

L5 : 세트 포인트를 구성할 수 있는 최저의 온도이다. 일반적으로 이 값은 영하 50℃의 기본 값에서 변경할 필요가 없다.

H5 : 세트 포인트를 구성할 수 있는 최고의 온도이다. 일반적으로 이것은 110℃의 기본 값에서 변경할 필요가 없다.

CA : 이 기능을 사용하면 표시된 판독 값에서 1℃를 더하거나 빼서 온도 디스플레이를 수정할 수 있다.

P7 : 이 기능은 C 모드에서 짧은 간격으로 출력 사이클을 ON, OFF 하고 싶지 않을 경우에 사용한다. 설정은 0~10분에 어떤 것도 가능하다. 예를 들면, 릴레이가 한 번 작동된 후 1분으로 설정된 경우 온도 설정 포인트가 트립 되더라도 1분이 경과할 때까지는 다시 동작을 하지 않는다. 대부분의 경우 이것을 0으로 설정하여 사용한다.

3 전압 스위치

디지털 전압 스위치는 0.5~5V의 범위에서 전압을 출력하는 자동차 센서의 출력을 모니터링 할 수 있다. 스로틀 위치 센서, 에어 플로미터, 산소 센서, 연료 레벨 센서, 흡입 공기와 냉각수 온도 센서, 오일 압력 센서 등이 포함된다.

이미 모니터링 되고 있는 변수인 엔진 부하, 엔진 온도, 오일 압력, 연료 레벨 등은 추가된 스위치의 무엇이든 ON과 OFF를 사용할 수 있다. 그래서 라디에이터 냉각 팬(냉각수 온도 센서를 사용)을 작동하고 높은 부하에서 인터쿨러 워터 스프레이(흡입 공기 온도 센서 사용)를 작동시킨다.

엔진 부하가 높은 상태에서는 인터쿨러 팬(스로틀 위치 센서 사용)을 작동시키고, 오일 압력이 낮아질 경우(오일 압력 센서 사용) 저압 경보음이 울린다. ECU나 대시보드를 분리할 필요가 없으며, 각 센서의 전압 스위치를 사용하여 신호를 입력하기만 하면 된다.

로딩-다운 센서란

모듈에 내장되어 있는 센서에 흐르는 최대 전류는 50μA로 매우 적다. 이렇게 이 적은 전류의 요구량으로 출력을 변경하거나 작동에 영향을 주지 않고 자동차의 센서를 모니터링 할 수 있다.

유감스럽게도 필자가 구입한 모듈과 함께 제공되는 설명서가 불명확하여 여기서 그 문제를 언급해보겠다. 모듈은 완전하게 구성되어 있으며, 크기는 67×44×20mm이다. 이것에는 세트, SW1, (+), (−)의 온 보드 푸시 버튼이 4개가 배치되어 있다.

모니터링 전압을 나타내는 3자리 LED 디스플레이와 빨간색(전원 ON)과 파란색(릴레이 트립) 등 2개의 온 보드 LED가 배치되어 있다. 보드 상의 전자 회로는 표면에 부착되어 있으며, 보드의 한쪽 끝에 4개의 스크루 형식의 커넥터가 배치되어 있다.

DC+	배터리 (+) 전원(배터리 12V)
DC−	배터리 접지(섀시에 접지)
V+	모니터링 전압 플러스(센서 출력 신호)
V−	모니터링 전압 마이너스(섀시에 접지)

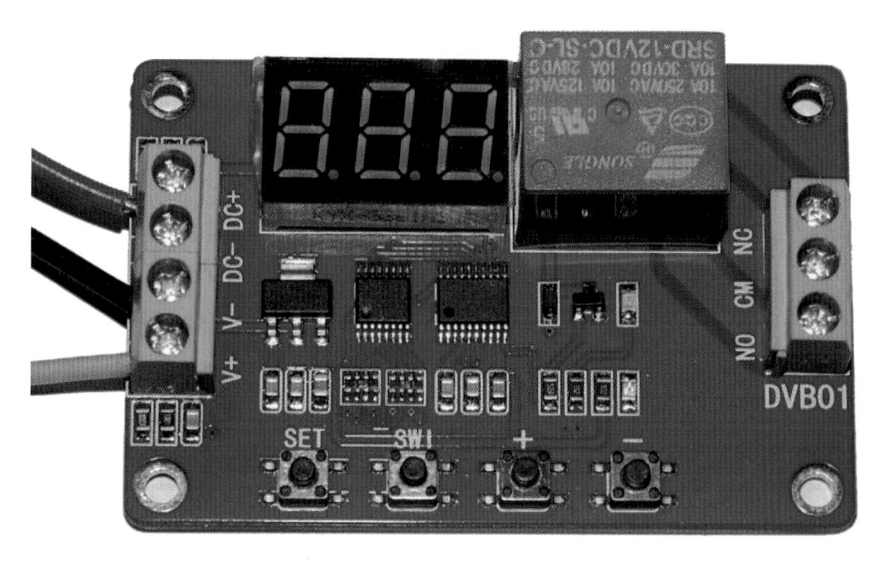

[사진 11.4]

조절이 가능한 전압 스위치는 0~5,5V 사이에서 출력되는 자동차의 모든 센서의 출력을 모니터링 하는데 사용할 수 있다. 온 보드 릴레이는 사전에 설정된 전압에서 부하를 ON, OFF시키는데 사용할 수 있다.

다른 한쪽 끝에는 C(공통), NO(일반적으로 열림), NC(일반적으로 닫힘)의 릴레이용 3개의 단자 스트립이 배치되어 있다. 릴레이가 닫히면 C와 NO 단자가 연결된다. 모듈의 기능은 프로그램이 가능하며, F1~F5의 5가지 기능이 있다. 또한 P1과 P2의 2가지 전압 레벨도 프로그램이 가능하다. F1~F5의 기능은 다음과 같다.

기능	역할
F1	전압만 표시. 릴레이는 작동하지 않는다.
F2	전압이 P1 미만일 때 릴레이가 작동한다. 전압이 P2 이상으로 상승할 때까지 작동하지 않는다.
F3	전압이 P2를 초과할 경우 릴레이가 작동한다. 전압이 P1 이하로 떨어질 때까지 작동하지 않는다.
F4	전압이 P1과 P2 사이 일 때 릴레이가 작동한다. 다른 전압에서는 작동하지 않는다.
F5	전압이 P1과 P2 사이 일 때 릴레이가 작동하지 않는다. 다른 전압에서는 작동한다.

그렇다면 이 기능들의 의미는 무엇인가? 다음은 몇 가지 예이다.

① 높은 스로틀 각도에서 인터쿨러 워터 스프레이를 작동시키려면 F3을 선택하고 스로틀 위치 센서의 출력을 사용한다.

② 엔진이 냉간 또는 고온일 때 점등을 원하는 경우(즉, 정상 작동 범위를 벗어남) F5를 선택하고 냉각수 온도 센서의 출력을 사용한다.

1. 기능을 선택하려면 다음과 같이 수행한다.

① P~0이 표시될 때까지 SET 버튼을 길게 누른다.
② SET 버튼을 짧게 누른다.
③ (+)와 (−) 버튼을 사용하여 F1~F5를 선택한다.
④ 전압의 표시가 재개될 때까지 SET 버튼을 길게 누른다.

2. P1(저전압)을 설정하려면 다음과 같이 수행한다.

① P~0이 표시될 때까지 SET 버튼을 길게 누른다.
② P1이 표시될 때까지 SW1 버튼을 누른다.
③ SET 버튼을 짧게 누른다.
④ 올바른 숫자가 깜박일 때까지 SW1 버튼을 짧게 누른다.
⑤ (+)와 (−) 버튼을 사용하여 표시된 숫자를 변경한다.
⑥ 올바른 전압이 설정될 때까지 단계 ④와 ⑤를 반복한다.
⑦ 전압의 표시가 재개될 때까지 SET 버튼을 길게 누른다.

3. P2(고전압)을 설정하려면 다음과 같이 수행한다.

① P~0이 표시될 때까지 SET 버튼을 길게 누른다.
② P2가 표시될 때까지 SW1 버튼을 여러 번 누른다.
③ SET 버튼을 짧게 누른다.
④ 올바른 숫자가 깜박일 때까지 SW1 버튼을 짧게 누른다.
⑤ (+)와 (−) 버튼을 사용하여 표시된 숫자를 변경한다.
⑥ 올바른 전압이 설정될 때까지 단계 ④와 ⑤를 반복한다.
⑦ 전압의 표시가 재개될 때까지 SET 버튼을 길게 누른다.

- 다른 2가지 기능

① 교정
P3(P1 및 P2와 같은 방법으로 수행)는 전압 표시를 교정한다. 전압을 10분의 1로 변경하려면 (+)와 (−) 버튼을 2회 누른다.

② 디스플레이 ON, OFF
SET 버튼을 짧게 누르면 LED가 꺼진다. SET 버튼을 짧게 누르면 다시 켜진다.

고전류(예를 들면 라디에이터 냉각 팬)로 작동 중인 경우 팬의 전류 요구량이 온 보드 릴레이에 비해 너무 높기 때문에 추가 릴레이를 사용해야 한다. 그러나 온 보드 릴레이는 경고등, 부저, 인터쿨러 워터 스프레이 펌프 등에 전원을 공급할 때는 양호하다.

최소 히스테리시스(스위치와 스위치 OFF 전압의 차이)는은 0.2V이다. 이것은 P1과 P2를 동일한 숫자로 설정하는 경우이다. 이 히스테리시스는 릴레이의 소음이 발생되지 않도록 한다. 물론 P1과 P2를 0.2V 이상의 전압으로 설정하면 히스테리시스를 0.2V보다 훨씬 높게 설정할 수 있다.

4 스마트 배터리 모니터링 LED

여기 뛰어난 배터리 모니터가 있다. 영국의 감마트로닉스 사에서 제작한 제품이다. 6V, 12V, 24V 프로그래밍이 가능한 LED 배터리 수준 전압 모니터 미터기 표시기(6V, 12V, 24V Programm able LED Battery level voltage monitor meter indicator)를 검색하면 구할 수 있다.

첫 인상은 홈에 설치된 10mm LED처럼 보인다. 그러나 잘 살펴보면 작은 푸시 버튼을 볼 수 있다. 홈에 조립품을 설치하면 프로그램이 가능한 칩과 몇 개의 다른 부품을 볼 수 있다. 주어진 것들은 바로 6개의 다른 내장 맵 중 하나를 실행할 수 있도록 프로그램 할 수 있는 6V, 12V, 24V 배터리 모니터링 LED가 있다.

단일 LED는 녹색, 빨간색, 노란색(실제로 더 오렌지색으로 보이는 노란색)과 흰색(꺼짐)으로 나타낼 수 있다. LED는 또한 다른 속도로 깜박일 수 있다. 전압은 2초 동안 롤링 평균으로 모니터링 되며, 3.8~30V 범위에서 작동한다. 빨간색은 플러스(+), 검은색은 마이너스(−)로 배선이 간단하다. 그렇다면 사용이 가능한 다양한 내장 배터리 모니터링 맵은 무엇인가? 모든 용도에 아주 적합한 것으로 다른 맵은 다음과 같다.

1. 맵 1 : 배터리 전압 모니터

정비 숍에서 사용하는 기본 전압 표시기 모드이다. 작고 최소한의 컬러로 모터사이클, 자동차, 보트, 캠핑카 등의 탈것에 사용하기 적합하며, 정상적으로 작동하는 것을 변경할 수도 있다. 불빛과 다른 컬러를 사용하여 10.5~15V 범위에서 8 가지의 다른 전압을 표시할 수 있다.

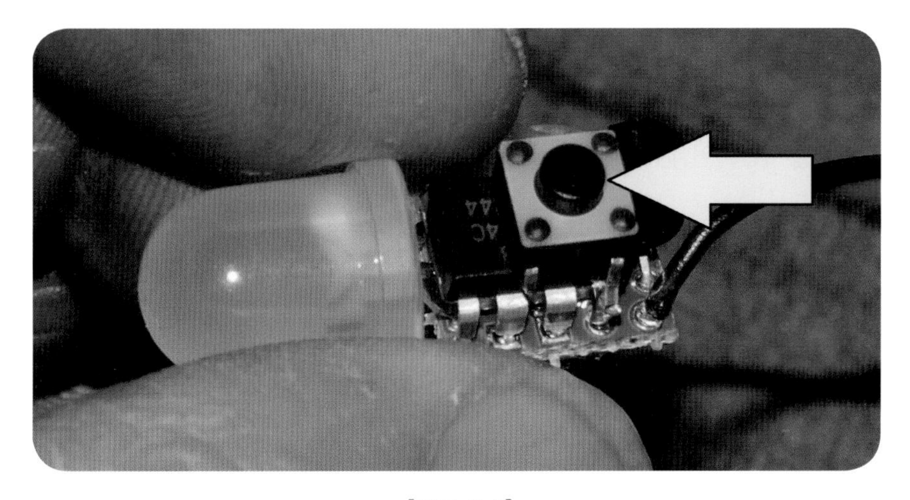

[사진 11.5]

한눈에 봐도 배터리 모니터는 10mm 백색 LED를 볼 수 있다. 그러나 이것의 기능은 먼저 것보다 훨씬 더 크다. 화살표는 스마트 배터리 모니터와 같이 프로그램 되는 LED를 작동시키는 푸시 버튼을 지시하고 있다.

2. 맵 2 : 자동차 충전 표시기

이 맵은 충전 조건, 즉 자동차의 교류 발전기가 작동 중일 때 LED가 녹색으로 점등된다. 배터리가 방전되면 황색과 빨간색으로 나타난다. 이 모드는 10.5~15V 범위에서 7가지의 전압을 모니터링 한다.

3. 맵 3 : 가짜 경보를 포함한 자동차 모니터

이것은 오토바이와 장기간 주차된 자동차들에게 아주 좋다. 주행·충전 시 LED는 녹색으로 유지된다. 충전이 완료된 후 30초 내에, 유닛은 자동차가 정차하고 있는 동안 배터리 상태를 표시하기 위해 저전류 모드로 전환된다. LED는 저장된 배터리의 상태를 표시하기 위해 녹색, 황색 또는 빨간색으로 깜박인다. 또 다른 장점은 LED의 점멸이 자동차의 알람처럼 보인다는 것이다. 이 모드는 배터리로부터 매우 적은 전류(0.5mA)가 흐른다.

4. 맵 4 : 충전 표시기(숨은 모드)

이것은 모드(2)와 비슷하지만 LED가 정상 충전 조건에서는 점등되지 않는다. 즉, LED는 정상적인 작동에서는 점등되지 않는다. 황색 및 빨간색 조명은 충전 결함 또는 배터리의 방전된 신호이다.

5. 맵 5 : 고전압 모니터 10단계

이 모드는 최대 해상도가 중요하고 컬러의 변화와 깜박임이 산만하지 않은 고해상도 모드이다. 이 모드는 10.5~15V의 범위에서 10가지의 전압을 모니터링 한다.

6. 맵 6 : 최소 모니터

이 모드는 낮은 전류(0.5 mA 이하)를 사용하여 3가지 컬러의 배터리 상태 모니터링을 한다. 매 2초 마다의 짧은 플래시(번쩍임)는 전류의 상태를 나타내며, 10.5~15V 범위에서 5가지의 다른 전압으로 현재의 상태를 지시한다. 이것이 좋은 정보인가? 필자는 처음에 모드 설정 영역에서의 지시사항들이 좀 이해하기 어려웠다. 이 측면을 살펴보자.

(1) 모드의 이동 방법

LED가 전달되면 모드 1로 설정된다. 다음 모드(이 경우 모드 2)로 이동하려면 다음과 같이 수행한다.

① LED에 전원을 공급한다.
② 푸시 버튼을 누르고 있는 상태를 유지한다.
③ LED가 녹색으로 깜박일 때까지 기다린다.
④ 누르고 있던 푸시 버튼을 놓는다.

현재 설정한 모드를 확인하려면 전원을 OFF 시켰다가 다시 ON시킨다. 이 경우 3회 녹색 점멸(LED가 여전히 12V 배터리 모니터링 설정 중임을 나타냄), 일시 중지, 그리고 녹색 점멸(맵 2를 나타냄)이 나타난다.

(2) 맵 설정(2번째 플래시 로트)은 다음과 수행한다.

① 맵 1 : 빨간색 플래시
② 맵 2 : 녹색 플래시
③ 맵 3 : 황색 플래시
④ 맵 4 : 빨간색 및 녹색 플래시
⑤ 맵 5 : 황색 및 빨간색 플래시
⑥ 맵 6 : 황색 및 빨간색 플래시

(3) 모니터링 전압 변경

다시 한 번 이것을 분류하면, 24V 또는 6V의 모니터링으로 전압을 변경하는 것은 간단하다. 그 절차는 다음과 같이 수행한다.

① LED에 전원을 공급한다.
② 푸시 버튼을 누르고 있는 상태를 유지한다.
③ LED가 녹색으로 깜박인 다음 빨간색으로 깜박일 때까지 기다린다.
④ 누르고 있던 푸시 버튼을 놓는다.
⑤ 전압 모드 스위치는 12V~24V~6V~12V로 전환된다.
⑥ 다음과 같이 스위치를 닫으면서 초기의 플래시를 확인한다.

- 6V : 빨간색 플래시
- 12V : 녹색 플래시
- 24V : 황색 플래시

이 작은 유닛은 자동차에서 배터리의 모니터링이 이상적이며 장착이 매우 쉽다.

5 전압 부스터

여기에 펌프, 조명 및 팬의 출력을 증가시킬 수 있는 소형 전압 부스터가 있다. 이 모듈은 값이 싸고, 12~35V의 범위에서 무한으로 출력 전압을 조정할 수 있으며, 양호한 정격 출력을 낼 수 있다.

실제로 정격 출력이 150W(냉각 팬이 추가됨), 냉각 팬이 없는 경우 100W(더 큰 방열판 내장)로 등급이 분류되어 있으며, 필자의 테스트에 따르면 50~60W가 연속적으로 출력되는 것이 좋다. DC-DC 10~32V에서 12~35V 150W 전원 공급 장치 부스트(DC-DC 10-32V To 12-35V 150W Power Supply Boost)를 온라인으로 검색하면 된다.

1. 전압 부스터의 용도

만약 약 50W까지의 아이템을 구동한다면, 무엇에 사용할 수 있는가? 그 W를 표현하는 또 다른 방법은 기기의 표준 연속 전류 요구량이 12V에서 약 4.2A를 넘지 않아야 한다는 것이다. 다시 말해서 10A까지 예측되는 고전류의 연료 펌프와 20A 이상을 차지할 수 있는 라디에이터 팬은 제외된다. 그래서 무엇에 사용할 수 있는가?

[사진 11.6]

이 작은 모듈은 12V 배터리 전압을 최대 35V까지 승압시키고 50W의 부하에 연결하여 사용할 수 있다. (추가로 냉각 팬을 사용).

전압 부스터의 용도는 일반적으로 인터쿨러의 워터 스프레이에 사용되는 앞 유리 워셔 펌프의 압력 및 출력을 쉽게 증가시키기 위해 사용할 수 있다. 그리고 실내등, 브레이크등, 후진등의 출력을 높이는 데 사용할 수 있다. 측정된 전류의 흐름에 따라서 워터·공기식 인터쿨러 펌프의 흐름을 증가시키는 데 사용할 수 있다. 메인 빔을 밝게 하기 위해 50W 헤드라이트와 함께 사용할 수도 있다.

끝으로 배터리 전압이 낮아지더라도 12V 조명 시스템의 출력을 유지하는데 사용할 수 있다. 테스트에서 시스템이 10V의 입력 전압까지 승압하여 조절된 출력을 제공하는 것을 발견하였다. 다른 방법으로 설명하면 13.8V의 완전 충전된 배터리에서 전압이 10V로 강하하여도 광도에는 변함이 없다.

내부에 전압 조정기를 사용한 디바이스는 전류의 제한이 있으므로 주의가 필요하다. 일반적으로 디바이스의 성능에는 차이가 없지만 경우에 따라서는 일부의 경우 디바이스(예를 들면 강하 저항을 사용하는 LED)가 과전류로 인하여 파손될 수 있다. 자동차 라디오나 다른 전자 모듈과 같은 LED와 전자 부품이 설계 전압보다 더 높은 전압을 사용하는 것은 적합하지 않다.

2. 전압 부스터의 용도

모듈은 기성품으로 노출된 회로 기판을 사용한다. 이것은 크기가 65×50×30mm (L×W×H)로 양단에 방열판(히트 싱크)이 설치되어 있다. 한쪽 끝에는 4개 단자의 스트립이 배치되어 있고 다른 한쪽 끝에는 멀티 턴 포트가 배치되어 있다.

배선의 연결이 용이하고 'IN'의 플러스와 마이너스, 'OUT'의 플러스와 마이너스가 있다. 전원 스위치를 ON시키기 이전에 포트를 반시계 방향으로 회전시켜서 출력이 최소가 되도록 한다. 그 다음 전원 스위치를 ON시키고 포트를 시계 방향으로 돌려서 출력 전압을 서서히 높인다. 출력 전압은 멀티미터로 쉽게 측정할 수 있다. 배선이 완료되면 보드를 환기 박스에 장착해야 한다.

그러면 이 모듈의 효율은 어떠한가? 효율은 2가지 이유에서 중요하다. 첫째로 효율이 낮으면 열이 더욱 많이 발생하고, 두 번째로 전력 소비가 많아진다. 필자의 테스트 결과에 따르면 압력 전압이 12V, 출력 전압이 14.7V, 흐르는 전류가 1.25 A이면 효율은 91% 이었다. 즉, 환산하면 소비 전력이 15W이고 출력이 13.7W이면 내부 손실은 1.3W로 매우 양호하다.

6 고전류 플래셔

1. 플래셔의 구조

고장 시 비상등 플래셔를 작동시키는 아이디어를 살린 모듈이 있다. 최대 7A까지 부하를 구동할 수 있고 스위치를 작동시켜 16개 이상의 다양한 점멸 모드를 실행할 수 있다. 이 플래셔는 58×35×16mm 크기의 박스에 콤팩트하게 설치되어 있다. 박스의 양쪽 끝에는 빨간색과 흰색 2개의 배선이 있는데 이것들은 입력과 출력의 리드 선(플러스의 경우 빨간색)이다.

박스에는 'O'와 화살표가 표시되어 있는데 이것은 출력을 의미한다(박스에 표시가 없는 경우 출력 끝은 DIP 스위치에서 가장 멀고 출력 트랜지스터에 가장 가까운 쪽이다). 박스 안에는 뚜껑을 들어 올려 접근할 수 있는 4개의 위치에 DIP 스위치가 있다. 이 스위치는 원하는 16가지의 다른 플래셔 모드를 선택하는데 사용된다.

가장 일반적으로 사용하는 것을 먼저 시작하자. 경보기로 고전류 LED를 점멸하고자 하는 경우 출력 리드에 LED(적절한 강하 저항기와 극성을 준수)를 연결하고 모든 DIP 스위치(출력 단부에 가장 가깝게 배치된 모든 스위치)를 설정한 다음 전원(7~30V)을 연결한다. LED가 18Hz(측정값 17Hz, 충분히 근접했다)로 점멸하였다.

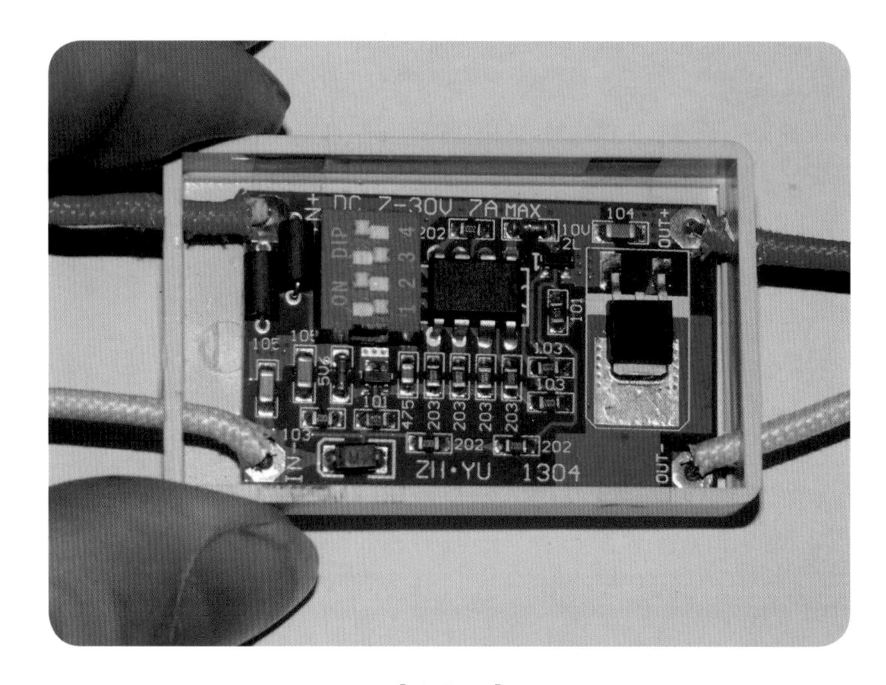

[사진 11.7]

이 작은 플래셔 모듈은 16개의 다른 모드가 있으며, 7A까지의 부하를 적용할 수 있다. 이 모듈은 신호등이나 사이렌을 작동시키는 경보 출력으로 이상적이다.

2. 모드의 기능

전원을 분리한 후 스위치의 위치 변경이 적용되도록 다시 작업을 한다. 앞에서 설명한 18Hz부터 1Hz까지의 점멸 속도를 이용할 수 있으며, 모두 50%의 듀티 사이클이 있다. 이러한 설정은 모드 1~8로 구성된다.

다음 모드의 범위(모드 9~12)는 저전류를 소비하는 모드이다. 모드 9는 초당 1회(50ms)의 펄스(점멸)를 출력(5% 듀티 사이클)한다. 모드 10은 3개(50ms)의 펄스를 출력한 다음 사이클을 다시 시작하기 전에 1초간 정지한다. 모드 11은 3개(50ms)의 펄스를 출력하지만 이번에는 2초간 정지한다. 모드 12는 10개(50ms)의 펄스를 출력한 다음 2초간 정지한다.

모드 13~16은 LED 출력을 점진적으로 변화시킨다. 밝기와 어두움의 변화 속도는 모드에 따라서 다르다. 예를 들면, 모드 13은 3초 마다 1회씩 업·다운 사이클로 광도가 변한다. 모드 16은 11초 동안에 4회의 업·다운 사이클로 광도가 변한다. 광도의 변화는 235Hz 주파수에서 발생하는 PWM(펄스 폭 변조)을 통하여 구할 수 있다.

3. 플래셔의 응용

이 '**멀티 모드**'에 접근하는 묘미는 플래셔의 기능이 상황에 매우 적합할 수 있다는 것이다. 예를 들면, 전류 요구량이 문제가 되지 않고 주의를 끌고 싶다면 6.5Hz의 고출력 LED를 점멸시킨다. 하지만 전류 요구량을 최소화하려면 매초마다 50ms 플래시를 하나씩 선택하여야 한다. 모듈의 '**출력 OFF**' 전류의 요구량은 7mA에 불과하므로 전체 전력 소비량은 상당히 낮다.

하지만 백열등을 점멸시키고 싶다면 빠른 점멸 속도(9.5Hz와 같은)와 짧은 펄스(50ms)는 백열등에서 작동하지 않는다. 그 이유는 필라멘트의 열적 관성이 빠르게 반응하지 않기 때문이다. 이 상황에서는 1Hz, 50% 듀티 사이클 모드(모드 8)를 사용할 수 있으며, '**밝기 변경**' 모드(모드 13~16)가 매우 효과적이다.

이 모듈은 백열등 부하에서 6A, LED 부하에서 7A가 정격이다. 실제로 백열등을 사용할 때 고전류 부하가 발생할 가능성이 가장 높으며, '**저전류**' 모드는 13~16 사이클 모드이다. 필자는 백열등으로 모드 16의 8A에서 모듈을 작동시켰는데 모두 괜찮았고, 자동차에 LED 조명 바(7.5A)를 작동시켰더니 모듈이 정상으로 작동하였다.

4. DIP 스위치 설정 플래셔 모드

이 표는 온 보드 DIP 스위치를 설정하기 위하여 선택할 수 있는 16가지 다른 플래셔 모드를 모두 표시한 것이다.

모드	S1	S2	S3	S4	출력
1	0	0	0	0	18Hz 플래시
2	1	0	0	0	12.5Hz 플래시
3	0	1	0	0	9.5Hz 플래시
4	1	1	0	0	6.5Hz 플래시
5	0	0	1	0	4.5Hz 플래시
6	1	0	1	0	3Hz 플래시
7	0	1	1	0	2Hz 플래시
8	1	1	1	0	1Hz 플래시
9	0	0	0	1	사이클링 1회 50ms 플래시, 정지 1초
10	1	0	0	1	사이클링 3회 50ms 플래시, 정지 1초
11	0	1	0	1	사이클링 3회 50ms 플래시, 정지 2초
12	1	1	0	1	사이클링 10회 50ms 플래시, 정지 2초
13	0	0	1	1	광도 변화 3초 마다 1회 업·다운 사이클
14	1	0	1	1	광도 변화 5초 마다 2회 업·다운 사이클
15	0	1	1	1	광도 변화 7초 마다 3회 업·다운 사이클
16	1	1	1	1	광도 변화 11초 마다 4회 업·다운 사이클

7 가변 전압 파워 모듈

이 모듈은 조명의 밝기와 팬의 회전속도를 컨트롤할 수 있다. DC 팬을 연결하면 볼륨으로 팬의 회전속도를 컨트롤 할 수 있다. 파워 필라멘트 전구가 점등되면 광도를 무단계로 껌벅거림 없이 컨트롤 할 수 있다. 가변 전압 공급 장치는 자동차 배터리나 구형 노트북 PC 플러그 팩에 추가하면 된다.

이 모듈의 제조사 정격은 3A로 보드의 크기를 고려하면 높은 전류이다. 그러나 시험해 보니 다소 열이 발생하지만 공급된 방열판을 사용하면 이 모듈의 최대 전류로 작동하여도 문제는 없었다. 실제로 짧은 시간 동안 전류가 4.5A로 증가되어도 화재가 발생하지 않았다.

측정된 펄스 폭 변조 주파수는 25kHz이다. 즉, 출력 신호는 초당 25,000번 ON과 OFF를 반복한다. 팬에 사용되는 것과 같이 작은 모터를 컨트롤하면 모터의 윙윙 소리가 잘 들리지 않을 정도로 주파수가 높다. 입력 전압의 범위는 6~28V로 6V 구형 모터사이클에서부터 24V 트럭에 이르기까지 모두 작동할 수 있다.

보드는 크기가 약 51×33×16mm(L×W×H)이며, 볼륨은 약 19mm 정도 돌출되어 있다. 배선의 연결은 4개의 단자 스트립을 통해 이루어지며, 보드의 하단에 정확한 연결을 위해 기록된 접속 도면을 활용하면 된다. 4개의 설치용 구멍이 준비되어 있다. 이것은 이전에 저항기나 전압 조정기를 사용했을 때만큼 저가의 모듈이다.

[사진 11.8]
이 모듈은 팬의 회전속도와 3A가 흐르는 라이트의 광도를 컨트롤 할 수 있다.

8 조정이 가능한 전압 조정기

이 책에서는 자동차 시스템의 공칭 12V가 아니라 5V로 작동하는 회로를 종종 소개 하였다. 그 이유는 대부분의 자동차들이 TPS, 에어 플로미터, MAP 센서 등과 같은 센서에 전원을 공급하기 위해 5V로 조절된 출력 전압을 생성하는 ECU를 사용하기 때문이다. 다른 응용에서 저전류의 5V 전원이 필요한 경우 이 5V 전원 공급 장치를 사용하는 경우가 많다. 하지만 5V를 독립 실행형 소스로 제공하려면 어떻게 해야 하는가?

가장 값이 싸고 사용이 편리한 LM317 조정이 가능용 파워 모듈을 구입한 다음 5.0V 출력으로 설정하는 것이다. LM317 모듈은 최대 1.5A의 출력을 정격으로 조정하기 위하여 적합한 방열판이 필요하다. 필자가 구입한 모듈에는 방열판이 없었지만 조정기의 탭을 쉽게 부착할 수 있어 문제를 해결하였다. 이러한 모듈을 구하려면 'Low Ripple Buck Linear Regulated Power Supply LM317 모듈'을 온라인으로 검색하여 찾으면 된다.

[사진 11.9]
조정이 가능한 출력 파워 서플라이로 필요하면 5V로 조정할 수 있는 모듈이다.

9 4채널 자동차 음향 앰프

채널 당 최대 출력이 68W인 4채널 자동차 음향 앰프가 있다. 이것은 비교적 비효율적인 자동차 스피커를 사용하더라도 아주 충분한 음량과 효과적인 베이스를 제공하는 모듈이다. 이 모듈은 금속 케이스에 내장되어 있어 견고하고 튼튼하다.

1. 전자 제품의 출발점

앰프의 중심은 4개의 LM3886 IC로 구성되어 있다. 이 오디오 앰프 IC는 오래되었으나 성능은 양호하다. 각각은 0.1%의 최대 왜곡에서 4Ω~68W의 출력을 낼 수 있다. 그러나 필자는 노출된 IC로 시작하는 것보다 사전에 구성된 2개의 2채널 모듈을 사용하였다.

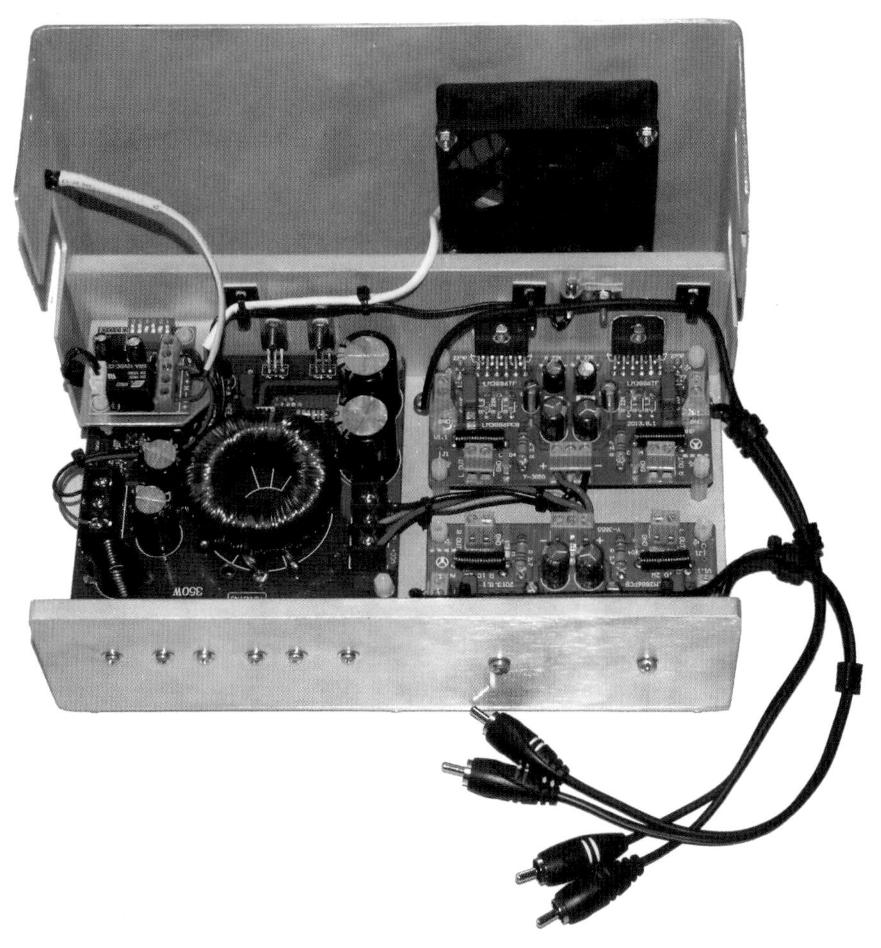

[사진 11.10] 완성된 4채널, 12V 전원으로 작동하도록 제작된 앰프

전원 공급 모듈은 좌측에 있고 3채널 앰프 모듈 2개는 우측에 있다. 커버를 덮으면 냉각 팬이 앰프 모듈 위에 배치된다.

이들 모듈의 대부분을 구성하고 있는 AC 변압기의 전원보다, 선택된 모듈은 ±28V DC 전원이 필요하다. 그러므로 이러한 모듈을 찾을 때는 그림으로 정확한 것을 살펴보는 것이 중요하다. 이러한 모듈을 찾기 위해서는 '조립된 LM388 2채널 스테레오 오디오 앰프 보드 68W+68W, 4Ω 50W*2 8Ω(Assembled LM3886TF Dual channel Stereo Audio Amplifier Board 68W+68W 4 Ω 50W*2 8Ω)'을 검색하면 된다.

다음 단계로 이 모듈을 구동할 수 있는 전원 공급 장치가 필요하다. 이전에는 이러한 전원 공급 장치를 개발하는데 비용이 많이 들고 시간이 많이 걸렸지만 지금은 규격품으로 가능하며, 그것은 '1PC 스위칭 부스트 파워 서플라이 보드 350W DC 12V~오토 듀얼 ±20~32V(1PC Switching boost Power Supply board 350W DC 12V to Dual ±20~32V for auto).'라고 불린다.

전원 공급 장치의 출력은 도착 시 ±32V이지만(온 보드 포트는 조정이 가능) LM3886은 최대 ±42V까지 전원 공급이 가능하다. 다른 모듈로서는 방열판의 냉각을 위해 팬을 사용하였다. 이 모듈은 '20~90℃ DC 12V 서모스탯 디지털 온도 컨트롤 스위치 온도 컨트롤러 뉴(20~90°C DC 12V Thermostat Digital Temperature Control Switch Temp Controller New)'라고 부른다.

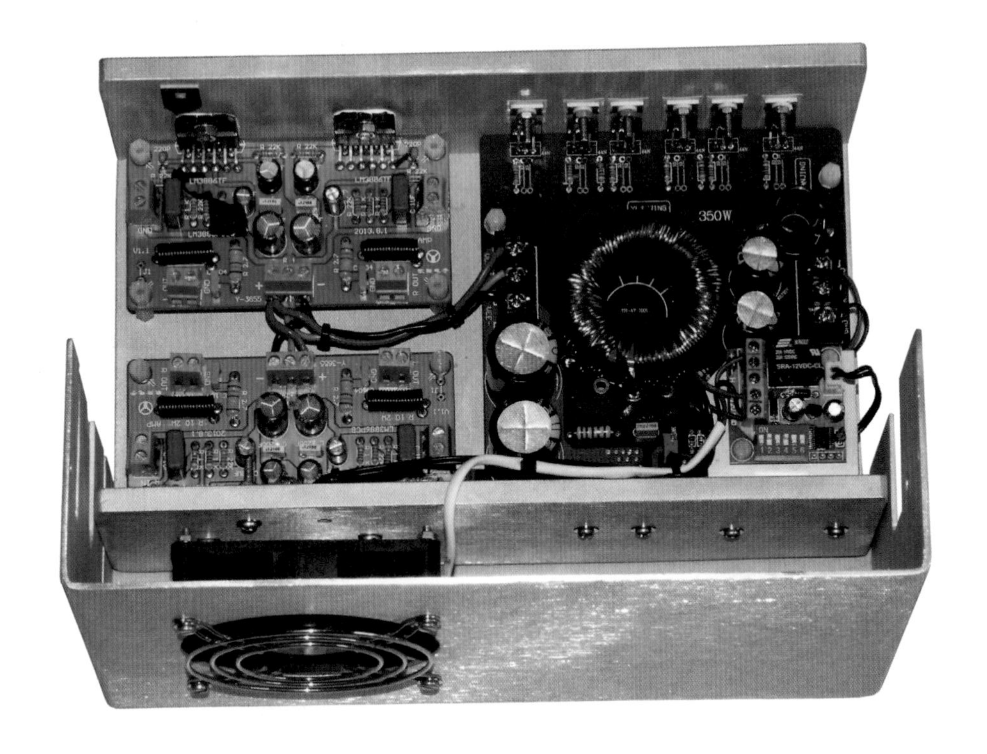

[사진 11.11] 전원 공급 모듈이 사용하는 6개의 스위칭 트랜지스터

이 모듈은 방열판을 설치하기 위하여 절연 와셔와 패드로 완전하게 제작되었다. 그러나 자체 보드를 장착하기 위하여 스탠드오프가 필요하다.

2. 전자 제품의 배선

앰프를 구성하는 전자 회로는 아주 쉽다. 전원 공급 보드 입력, GND, K와 12V 단자는 계기에 표시된 대로 연결된다. GND는 섀시에 접지하고 12V 단자는 자동차 배터리의 플러스(+)에 직접 연결한다. 이 배터리 전원 공급 장치에 고전류 퓨즈(예 : 20A)를 사용한다. K단자는 전원을 공급하기 위해 12V의 전압이 필요하며, 일반적으로 헤드 유닛의 '파워 에어리어' 출력에 연결한다. 이 장치가 없는 경우 점화 스위치 12V 전원 공급 단자에 연결을 해야 한다.

전원 공급 보드의 출력 VCC+, GND, VCC– 단자는 각각 2개 앰프 모듈의 (+), GND, (–) 단자에 연결한다. 헤드 유닛의 라인 레벨의 입력은 IN 앰프 모듈 단자 블록(극성을 정확하게 맞춘다)에 연결하고 스피커는 OUT 단자 블록(극성을 정확하게 맞춘다)에 연결한다. 이렇게 하면 배선 작업은 완료된다.

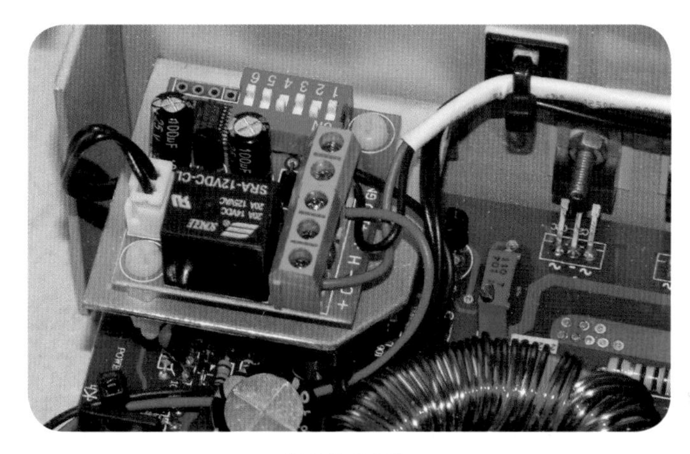

[사진 11.12]

이 작은 모듈은 DIP 스위치로 선택한 온도를 기준으로 하여 앰프 냉각 팬을 작동시킨다. 원격 온도 프로브는 히트 싱크(방열판) 하나에 설치된 LM3886 앰프 IC 2개 사이에 배치되어 있다.

[사진 11.13]

필요한 것의 하나는 저가로 콤팩트하고 가벼운 270W 앰프이다. 이 품목의 무게가1.75kg이고 크기는 250×140×75mm이다.

3. 전자 제품의 구성

충분한 히트 싱크 용량이 필요하다. 부수적인 히트 싱크를 사용하거나 혹은 소형의 히트 싱크를 사용한 경우 추가로 냉각 팬을 설치하여야 한다. 실제 사용에서 대부분의 열은 4개의 LM3886 모듈에서 발생하며, 외관상 전원 공급 모듈의 방열 기능의 필요성이 더욱 중요하다.

필자는 콤팩트 박스가 필요해서, 필요한 크기의 알루미늄 판으로 만들었다. 박스의 전체 크기는 약 250×140×75mm 이었다. 히트 싱크는 박스의 두 벽면에 8mm 두께의 알루미늄 판을 사용하여 만들었다. 제작된 12V 냉각 팬은 상단 패널에 배치하였으며(하단 패널에 일치하는 크기의 구멍이 있음), 냉각 팬은 40℃에서 작동하도록 설정하였다.

전원 모듈은 트랜지스터를 설치한 면에 히트 싱크를 장착하는데 필요한 절연 와셔와 이음 고리collars 등이 필요하여 구입하였고, 앰프 모듈은 플라스틱 캡슐로 된 IC를 사용하므로 별도의 절연체가 필요 없다. 보드에 장착하기 위하여 절연판과 볼트, 와셔, 너트 등이 필요하였다.

입력용 커넥터와 스피커를 박스에 배치하는 대신, 필자는 이 연결 장치를 보드에 직접 배선하는 것을 선택했다. 이 리드들은 커버가 제자리에 고정될 때 적절한 채널 위로 미끄러지는 고무 그로밋을 통해 작동되었다. 외관 케이스는 모든 부품이 설치되어도 방열이 원활하며, 자동차에 부착하는 데 어려움이 없어야 한다.

[사진 11.14]

기성품인 스테레오 앰프 모듈은 이 앰프에 필요한 2개의 모듈과 함께 이베이(eBay)에서 구입하였다. 이 모듈을 작동시키는 데 최소 ±28V DC 전원이 필요하며, 사용 중 충분한 방열 기능도 필요하다.

4. 결과

오직 eBay 앰프와 전원 공급 모듈을 구입하는데에만 비용이 소요되었다. 그러나 시판되는 제품보다는 적은 비용으로 만들 수 있어서 경제적이다. 사운드는 자동차 사운드 앰프보다 더 좋고, 헤드 유닛에 내장된 일반적인 4채널 앰프보다 훨씬 더 좋다.

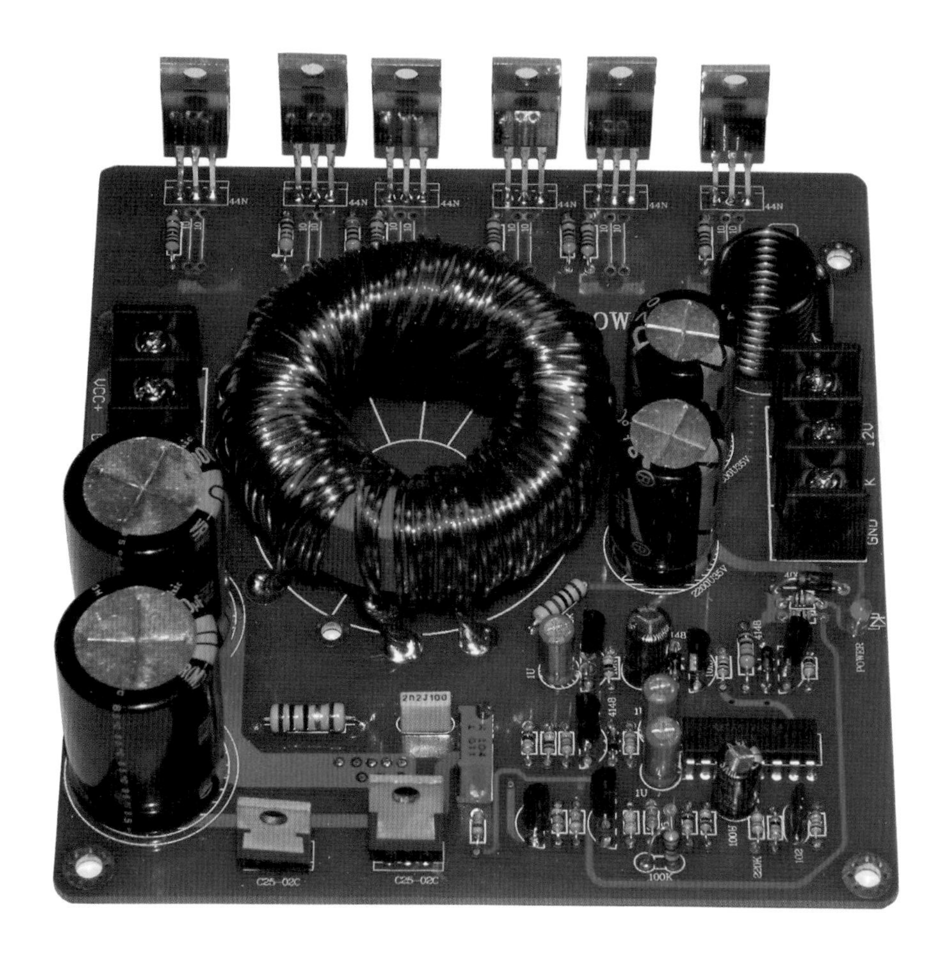

[사진 11.15]

이 전원 공급 모듈은 12V DC로부터 ±32V DC를 발생하며 앰프 모듈에 직접 연결할 수 있다.

10 다목적 모듈

모듈을 커버할 수 있는 다양한 마이크로 컨트롤러 제품으로서, 아두이노나 라즈베리 파이 등의 유용한 모듈을 필자가 왜 다루지 않았는지 궁금할 것이다. 그 배경에는 2가지 이유가 있다. 첫째로 전자 회로에 경험이 있다면 이미 그런 모듈을 사용하고 있을 것이고, 둘째로 경험이 부족한 사람들에게는 이 모듈 중 하나를 자동차에 사용하는 것이 좀 답답할 수 있다.

그러한 모듈은 보통 12V에서 작동이 되도록 구성되어 있지 않고, 간단한 프로그램조차도 코딩에 어느 정도 숙련이 필요하다. 그러나 이것에 관련된 2가지 모듈을 간단히 소개한다. 2가지 모두 호주 회사인 eLabtronics(www.elabtronics.com 참조)에서 공급한다. 해당 회사는 20년 이상 된 회사로 자동차용으로 개발한 전자 모듈의 품질이 양호하다. eLabtronics에서 공급하는 2가지의 모듈을 소개한다.

1. 멀티 모듈

멀티 모듈(MPM)은 스마트하고, 사용자가 구성할 수 있는 모듈로 구성된다. 멀티 모듈은 DC 10~40V 범위 전압에서 작동이 가능하다. 이 기능은 다음과 같은 특징이 있다.

① 2개의 멀티 턴 사용자 조정 포텐시오미터(포트)
② 4단자 스크루다운 커넥터
③ 다양한 기능을 제공하도록 MPM을 구성하는데 사용하는 4위치 DIP 스위치
④ 퓨즈
⑤ 마이크로 컨트롤러
⑥ MOSFET의 고전류 출력 트랜지스터

[사진 11.16]

eLabtronics 멀티 모듈(MPM)은 MOSFET 출력 트랜지스터를 통해 고전류 부하를 직접 구동할 수 있다. 전압 스위치, 펄스 발생기, 범용 타이머 등을 구입할 수 있다.

멀티 모듈의 하드웨어는 모든 버전에서 동일하게 유지된다. 이 모듈은 다음과 같은 다양한 소프트웨어 버전에서 사용할 수 있다.

① 전압 스위치
② 펄스 발생기
③ 범용 타이머

출력 MOSFET가 작동하면 출력 단자에서 플러스 전원을 사용할 수 있다. MOSFET에 히트 싱크가 장착되지 않으면 모듈은 3A를 출력한다. 작은 히트 싱크를 사용하면 6A로 출력을 높일 수 있으며, 더 큰 히트 싱크를 사용하면 10A의 출력도 가능하다. 물론 10A 이상의 부하를 작동시키려면 출력 측에 SSR을 사용하면 된다. 2개의 온 보드 포트는 2개의 다른 파라미터를 조정하는데 사용된다.

DIP 스위치(MPM의 모든 버전에서 작동되지 않음)는 사용자의 선택에 따라서 구성할 수 있다. 퓨즈는 출력의 단락 회로를 방지하며, 다이오드는 역극성 전원의 연결로부터 보호하기 위해 장착된다. 또한 보드에 저전류 5V 전원 공급 단자가 배치되어 있어 외부 온도와 광센서의 전원을 공급할 수 있다.

마이크로 컨트롤러는 MPM이 원하는 기능을 수행할 수 있도록 eLabtronics에 의해 사전에 프로그램이 출력되어 있다. 그러면 어떤 종류의 기능을 이용할 수 있는지 간단히 살펴보자.

(1) eLabtronics 전원 공급 스위치

① 특정 온도에서 팬과 펌프에 스위치를 ON시킨다.
② 어두워지면 점등이 되도록 스위치를 ON시킨다.
③ 배터리가 완전히 충전되면 배터리 충전기의 스위치를 OFF시킨다.
④ 배터리 전압이 낮아지면 경고등을 점등시킨다.

싱글 모듈은 모니터링 전압이 조정 가능한 트립 포인트가 되면 전원 공급 스위치를 ON 또는 OFF시킨다. 이를 통해 온도와 압력 센서를 모니터링 하여 레벨이 너무 높거나 낮아지면 출력 스위치가 작동한다. 자동차에서는 에어 플로미터와 산소 센서와 같은 엔진 관리 센서를 모니터링 할 수 있다.

이 모듈을 이용하여 배터리 전압을 모니터링 하여 배터리가 완전히 충전되면 충전기의 작동을 정지시킨다. 배터리 전압이 낮아지면 경보를 발생할 수 있다. 온 보드 하나의 포트는 트립 포인트를 정확하게 설정할 수 있도록 하고, 다른 하나의 포트는 스위치의 온 포인트와 오프 포인트의 차이를 설정한다.

(2) eLabtronics 펄스 발생기

① 플래시 고출력 LED
② 펄스 경음기 및 사이렌

펄스 발생기는 그 이름이 암시하는 바와 같이 펄스가 출력되도록 설계되어 있다. 펄스의 속도와 각 펄스의 출력이 ON되는 시간은 모두 포트에 의해 독립적으로 조정된다. 이러한 독립적 조정은 모듈의 유용성에 있어 핵심이다. 빠른 속도로 매우 짧은 시간 동안 출력 스위치를 "ON"으로 작동하거나(고 전원 LED가 빠르게 점멸) 또는 더 긴 시간에 출력 스위치가 "ON"으로 작동할 수도 있다(경음기를 펄싱할 수 있다). 그리고 출력이 짧은 시간 동안 긴 간격으로 "ON" 될 수도 있다.

3분마다 15초씩 출력 스위치를 작동시킬 수도 있다. 예에서 암시하는 바와 같이, 대부분의 경우에 출력 MOSFET는 조명, 경음기 또는 펌프를 직접 구동하는데 충분한 전력을 공급한다. 펄스 발생기를 작동시키는데 사용되는 스위치는 작은 전류로 작동하는 온도 스위치, 광센서, 또는 압력 스위치와 같은 기존의 경보 출력이나 저 전류 스위치에서 펄스 발생기를 쉽게 작동시킨다. 주파수는 초당 10회 또는 시간당 1회 등 어디에서나 설정할 수 있으며, 듀티 사이클은 1~99%로 설정할 수 있다.

(3) eLabtronics 타이머

① 멀티 타이머
② 다양한 모드
③ 직접 구동 부하

시간의 길이는 2개의 포트로서 설정되며, 타이머는 또한 1회, 정상 ON과 정상 OFF를 포함한 여러 가지 다양한 모드가 있다. 또한 위의 모듈 대부분이 추가적인 기능이 있다. 예를 들면, 전압 스위치 출력은 몇 번의 경고음을 울리거나 펄스 출력을 ON과 OFF시킬 수 있도록 구성되어 있다.

펄스 발생기는 모니터링 되는 어떤 온도에 도달하면 작동할 수 있다. MPM의 장점은 잘 보호되고 직접 고 전류 부하를 구동할 수 있으며(DIP 스위치와 포트를 통해), 사용자의 요구사항에 알맞도록 쉽게 구성할 수 있다. 자세한 내용은 eLabtronics 웹사이트를 참조하기 바란다.

11 스템셀 Stemsel

스템셀 컨트롤러 모듈은 PIC18F14K50 마이크로 컨트롤러를 사용하며, 다음과 같은 기능이 있다.

① 12개의 디지털 또는 아날로그 입력·출력 단자.
② 릴레이를 직접 구동할 수 있는 드라이버 출력 4개(보호 다이오드는 불필요).
③ PC 또는 노트북에서 재 프로그래밍이 가능한 온 보드 USB 커넥터
④ 센서 전원 공급에 사용할 수 있는 5V 출력.
이 모듈은 자동차의 12V 공급 장치에서 전원을 공급받을 수 있다.

스템셀 모듈은 지정된 기능을 수행하기 위하여 사전 프로그래밍한 것은 없다. 그러나 코어차트라는 사용하기 쉬운 비주얼 소프트웨어 시스템을 사용하여 프로그래밍 할 수 있다(https://www.elabtronics.com/downloads.php). 이 프로그래밍 방법은 많은 기능을 개발할 수 있을 정도로 충분히 유연하다. 전원에서의 구동 기능과 쉬운 프로그래밍 기능을 갖춘 이 모듈은 다른 방법보다 프로그래밍하고 사용하기가 훨씬 쉽다.

그리고 예외 모듈을 구입할 수 있는 사전에 프로그래밍 된 기능은? 스템셀은 2개의 에어 스프링의 높이를 컨트롤하기 위해 개발된 소프트웨어를 실행하는 eLASE eLabtronics Air Suspend Controller)로 이용이 가능하다. eLASC는 Veloce에서 출판한 책에 자세하게 기술되어 있다. (Custom Air Suspension 을 참조-구입한 자동차에 에어 서스펜션을 설치하는 방법) 어쨌든, 간단히 말해서 eLASC는 다음과 같은 기능을 제공할 수 있도록 설정되어 있다.

① 한 쌍의 에어 스프링을 2개의 릴레이 출력을 통해 업·다운을 컨트롤한다.
② 센서와 포트에 전원을 공급하기 위하여 5V로 조절하여 출력을 한다.
③ 서스펜션 차고 센서 입력 1개, 0~5V.
④ 승차 높이의 설정을 위한 데시보드 포트 입력 1개, 0~5V.
⑤ 모니터링 LED용 출력 1개
⑥ 프로그램 변경을 위한 USB 소켓(설정하는 동안만 사용)
eLASC는 아주 세련된 컨트롤 로직을 가지고 있다. – 이것은 또 다르게 접근해야 할 내용이다.

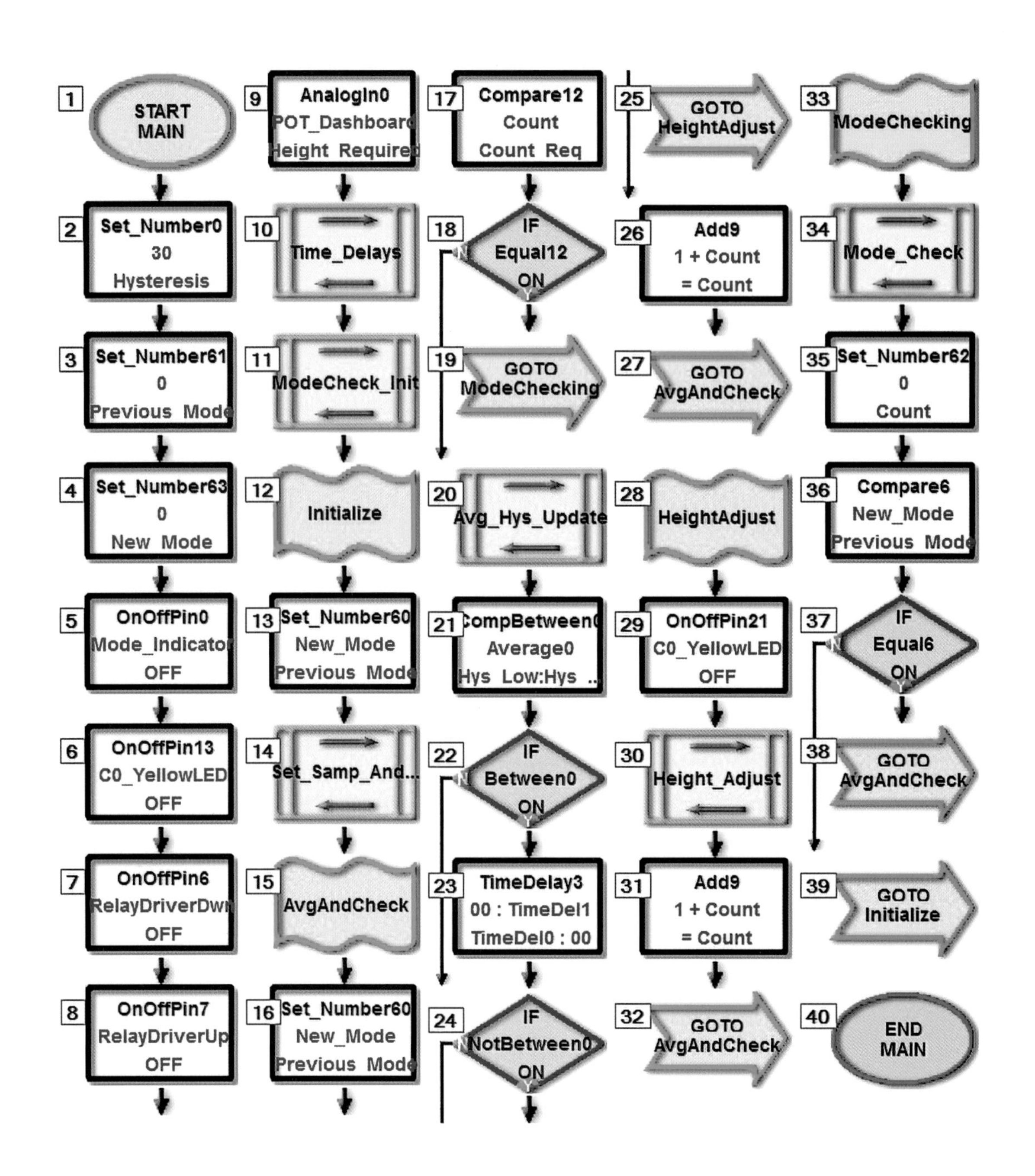

[사진 11.17]

eLabtronics 멀티 모듈(MPM)은 MOSFET 출력 트랜지스터를 통해 고전류 부하를 직접 구동할 수 있다. 이것은 스템셀 컨트롤러에서 사용하는 코어 차트 프로그래밍의 예로서 이 경우에 eLabtronics 에어 서스펜션 컨트롤러(eLASC)로 작동한다. 이것은 전문적인 엔지니어링이 기술한 복잡한 프로그램이지만 훨씬 더 간단한 프로그램도 우수한 결과를 얻을 수 있다.

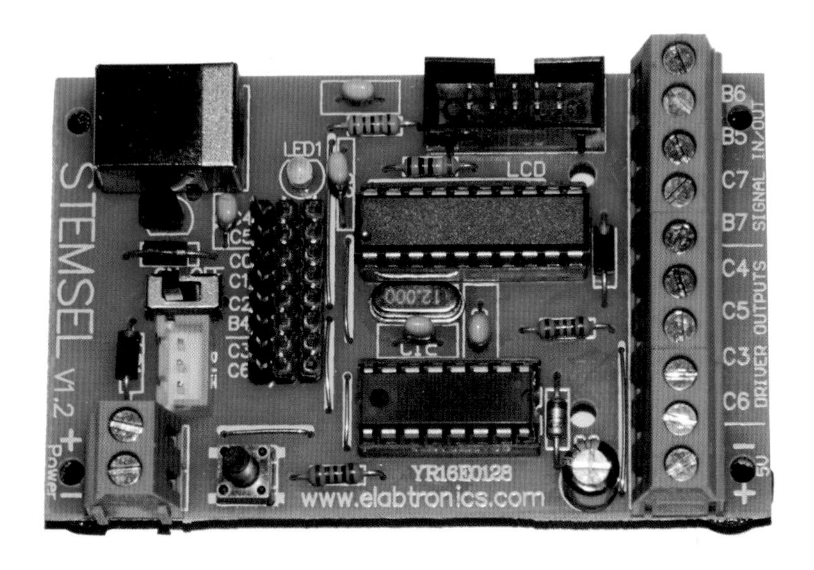

[사진 11.18]

eLabtronics 스템셀은 12V에서 작동하는 마이크로 컨트롤러 모듈이며, 온 보드 USB 커넥터를 통해 프로그래밍 할 수 있다. 직접 릴레이를 구동할 수 있으며, 프로그래밍은 코어 차트라는 간단한 비주얼 언어를 사용한다.

Appendix

배선 기호 샘플링

표시한 기호는 폭스바겐이 자사의 배선도에 사용하는 배선 기호들이다. 제조사 마다 다른 기호를 사용하고 있으나, 이 기호들은 당신히 흔히 작업하고 있는 자동차의 매뉴얼에서 접할 수 있는 기호의 종류이다. (폭스바겐 제공)

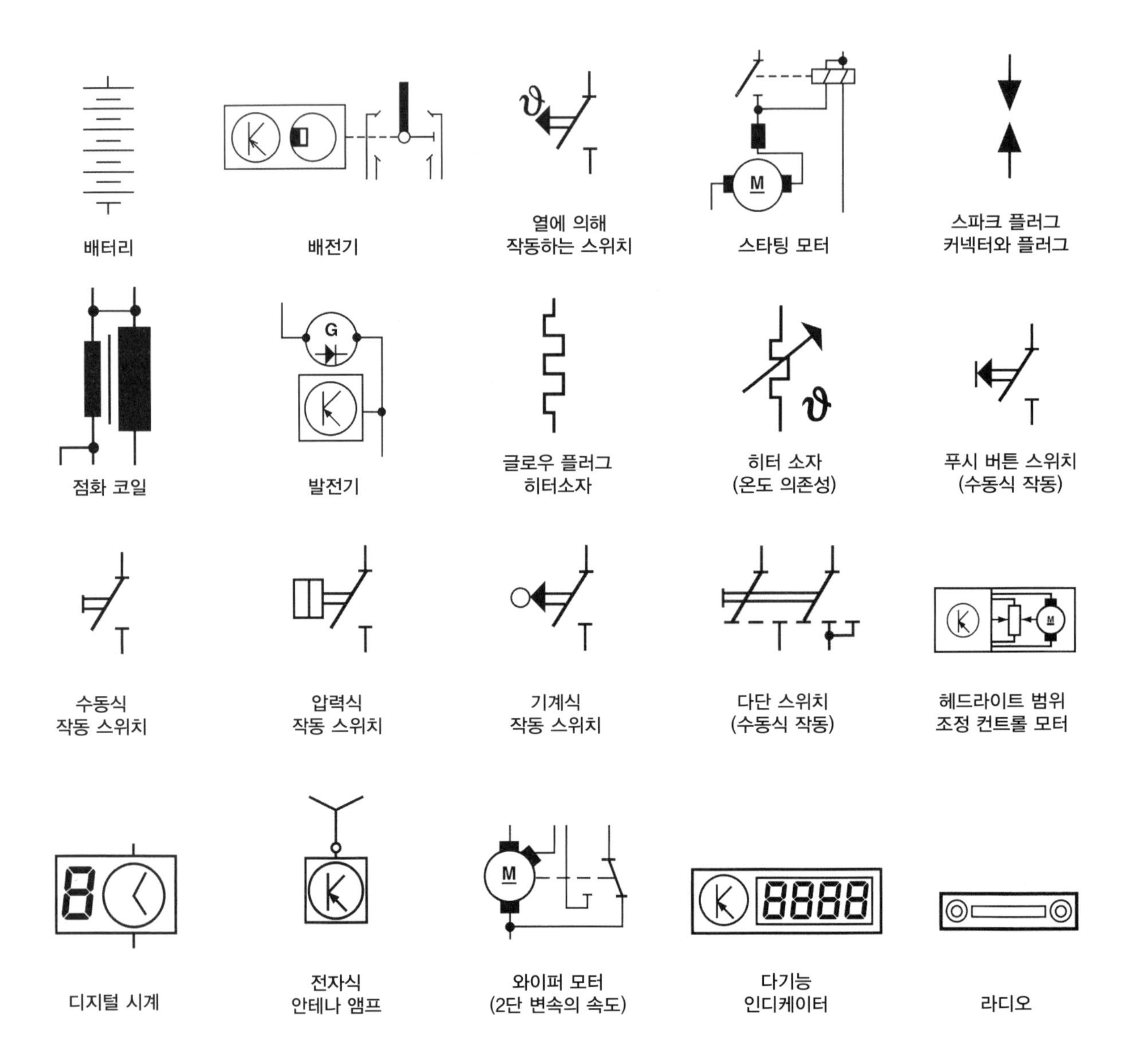

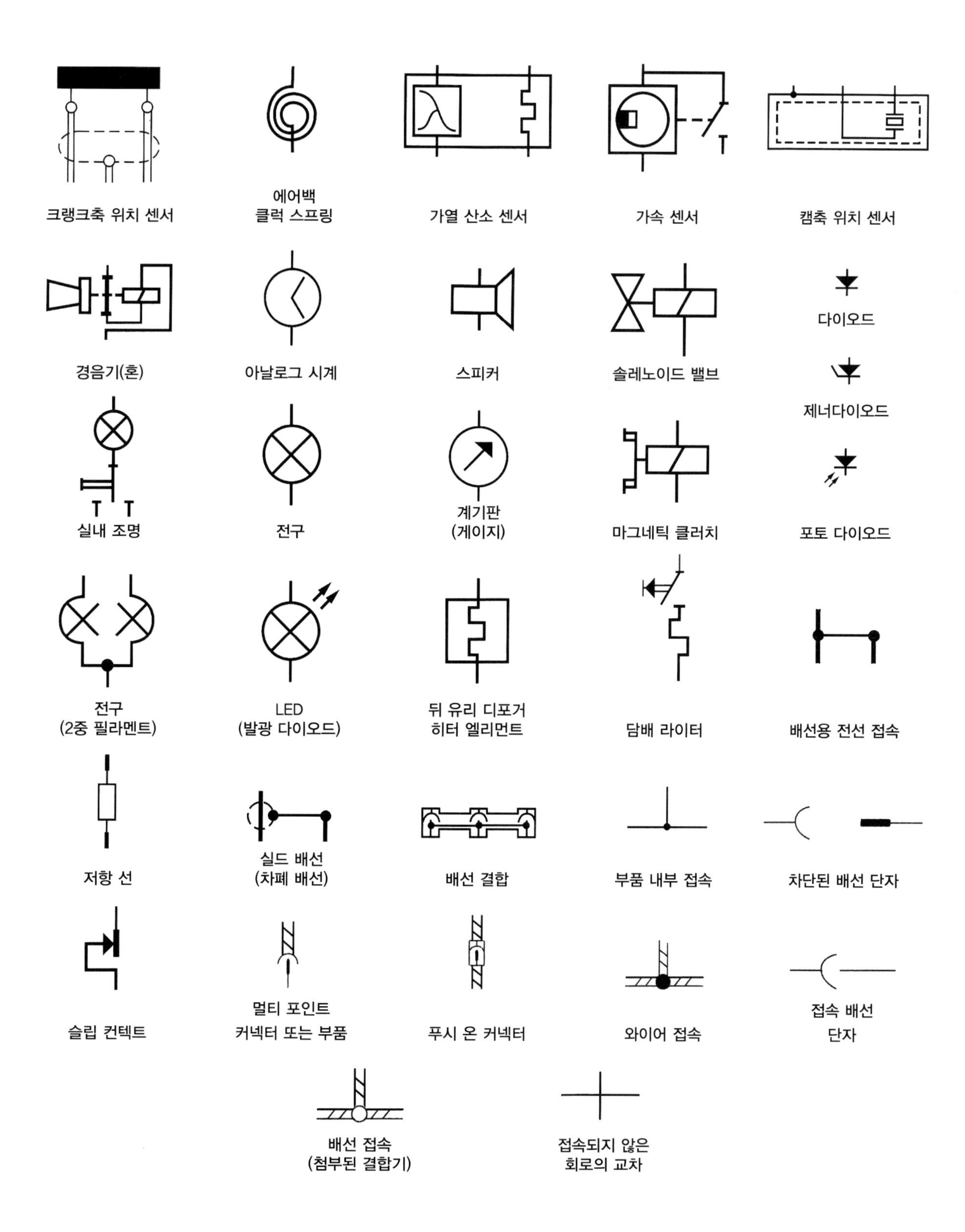
크랭크축 위치 센서
에어백
클럭 스프링
가열 산소 센서
가속 센서
캠축 위치 센서
경음기(혼)
아날로그 시계
스피커
솔레노이드 밸브
다이오드
제너다이오드
실내 조명
전구
계기판
(게이지)
마그네틱 클러치
포토 다이오드
전구
(2중 필라멘트)
LED
(발광 다이오드)
뒤 유리 디포거
히터 엘리먼트
담배 라이터
배선용 전선 접속
저항 선
실드 배선
(차폐 배선)
배선 결합
부품 내부 접속
차단된 배선 단자
슬립 컨텍트
멀티 포인트
커넥터 또는 부품
푸시 온 커넥터
와이어 접속
접속 배선
단자
배선 접속
(첨부된 결합기)
접속되지 않은
회로의 교차

Index

국内외차
전기전자 트러블 슈팅

2020년 1월 2일 초판 인쇄
2020년 1월 12일 초판 발행

저 자 : 줄리안 에드가 JULIAN EDGAR
초벌번역 : 이 건 용
발 행 인 : 김 길 현
발 행 처 : (주) 골든벨
등 록 : 제 1987-000018 호 © 2020 Golden Bell
ISBN : 979-11-5806-428-0

이 책을 만든 사람들

기술 교정 : 이상호, 박근수, 박동수, 전정규
국어 교정 : 안명철
편 집 및 디 자 인 : 조경미, 김한일, 김주휘
제 작 진 행 : 최병석
웹 매 니 지 먼 트 : 안재명, 김경희
오프라인 마케팅 : 우병춘, 강승구, 이강연
공 급 관 리 : 오민석, 김정숙, 김봉식
회 계 관 리 : 이승희, 김경아

● 주소 : 140-846 서울특별시 용산구 원효로 245(원효로 1가 53-1)
● TEL : 도서 주문 및 발송 02-713-4135 / 회계 경리 02-713-4137
내용 관련 문의 02-713-7452 / 해외 오퍼 및 광고 02-713-7453
● FAX : (02)718-5510 ● E-mail : 7134135@naver.com ● http://www.gbbook.co.kr

정가 : 35,000원

도서출판
골든벨
기술이 미래, 사람이 희망이다

도서출판
골든벨

도서출판
골든벨
기술이 미래, 사람이 희망이다